우리는 왜 자신을 속이도록 진화했을까?

THE FOLLY OF FOOLS by Robert Trivers

Copyright © 2011 by Robert Trivers
All rights Reserved.
Korean translation copyright © 2013 by Sallim Publishing Co., Ltd.
This edition is published by arrangement with Robert Trivers through Brockman, Inc.

이 책의 한국어판 저작권은
Brockman, Inc.사와의 독점계약으로 (주)살림출판사에 있습니다.
저작권법에 의해 한국 내에서
보호를 받는 저작물이므로 무단전재와 복제를 금합니다.

진화생물학의 눈으로 본 속임수와 자기기만의 메커니즘

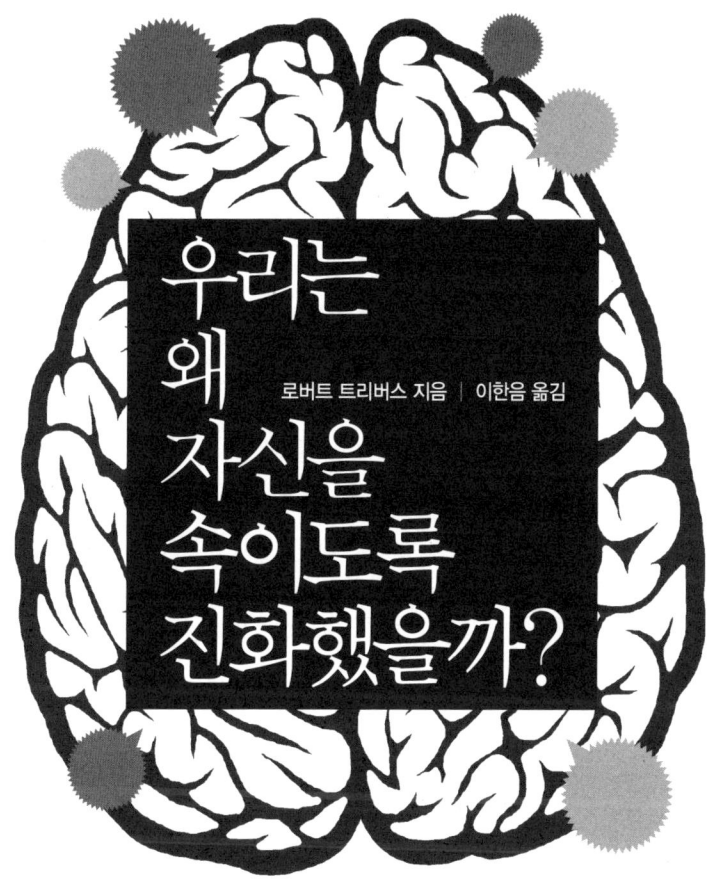

우리는
왜
자신을
속이도록
진화했을까?

로버트 트리버스 지음 | 이한음 옮김

살림

휴이 P. 뉴턴,
블랙팬서와 친구를 추억하며

차례

옮긴이의 말　10
들어가는 말　14

1장　자기기만의 진화 논리 ——————— 17

자기기만은 남을 더 잘 속이기 위해 진화했다. 자신을 먼저 속이면 남을 속이는 데 치를 양심의 가책이라는 비용도 피할 수 있고, 속였다는 비난에서 빠져나갈 비상구도 제공한다. "난 모르고 한 일이에요."

2장　자연에서의 기만 ————————— 59

놀랍게도 모든 새 종 가운데 약 1퍼센트는 새끼를 키우는 일을 전적으로 다른 종에게 맡긴다. 또 블루길 수컷은 암컷인 척하며 힘 센 수컷 곁에서 생활하다가 진짜 암컷이 알을 낳을 때 수정시킬 준비를 한다. 하지만 기만은 분노를 일으키며, 들켰을 때의 비용이 만만치 않다.

3장　신경생리학과 강요된 자기기만 ——————— 95

뇌의 반쪽이 다른 반쪽에게 무언가를 숨길 수 있을까? 플라세보 효과처럼 자기기만은 방어적으로만 작용할까? 있지도 않은 성적 학대를 받았다는 기억을 갖게 된 아이들의 사례는 무엇을 의미할까? 타인에 의해 생겨나는 자기기만의 치명적 위험에서 우리는 과연 벗어날 수 있을까?

4장 가정의 자기기만과 분열된 자아 ─────── 131

인간은 몇 살 때부터 남을 속일까? 기만의 명확한 징후는 생후 약 6개월째에 처음 나타난다. 가짜로 우는 척하고 웃는 척하는 것은 최초의 기만행위에 속한다. 나는 아이가 기만을 펼칠 때 본연의 죄책감을 느낀다는 징후를 한 번도 본 적이 없다.

5장 기만, 자기기만, 섹스 ─────── 159

나는 여성을 만나면 강하게 끌렸고 내 모든 것을 다 보여주었다. 사랑에 빠졌다고 느꼈고, 두세 차례 섹스를 했다. 그러고 나면 끌렸던 감정이 통째로 사라졌다. 아니, 사실상 피하려는 마음으로 돌아섰다. 남녀의 관계만큼 기만과 자기기만의 가능성이 풍부한 관계는 거의 없다.

6장 자기기만의 면역학 ─────── 189

동성애자가 자신의 성 정체성을 숨기면 그렇지 않을 때보다 감염 질환과 암에 걸릴 확률이 약 두 배 높은 것으로 드러났다. 정신적 외상에 관해 일기를 쓰는 것만으로도 분명한 면역학적 효과를 본다. 또한 실직에 관해 글을 쓰면 재고용 기회도 늘어난다.

7장 자기기만의 심리학 ─────── 223

사람들은 선거 때 투표를 하지 않고도 했다고 기억하고, 기부를 하지 않고도 했다고 기억한다. 또 일부 사람들은 HIV 검사를 비롯한 진단 검사를 기피한다. "아예 모르면 심란해할 필요도 없다." 마음은 대개 좋은 목표를 위해 정보를 왜곡한다.

8장 일상생활에서의 자기기만 ——————————— 253

대부분의 사기에는 논리적으로 모순되는 상황들이 끼어들지만 우리는 과정이 아닌 좋은 결과만을 생각하기 때문에 중간중간의 모순을 무시한다. 자기기만은 당신을 누군가의 꼭두각시로 만들 수도 있다.

9장 항공 우주 재난과 자기기만 ——————————— 293

작지만 치명적인 결함을 무시한 NASA의 자기기만은 챌린저호를 이륙 73초 만에 폭발시켰다. 또 자신의 16세 아들에게 조종간을 맡기고 비행하는 기분을 느낄 수 있게 허락한 에어로플로트 593편의 관대한 조종사는 자신을 포함한 탑승자 전원의 장례식이라는 비용을 치러야 했다.

10장 거짓 역사 서사 ——————————— 341

우리는 아메리칸 인디언들을 몰살시켰다. 멕시코를 지속적으로 공격했고 결국 그 나라의 거의 절반을 빼앗았다. 중앙아메리카, 베트남, 캄보디아, 동티모르에 이르기까지 다양한 지역에서 대학살을 지원하기도 했다. 그래서 뭐가 어떻다는 것인가? 그런 사소한 문제들을 물고 늘어지는 것은 좌익 꼴통밖에 없지 않은가?

11장 자기기만과 전쟁 ——————————— 389

미국이 9/11 사건을 빌계로 2003년에 이라크에서 벌인 전쟁은 처음부터 기만과 자기기만에 빠져 있었다. 이라크의 주요 수출품이 아보카도와 토마토였다면 미국은 그 나라 근처에도 가지 않았을 것이다. 자기기만은 전쟁에 유달리 큰 기여를 한다.

12장 종교와 자기기만 ——————————— 433

종교에는 한 가지 결정적인 재능이 있다. 바로 독선이다. 당신은 신의 집행자고, 예정된 길을 따라 자연선택이 이루어지도록 돕고 있다. 신은 말한다. "복수는 나의 것이다."

13장 자기기만과 사회과학의 구조 ——————— 471

자기기만은 다양한 방식으로 지식 분야의 구조를 일그러뜨릴 수 있다. 하지만 장기적으로 거짓에게 승산은 없다. 그것이 바로 시간이 흐를수록 과학이 경쟁하는 분야들을 이기는 경향을 보이는 이유다.

14장 우리 자신의 삶에서 자기기만과 싸우기 —— 499

우리는 남과 자신을 기만함으로써 일시적인 혜택을 누릴 수도 있지만 장기적으로 대가를 치른다. 잠깐의 자기기만이 저명한 수학자를 마약 밀수꾼으로 만들기도 하고, 세계적인 자기기만 전문가를 진짜 벼랑 끝으로 몰고 가기도 한다.

감사의 말 526
주 528
참고문헌 544

옮긴이의 말

저자인 로버트 트리버스는 진화론을 다룬 책에 으레 등장하는 유명한 학자다. 현존하는 세계 최고의 진화생물학자 중 한 명이라고 할 수 있다. 그렇기에 이 책의 번역 의뢰가 오자마자 내용을 보지도 않고 하겠다고 했다. 이런 유명 인사의 책을 어찌 그냥 넘길 수 있겠는가 하면서.

저자가 워낙 권위 있는 과학자이기에, 은연중에 그에 걸맞은 편견을 갖고 있었나 보다. 매우 근엄하고 격식을 차릴 것 같은 인물이라고 여기고 있었는데, 적어도 이 책에서는 아니다. 이 책에는 저자 자신이 직접 겪은 기만과 자기기만의 사례들이 곳곳에 실려 있다. 주로 여자 문제인데, 저자의 논조를 좀 빌려서 여성 편력이 꽤 있었음을 자랑하려는 무의식적 편향이 반영된 것은 아닐까 하는 생각을 하기도 했다. 주로 여자 이야기를 떠들면서 DNA 분자 구조를 발견한 과정을 섞어 넣은 제임스 왓슨의 『이중나선』이 떠오르기도 했다. 유명한 과학자는 이런 모습일 것이다라는 편견을 깨려는 의도일까?

　이 책은 자기기만, 즉 사람은 왜 자기 자신을 속이는가라는 문제를 깊이 살펴보고 있다. 사람들을 아무렇게나 두 집단으로 나누면, 각자는 자신이 속한 집단이 더 우월하고 상대 집단은 더 못하다고 보는 편견을 저절로 갖는다. 또 일단 수중에 들어온 물건은 다른 물건보다 더 낫다고 생각한다. 교통사고 목격자에게 지나가지도 않은 빨간 스포츠카를 보았냐고 하면서 더 구체적으로 이야기를 하면, 목격자는 점점 더 그 스포츠카가 실제로 지나갔다고 믿게 되면서 없던 이야기까지 꾸며낸다. 우리는 이렇게 자신을 속이는 짓을 왜 하는 것일까?

　저자는 자기기만이 본래 남을 속이기 위해 진화한 것이라고 본다. 인류 생활에서 남을 속이면 이익을 볼 수 있는 사례는 얼마든지 찾을 수 있다. 하지만 이솝 우화에서 볼 수 있듯이, 남을 속였다가 발각되면 훨씬 더 큰 대가를 치를 수도 있다. 쥐 옆에서는 쥐인 척하고 새 옆에서는 새인 척하다가 결국 발각되어 어느 쪽에도 끼지 못하게 된 박쥐의 사례가 그렇다. 이솝 우화에는 그렇게 속였다가 발각되어 대가를 치른다는 내용이 많다. 천일야화도 속였다가 발각되는 사건이 출발점이다.

　또한 이익을 얻기 위해 남을 속이는 자들이 점점 늘어난다면, 그 사회는 결국 붕괴할 것이다. 속이는 행위가 늘어날수록 피해를 보지 않기 위해 그것을 간파하는 능력도 점점 늘어날 것이다. 그렇게 기만과 간파라는 진화적 군비 경쟁이 시작되고, 양쪽은 점점 더 정교한 수단과 능력을 개발해나간다. 저자는 이 경쟁이 인류의 지능 향상에 기여했다고 추측한다. 남을 속이든 속임수를 간파하든 간에 머리가 좋아야 할 수 있을 테니까.

 남을 속이려는 이는 그만큼 마음에 부담을 안게 된다. 발각되었을 때 치를 대가를 두려워할 수밖에 없으므로 크든 작든 부담감을 느끼기 마련이다. 그래서 마음은 그 두려움과 부담감을 떨칠 수단을 개발했다. 바로 자기기만이다. 자신이 속이고 있다는 것 자체를 모른다면, 발각될까 하는 두려움 자체도 없어진다. 그러면 당당하게 남을 속일 수 있다. 그 결과 인류는 현실을 세세한 부분까지 정확히 감지하는 뛰어난 감각기관과 지각 능력을 지니는 한편으로, 지각을 체계적으로 왜곡시키는 능력도 함께 지니게 되었다. 낭비가 아닐 수 없다.

 하지만 자기기만은 한없이 커질 수가 없다. 자기기만이 커질수록 그만큼 현실을 제대로 보지 못하게 되기 때문이다. 현실과 거리가 멀어질수록, 현실에서 제대로 살아갈 능력은 떨어질 수밖에 없다.

 이것은 저자가 이 책에서 다룬 내용 중 극히 일부만을 개괄한 것에 불과하다. 저자는 지금까지 나온 기만과 자기기만에 관한 방대한 연구 성과들을 이 책에 압축해놓고 있다. 이 책은 크게 두 부분으로 나뉜다. 7장까지는 자기기만의 이론을 다루고 있다. 8장부터는 자기기만의 이론을 실제 사례들에 적용한 내용이다. 저자도 말하고 있지만, 사실 아무 장이나 먼저 읽어도 좋다. 가볍게 읽고 싶은 독자라면 사례를 다룬 뒷부분부터 읽는 편이 더 낫겠다. 자기기만이 어떻게 수많은 인위적인 재앙과 참사, 사고를 일으키는지 생생한 사례들이 나와 있다. 우리나라의 사례도 나와 있다. 자기기만 성향이 강한 사람은 한국의 위상이 높아졌다는 증거로 받아들일 수도 있겠다.

 저자는 자기기만에 관한 연구가 이제 겨우 걸음마 단계에 있다고 말한다. 파면 팔수록 엄청난 것이 쏟아질 연구의 광맥이라고 본다. 설령 그렇다고 할지라도, 이 책에 실린 내용만으로도 우리는 많은 것을 깨닫게 된다. 정치, 경제, 문화 등 전 분야에서 소박하게 자신의 잘못을 인정하는 사례보다는 온갖 억지를 부려가면서 자신의 입장을 옹호하는 사례를 더 흔히 접할 수 있는 이 시대에, 이 책은 스스로를 되돌아볼 수 있는 통찰력을 제공한다. 우리는 얼마나 많은 기만과 자기기만을 저지르며, 또 남의 기만과 자기기만에 얼마나 쉽게 넘어가는 것일까? 그런 질문을 하는 이에게 이 책은 많은 도움을 줄 수 있을 것이다.

들어가는 말

원리상 모든 종에 적용되지만 우리 종에게 더욱 특별한 힘을 발휘하는 이론이 바야흐로 나올 때가 되었다. 진화 논리를 토대로 한 기만deceit과 자기기만self-deception의 일반 이론이다. 우리는 철저한 거짓말쟁이다. 자기 자신까지도 속이니까. 우리가 가장 자랑하는 재능인 언어는 우리의 거짓말하는 능력을 강화할 뿐 아니라 그 범위를 크게 확장한다. 우리는 시간적 공간적으로 멀리 떨어진 사건들, 남이 한 행동의 세부 사항과 의미, 가장 내밀한 생각과 욕망 등등에 관해 거짓말을 할 수 있다. 하지만 왜, 왜 우리는 **자기**기만을 저지르는 것일까? 정보를 받은 뒤에 그것을 왜곡시킬 뿐이라면, 경이로운 감각기관은 왜 지니는 것일까?

진화생물학은 이 주제를 기능적 관점에서 바라볼 토대를 제공하지만 ―우리는 남을 더 잘 속이기 위해 자신에게 거짓말을 한다― 이 문제에는 그 밖에도 많은 측면들이 관여한다. 자기기만은 분명히 심리학의 영역에 속하지만, 그 주제에만 논의를 한정시킨다면 바탕에 깔린 근본 원리를 채 보지도 못하고 눈이 멀(그리고 미칠)지도 모른다. 많은 상황에서는 일상생활로부터 얻는 깨달음이 연구실에서의 발견보다 더 가치 있지만, 일상생활에서 얻는 깨달음은 무지와 우리 자신의 기만과 자기기만에 의해 왜곡되기 쉽다. 정치와 국제 관계 분야에서는 더욱 그렇다. 따라서 이런 주제들을 빼놓는다면 어리석은 짓이 될 것이다. 잠재적인 편견을 그냥 방치하는 꼴이기 때문이다. 자기기만의 분석은 집에서 시작하므로, 개인적인 이야기도 좀 넣었다. 나는 과학적으로 어느 정도 확정적으로 보여줄 수 있는 것과 도발적이지만 확실하지 않은 것 사이에 균형을 이루고자 애썼으며, 양쪽을 명확히 구분하려고 애썼다. 독자들이 이런 개념들을 자신의 삶에 적용해 더 발전시키기를 바란다.

나는 불확실한 내용을 놓고 지나치게 질질 끌지 않고, 그런 내용이 나타나면 잠시 주의를 환기시킨 뒤에 계속 진행하려 애썼다. 내가 쓴 내용 중 일부는 불가피하게 틀린 것으로 드러나겠지만, 나는 이 책에서 전개되는 논리와 주장들이 금방금방 수정되고 통합되어 더 심오한 자기기만의 과학으로 발전할 것이라고 내다본다.

이 책의 주제는 부정적인 것이다. 이 책은 안팎으로의 허위, 거짓, 거짓말을 다룬다. 기만과 자기기만은 때로 우리를 우울하게 만드는 주제이긴 하지만 분명히 광명을 볼 자격이 있다. 당당하게 과학적 분석과 연구의 혜택을 누릴 가치가 있다. 그것은 우리 자신의 어둡고 탁한 면, 위험을 무릅쓰고서라도 건드리지 않은 채 놔두려는 측면이기도 하지만 유머와 놀라움의 무한한 원천이기도 하기 때문에 우리는 그 문제로 고통을 받는 만큼 즐길 수도 있다.

이 책은 특정한 순서에 따라 썼다. 먼저 진화 논리와 자연에서의 기만을 다루고, 신경생리학, 강요된 자기기만, 가족, 성별, 면역학, 사회심리학을 거쳐 비행기 추락, 역사 왜곡, 전쟁, 종교, 사회과학을 비롯한 일상생활에서의 자기기만을 논의한 뒤에 자기기만에 어떻게 맞서 싸워야 할지 살펴볼 것이다.

하지만 사실 첫 장을 읽고 난 뒤에는 거의 어떤 순서로든 읽을 수 있다. 서로 관련된 자료를 앞뒤로 언급하려고 노력했기에, 건너뛰어도 대체로 나중에 필요할 때면 어디에서 찾을 수 있는지를 금방 알 수 있다. 본문에 실린 사실이나 이론은 어떤 것이든 간에 주를 통해 관련 문헌을 쉽게 찾을 수 있도록 했다. 더 온전한 자료는 참고문헌에 실었다.

누구든 자기기만의 과학을 구축하는 데 참여할 수 있다. 우리 모두 기여할 무언가를 지니고 있다. 논리는 아주 단순하고, 증거도 대부분 이해하기 쉽다. 이 주제는 보편적이며 그것의 많은 하위 영역들은 인간 생활의 구석구석까지 뻗어 있다.

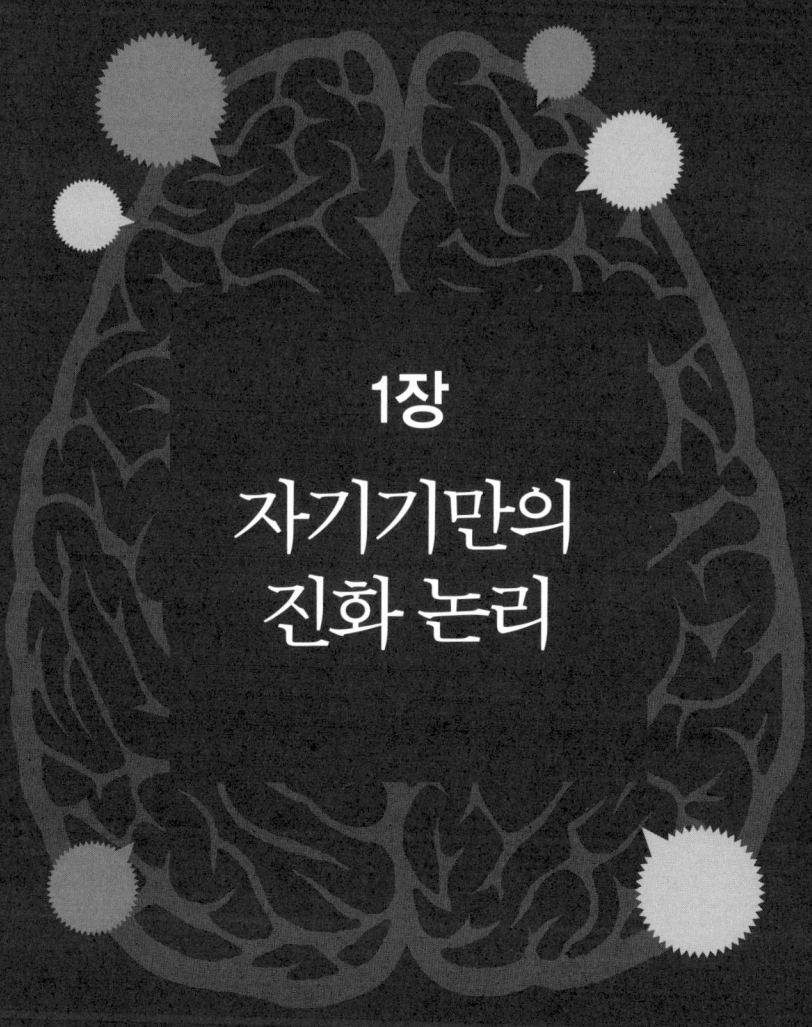

1장
자기기만의 진화 논리

자기 자신에게 거짓말을 하는 데에는 비용이 든다. 비행기 추락 사고, 연애 파탄, 전쟁, 식구 사이의 언쟁 등 우리는 자기기만이 현실과 동떨어지게 함으로써 비용을 치르는 사례를 계속해서 보게 될 것이다. 안타깝게도 내 자기기만의 비용을 남들이 더 많이 치르고, 대단치 않은 편익이 우리 자신에게 돌아오는 경향이 있긴 하지만 말이다.

1970년대 초에 나는 자연선택natural selection을 토대로 한 사회 이론을 구축하는 데 매진했다. 나는 부모/자식, 남성/여성, 친척/친구, 내집단/외집단 같은 우리의 기본적인 사회관계의 진화를 이해하고 싶었다. 그리고 자연선택은 진화를 이해하는 열쇠였고, 어떤 형질이 무엇을 해내기 위해 고안된 것인가라는 질문에 답할 유일한 이론이었다. 자연선택은 모든 종에서 일부 개체가 다른 개체들보다 살아남는 자손을 더 많이 남김으로써 번식에 성공한 그 개체의 유전 형질이 시간이 흐르면서 개체군 내에서 비율이 더 높아지는 경향이 있다는 사실을 가리킨다. 이 과정은 유전자를 높은 번식 성공률RS, Reproductive Success(RS=생존한 자손의 수)과 연관지으므로 모든 생물은 그에 따라 행동할 것이라고, 즉 자신의 RS를 최대화하려고 노력할 것이라고 예상할 수 있다. 복제의 단위는 사실상 유전자이므로, 이것은 우리 유전자가 자신의 증식을 도모한다고 예상할 수 있다는 의미다.

자연선택을 사회적 행동에 적용하면, 상충되는 감정과 행동의 혼합물이 나올 것이라고 예측할 수 있다. 당시 (때로는 지금까지도) 널리 퍼진 믿음과 달리, 자연선택은 부모/자식 관계에 갈등이 있을 것이라고 예측한다.[1] 자궁 안에서조차 그렇다. 또 자연선택은 호혜적 관계가 사기꾼(즉 호혜적이지 않은 자)에게 이용당하기 쉬우므로, 보호하는 방향으로 그런 관계를 통제하는 공정성이라는 개념이 자연스럽게 진화할 것이라고 내다본다.[2] 마지막으로 양쪽 성의 상대적인 개체수(성비)에 작용하는 선택과 부모의 상대적인 투자라는 개념—아버지와 어머니가 자식에게 얼마나 많은 시간과 노력을 투자하는가—을 토대로 우리는 성차의 진화를 설명하는 일관성 있고 편향되지 않은 이론을 구축할 수 있다.[3] 이 연구는 남성이나 여성이 된다는 것의 의미를 더 깊이 이해하게 해준다.

이 일반 논리 체계는 내가 살펴본 대부분의 대상에 완벽하게 들어맞았지만, 한 가지 문제가 드러났다. 우리 정신생활의 핵심에는 놀라운 모순이 하나 놓여 있는 듯했다. 즉 우리는 정보를 추구하고, 그 뒤에 그것을 파괴하는 행위를 한다는 것이다. 우리의 감각기관은 우리에게 바깥 세계를 경이로울 만치 자세하고 정확하게 보여주도록 진화해왔다. 우리는 세계를 천연색에 3차원으로 보며, 움직임, 질감, 질서, 내재된 패턴, 그 밖의 대단히 다양한 특징들을 본다. 청각과 후각도 마찬가지다. 우리의 감각계들은 바깥 세계에 관한 진실을 아는 것이 그 세계를 더 잘 헤쳐나가는 데 도움을 준다고 했을 때 예상할 수 있는 바로 그대로, 현실을 자세하고 정확하게 우리에게 보여주도록 통합 조직된다. 하지만 이 정보가 일단 우리 뇌에 도달하면 상황이 달라진다. 우리의 의식은 종종 이 정보를 왜곡하고 편향시킨다. 우리는 스스로 진실을 부정한다. 우리는 사실상 우리 자신에게 들어맞는 형질들을 남에게 투사한다. 그런 뒤에 그들을 공격한다! 우리는 고통스러운 기억을 억누르고, 거짓 기억을 만들어내며, 부도덕한 행위를 합리화하고, 자신을 긍정적으로 평가하는 행위를 반복하며, 일련의 자기 방어기제를 보여준다. 왜 그럴까?

이런 편향들은 우리의 생물학적 복지에 부정적인 영향을 끼칠 것이 분명하다. 왜 진실을 폄하하고 파괴할까? 왜 의식적으로 거짓을 만들어내기 위해 받아들인 정보를 수정할까? 왜 자연선택은 한편으로 경이로운 지각 기관을 선호하면서, 다른 한편으로는 우리가 모은 정보를 체계적으로 왜곡하도록 했을까? 한마디로 우리는 왜 자기기만을 하는 것일까?

1972년 부모-자식 갈등 문제를 연구할 때, 남을 속이려는 의도가 바로 자기기만에 추진력을 제공하는 것이 아닐까 하는 생각이 떠올랐다. 부모-자식 갈등이 부모의 투자가 자식의 행동에 얼마나 많은 영향을 미치는가라는 문제를 넘어서 확장될 수 있다는 사실을 깨달은 것이 핵심이었다. 자식의 개성을 둘러싸고 벌어지는 갈등을 간파하자, 부모가 자신을 위해 기만과 자기기만을 이용해 자식의 정체성을 형성하려 한다고 쉽게 상상할 수 있었다. 마찬가지로 부모가 자기기만을 할 뿐 아니라, 자식에게는 손해지만 부모에게는 유리하도록 그것을 강요한다는 ―즉 자식에게 자기기만을 유도한다는― 상상도 쉽게 할 수 있다. 아무튼 부모는 유리한 위치에 있다. 더 크고 더 강하며 자원을 통제하고, 자기기만 기술을 더 많이 써보았으니까.

이 일반 논리를 더 폭넓게 적용하면 이렇다. 우리는 남을 더 잘 속이기 위해 자기 자신을 속인다. 남을 속이기 위해 우리는 있을 법하지 않은 온갖 방식으로 내부에서 정보를 재편하려는 유혹에 빠지며, 대체로 무의식적으로 그렇게 하는 것일 수 있다. 자기기만의 주된 기능이 공격하는 것이라는 －남을 속이는 능력이라고 볼 때－ 이 단순한 전제로부터 우리는 자기기만의 이론과 과학을 구축할 수 있다.

우리 종에게 기만과 자기기만은 동전의 양면이다. 기만이라는 말을 의식적으로 속이는 행위－노골적인 거짓말－라는 뜻으로만 쓴다면, 적극적인 자기기만을 포함해 무의식적인 기만이라는 훨씬 더 큰 범주를 놓치게 된다. 그런 한편으로 자기기만에만 초점을 맞춤으로써 그것이 남을 속이려는 데서 유래한다는 점을 보지 못하면, 우리는 그것의 주요 기능을 놓치게 된다. 자기기만이 실제로는 대개 공격적인 목적에 쓰임에도 불구하고 방어적인 것이라고 합리화하려는 유혹에 빠질 수도 있다. 이 책에서는 기만과 자기기만을 단일한 주제로서 다룰 것이다. 둘은 상부상조한다.

자기기만의 진화

이 책은 이 주제에 대해 진화적으로 접근한다. 이득을 생존과 번식에 미치는 긍정적인 효과로 측정한다면, 자기기만을 하는 자에게는 어떤 생물학적 이득이 있을까? 자기기만은 우리의 생존과 번식에 어떤 도움을 줄까? 아니 좀 더 정확히 말해서, 자기기만은 우리의 유전자가 생존하고 번식하는 데 어떤 도움을 줄까? 달리 말하자면, 자연선택은 어째서 자기기만의 메커니즘을 선호하는 것일까? 이 책에서는 우리 자신이 지닌 그런 메커니즘들의 집합이 꽤 크며, 거기에는 상당한 비용이 들 수 있다는 점을 살펴볼 것이다. 어디에서 혜택을 보는 것일까? 그런 메커니즘은 개인의 번식 성공률과 유전적 성공률을 어떻게 높일까?

비록 생물학적 접근법이 '이득'을 생존과 번식이라는 관점에서 정의할지라도, 심리학적 접근법은 때로 '이득'을 기분이 더 좋아지는 것, 더 행복해지는 것으로 정의하고는 한다. 자기기만은 우리 모두가 행복해지기를 원하기 때문에 일어나며, 행복해지도록 도울 수 있다. 앞으로 살펴보겠지만 그 말은 어느 정도는 맞다. 하지만 많이는 아니다. 거기에 제기되는 주된 생물학적 반론은 이것이다. 설령 기대하는 것처럼 더 행복해지는 것이 더 높은 생존율 및 번식률과 관련이 있다고 할지라도, 왜 우리가 자기기만 같은 미덥지 않은 ─그리고 비용이 많이 들 수 있는─ 메커니즘을 우리의 행복을 조절하는 데 써야 한단 말인가?

자기 자신에게 거짓말을 하는 데에는 비용이 든다. 우리는 거짓말을 토대로 의식 활동을 하며, 이 책에서 무수히 보게 되겠지만 많은 상황에서는 그런 거짓말이 거꾸로 자신에게 피해를 입힐 수 있다. 비행기 추락 사고든 어리석은 공격전 계획이든 연애 파탄 사건이든 식구 사이의 언쟁이든 무엇이든 간에, 우리는 자기기만이 현실과 동떨어지게 함으로써 예상했던 비용을 치르는 사례를 계속해서 보게 될 것이다. 안타깝게도 내 자기기만의 비용을 남들이 더 많이 치르고, 대단치 않지만 편익이 우리 자신에게 돌아오는 경향이 있긴 하지만 말이다. 그렇다면 자기기만 자체는 생물학적으로 어떤 보상을 안겨줄까? 그것은 실제로 생존율과 번식률을 어떻게 높일까?

이 책의 핵심 주장은 자기기만이 기만에 봉사하도록, 즉 남을 더 잘 속이기 위해 진화했다는 것이다. 또 자기기만은 때로 그 행위 때 인지적 부담을 덜어줌으로써 기만에 도움을 주고, 때로는 속였다는 비난에 대처하는 손쉬운 방어 수단도 제공한다(난 모르고 한 일이에요 하고). 첫 번째 사례에서 자기기만자는 의식적으로 속인다는 단서를 전혀 내비치지 않음으로써 들키지 않는다. 두 번째 사례에서 실제 기만 과정은 진실의 일부를 무의식에 둠으로써 인지적 비용 부담을 줄인다. 즉 뇌는 진행되는 모순을 의식하지 않을 때 더 효율적으로 행동할 수 있다. 그리고 세 번째 사례에서는 발각되었을 때 남들에게 기만이 무의식적으로 저질러진 일이라고 방어하기가 —즉 합리화하기가— 더 쉽다. 간혹 자기기만이 적어도 일시적으로 당사자를 더 생산적인 상태로 고양시킴으로써 개인에게 직접적으로 이득을 줄 수도 있지만, 대개 그런 고양은 자기기만 없이도 일어난다.

요약하자면 이 책은 사실상 기존 과학—여기서는 생물학—을 토대로 구축한 자기기만의 과학을 설명한다. 그 주제의 가장 중요한 몇몇 특징들이 어떤 모습을 띨지 보여준다. 이 분야는 지금 유아기에 있으며, 여기에 다룬 내용 중 많은 것이 틀렸다고 드러날 것이 분명하다. 하지만 바탕이 되는 논리가 탄탄하고, 증거와 논리를 통해 나머지 생물학 분야와 연결된다면, 오류가 아주 빠르게 교정될 것이고, 이 책에서 어렴풋이 윤곽을 파악하고자 한 이 자기기만의 과학은 금세 성숙 단계에 이를지 모른다.

다른 많은 종들에게서도 기만과 간파의 동역학이 연구되어왔기에 (2장 참조), 우리는 자신에게서 찾아내기가 쉽지 않은 것들을 다른 동물들에게서 찾아볼 수 있다. 또 다른 동물들을 연구한 사례는 증거의 범위를 크게 확대하고, 상당한 가치를 지닌 몇몇 일반 원리들을 도출하는 데도 도움을 준다. 속이는 자와 속는 자는 서로 적응 형질을 끊임없이 개선하는 공진화 경쟁에 갇혀 있다. 지능은 그런 적응 형질 중 하나다. 기만의 간파와 때로 그것의 보급이 지능의 진화를 추진한 주요 힘이었다는 증거는 명백하며 압도적으로 많다. 부정직不正直이 때로 진리를 찾는 지적 도구를 날카롭게 다듬는 줄칼 역할을 했다니 역설적인 듯하다.

근원적인 메커니즘을 이야기하자면, 신경생리학 분야에서는 의식적인 마음이 오히려 사후 관찰자이고, 행동 자체가 대개 무의식적으로 시작된다는 것을 보여주는 흥미로운 연구가 있다(3장 참조). 뇌에서 기만 관련 영역의 활동을 일깨우면 기만 솜씨가 더 나아지는 반면, 관련 영역의 뇌 활성을 억제하면 의식적으로 기억을 억압할 수 있다. 인간의 자기기만을 드러내는 그 고전적인 실험은 우리가 자신의 목소리를 의식하지 않는 상황에서도 때로 무의식적으로 그것을 인지하고, 이 경향이 조작될 수 있음을 보여준다. 여기서 한 가지 중요한 개념은 강요된imposed 자기기만이다. 남이 강요한 자기기만을 우리가 실행하는 것을 말한다. 이 개념은 자기기만이 우리를 더 기분 좋게 만드는 순수한 방어 기구로서 진화했을 가능성을 반박한다. 자기기만이 자아에 직접 혜택을 줄(남을 속이지 않고서) 여지가 어느 정도 있기는 하지만 말이다. 그 플라세보 효과는 흥미로운 사례를 제공한다.

우리 논리는 가족과 남녀의 상호작용에도 특히 강력하게 적용되고(4장과 5장 참조), 이 두 상호작용은 생명의 핵심 목표인 번식을 둘러싼 갈등과 협력을 둘 다 수반한다. 가족 상호작용은 일종의 분열된 자아를 빚어낼 수 있다. 즉 우리의 모계 쪽 절반이 부계 쪽 절반과 갈등을 빚음으로써 두 반쪽 사이에 일종의 '자아 사이의 기만'이 일어날 수 있다. 성적 관계도 마찬가지로 구애부터 장기적인 동반자 관계에 이르기까지 갈등—그리고 기만과 자기기만—으로 가득하다.

그리고 자기기만이 때로 주요한 면역 효과를 일으킬 정도로 우리의 면역계와 마음은 긴밀하게 얽혀 있다. 우리가 정신생활의 생물학적 효과를 온전히 이해하고자 한다면, 이 모든 것들을 파악해야 한다(6장 참조). 또 처음의 회피, 거짓 입력, 기억, 논리, 남에 관한 부정확한 진술에 이르기까지 —한쪽 끝에서 반대쪽 끝까지— 우리 마음이 정보를 얼마나 편향시키는지를 보여주는 사회심리학이라는 세계가 있다(7장 참조). 여기에 수반되는 핵심 기제로는 부정, 투사, 인지 부조화를 줄이려는 지속적인 노력이 있다.

자기기만의 증거가 개인적인 경험에 새겨져 있든 꼼꼼한 연구를 통해서만 드러나는 무의식적인 것이든 간에, 자기기만은 일상생활을 분석하는 데 유용하다(8장 참조). 이 책에서 일상생활의 사례로 든 것은 비행기와 우주 탐사선의 추락인데, 장 하나가 할애되어 있다. 이런 사례는 자기기만의 비용을 거의 통제된 조건에서 집중 연구할 수 있도록 해준다(9장 참조).

자기기만은 우리가 대개 자기용서self-forgiveness와 자기강화aggrandizement를 위해 자신의 과거에 관해 스스로에게 거짓말을 하는 역사 왜곡과 긴밀하게 얽혀 있다(10장 참조). 자기기만은 오도된 전쟁을 촉발하는 데 큰 역할을 하며(11장 참조), 종교와 중요한 상호작용을 한다. 종교는 자기기만의 해독제와 촉진제 역할을 둘 다 한다(12장 참조). 그리 놀랄 일도 아니겠지만, 생물학에서 경제학과 심리학에 이르기까지 비종교적 사유 체계들은 한 분야가 더 사회적이 될수록 자기기만 때문에 발전이 더 지체된다는 법칙에 따라 자기기만에 영향을 받는다(13장 참조). 마지막으로 개인으로서의 우리는 자신의 자기기만과 맞서 싸울지 아니면 그것에 탐닉할지를 선택할 수 있다. 나는 자기기만과 맞서는 쪽을 택한다. 비록 지금까지 지극히 제한된 성공만을 거두었지만 말이다(14장 참조).

기만은 어디에나 있다

기만은 생명의 아주 심오한 특징이다. 기만은 유전자에서 세포, 개체, 집단에 이르기까지 모든 수준에서 이루어지고, 어느 모로 보아도 반드시 필요한 것인 듯하다. 기만은 드러나지 않는 경향이 있으며 따라서 연구하기가 어렵다. 자기기만은 더욱 그렇다. 우리 자신의 무의식적 마음에 더 깊숙이 숨기 때문이다. 조사하기 위해서 우선 찾아내는 것 자체가 난제일 때도 있고, 속임수의 복잡성과 자기기만의 내부 생리학적 메커니즘에 우리가 무지하다는 점 때문에 때로 핵심 증거를 놓치기도 한다.

기만이 생명의 모든 수준에서 이루어진다고 말할 때, 그것은 바이러스가 속임수를 쓰고, 세균도 식물도 곤충도, 그 밖의 다양한 동물들도 기만행위를 한다는 뜻이다. 기만은 어디에나 있다. 우리 유전체 안에서도 이기적인 전이인자들이 기만적인 분자 기술을 이용해 다른 유전자들을 희생시키면서 과다 증식할 때 기만이 판을 친다.[4] 기만은 생명의 모든 기본 관계에 침투해 있다. 기생생물과 숙주, 포식자와 먹이,

식물과 동물, 암컷과 수컷, 이웃과 이웃, 부모와 자식, 심지어 한 생물과 자기 자신의 관계에도 기만이 배어 있다.

예를 들어 바이러스와 세균은 외래 침입자로 인식되지 않도록 숙주의 신체 부위를 흉내 내는 식으로 적극적으로 속임으로써 숙주에 침입하고는 한다. 혹은 인간면역결핍바이러스HIV처럼 외피 단백질을 자주 바꿈으로써 지속적인 방어를 거의 불가능하게 만들기도 한다. 포식자는 먹이의 눈에 띄지 않는 방법을 터득하거나 먹이가 혹할 대상을 모방한다. 예를 들어 벌레처럼 생긴 신체 부위를 흔들어서 다른 물고기를 꾀어 잡아먹는 물고기가 그렇다. 한편 먹이는 포식자의 눈에 띄지 않는 방법을 터득하거나 포식자에게 해로운 대상을 모방한다. 독성을 띤 종이나, 포식자 자체를 먹이로 삼는 종을 흉내 내는 식이다.

종 내의 기만은 거의 모든 관계에서 나타날 것이라고 예상되며, 기만은 특별한 힘을 지닌다. 생물들을 보면 늘 기만이 앞서고, 기만의 간파가 그것을 따라잡는 식으로 전개된다. 소문을 이야기할 때 흔히 말하듯이, 진실은 거짓말이 세계의 절반을 돈 뒤에야 드러나는 법이다. 자연에서 새로운 속임수가 출현할 때, 그것은 처음에는 드물고 적절한 방어 수단이 없을 때가 많다. 따라서 그 기만은 계속 퍼질 것이고, 기만의 빈도가 증가함에 따라 희생자에게서 방어 수단이 나오고, 이윽고 대항 수단이 출현해 퍼질 때에야 확산은 멈출 것이다. 하지만 언제든 새로운 방어 수단을 회피할 새로운 속임수가 창안될 수 있다.

기만은 파급되면서 오랜 세월에 걸쳐 꾸준히 진실—혹은 적어도 진실의 간파—을 억누르고는 한다. 우리 경제에서 기만행위(화이트컬러 범죄를 포함하여)가 지나치게 늘어나면 그에 따라 비용이 증가하므로 기만행위는 시장의 힘을 통해 자연히 억제될 것이라는 경제학자들의 말을 들을 때면 늘 나는 놀라게 된다. 기만을 선호하는 자연선택이 강한 곳에서는 세대마다 상당한 순비용(생존과 번식 면에서)을 쥐어짜내는 기만이 선택될 수 있다는 일반 법칙이 왜 인류에게만 통하지 않는다는 것일까? 이 기만에 맞서는 집단적인 힘 같은 것은 결코 없다. 상대적으로 느리게 출현해 진화하는 대항 전략만 있을 뿐이다. 이 문단은 그런 행위와 신념이 빚어낸 금융 시장 붕괴가 일어나기 2년 전인 2006년에 쓴 것이다. 나는 경제를 전혀 모르고, 진화 논리로부터 2008년의 시장 붕괴에 관해 한 가지도 예측할 수 없었겠지만, 우리 모두를 희생시키면서도 기초 지식으로 자리를 잡는 데 단연코 실패한 경제학이라는 학문과 30년 동안 반목해왔다(13장 참조).

기만에는 어느 정도의 일반 비용이 수반되므로 자연히 제약이 따른다는 개념을 논의하기 위해, 대벌레(대벌레목)를 예로 들어보자. 대벌레는 막대기를 모방하거나(3000종) 나뭇잎을 흉내 내는(30종) 곤충 집합이다.[5] 이들의 형태는 적어도 5000만 년 동안 있어왔으며, 자신들이 모방하는 모형을 놀라울 만치 쏙 빼닮았다.[6] 막대기를 닮은 형태들은 길고 가느다란(막대기 같은) 몸을 빚어내는 강한 진화 압력evolutionary pressure을 받고 있으며, 이 압력은 개체에게 좌우대칭의 혜택을 버리라고까지 강요한다. 줄어든 공간에 장기들을 끼워 넣기 위해, 쌍으로 있는 기관 중 하나를 희생시키기도 한다. 콩팥, 난소, 고환 등등을 하나씩만 남기는 식이다. 이것은 성공한 기만을 선호하는 자연선택이 생물의 겉모습뿐 아니라 장기까지 개조할 만큼 강력했음을 보여준다. 대칭성을 잃었을 때 종종 그렇다는 것이 드러나듯이, 몸집이 더 큰 동물들에게는 그런 방식이 불리할지라도 이들에게는 아니었다. 마찬가지로 다음 장에서 살펴보겠지만, 자연선택은 물고기 수컷이 성체 시기 내내 암컷인 척하고 살아가도록 진화시킬 수도 있다. 암컷 흉내를 내는 수컷은 영역을 지키는 수컷 옆을 맴돌다가 그 영역에 진짜 암컷이 들어와 알을 낳으면 먼저 알을 수정시킨다.

자기기만이란?

자기기만은 정확히 무엇일까? 일부 철학자들은 자기기만이 애당초 불가능한 모순어법이라고 생각했다. 자아가 자아를 속이는 것이 어떻게 가능하단 말인가? 그러려면 자아는 자신이 모르는 것을 알고 있어야 하지 않겠는가(p/~p)명제와 그것의 부정명제가 다 참이 되므로 모순이라고 보았다_옮긴이)? 이 모순은 자아를 의식적인 마음으로 정의함으로써 쉽게 비껴갈 수 있다. 그러면 자기기만은 의식적인 마음이 어둠 속에 있을 때 일어나는 것이 된다. 진실 정보와 거짓 정보는 동시에 저장될 수 있다. 진실이 무의식적 마음에 저장되고 거짓이 의식적인 마음에 저장되기만 한다면 말이다. 때로 여기에 적극적인 기억 억압 같은 의식적인 마음 자체의 활동이 수반되기도 하지만, 대개 이 과정 자체는 무의식적이며 우리가 의식하는 것에 편향을 일으킨다. 대다수의 동물도 의식적인 마음을 지닌다(대개 자의식은 없지만). 감각기관을 통해 바깥 세계에 통합적으로 계속 집중할 수 있도록 불이 켜진다(깨어 있을 때)는 의미에서 그렇다.

따라서 자기기만을 정의할 때 핵심은 의식이 진실 정보를 선택적으로 배제하고, 정도의 차이는 있지만 진실 정보는 무의식에 남아 있다는 것이다. 그 정보가 남아 있다고 한다면 말이다. 마음이 충분히 빠르게 활동한다면, 진실은 어떤 형태로든 간에 저장될 필요가 아예 없다. 여기서 직관에 반하는 사실이 하나 있는데, 그것은 의식적인 마음에 들어오는 것이 거짓 정보라는 점이다. 이 말의 요지는 무엇일까? 같은 사건의 진실과 거짓 정보를 동시에 저장해야 한다면 우리는 진실을 의식적인 마음에 저장함으로써 의식의 혜택(그것이 무엇이든 간에)을 더 잘 누리고 거짓 정보는 지하실 어딘가 보이지 않는 곳에 안전하게 숨겨두겠지 생각할 것이다. 이 책은 이 반직관적인 배치가 남을 조작하기 위해 존재한다는 가설을 펼친다. 우리는 구경꾼에게 더 잘 숨기기 위해 자신의 의식적인 마음이 모르게 현실을 숨긴다. 그 정보의 사본을 자아에 저장할 수도 있고 그렇지 않을 수도 있지만, 남이 그것에 접근하지 못하도록 한다는 것은 분명하다.

인지 부하를 통한 기만 간파

자기기만의 주된 기능이 기만을 더 간파하기 어렵게 하는 것이라면, 자연히 우리는 의식적으로 퍼뜨리는 기만을 인간이 어떻게 간파하는가라는 의문을 떠올리게 된다. 어떤 단서를 써서 기만을 찾아내는 것일까? 상호작용이 익명으로 혹은 드물게 일어난다면, 기존 행동을 배경으로 삼아서는 행동 단서를 읽어낼 수가 없으므로, 거짓말의 더 일반적인 속성들을 활용해야 한다.[7] 주로 쓰이는 것이 세 가지 있다.

초조함 역공을 당하거나 죄책감을 가질 가능성 등등 발각되었을 때의 부정적인 결과 때문에, 사람들은 거짓말을 할 때는 더 초조해할 것이라고 예상된다.

통제 초조해 보일까 (혹은 너무 심하게 집중하는 것은 아닐까) 하는 걱정에 반응해, 사람들은 행동을 억누르려고 애쓰면서 통제를 가할 수 있다. 그러다 보면 과잉 행동, 과잉 통제, 미리 계획하고 연습을 한 듯한 인상, 전위 행동 displacement activities 같은 간파당할 수 있는 부작용이 나타난다. 게다가 긴장을 하면 거의 어쩔 수 없이 목소리가 높아지게 마련이다. 고통스러운 반응을 지어내거나 추위를 느낄 때 하듯이 꾹 참으라고 해보면, 아이 어른 할 것 없이 지어내기보다는 반응을 억누르는 행동을 더 잘해낸다. 즉 우리는 과잉 통제를 하는 경향이 있다.[8]

인지 부하 거짓말을 하는 것은 인지적으로 벅찰 수 있다.[9] 남을 속이려면 진실을 억누르고, 듣는 이가 알고 있거나 알게 될 가능성이 있는 그 어떤 것과도 모순되지 않으면서 겉보기에 그럴듯하게 거짓을 꾸며내야 한다. 그리고 그것을 설득력 있게 이야기해야 하며, 그 이야기를 기억하고 있어야 한다. 그것은 대개 시간과 집중력을 요하고, 이 두 가지는 이차적인 단서를 드러냄으로써 동시다발적인 이 과제들을 해내는 능력을 떨어뜨릴 수 있다.

이 셋 중에 인지 부하가 핵심 변수이고 통제는 미미한 역할을 하고 초조함은 거의 아무 일도 안 하는 듯한 사례가 종종 있다. 적어도 실제 범죄 수사와 그것을 모방해 설계된 실험 상황에서는 그렇게 보인다. 충분한 연습을 거친 거짓말을 제외하고, 거짓말을 하는 사람들은 아주 집중해서 생각해야 하며 그것은 몇 가지 효과를 빚어낸다. 그중에는 초조함과 정반대되는 것도 있다.

눈 깜박임을 예로 들어보자. 초조할 때 우리는 눈을 더 자주 깜박이지만, 인지 부하가 증가한 상태(예를 들어 수학 문제를 풀 때)에서는 덜 깜박인다. 최근의 기만 연구들은 우리가 속일 때 눈을 덜 깜박인다고 말한다. 즉 인지 부하 규칙에 따라서 말이다. 초조하면 우리는 더 안절부절못하지만, 인지 부하는 정반대 효과를 낳는다. 여기서도 일반적인 예상과 정반대로, 속이는 상황에서 사람들은 때로 덜 안절부절못하는 모습을 보인다. 그리고 인지 부하 효과에 부합되게, 사람들은 속일 때 손짓을 덜하고 거짓말을 할 때 남녀 모두 중간에 더 오래 말을 멈추고는 한다. 나는 예전에 자메이카에서 후자의 우스꽝스러운 사례를 접했다. 내 돈을 강탈하거나 훔칠 의도로(내 생각에는 그랬다) 오토바이를 타고 막 도착한 젊은 남자에게 내가 질문을 했을 때였다. 나는 이름이 뭐냐고 물었다. "스티브요." 그가 대답했다. "성은 뭡니까?" 침묵. "성을 떠올리는 데 그리 오래 걸리지 않을 텐데요." 그러자 단박에 "존스."라는 말이 튀어나왔다. "존스입니다." 따라서 '스티브 존스'였다. 자메이카에서 전혀 있을 법하지 않은 이름은 아니었지만, 그의 실제 이름이라고는 믿기가 어려웠다. 나중에 실제 이름은 오마르 클라크임이 밝혀졌다. 요점은 인지 부하가 단번에 그의 정체를 폭로했다는 것이다. 가장 최근의 연구는 거짓말을 하기에 앞서 반드시 머뭇거리는 것은 결코 아니라고 말한다.[10] 그것은 거짓말의 종류에 따라 달라진다. 부정하는 말은 진실보다 더 빨리 나오고, 충분히 연습한 거짓말도 마찬가지다.

자신을 통제하려는 노력도 기만을 드러낼 수 있다. 목소리의 높낮이가 대표적인 사례다.[11] 속이는 자는 목소리가 더 높아지는 경향이 있다. 이것은 아주 일반적인 현상이며, 스트레스를 받거나 몸을 더 경직시켜서 행동을 억누르려고 애쓰기 때문에 나타나는 자연스러운 결과다. 몸을 긴장시키면 불가피하게 목소리가 높아지는 경향이 있고, 거짓말을 하는 사람이 핵심 단어에 다가갈수록 이 긴장은 자연스럽게 고조된다. 예를 들어 '셰리'와의 성관계를 부인하는 사람은 그 핵심 인물의 이름을 말할 때 목소리가 치솟는 것을 볼 수 있을지 모른다. "내가 쎄리와 그런 관계라는 거예요?" 전부터 그럴 것이라고 짐작은 해왔지만, 나는 이제 새로운 증거를 더 얻은 셈이다.

억압의 또 한 가지 효과는 전위 행동의 생성이다.[12] 다른 동물들을 대상으로 한 실험에서 으레 나오는 전위 행동은 상반되는 두 동기가 동시에 일어날 때 무관한 행동이 이따금 나타나는 것이다. 양쪽 동기가 다 실현될 수 없으므로, 막힌 에너지는 씰룩거림 같은 무관한 행동을 촉발하기 쉽다. 이 때문에 영장류에게서 전위 행동은 스트레스를 나타내는 믿을 만한 지표가 된다. 한 예로 어느 날 내가 술집에서 여자 친구에게 사소한 거짓말로 무언가를 어물쩍 넘기려 했는데, 그만 내 왼팔이 저절로 씰룩거렸다. 우리가 사귄 지 좀 된 터라, 그녀의 시선은 즉시 씰룩거리는 내 팔로 향했다. 몇 개월 뒤에 같은 상황이 벌어졌다. 역할만 뒤바뀐 채 말이다. 이것이 테니스 경기였다면 주심은 각 상황에서 상대방에게 어드밴티지를 주었을 것이다.

기만을 논의할 때면 초조함이 기만을 드러낸다는 주장이 으레 나오기 마련이다. 기만을 간파하려는 사람이나 발각되지 않으려고 시도하는 사람 모두 그 점을 말하고는 하지만, 놀랍게도 과학적으로 보면 초조함은 기만을 예측할 때 약한 변수에 속한다.[13] 그것은 어느 정도는 실험이라는 상황에서는 속임수가 발각되어도 당사자에게 불리할 일이 전혀 없으므로 실험 참가자들이 초조해하지 않는다는 점 때문이기도 하다. 하지만 실제 상황(예를 들어 범죄 심문)에서도 실제로 거짓말을 했는지와 무관하게 용의자가 되었다는 사실에 초조해할 수 있고, 아마 이 점이 더 중요할 텐데, 우리가 초조함을 한 변수로 의식하고 있기 때문에 억압기제가 초조함 못지않게 잘 발달해 있을 수도 있다. 거짓말에 능숙한 사람은 더욱 그렇다. 그리고 앞서 보았듯이 거짓말을 할 때 수반되는 인지 부하는 종종 초조함과 상반되는 효과를 일으키고는 한다.

인지 부하(그리고 목소리 높이)의 핵심은 피할 여지가 없다는 것이다. 초조함을 억누를 때 목소리가 높아진다면, 그 효과를 억누르려고 애쓰다가는 목소리가 더 높아지기만 할지도 모른다. 거짓말은 인지 비용을 수반하고, 그 비용을 확실하게 줄일 수 있는 방법은 무의식적 통제 수준을 높이는 것밖에 없다. 부정과 억압이라는 기제는 비용을 나중으로 분산시킴으로써 당장의 비용을 줄이는 역할을 할 수 있다.

그와 별개로 인지 부하가 커질수록 무의식적 과정이 드러날 가능성이 더 높아진다는 법칙에 따라, 인지 부하가 다양한 심리학적 과정들에 폭넓게 중요한 영향을 미친다는 점을 지적해두자. 예를 들어 인지 부하를 받을 때 사람들은 자신이 억누르고자 하는 것을 불쑥 발설하는 일이 더 잦아질 것이고 숨기고자 하는 편향된 견해를 더 자주 드러낼 것이다.[14] 요컨대 인지 부하는 당신의 반응을 늦추는 것 이상의 일을 한다. 그것은 수많은 방식으로 무의식적 과정들을 드러내는 경향이 있다. 인지 부하 때문에 의식의 통제 수준이 최소로 줄어들 때 특히 그렇다.

거짓말의 언어적 세부 사항도 거짓임을 폭로할 수 있다.[15] 컴퓨터 분석을 이용한 한 탁월한 연구는 거짓말에 몇 가지 공통적인 언어 특징이 있음을 보여준다. 마치 거짓말과 자신은 무관하다는 양, '나, me'의 사용 빈도가 줄고 다른 대명사의 활용 빈도는 는다. 또 '비록' 같은 한정사의 사용 빈도도 준다. 그럼으로써 당장의 인지 부하를 낮추고 나중에 기억할 필요도 줄임으로써 거짓말이 매끄러워진다. 진실을 이야기하는 사람이 "비록 비가 오고 있었지만 나는 꿋꿋이 사무실까지 걸었어."라고 말할 때, 거짓말쟁이는 "나는 사무실까지 걸었어."라고 말할 것이다. 반면에 부정적인 단어는 더 많이 쓰인다. 죄책감 때문이거나 거짓말에 부인과 부정이 더 빈번하게 쓰이기 때문일 수도 있다.

일상생활에서 거짓말이 발각되는 빈도를 측정하기는 어렵다. 인터뷰를 한 결과 미국인들은 자신이 한 거짓말 중 20퍼센트는 곧바로 발각되고 또 20퍼센트는 발각될 가능성이 있다고 믿는다.[16] 물론 그들이 성공했다고 느끼는 60퍼센트의 거짓말 중에서도 간파한 자가 기만을 알아차렸음을 숨기는 사례가 포함되어 있을 것이다.

자기기만은 언어보다 오래되었다

우리가 논의하는 주제가 생물학에 얼마나 깊이 뿌리 박혀 있을까? 많은 이들은 자기기만이 정의상 거의 인간만의 현상일 것이라고 본다. '자기'란 언어가 있음을 시사한다는 것이다. 하지만 자기기만이 언어보다 훨씬 더 깊은 진화 역사를 지니지 않는다고 여길 이유는 전혀 없다. 자기기만이 반드시 단어를 필요로 하는 것은 아니기 때문이다. 남들이 측정할 수 있는 개인적 변수인 자신감을 생각해보라. 그것은 자기기만을 더 설득력 있는 행위로 만듦으로써 남들을 기만할 만치 팽창할 수 있다. 이 특징은 멀리 우리의 동물 조상에게까지 거슬러 올라갈 것이다.

자연에서 두 동물이 몸을 부딪치면서 싸울 자세를 취하고 있다고 하자. 각자는 상대의 자신감을 자신의 자신감과 비교해 평가하고 있다. 그것은 때때로 결과 예측이 가능하다고 예상할 수 있는 변수들이다. 각 동물 내면에서의 편향된 정보 흐름은 거짓 자신감을 부추길 수 있다. 자기 강화를 믿는 쪽은 단지 그런 척할 뿐임을 알고 있는 쪽보다 상대를 물리칠 가능성이 아마 더 높을 것이다. 따라서 비언어적 자기기만은 공격적이고 경쟁적인 상황에서 상대를 더 잘 속이므로 선택될 것이다. 남녀의 구애에도 같은 말이 거의 고스란히 적용될 수 있다. 남성의 거짓 자신감은 때때로 그를 고양시킬 수 있다. 따라서 편향된 심적 표상은 언어 없이도 생성될 수 있다. 물론 자기기만은 자기부풀리기self-inflation를 설득력 있는 수준에서 멈출 때에만 작동하는 경향이 있다는 점을 유념하자.

위에 말한 내용은 적어도 두 가지 흔한 맥락—공격적인 충돌과 구애—에서 기만을 선호하는 자연선택이 설령 언어가 수반되지 않을 때조차도 자기기만을 선호하기 쉬울 수 있음을 보여준다. 그런 맥락들이 더 많이 있다는 것은 분명하다. 부모/자식 관계도 그렇다. 게다가 뒤에서 살펴보겠지만, 아주 최근에 원숭이들도 인간에게 잘 알려져 있는 형태의 자기기만 행위를 한다는 연구 결과가 나왔다. 예를 들어 원숭이들은 암묵적인 내집단 선호뿐 아니라 일관성 편향도 보인다. 둘 다 같은 유형의 실험들을 통해 인간에게서도 나타난다는 것이 밝혀졌다. 뒤에서 살펴보겠지만, 예상하는 대로 남성은 여성보다 더 과신하기 쉽고, 그에 따라 남을 속이는 일이 거의 수반되지 않는 주식 거래 같은 합리적인 상황에서는 실적이 더 형편없다.

자신감은 내부 변수이므로 특히 기만하기가 쉽다. 나는 근육을 부풀림으로써 겉으로 보이는 체격을 팽창시킬 수 있지만 보는 사람에게는 그렇다는 사실이 꽤 뻔히 드러나며, 또 다른 중요한 변수인 겉으로 드러나는 신체 대칭성은 증가시키기가 대단히 어렵다. 하지만 실제보다 자신감이 넘치는 척하는 것은 더 쉬우며, 따라서 자기기만을 선호하는 자연선택이 더 강하게 작용한다. 자신감이 공격 결과를 예측하는 데 체격만큼 중요한 상황에서는 더욱 그렇다. 따라서 나는 과신이 가장 오래되고 가장 위험한 형태의 자기기만 중 하나라고 믿는다. 개인 생활에서만이 아니라 전쟁을 벌일 것인가 같은 전체적인 결정을 내릴 때에도 말이다.

한편 언어는 우리 인류 계통에서 기만과 자기기만의 기회를 크게 확대시키는 것이 분명하다. 언어의 한 가지 큰 장점이 시간적 공간적으로 멀리 떨어진 사건에 관한 참된 진술을 하는 능력이라면, 그것의 사회적 단점 중 하나는 시간적 공간적으로 멀리 떨어진 사건에 관한 거짓 진술을 하는 능력임이 분명하다. 이런 진술들은 당면한 세계에 관한 진술보다 훨씬 모순이 덜하기 쉽다. 일단 언어를 지니면, 자아와 사회관계에 대한 명시적인 이론을 지니게 됨으로써 남들과 의사소통을 할 준비가 된다. 새로운 참된 주장의 수가 늘어날 때 거짓 주장의 수는 더욱 크게 늘어난다.

과신의 한 가지 아주 성가신 특징은 그것이 때로 지식과 거의 무관해 보인다는 것이다. 즉 개인이 더 무지할수록, 자신감은 더 넘칠 수도 있다.[17] 일반 지식을 물었을 때 대중도 그런 양상을 보이고는 한다. 때로 이 현상은 나이와 지위에 따라 달라진다. 한 예로 일부 나이 지긋한 의사들은 자신이 틀렸을 가능성이 더 높으면서도 옳다고 더 확신한다. 이것은 대단히 치명적인 조합이며, 특히 외과의사에게서는 더욱 그렇다. 비극적인 결과를 빚어내는 또 다른 사례는 목격자 증언이다. 목격자는 목격한 범인을 식별할 때 착각을 하고서도 자신이 옳다고 더 확신하며, 이 확신은 배심원단에게 자신의 말이 옳다는 긍정적인 효과를 미친다. 사실 모순을 수용할 수 있는 미묘하면서도 회색을 띤 관점이 세계에 대한 합리적인 접근법일 수도 있지만, 그 모든 모순들은 망설임과 확신 부족으로 이어진다. 이 문제를 해결하는 한 가지 손쉬운 지름길은 무지를 무지의 노골적인 인정과 결합하는 것이다. 이런 태도에서는 합리적인 탐구의식 따위는 찾아볼 수 없지만, 더 중요한 점은 자기 회의나 모순의 징후도 전혀 없다는 점이다.

자기기만의 9가지 범주

자기부풀리기와 남 폄하라는 단순한 사례부터 살펴보자. 그 다음에 내집단 감정의 효과, 권력 감정, 통제 착각을 살펴볼 것이고, 이어서 거짓 사회 이론, 거짓 내면 서사, 자기기만의 추가 원천으로서의 무의식 모듈을 생각해보기로 하자.

자기부풀리기는 삶의 법칙이다

동물의 자기부풀리기는 공격 상황에서(몸집, 자신감, 색깔)만이 아니라 구애 때(같은 변수)에도 흔히 일어난다. 자기부풀리기는 인간 심리 생활의 주된 양식이기도 하다. 반면 적응적인 자기줄이기self-diminution는 동물과 인간 양쪽에서 임시 전략으로 출현한다(8장 참조). 이 자기부풀리기의 상당수는 한 심리학자가 이익편향성beneffectance이라고 딱 맞게 부른 것을 위해 이루어진다.[18] 남에게 유익하고 유효한 것처럼 보이도록 말이다. 여기에 미묘한 언어학적 특징들이 수반될 수도 있다. 긍정적인 집단 효과를 기술할 때 우리는 활기찬 목소리를 택하지만, 효과가 부정적일 때는 무의식적으로 활기가 없는 목소리로 바꾼다. 이런 일이 벌어졌고 저런 일이 벌어졌으며, 그 뒤에 우리 모두가 대가를 치르고 있다는 식이다. 1977년 샌프란시스코의 한 남자가 일으킨 사건은 아마 그 장르의 고전적인 사례일 것이다. 그는 자동차를 전봇대에 들이박고는 경찰에게 이렇게 주장했다. "전봇대가 다가오고 있었어요. 내가 비키려고 했는데, 그게 내 앞에 와 부딪힌 거죠." 지극히 합리적인 말이지만, 그것은 책임을 전봇대에 돌리는 것이다. 그리고 자기편향은 모든 방향으로 뻗어나간다. 당신이 BMW 소유자에게 왜 그 자동차를 샀는지 묻는다면, 그들은 남에게 과시하려는 의도는 전혀 없다고 말하는 한편으로 남들은 과시하려는 이유로 그 차를 샀을 것이라고 말할 것이다.[19]

개인은 자기부풀리기를 통해 집단 내에서 자신을 긍정적인 분포의 상위 절반에 놓고 부정적인 분포의 하위 절반에 놓는다.[20] 미국 고등학생 중 80퍼센트는 자신이 지도력 면에서 상위 절반에 속한다고 여긴다. 불가능하다. 하지만 자기기만으로 말하자면 학자들을 따라올 수 없다. 한 설문 조사에 따르면, 학자들은 94퍼센트가 자신이 자기 분야의 상위 절반에 속한다고 했다. 나도 죄를 인정한다. 나는 어떤 병원의 구석에 있는 침대에 묶여 있으면서도 여전히 내가 동료들 중 절반보다 더 뛰어나다고 믿을 수 있다. 그리고 이것이 단지 내 동료들만을 두고 하는 말은 아니다.

우리가 외모로 따지면 자신이 상위 70퍼센트에 속한다고 말할 때, 그것은 그저 허풍에 불과할 수도 있다. 속마음은 어떠할까? 새 방법론에 따른 최근의 한 연구 결과는 놀랍기 그지없다.

컴퓨터의 도움으로 각 사진을 매력적인 얼굴(얼굴 표본 60개 중에서 매력적이라고 여겨지는 15개의 평균) 쪽으로 20퍼센트 또는 매력적이지 않은 얼굴(비틀린 얼굴을 만들어내는 두개얼굴증후군cranial-facial syndrome) 쪽으로 20퍼센트 변형시켰다. 여러 효과들이 나타났지만 다른 사람들의 얼굴 11개를 배경으로 자신의 진짜 얼굴, 매력을 20퍼센트 높인 얼굴, 20퍼센트 낮춘 얼굴을 빨리 찾아내려고 시도할 때, 사람들은 매력을 높인 얼굴을 가장 빨리 찾아내고(1.86초), 실제 얼굴은 5퍼센트 더 늦게(2.08초), 못생긴 얼굴은 그보다 다시 5퍼센트 더 늦게(2.16초) 찾아냈다. 통상적인 언어 필터—자신을 어떻게 생각하나요?—가 없었으므로 여기서는 아름다움이 지각 속도의 유일한 척도다. 사람들에게 매력을 50퍼센트 더 높인 사진부터 50퍼센트 더 낮춘 사진에 이르기까지 변형시킨 자신의 사진들을 다 보여주면, 그들은 20퍼센트 더 나아 보이는 사진을 가장 마음에 드는 사진으로 고르고 그 사진이 자신을 가장 닮았다고 생각한다. 여기에서 한 가지 중요한 일반적인 결과가 도출된다. 자기기만에는 한계가 있다는 것이다. 30퍼센트 더 나아 보이는 모습은 받아들이기 어려운 듯한 반면, 10퍼센트 더 나아 보이는 모습은 나아졌음을 제대로 평가받지 못한다.[21]

나는 위의 결과를 굳이 내 자신에게 납득시킬 필요성을 거의 못 느낀다. 내가 대도시에 산다면 거의 매주 그 효과를 경험할 테니 말이다.

내가 매력적인 젊은 여성과 길을 걷는다고 하자. 나는 계속 재미있게 함으로써 그녀 곁에 머물려고 애쓴다. 그러다가 그녀의 반대편에 있는 한 노인이 눈에 들어온다. 백발에 추하고 축 처진 얼굴에 휘청휘청하면서 잘 걷지도 못하지만 완벽하게 우리와 보조를 맞추고 있다. 그는 사실 우리가 지나치는 상점들의 유리창에 비친 내 모습이다. 자기기만에 빠진 내게 진짜 내가 추한 존재로 비치는 것이다.

자기부풀리기 경향이 진정으로 인류에게 보편적일까? 일본과 중국 같은 일부 문화는 겸양을 미덕으로 삼으므로, 그곳 사람들은 자기부풀리기가 없음을 보여주기 위해 서로 경쟁할 것이라고 예상할지도 모르겠다.[22] 일부 영역에서 겸양이 지배한다는 점은 분명하지만, 일반적으로 보면 선악을 논의할 때 남보다 자신을 기준으로 삼는 등 자기부풀리기 경향을 찾아볼 수 있는 듯하다. 다른 문화들에서와 마찬가지로, 부풀리기는 친구들에게 적용되기도 한다. 즉 자신의 친구들이 평균보다 더 낫다고 본다(비록 자신보다 친구를 더 부풀리는 경향이 있는지 여부는 문화에 따라 다르지만).

참고로 최근의 한 연구는 이런 유형의 자기부풀리기를 담당하는 듯한 뇌 부위를 찾아냈다.[23] 예비 조사 결과를 살펴보면, 안쪽 이마앞 겉질(내측 전전두 피질)MPFC, medial prefrontal cortex이라는 영역이 자아와 관련된 정보를 처리하는 데 관여하는 듯이 보인다. 심지어 거짓 자아 감각까지 그곳에 기록되며, 그 영역은 전반적으로 남을 속이는 일에 관여한다. 이 영역의 신경 활동을 억제해(뇌 활동이 일어나는 부위의 머리뼈에 자기력을 가함으로써) 자기강화 경향을 제거할 수도 있다(다른 영역에서의 억제에는 아무 영향을 끼치지 않은 채).

극단적인 형태의 자기도취self-adulation는 이른바 나르시시스트에게서 찾을 수 있다. 사람들이 대체로 긍정적인 측면에서 자신을 과대평가하긴 하지만 나르시시스트는 자신이 남들보다 더 나은 삶을 누릴 자격이 있는 특별하고 독특한 존재라고 생각한다. 그들의 자아상은 지배와 권력 쪽으로 발달해 있다(하지만 배려나 도덕성 쪽으로는 그렇지 않다).[24] 그래서 그들은 특히 높은 지위를 추구하는 성향이 있는 듯하며, 그 때문에 사람들에게서 지위를 인정받고자 애쓸 것이다. 사람들이 대체로 자신의 주장이 옳다고 과신하는 경향이 있긴 하지만, 나르시시스트는 특히 더 그렇다. 나르시시스트는 과신하기 때문에, 연구실에서 실험 대상자가 되었을 때 자기도취가 덜한 사람들보다 잘못된 지식을 토대로 한 내기를 받아들임으로써 돈을 잃을 가능성이 더 높다. 또 그들의 망상은 지속성을 띤다.[25] 그들은 자신이 잘해낼 것이라고 예측하고, 실제로는 그렇지 않음에도 자신이 일을 잘했다고 추측하고, 전에 실패했음을 알면서도 자신이 앞으로도 잘해낼 것이라고 예측한다. 사실상 대가다운 솜씨를 발휘함으로써 말이다. 누군가를 나르시시스트라고 부르는 것은 찬사가 아니다. 그것은 해당 인물의 자기강화 체계가 자신을 불리하게 할 정도까지 통제에서 벗어났음을 시사한다.

남 폄하는 밀접한 관련이 있다

한 가지 의미에서 남 폄하는 자기부풀리기의 거울상이다. 어느 쪽이든 간에 자신이 상대적으로 더 나아 보이기 때문이다. 하지만 한 가지 중요한 차이가 있다. 자기부풀리기에서는 원하는 효과를 얻고자 할 때 그저 자아상만 바꾸면 되지만, 남을 폄하할 때는 전체 집단을 폄하해야 할지도 모른다. 정확히 어떤 상황에서 당신이 남 폄하를 통해 유리해질까? 아마 당신 자신이 초라하게 보이는 상황에서일 것이다. 그럴 때는 갑자기 어떤 혐오하는 집단에게로 주의를 돌리는 것이 도움이 된다. 그들과 비교하면 당신은 그들만큼 나빠 보이지 않는다.

  사회심리학도 그렇다고 말하고 있는 듯하다. 남 폄하가 사람들이 위협을 받을 때 채택하는 방어 전략일 때가 훨씬 더 많은 듯하다는 것이다. 두 무리의 학생들에게 지능검사 점수가 높게 나왔다거나 낮게 나왔다고 말하자(무작위로). 그러면 낮은 점수를 받았다는 말을 들은 학생들만이 나중에 한 유대인 여학생(탐욕스럽지 않다고는 할 수 없는)을 성격이 어떻고 하는 온갖 이유로 모독한다.[26] 자신의 지적 능력이 미심쩍을 때면 그 여성의 지적 성취를 연상하는 것만으로도 그 여성을 모독할 충분한 이유를 지니게 된다. 마찬가지로 '점수가 낮은 학생들'(그렇다고 들은 학생들)은 '머'와 '위'라는 글자를 잠재의식적으로 흑인 얼굴과 연관 짓게 했을 때 그 글자를 '멍청한'과 '위험한'이라고 완성할 가능성이 더 높다. 그러니 내가 어리석다는 증거가 있다고 하자(실제로는 그럴 리가 없지만). 그럴 때 나는 지적이라고 하는 집단의 구성원을 폄하하는(그들에 대한 다른 편견도 지닐 수 있다) 한편으로 지적 능력이 떨어진다고 하는 사람들의 부정적이고 전형적인 특징에 주의를 환기시킴으로써 공세를 퍼부을 것이다. 말이 난 김에 덧붙이자면, 폄하는 사후에 내 기분을 더 좋게 하므로, 그 행위는 나를 속일 수도 있다.

  나중에(11장) 살펴보겠지만, 남 폄하—인종적, 민족적, 계급적 편견을 포함하여—는 전쟁 같은 적대적인 활동을 꾀할 때 특히 더 위험할 수 있다.

가장 두드러진 내집단/외집단 관련 특징들

내집단과 외집단만큼 우리 종에서 더 빠르고 더 직접적인 심리학적 반응을 불러일으키는 구분은 거의 없다. 그것은 설령 더하다고 할 수는 없을지라도, 나와 남이라는 구분과 거의 맞먹는다. 당신이 남들보다 평균적으로 더 나은 것처럼, 당신의 집단도 그렇다. 남들이 당신보다 못하듯이, 외집단도 그렇다. 내집단과 외집단이라는 편가르기는 어처구니없을 만치 쉽게 이루어진다. 우리 쪽이 옳다는 느낌을 심어주기 위해 굳이 수니파나 기독교 근본주의까지 동원할 필요는 없다. 그저 일부에게는 파란 셔츠, 일부에게는 빨간 셔츠를 입히면 30분이 채 지나기 전에 사람들은 셔츠 색깔을 토대로 내집단과 외집단을 구별하는 감정을 갖게 될 것이다.

일단 어떤 사람을 외집단에 속한다고 규정하면 내집단 구성원과 비교해 그 사람의 이미지를 떨어뜨리는 역할을 하는 일련의 심적 조작이 일어나고, 그 일은 무의식적으로 이루어질 때가 흔하다. '우리'와 '그들'이라는 단어는 우리의 생각에 강력한 무의식적인 영향을 미친다. 무의미한 음절('야', '라이', '우즈' 같은)조차 '우리'와 결합될 때면, '그들'과 결합된 비슷한 음절보다 더 선호된다.[27] 그리고 이런 메커니즘은 예를 들어 사람들에게 서로 색깔이 다른 셔츠를 입히는 식으로 실험적으로 만든 인위적인 집단에도 적용될 수 있다. 그런 상황에서도 우리는 내집단 구성원이 좋은 품성을 보여준다고 일반화하는 한편으로 외집단 구성원이 나쁜 성격을 지닌다고 일반화하기 쉽다.[28] 예를 들어 외집단 구성원이 내 발을 밟으면 나는 "거 참, 조심하지 않고서."라고 말할 가능성이 높은 반면, 내집단 구성원이 그렇게 하면 "그가 내 발을 밟았어."라고 그 행동을 정확히 묘사할 것이다. 대조적으로 외집단 구성원이 호의적인 행동을 하면 "그녀가 기차역으로 가는 길을 알려줬어."라고 구체적으로 기술하는 반면, 내집단 구성원이 그랬다면 "도움이 되는 사람이야."라고 말할 것이다. 자신과 비교하여 남을 폄하할 때도 비슷한 심리적 작용이 일어난다. 우리는 웃음 같은 사소한 긍정적인 사회적 형질조차도 무의식적으로 외집단 구성원보다 내집단 구성원에게 갖다 붙이는 사례가 더 많다.[29]

이 편향은 삶에서 일찍, 유아와 어린아이 때 시작된다. 그들은 인종, 매력, 모국어, 성별을 토대로 남들을 집단으로 나눈다. 3세가 되면 아이들은 내집단 구성원들과 노는 쪽을 선호하고, 외집단 구성원을 향해 노골적으로 부정적인 언어 태도를 드러내기 시작한다. 또 그들은 어른들과 마찬가지로 무작위적으로 자신이 속하게 된 집단을 선호하고, 자기 집단이 타 집단보다 우월하다고 믿으며, 외집단 구성원을 해를 끼치는 방식으로 대하기 시작하는 성향을 강하게 드러낸다.

최근의 연구는 원숭이에게서도 내집단과 외집단에 관련된 비슷한 마음 구조가 있음을 보여준다.[30] 경험이 쌓이는 정도에 따라 수정을 가하면서 내집단과 외집단 구성원의 얼굴 사진에 맞추어 시각적으로 반응하도록 한 검사를 해보면, 원숭이들에게서 외집단 구성원을 더 오래 쳐다보는 경향이 뚜렷이 나타난다. 그것은 우려와 적대감을 나타내는 척도다. 마찬가지로 원숭이는 외집단 구성원이 바라보는 대상에 외집단 속성을 부여하고, 내집단 구성원이 바라보는 대상에는 내집단 속성을 부여할 것이다. 마지막으로 원숭이 수컷은 외집단 구성원을 거미 사진, 내집단 구성원을 과일 사진과 더 쉽게 연관 짓는다(암컷은 그런 성향이 없다). 이 연구의 묘미는 원숭이가 다양한 시기에 이 집단 저 집단으로 옮겨가고는 하므로, 연구자가 친숙함의 정도를 정확히 통제할 수 있다는 것이다. 예를 들어 내집단 구성원끼리는 서로 더 친숙한 경향이 있지만, 친숙함과 별개로 내집단 구성원이 외집단 구성원보다 선호된다. 수컷이 외집단 구성원을 부정적인 자극, 내집단 구성원을 긍정적인 자극과 더 쉽게 연관 짓는다는 것은 대개 남성이 내집단보다 외집단의 구성원에게 상대적으로 더 편견을 보인다는 인간을 대상으로 한 연구 결과와도 부합된다.

권력의 편향

권력은 부패하는 경향이 있고 절대 권력은 절대적으로 부패한다고 한다. 이 말은 대개 권력이 점점 더 이기적인 전략을 집행하도록 허용함으로써 결국 '부패한' 권력이 되어간다는 사실을 가리킨다. 하지만 심리학자들은 권력이 우리의 마음 과정들을 거의 즉시 부패시킨다는 것을 보여주었다. 사람들에게 권력을 쥐었다는 느낌을 갖게 하면, 그들은 남의 관점을 취할 가능성이 줄어들고 자신의 생각을 중심에 놓을 가능성이 더 높아진다. 그 결과 남들이 어떻게 보고 생각하고 느끼는지를 이해할 능력이 줄어든다. 무엇보다도 권력은 남에게 무신경하게 만든다.

이런 실험에서는 기본적으로 이른바 점화prime를 통해 일시적인 마음 상태를 유도하는 방식이 쓰인다. 점화는 의식적일 수도 무의식적일 수도 있으며 단어처럼 짧거나 더 상세할 수도 있다.

한 실험에서 한 집단에게는 자신이 권력을 쥐었다고 느낀 상황에 관해 5분 동안 글을 쓰게 하고 집단 구성원들에게 사탕을 나누어주도록 함으로써 권력을 점화한 반면, 또 한 집단에게는 반대 상황에 관한 글을 쓰도록 하고 받고 싶은 사탕의 양만을 말하게 함으로써 권력 점화

수준을 더 낮게 했다.[31]

온건한 수준의 점화였음에도 결과는 놀라웠다. 실험 대상자에게 오른손 손가락으로 연달아 다섯 번 딱딱 소리를 내게 한 뒤에 허공에 글자 E를 재빨리 쓰도록 하자, 무의식적 편향이 드러났다.

권력을 지녔다는 느낌을 받도록 점화시킨 사람들에 비해 무력하다고 느끼도록 점화시킨 사람들은 남이 읽을 수 있도록 또박또박 E를 쓸 확률이 세 배 더 높았다. 이 효과는 남녀 양쪽에게서 똑같이 강했다. 권력을 지님으로써 남에게서 자기로 근본적으로 초점이 옮겨간다는 점은 후속 연구를 통해 확증되었다. 점화를 일으키지 않은 사람들과 비교했을 때, 권력 점화를 받은 이들은 보통 사람들에게서 공포, 분노, 슬픔, 행복과 관련된 얼굴 표정을 식별하는 능력이 더 떨어졌다. 남녀 모두 권력 점화에 비슷하게 반응했지만, 일반적으로 여성은 점화 뒤에도 감정을 더 잘 구분한 반면 남성은 과신할 가능성이 더 높았다. 즉 권력을 지닌 남성은 권력과 성별 때문에 타인의 세계를 제대로 이해하는 능력에 다중적인 결함이 생긴다. 그리고 국가 수준에서 보면 대개 전쟁을 하겠다는 결정을 내리는 쪽이 권력을 지닌 남성들, 즉 남에게 관심을 덜 기울이고 남의 관점을 덜 헤아리는 잘못된 방향의 편향을 내재한 이들이기에, 안타깝게도 때로 총체적인 비극이 일어나고는 한다(11장 참조).

권력이 남성을 맹목적으로 만드는 사례는 1000가지라도 들 수 있다. 윈스턴 처칠이라고 다를 바 없다.[32] 그는 인생의 달고 쓴 맛을 다 맛보았고, 때로 거의 절대적인 존재로 군림하기도 했다. 제2차 세계대전 때는 영국 수상이었다가 ─가장 큰 권력을 행사한 수상에 속했다─ 물러난 뒤에는 거의 아무런 정치력도 발휘하지 못했다. 제1차 세계대전 때도 그는 비슷한 상황을 겪었다. 권력이 정점에 이르렀을 때 그는 독재적이고 오만하고 아량이 없는 등등 독재자의 면모를 여실히 드러냈다. 권력이 적을 때는 내성적이고 겸손해 보였다.

도덕적 우월성

우리 삶에서 우리 자신이 인식하는 도덕적 지위만큼 중요한 변수는 거의 찾아보기 어렵다. 도덕 수준은 우리가 남에 비추어 자신의 가치를 평가할 때 매력과 유능함보다도 중요하다고 여기는 변수다. 따라서 그만큼 기만과 자기기만의 대상이 되기 쉽다. 도덕적 위선은 우리 본성의 내밀한 한 부분이다.[33] 즉 우리는 똑같은 도덕적 침해 행위로 자신을 심판할 때보다 남을 심판할 때 더 혹독한 경향이 있다. 자신의 집단 구성원에 비해 타 집단의 구성원을 심판할 때에도 그렇다. 예를 들어 나는 내 자신의 행동이 관련되어 있을 때는 지극히 관대하다. 나는 남이 했다면 몹시 나무랄 범죄라도 내가 했다면 금방 용서할 것이다. 게다가 온정적인 농담까지 던질 것이다.

사회심리학자들은 이 효과를 한 가지 흥미로운 형태로 보여주었다. 사람에게 인지 부하를 주면(숫자열을 암기하면서 도덕적 평가를 내리게 하는 식으로) 그 사람은 자기를 향한 통상적인 편향을 드러내지 않는다.[34] 하지만 인지 부하가 없는 상태에서 같은 평가를 할 때면, 똑같은 행동을 하는 남보다 자신이 더 공정하다고 여기는 강력한 편향이 드러난다. 이것은 우리 내면 깊숙이 보편적으로 정당한 평가를 내리려 애쓰는 메커니즘이 있긴 하지만, 사후에 '고등한' 기구가 우리에게 유리한 쪽으로 윤색을 한다는 것을 시사한다. 우리의 마음이 이런 식으로 짜인 것이 과연 어떤 이점이 있을까? 편향되지 않은 내부 관찰자는 자신의 행동을 감찰함으로써 혜택을 제공할 것이 분명하다. 자신의 행동을 올바로 인지해야만 남과 갈등을 빚을 때 누가 잘못했는지를 판단할 수 있기 때문이다.

통제 착각

사람(그리고 다른 많은 동물들)은 예측 가능성과 통제를 필요로 한다. 여러 실험들은 정기적으로 예측할 수 있게 처벌을 가하는 것보다 이따금 무작위로 전기 충격을 가하는 쪽이 훨씬 더 불안을 자아낸다(땀을 많이 흘리고 심장 박동 수가 높아지는)는 것을 보여준다. 불확실한 위험보다는 확실한 위험이 더 견디기 쉽다. 사건을 통제한다면 확실성이 더 커진다. 전기 충격을 받는 빈도를 어느 정도 통제할 수 있다면, 빈도가 더 적지만 통제할 수가 없는 충격보다 더 낫다고 느낀다. 쥐와 비둘기 같은 동물들에게도 비슷한 효과가 나타난다는 것이 잘 알려져 있다.[35]

하지만 통제 착각이라는 것도 있다. 우리가 결과에 영향을 미치는 능력이 실제보다 더 크다고 믿는 것이다.[36] 주식 시장에서 우리는 자기 행동의 결과에 영향을 미칠 능력이 전혀 없으므로, 우리가 영향을 미친다는 개념은 무엇이든 간에 착각임에 분명하다. 실제 주식 중개인들에게 실험을 해보니, 그들이 그런 착각을 하고 있다는 사실이 드러났다. 과학자들은 컴퓨터 화면에 마치 주식 시장 평균지수처럼 위아래로 들쭉날쭉하면서 가로지르는 선이 나타나도록 했다. 처음에는 전반적으로 하향 추세가 나타났다가 상승세로 돌아서도록 했다. 실험 대상자는 내내 화면 앞에 앉아서 컴퓨터 마우스를 누를 수 있었다. 연구진은 그들에게 마우스를 누르면 선의 진행에 영향을 미칠 '수도' 있다는 식으로 말을 했다. 위나 아래로 말이다. 사실 마우스는 아예 컴퓨터에 연결되어 있지 않았다. 실험이 끝난 뒤 사람들에게 선의 움직임을 얼마나 통제했다고 생각하는지 물어서 '통제 착각'의 정도를 알 수 있었다.[37]

소속 회사로부터 내부 평가 자료와 연봉 자료를 제공받아서 주식 중개인(남성 105명, 여성 2명)을 대상으로 실험을 하니 대단히 흥미로운 결과가 나왔다. 통제 착각이 클수록 내부 평가 점수와 연봉 수준이 더 낮았다. 그들은 상사로부터 생산성이 낮다는 평가를 받았으며, 수익률도 더 낮았다. 물론 어느 쪽이 원인이고 결과인지는 불확실하다. 하지만 이것을 수익률이 낮은 중개인이 자신이 외부 사건에 더 큰 통제력을 발휘한다고 주장함으로써 자신의 실패에 대처하는 것이라고 해석한다면, 그들은 자신의 실패를 합리화하려는 인간의 잘 알려진 편향과 정반대로, 성공보다는 실패를 자신에게 귀책시키는 셈이 될 것이다. 따라서 대안 시나리오가 훨씬 더 가능성이 높아 보인다. 즉 그들이 사건을 통제하는 자신의 능력을 실제보다 더 높다고 상상함으로써 수익률이 더 낮아진다고, 더더욱 실력 나쁜 주식 중개인이 된다고 말이다. 여기에는 사회적 차원이 고려되지 않았음을 염두에 두기를. 개인은 시장의 움직임을 결코 통제하지 못하며 시장이 어떻게 움직일지도 거의 알지 못한다. 상사가 성공 정도를 쉽게 직접 측정할 수 있는 이런 맥락에서는 상사를 속일 가능성이 거의 없어 보인다. 하지만 다른 상황에서는 그런 착각이 어떤 사회적 혜택을 줄지, 혹은 실제 통제력을 획득하기 위해 더한 노력을 촉발하는 식으로 개인적인 혜택을 줄 수 있을지 누가 알겠는가?

통제 불능이 착시 패턴 인지illusory pattern recognition라는 것을 강화한다는 점도 흥미롭다.[38] 즉 통제 불능을 느끼도록 유도할 때, 사람은 무작위 자료에서 의미 있는 패턴을 보는 경향이 있다. 자료에서 자신에게 더 큰 통제력을 제공할 (거짓) 일관성을 띤 패턴을 찾아냄으로써 통제 불능이라는 불행한 사태에 대응하려는 듯이 말이다.

편향된 사회 이론의 구축

우리 모두는 사회 이론, 즉 자기 주변의 사회적 현실에 관한 이론을 지닌다. 우리는 자신의 혼인 생활에 관한 이론을 지닌다. 예를 들어 남편과 아내는 한쪽이 오랫동안 꾹 참고 견딘 이타주의자고 다른 쪽은 가망 없는 이기주의자라는 데 동의하면서도 누가 어느 쪽인지에 대해서는 의견이 갈릴 수 있다. 우리 각자는 자신의 직업에 관한 이론을 지닌다. 우리가 자신의 가치에 비해 임금을 덜 받고 제대로 인정을 못 받는 착취당하는 노동자일까? 따라서 콕 찍어서 하라고 한 것만 하면서 최소한의 성과만 내도 지극히 정당할까? 대개 우리는 더 큰 사회에 관한 이론도 지닌다. 부자는 나머지 우리를 희생시키면서 자신의 자원 공유분을 부당하게 늘릴까(여태껏 그런 일이 분명히 일어나 왔듯이), 아니면 그들은 조세와 규제라는 성가신 체제 내에서 살고 있을까? 민주주의는 우리가 정기적으로 권력에 새로운 효력을 불어넣도록 허용할까, 아니면 대체로 부자들의 이해관계에 따라 통제되는 협잡 행위일까? 사법 체계는 우리 같은 사람들(아프리카계 미국인, 가난한 자, 개인 대 기업)에게 불리하게 되어 있을까? 등등. 이런 종류의 이론들을 만드는 능력은 아마도 세계를 이해하도록 돕고 속임수와 부당함을 간파하기 위해서만이 아니라 자신에게 더 나은 혜택이 돌아오도록 자기와 남에게 거짓 현실을 설득하기 위해 진화했을 것이다.

무의식이 편향된 사회 이론에 얼마나 중요한지는 아마 논쟁이 벌어질 때 가장 생생하게 드러날 것이다. 인간의 논쟁은 전혀 힘들이지 않고 시작되는 것처럼 느껴진다. 논쟁이 시작될 무렵에는 이미 일이 다 끝난 상태이기 때문이다. 논쟁은 거의 또는 전혀 예고 없이 저절로 터져 나오는 듯이 보일 수도 있지만, 논쟁이 진행될 때면 정보로 이루어진 양쪽 진영의 전체 경관이 이미 잘 짜인 채 놓여 있다. 오직 그것을 드러낼 분노의 번갯불이 내리꽂히기만 기다리면서 말이다. 이 경관들은 편향된 사회 이론과 필요하다면 그것을 뒷받침할 편향된 증거를 만들도록 설계된 무의식적 힘들의 도움으로 짜인 것이다.

사회 이론은 복잡한 사실들의 집합을 불가피하게 포함하기 마련이지만, 그 사실들은 일관성 있고 자체 봉사하는 사회 이론 체계를 더 잘 구축할 수 있도록 부분적으로만 기억되고 느슨하게 짜여 있는 것일 수도 있다. 모순되는 사항들은 멀리 떼어놓아서 검출하기 어려울 수도 있다. 미래의 대통령(클린턴)이 인턴 직원과 섹스를 하리라는 것을 알았다면 미국 건국의 아버지들이 어떻게 생각했을까 하면서 하원의 공화당 의원들이 한탄했을 때, 미국의 흑인 코미디언인 크리스 록은 그 건국의 아버지들은 인턴 직원이 아니라 노예와 성관계를 맺고 있었다고 대꾸했다. 물론 이것은 유머의 한 가지 중요한 기능이다. 숨겨진 기만과 자기기만을 폭로하고 김을 빼는 것 말이다(8장 참조).

거짓 개인 서사

우리는 끊임없이 거짓 개인 서사를 만들어낸다. 자신을 높이고 남을 폄하함으로써 우리는 자동적으로 편향된 역사를 지어낸다. 그 결과 우리는 과거에 실제보다 더 도덕적이고 더 매력적이고 남에게 더 '이익편향적'이었던 사람이 된다. 최근에 40~60대가 부정적인 도덕 행동의 기억을 긍정적인 행동의 기억보다 약 10년 더 과거로 자연스럽게 밀어 넣는다는 것을 시사하는 연구 결과가 나왔다. 도덕과 무관한 긍정적이거나 부정적인 행동도 비슷한 양상을 보이지만 그렇게 뚜렷하지는 않다. 예전의 자아는 나쁘게 행동했다. 하지만 최근의 자아는 더 낫게 행동했다는 식이다. 나는 내 자신의 삶에서도 그런 일이 일어난다는 것을 의식한다. 부정적인 것이든 긍정적인 것이든 사적인 무언가를 말할 때, 나는 그것을 더 먼 과거로 옮겨놓는다. 마치 현재의 내 자아에 관한 사적인 무언가를 밝히는 것이 아니라는 양 말이다. 그리고 그것은 부정적인 정보에서 특히 더 두드러진다. 그런 식으로 행동한 것은 예전의 자아였다는 것이다.

사람들에게 분노의 대상이 되었거나(희생자) 누군가에게 분노했을 때(가해자)의 일을 개인적인 입장에서 설명해달라고 하면, 일련의 뚜렷한 차이점들이 드러난다.[39] 가해자는 대개 남에게 분개한 것을 의미 있고 이해할 수 있는 일이라고 말하는 반면, 희생자는 그런 사건을 독단적이거나 불필요하거나 이해할 수 없는 일이라고 묘사하는 경향이 있다. 희생자는 종종 긴 이야기, 특히 피해와 슬픔이 계속되고 있음을 강조하는 서사를 내놓는 반면, 가해자는 뒤에 아무런 영향도 끼치지 않는 임의적이고 고립된 사건을 기술한다. 희생자와 가해자의 이 비대칭성이 빚어내는 한 가지 결과는 희생자는 도발당할 때 화를 억누르면서 쌓이고 쌓였을 때만 반응하는 반면, 가해자는 마지막 촉발 사건만을 보며 희생자의 분노를 부당한 과잉 반응이라고 여기기 쉽다는 것이다.

또 거짓 내면 서사라는 것도 있다. 개인은 자신의 진정한 동기를 남에게 숨기기 위해 현행 동기를 편향된 방식으로 인식할 수도 있다. 의심이 제기될 때 확신 있는 대안 설명이 즉각 튀어나올 수 있도록 의식적으로 일련의 이유들이 행동에 수반되어 제시될 수도 있다. 내면 시나리오까지 완비된 채로 말이다. "하지만 그런 생각은 전혀 못했어. 내가 생각하던 것은 말이지……."

기만을 전담하는 무의식 모듈들

내 자신이 무의식적으로 좀도둑질을 해왔다는 사실을 나는 오랜 세월이 흐른 뒤에야 비로소 알아차렸다. 나는 당신이 있을 때 당신에게서 사소한 물품을 훔친다. 펜과 연필, 라이터와 성냥, 그 밖에 주머니에 넣기 쉬운 유용한 물건들을 훔친다. 그 일이 벌어질 때 나는 전혀 의식하지 못한다(대개 당신도 알아차리지 못한다). 지금까지 40년 넘게 그래왔음에도 말이다. 아마 그 버릇은 무의식적인 것이라서 나름의 생명을 얻은 듯하며, 때로는 내 자신의 협소한 이해관계에 정면으로 맞서서 행동하는 것도 같다. 나는 강의를 하는 동안 내 자신에게서 분필을 훔치고, 덕분에 강의할 때 쓸 분필이 동이 나기도 한다(집에 칠판이 있는 것도 아닌데 말이다). 나는 내 사무실에서 펜과 연필을 훔쳐서 집에 가서야 꺼내 놓는다. 다음날 사무실에 오면 한 자루도 없다. 그런 식이다. 최근에 나는 한 자메이카인 교장과 책상을 두고 마주앉아 있다가 그의 학교 열쇠 뭉치를 훔쳤다. 내게는 전혀 쓸모없는 것인 반면, 그로서는 잃어버리면 큰 대가를 치러야 하는 물건이다.

요약하자면 내 안에는 좀도둑질을 전담하는 작은 무의식적 모듈이 있는 듯하다. 현행 활동(말하기 같은)을 방해하지 않을 만큼 잘 격리된 모듈이 말이다. 나는 내 안에 있는 하나의 작은 생물이 성냥, 그것을 슬쩍할 이상적인 순간, 실제 좀도둑질의 박자 등등을 지켜보고 있다고 생각한다. 물론 이 생물은 내 희생자의 행동을 연구하겠지만, 어떤 단서도 남기지 않은 채 도둑질을 가장 잘해내기 위해 내 자신의 행동을 주시하는 데도 시간을 할애할 것이다. 내 자신의 삶에서 이 작은 모듈이 지닌 주목할 만한 특징은 좀도둑질하는 행동이 내 생애에 걸쳐 거의 변하지 않았으며, 사후에 그 행동을 점점 더 의식하게 되었어도 사전에 혹은 행동할 당시에, 또는 행동한 직후에 그것을 의식하는 수준은 거의 또는 전혀 증가하지 않았다는 것이다. 또 그 모듈은 나이를 먹을수록 실패하는 사례가 점점 늘어나는 듯하다. 말이 난 김에 덧붙이자면, 내 기억에 유일하게 걸린 사례는 연년생 동생에게 걸린 것이었다. 우리는 쌍둥이처럼 자랐다. 우리는 다른 식구들이 따라올 수 없을 만치 서로의 속임수를 읽어내는 능력이 있었다. 우리가 40대 후반일 때의 어느 날, 나는 그의 펜을 슬쩍 내 주머니에 넣으려 했는데, 내 손이 반쯤 주머니에 들어갔을 때 동생이 내 손을 움켜쥐고는 펜을 다시 가져갔다.

  나는 누군가의 빈 사무실에서 좀도둑질을 한 적은 없다고 생각한다. 나는 펜을 보고 내 손이 그것을 향해 움직이는 것을 보겠지만 이렇게 말할 것이다. "로버트, 그건 도둑질이야." 그런 뒤 멈출 것이다. 하지만 내가 당신의 앞에서 그것을 훔친다면, 나는 당신이 암묵적으로 승인했다고 믿기 때문에 그렇게 하는 것일지도 모른다. 교장의 열쇠 뭉치를 훔쳤을 때, 나는 그가 해준 봉사의 대가로 그에게 어떤 작은 보답을 하는 중이었는데 그러면서 한편으로 내가 너무 많은 보상을 하는 것은 아닐까 생각하고 있었다. 아마 내 자신에게 이렇게 말했을지도 모른다. "당신에게 이걸 드리니까, 이것은 내가 가져야겠어요." 그리고 그도 그 연극에 동의했다고 생각했을 것이다.

우리 삶에서 이런 무의식적 모듈이 얼마나 많이 작동할까? 나는 내 주머니가 훔친 물건으로 채워지고, 이따금 친구들로부터 질문을 받을 때만 그런 모듈이 작동했음을 안다. 그에 비해 생각을 훔치는 것은 그다지 증거를 남기지 않고 또 학계에서는 아주 흔하다. 예전에 나는 잘 알려진 책에서 심하게 차용한 논문을 쓴 적이 있다. 논문을 완성할 당시에는 그 사실을 까맣게 잊고 있었다. 그 책을 다시 읽을 때에야 비로소 나는 그 생각이 어디에서 왔는지를 알아차렸다. 그 책의 해당 절마다 굵게 밑줄이 그어져 있고 여백에 많은 주석을 달아놓았던 것이다.

특정한 방식으로 남을 조종하려는 무의식적 책략이 흔한 것도 틀림없어 보인다. 우리 자신의 특정 부분들은 남에게서 조종할 특별한 기회를 찾아낸다. 무의식적 모듈은 둘 이상의 활동이 거의 또는 전혀 간섭하지 않고 동시에 진행될 수 있을 때 가치가 있다. 한 독립된 무의식 모듈에게 훔치거나 거짓말할 기회를 살펴보도록 맡긴다면, 진행되고 있는 다른 마음 활동들을 간섭할 필요가 없어진다(미미하게 간섭하는 것을 제외하고). 우리는 이런 종류의 활동이 얼마나 흔할지 사실 전혀 모른다.

자기기만의 징표

요약하자면 기만에 종사하는 자기기만의 징표로는 기만의 부인, 이기적이고 속이는 책략의 무의식적 전개, 남의 삶에 '이익편향적'인 사람이자 이타주의자라는 대외적인 인격 창조, 자신에게 봉사하는 사회 이론과 현행 행동의 편향된 내면 서사 창조, 진정한 의도와 인과관계를 숨기는 과거 행동의 거짓 역사 서사 창조가 있다. 이런 자기기만 활동들은 거짓 심상을 구축하는 데 매진하는(부분적으로) 동시에 행동과 증거가 모순됨을 알아차리지 못하는 의식적인 마음을 지닌 편향된 정보 흐름 체계를 낳는다.

물론 대개 진실을 어딘가에 기록해두는 편이 유리할 것이 분명하므로, 자기기만의 메커니즘은 현실을 올바로 이해하는 메커니즘과 나란히 존재할 때가 많다고 예상할 수 있다. 마음은 공적 영역과 사적 영역을 반복해 나누고 둘 사이에 복합 상호작용이 이루어지도록 하는 아주 복잡한 양상으로 구축되어 있는 것이 틀림없다.

자기기만에 들어가는 일반 비용은 현실, 특히 사회적 현실의 오해와 비효율적이고 파편화한 마음 체계다.[40] 앞으로 살펴보겠지만 자기기만에는 중요한 면역 비용도 있고 강요된 자기기만이라는 것도 있다. 강요된 자기기만에서는 생물이 어떤 대가를 치르더라도 자기기만을 유도한 누군가의 이익을 무의식적으로 더 열심히 추구함으로써, 가능한 최악의 상황이 빚어진다. 그런 한편으로 3장에서 살펴보겠지만, 사람들이 때로 당장 이득(심지어 면역학적으로)을 얻기 위해 자신을 속이는 사례에서 볼 수 있듯이, 그 체계에는 아주 느슨한 면도 있다. 그 문제로 돌아가기 전에, 자연에서의 기만이라는 주제를 살펴보기로 하자. 이 주제를 다룬 문헌은 엄청나게 많으며 이 주제를 통해 우리는 대단히 중요한 몇 가지 원리도 접하게 될 것이다.

2장
자연에서의 기만

블루길 수컷은 암컷의 모습과 행동을 모방한 특수한 형태를 진화시켰다. 이런 수컷은 몸집이 텃세권을 부리는 수컷의 6분의 1에 불과하고, 진짜 암컷과 거의 같은 크기다. 이 암컷 의태 수컷은 텃세권을 지닌 수컷을 찾아가서 구애를 받아들이고, 수컷이 계속 관심을 갖도록 대처한다. 이렇게 수컷 가까이 머물러 있음으로써 진짜 암컷이 알을 낳을 때 수정시킬 준비가 되어 있다. 텃세권을 지닌 수컷은 암컷 두 마리와 잠자리에 든다고 상상하고 있지만, 실제로는 암컷 한 마리와 수컷 한 마리를 끼고 있는 셈이다. 암컷은 진실을 알고 있을 것이 거의 확실하다.

자기기만을 더 깊이 들여다보기 전에 다른 종들에서의 기만을 살펴보자. 때로는 증거의 그물을 폭넓게 치면 중요한 양상을 알아보기가 더 쉬워진다. 여기서는 우리 종만이 아니라 모든 종이 포함되도록 넓게 치도록 하자. 진화 맥락에서 살펴본다면 기만에 관해 무엇을 배울 수 있을까? 기만을 진화적으로 접근한다는 것은 기만의 모든 유형을 살펴보는 동시에 일반 원리를 찾는다는 것이다. 지금까지 기만의 유형은 아주 많은 반면 원리는 극소수임이 드러났다. 기만은 보이지 않게 숨기는 것이므로, 그 비밀을 캐내려면 세심한 연구와 분석이 필요할 때가 종종 있다. 다행히도 그런 연구와 분석이 많이 이루어져왔고 모든 종에 두루 적용되는 몇 가지 중요한 원리가 도출되었다. 첫째, 새로움novelty은 대단히 중요하고 그 새로움은 엄청나게 다양한 기만 책략을 빚어낸다. 새로운 책략은 —거의 정의상— 그 책략에 맞설 방어 수단이 없으므로, 대개 빠르게 퍼진다. 이것은 오랜 진화 시간에 걸쳐 작용하는 속이는 자와 속는 자 사이의 이른바 공진화 경쟁의 출발점이 된다. 이 경쟁은 양편에서 복잡성을 빚어낸다. 즉 기만의 기발하고 복잡하고 멋진 사례들뿐 아니라 그것을 간파하는 능력도 진화시킨다. 일반적으로, 특히 조류와 포유류에서는 이 진화 경쟁으로 속는 자와 속이는 자 모두에게서 지능이 발달하기도 한다. 배경에 놓인 어떤 대상을 골라내는 단순한 문제를 생각해보자. 그 대상이 배경과 일치하도록 고른 것이 아니라면, 많은 무작위적인 세부사항의 차이를 토대로 쉽게 찾아낼 수 있을 것이다. 하지만 배경과 잘 어울리는 대상을 골랐다면, 검출은 전혀 다른 문제가 된다. 배경과 어울리는 대상을 고른다면 무작위적인 불일치가 상당 부분 제거되므로, 관찰자는 훨씬 더 복잡한 인지 문제를 풀어야 한다.

속이는 자와 속는 자의 공진화 경쟁

가장 중요한 일반 원리는 속이는 자와 속는 자가 공진화 경쟁에 얽매인다는 것이다. 둘의 이해관계는 거의 언제나 상반되므로 — 한쪽이 거짓 행위로 이익을 얻으면, 다른 쪽은 그것을 믿음으로써 손해를 본다 — 경쟁(진화 시간에 걸쳐)이 일어나는데, 이 경쟁에서는 한쪽의 유전적 개선이 다른 쪽의 유전적 개선을 선호한다. 한 가지 핵심 이유는 이 효과가 '빈도 의존적'이라는 것이다. 즉 기만은 드물 때 잘 먹히고 잦을 때는 거의 먹히지 않는다. 그리고 기만의 간파는 기만이 잦을 때 잘 이루어지지만, 기만이 드물 때는 그렇지 않다. 이것은 속이는 자와 속는 자가 어느 쪽도 상대를 전멸시킬 수 없는, 순환 관계에 얽매인다는 의미다. 속이는 자와 속는 자의 상대적인 빈도는 시간이 흐르면서 오르락내리락하지만, 어느 한쪽이 사라지는 것을 막는 한도 내에서 그렇다. 마찬가지로 우리 인류처럼 언어를 지닌 종에서는 새로운 책략이 점점 빈번해질수록 남으로부터 더 자주 경고를 받을 것이다. 어떤 역할이든 일부만의 전용물이 될 수는 없다는 점을 명심하기를. 우리 모두는 맥락에 따라서 속이는 자도 되고 속는 자도 된다.

나비의 빈도 의존 선택

먹이와 포식자의 기만 체계에서 빈도 의존 선택의 증거를 찾으러 굳이 멀리 갈 필요는 없다. 예를 들어 나비(그리고 뱀)에게 나타나는 것과 같은 모형/의태 체계에서, 맛이 없거나 독이 있는 종(모델)은 자신이 맛이 없다고 포식자에게 경고하는 선명한 색깔을 진화시킨다. 그리고 의태자도 그 색깔을 선택한다. 의태자는 아주 맛있고 무해하지만 모형을 닮음으로써 보호를 받는 종이다. 서아프리카에는 독이 있는 한 나비 속이 있으며, 그 속의 나비 종은 많으면 다섯 종까지도 한 숲에 산다. 모두 색깔은 다르다. 그런데 이 다섯 가지 모형 종을 다 모방할 수 있는 한 종이 있다. 이 의태 종의 암컷은 다섯 종류의 알을 낳을 수 있다. 각 알은 자라서 독이 있는 종 하나를 닮은 모습이 된다.

이 독특한 의태 체계는 빈도 의존 선택의 놀라운 증거를 제공한다.

여기서는 맛있는 한 종이 서로 유연관계가 있는 유독한 다섯 종 가운데 어느 하나를 모방한다. 이 다섯 종은 색깔과 무늬가 다르며, 따라서 각 의태자도 그렇다. 몇몇 유독한 종이 하나의 숲에서 의태자들과 함께 살아갈 때, 이 종 내 각 의태자의 빈도는 유연관계가 있는 맛없는 종 집단에서 각 모형 종의 빈도와 일치한다. 즉 빈도 의존 선택만으로 이런 양상이 나타날 수 있다. 각 의태 형태는 자신의 모형에 비해 너무 흔해지면 가치를 잃는다. 맛 좋은 나비들이 모두 똑같은 모습이라면, 포식자인 새들은 그 의태 형태를 공격하는 쪽으로 빠르게 분화해 그 형태를 절멸시킬 것이다.[1]

빈도 의존성에는 새로움을 계속 장려한다는 의미도 담겨 있다. 사실 위의 사례에서는 의태 종에서 새로운 형태들이 더 흔해질수록 각 모형 종보다 의태 종의 개체수가 더 많아진다. 즉 속이는 자는 빈도가 높아질수록 더 다양해지기 시작하며, 그럼으로써 발각되지 않게 더 잘 피할 수 있다. 정의상 모든 새로운 기만은 처음에는 희귀하고 따라서 초기에는 유리한 입장에 있다. 기만에 성공한 위장만이 배경의 일부가 될 수 있고, 그 배경 하에 다시 드문 새로움이 출현해 번성할 수 있다. 또 우리는 의태자의 형태가 또 다른 유독한 종을 닮는 방향으로 쉽게 변형됨으로써 두 종을 모방하는 두 의태 형태가 나타나기도 한다는 것을 알 수 있다.

웅장한 공진화 경쟁

공진화 원리를 아주 생생하게 보여주는 사례는 탁란 동물brood

parasite과 불운한 숙주의 관계다. 특히 조류와 개미가 그렇다. 모든 새 종 가운데 놀랍게도 약 1퍼센트(대개 뻐꾸기와 탁란찌르레기 종류지만 오리도 한 종 있다)는 새끼를 키우는 일을 전적으로 다른 종에게 맡긴다. 당연히 이 체제가 '숙주' 새에게 유익할 일은 거의 없다. 숙주는 자신의 새끼 외에 상관없는 남의 새끼까지 키우게 될 수 있다. 혹은 종종 그렇듯이 자기 새끼는 없어지고 남의 새끼만 키우는 더 나쁜 상황이 벌어지기도 한다. 이 숙주/기생체 관계는 유달리 상세히 연구되어왔다. 사실 인류가 처음 글을 쓰기 시작할 무렵에도 언급되어 있다. 약 4000년 전 인도에서 그러했고, 더 나중에 아리스토텔레스도 묘사했다. 최근에는 그 관계가 어떻게 작동하는지를 밝혀내기 위해 매우 교묘하게 고안된 야외 실험을 통해 집중적으로 연구되었다.[2]

  탁란의 첫 단계는 속이는 자가 희생자의 둥지에 자신의 알을 낳는 것이다. 그러면 희생자에게서는 이상해 보이는 알을 알아보고 내버리는 능력이 선택된다. 반대로 탁란 동물에게서는 알 의태가 선택된다. 즉 육아를 맡길 종의 알과 색깔과 반점이 똑같은 알을 낳는 경향이 나타난다. 탁란 종 중에는 여러 종의 둥지에 알을 낳는 종류도 있으며, 각 종은 알을 낳는 둥지의 주인인 종의 알과 같은 색깔을 띤 알을 낳도록 분화해 있다.[3] 이제 숙주로서는 알의 총 개수를 세고 알이 너무 많으면 둥지에서 내버릴 수 있어야 유리하다.[4] 이 능력은 탁란이 숙주의 알보다 먼저 부화하고, 나온 새끼가 나머지 알을 둥지 밖으로 다 내버려서 숙주 자신이 기를 자식을 아예 없앰으로써 부모 투자를 독점하려는 상황에서 특히 가치가 있다. 이런 상황이 되면 숙주로서는 처음부터 다시 시작하는 편이 낫다. 그 결과 탁란하는 동물에게는 알을 하나 낳을 때마다 숙주의 알을 하나 없앰으로써 알의 총 개수를 맞추는 쪽으로 자연선택이 가해진다. 남는 알은 먹어치우거나 둥지에서 멀리 내다버림으로써 범죄를 숨기는 식이다.

일단 알이 안전하게 부화하는 상황까지 가면, 탁란한 새끼의 입 색깔이 숙주 종 새끼의 입 색깔을 닮도록 선택이 이루어진다. 부모는 자기 종 새끼의 입과 비슷한 색깔을 띤 입일수록 더 먹이를 많이 먹이기 때문이다. 여러 새들에게서 얻은 증거들은 한배의 새끼 중에서 더 건강한 녀석일수록 입 색깔이 더 선명하다고 시사하는데, 흥미롭게도 탁란 새끼는 입의 색깔이 특히 더 선명하다. 또 탁란 동물의 새끼는 숙주의 새끼들을 밀어냄으로써 부모의 투자를 독점할 수 있지만, 부모는 칭얼대는 소리 전체에 반응해 먹이 주는 것을 조정하므로, 뻐꾸기 새끼는 숙주의 새끼들 전체가 내는 소리를 흉내 내도록 진화할 수도 있다.[5] 더 별난 양상을 보이는 사례도 있다. 일본에서 나무줄기에 구멍을 파고 사는 새에게 탁란을 하는 종인 매사촌은 날개 안쪽에 숙주의 목 색깔과 비슷한 반점이 나 있다.[6] 새끼가 먹이를 달라고 칭얼거리면서 날개를 파닥거리면 마치 한 마리가 아니라 세 마리가 입을 벌린 듯이 보인다. 날개 반점을 지닌 새끼는 더 자주 먹이를 받아먹는다. 이것은 기만이 이익을 가져온다는 대단히 설득력 있는 사례다.

한 가지 아주 중요한 선택 요인은 숙주가 자신의 자식을 알아볼 때 일으키는 오류—이른바 거짓 긍정false positive—로서, 이것은 모든 식별 체계의 불가피한 특징이다(8장의 스팸 대 안티스팸 참조). 약한 식별 체계에서는 숙주가 자신의 새끼를 내치는 일이 거의 없지만, 대신 탁란찌르레기 새끼에게 속는 사례가 너무나 많다. 좀 더 강력한 식별 체계에서는 숙주가 탁란찌르레기에게 입는 손해는 줄어들겠지만, 불가피하게 실수로 자신의 자식을 내치는 일이 더 많아지기 때문에 숙주는 그만큼 희생을 감수해야 한다. 개개비의 부모는 자기 알의 모습을 눈에 익힌 뒤에 그것과 어느 수준 이상으로 다른 알은 내친다.[7] 한 시기에 둥지 중 약 30퍼센트에서 탁란이 일어난다면, 그들이 낯선 알을 내치는 것이 진화적으로 의미가 있지만, 그보다 탁란 비율이 적다면 자기 알을 파괴하는 비용이 너무 커진다. 그래서 영국에서 한 시기에 탁란 비율이 6퍼센트에 불과한 개개비는 새 알을 내치지 않는다. 중요한 시기에 둥지 근처에 뻐꾸기가 보일 때를 제외하고 말이다(그럴 때는 아마 확률이 30퍼센트를 넘어설 것이다). 한 개체군에서는 탁란 비율이 20퍼센트에서 4퍼센트로 떨어지자 거부율이 그에 따라 3분의 1로 줄어들었다. 이 효과는 유전적이라고 보기에는 너무나 빠르게 일어났으므로, 개개비는 아마 현재의 탁란 증거에 맞추어 식별 수준을 조정하는 듯하다.

여기서 빈도 의존 효과가 중요함을 유념하자. 알이 거의 다 자신의 것일 때, 식별 행동을 하면 개개비가 아주 힘들게 얻은 알 중 몇 퍼센트ㅡ이를테면 한배에 낳은 알 중 10퍼센트ㅡ가 파괴되는 결과가 빚어질 것이다. 하지만 탁란 빈도가 30퍼센트일 때는 완벽하게 식별을 했을 때 스스로에게 해를 입힐 가능성이 7퍼센트에 불과해지는 반면, 상당한 비용(한 시기에 거의 30퍼센트에 달하는 다른 종을 키우는 데 드는)을 절약할 수 있다. 빈도가 낮을 때에는 속이는 자를 굳이 찾아내려 애써봐야 실익이 거의 없다. 빈도가 높을 때에만 그들을 내치는 것이 중요한 방어 수단이 될 것이다.

이 체계 전체에는 한 가지 놀라운 특징이 있다. 새들에게서 뻐꾸기나 탁란찌르레기의 새끼가 입 색깔과 먹이 보채는 소리 외에는 자신의 새끼와 전혀 닮지 않았다는 것을 알아보는 능력이 진화하지 않고 있다는 사실이다. 뻐꾸기 새끼는 몸집이 숙주보다 여섯 배 이상 클 때도 있다. 그래서 양부모가 새끼의 어깨에 앉아서 먹이를 먹여주어야 할 때도 있다. 이 터무니없는 몸집 차이를 간파하고서 그에 따라 행동하는 것이 유익해 보이는데, 왜 이 종이든 저 종이든 간에 그런 능력을 갖추지 못한 것일까?

이 수수께끼의 답은 결코 확실하지는 않지만, 몇 가지 흥미로운 가능성이 있다. 식별을 적절히 하지 못하는 사례는 주로 탁란 동물의 새끼가 아직 부화하지 않은 원래 둥지의 알들을 내버리는 종에게서 선택적으로 나타난다. 부모가 맨 처음 둥지를 짓고 산란을 했을 때, 부화한 새끼를 보고서 각인을 통해 자신의 새끼가 이런 모습이라고 배운다고 한다면, 처음 깨어난 새끼가 자신의 새끼라면 아무 문제가 없겠지만 첫 새끼가 탁란 동물의 새끼라면 치명적인 결과가 빚어질 것이다. 숙주는 탁란 종의 새끼를 자신의 새끼라고 각인할 것이고 자신의 새끼는 보는 족족 죽일 것이다. 그러면 숙주는 남은 평생 번식에 성공할 수 없을 것이다. 이제 자신의 새끼를 모두 남이라고 볼 테니 말이다.

더 일반적으로 보면, 탁란 동물의 새끼는 양부모의 관점에서 볼 때 더할 나위 없이 최고라 할 특징을 몇 가지 지닌다. 우리는 때로 부모가 몸집이 더 큰 새끼를 더 건강하고 더 강하고 투자한 만큼 보상을 제공할 가능성이 더 높다고 여기서 선호할 것이라고 예상한다. 이 때문에 양부모는 터무니 없이 크지만 클수록 더 낫다는 편향을 부추기는 새끼에게 취약할 수 있다. 게다가 많은 탁란 동물의 새끼는 숙주의 새끼보다 더 크게 먹이 보채는 소리를 내도록 진화했기에, 아마도 저항하기가 더 어려울 것이다. 또 탁란 새끼의 입 색깔은 유달리 선명하다. 이런 신호들은 몸집보다 비용을 덜 들이고서도 증폭시킬 수 있다.

숙주가 뻔히 보이는 의태자를 식별하지 않는 이유를 설명하는 가설이 하나 더 있다. 결과가 두렵기 때문이라는 것이다. 한 예로 두 종의 새는 '마피아 같은' 행동을 한다고 알려져 있다.[8] 뻐꾸기와 탁란찌르레기는 자신의 알을 내버린 숙주의 둥지 전체를 파괴함으로써 보복을 가한다. 따라서 그것은 어느 정도의 탁란을 받아들일 것이냐 아니면 정말로 학대를 당할 것이냐의 문제가 된다. 당장 죽든지 아니면 대신에 보호비를 내라는(상납을 하라는) 것과 같다. 마피아에게 보호비를 내는 것이 맞서 싸우는 것—그럼으로써 결국 둥지가 파괴되는 것—보다 번식 성공률이 더 높음을 보여주는 증거가 있다.

최근에 탁란 동물과 관련해 지식의 문화적 전파와 비슷한 일이 일어난다는 것을 보여주는 연구 결과가 나왔다.[9] 개개비는 뻐꾸기 모형을 이웃들이 떼 지어 공격하는 행동을 보고 배울 수 있다(반면에 앵무새 같은 무해한 종을 떼 지어 공격하도록 유도했을 때에는 굳이 그 행동을 배우려 하지 않는다). 개개비는 근처에서 떼 지어 공격하는 소리가 들리면 가서 지켜본다. 공격당하는 것이 뻐꾸기라면, 개개비는 자기 영토에 있는 그 뻐꾸기 모형에게 재빨리 다가가서 함께 공격할 가능성이 더 높다. 이 사회적 학습 덕분에 유전적 변화만으로 이루어질 수 있는 것보다 탁란 동물에 맞서는 방어 수단이 훨씬 더 빨리 전파될 수 있다. 한 탁란 동물은 그 지역의 매와 비슷한 모습으로 진화했고, 그 결과 잠재적인 숙주들에게 집단 공격을 받을 가능성이 줄었다.

둥지 기생생물의 대상이 새만 있는 것은 아니다. 개미는 엄청나게 많은 에너지를 쏟아부어서 많은 알을 키우는데, 개미 알은 다른 종들이 육아실로 삼기에 아주 좋기 때문이다.[10] 개미의 사회적 기생생물은 개미 종만큼이나 많다(양쪽 다 약 1만 종에 달한다). 비록 개미가 집을 힘들여 지킬지라도, 기생생물들은 안으로 들어갈 나름의 방법을 지니고 있다. 그들은 대개 개미 의사소통 체계의 어느 부분을 흉내 낸다.

한 나비 종의 모충은 몸을 공처럼 말고 개미 유충 냄새를 풍김으로써 개미집 안으로 들어간다.[11] 그들은 개미집 안으로 운반되면, 여왕개미의 소리를 흉내 낸다. 진짜 여왕개미를 먹이고 보호하게 만드는 바로 그 소리다. 먹이가 부족할 때면, 일개미들은 어린 유충을 가짜 여왕에게 먹일 것이고, 집이 무너지면 개미 유충보다 가짜 여왕을 먼저 구출할 것이다. 심지어 때로는 모충을 진짜 여왕개미의 경쟁자로 대우하기도 한다. 이것은 기만이 자신의 이익에 대단히 효과가 있음을 보여주는 또 하나의 사례다. 이런 관계는 개미집에 기생하는 나비 수십 종에서 상세히 기술되어왔다.

요약하자면 각 수단은 으레 새로운 대항 수단과 마주치고, 그 결과 원칙적으로 수백만 년, 수천만 년 동안 지속될 수도 있는 진화 경쟁이 일어난다. 이 말은 동족 문제가 적용되지 않는 서로 다른 종 사이의 관계에서 특히 들어맞지만, 종 내의 많은 비슷한 관계들에서도 들어맞을 수 있다. 예를 들어 암수는 어느 정도는 협력하고 어느 정도는 갈등을 빚으며, 어떤 수단에는 대항 수단으로 맞서면서, 대개 암수의 수가 동일한 수준에서 안정해지는 치밀한 빈도 의존적인 관계로 얽힌다(5장 참조).

기만은 아름답고 복잡하며 아주 흥미로울 수 있다. 또 아주 고통스러울 수도 있다. 자신의 삶이 체계적인 기만에 희생된다면 심한 고통을 겪을 수 있다. 기만에 희생당하는 다른 종을 지켜보는 것조차도 가슴이 찢어질 수 있다. 나는 자메이카에서 봄마다 우리 집 나무에서 새끼를 키우면서 번식하려고 애쓰는 비둘기를 몇 쌍 지켜본다. 나는 이 새들을 지켜보는 것을 좋아하고 그들이 매번 성공하기를 바란다. 그때 무대 왼쪽에서 아니ani가 등장한다.

아니는 다른 새의 새끼를 게걸스럽게 먹어치우는 크고 검고 불길해 보이는 뻐꾸기의 일종이다. 약 6~12마리씩 무리 지어 시끄럽고 빠르게 돌아다니면서 영토 곳곳을 습격한다. 이들은 매우 냉혹한 방법을 써서 습격한다. 아니 한 마리가 다른 종 병아리의 일반적인 먹이 보채는 소리를 흉내 내어 큰 소리를 낸다. 새끼가 배가 고프고 부모가 가까이 있을 때 낼 가능성이 높은 애처로운 꽥꽥 소리다. 먹잇감이 될 새끼는 아니의 먹이 보채는 소리를 듣자마자 자신도 보채는 소리를 낸다. 가상의 형제자매를 이겨보겠다고 말이다. 그러면 그 아니(혹은 아니 무리 중 다른 아니)는 곧장 새끼에게로 날아가서 게걸스럽게 먹어치운다. 물론 둥지에 있는 다른 새끼들도. 당신은 보채는 소리를 듣자마자 자신도 보채는 어리숙한 성향 때문에 속고만 희생자에게 동정심을 느끼게 된다. 혹은 그저 둥지에 바보가 한 마리 있었다는 이유로 불행한 운명을 맞이한 조용하고 지극히 결백한 그 형제자매들에게. 어느 날 저녁에 나는 이 속임수로 찾아낸 둥지를 약탈하려는 아니 무리를 향해 돌을 던지면서 늦게까지 새끼들을 지켰다. 하지만 아니 무리는 밤새도록 근처에 머물다가 아침에 깨어나자마자 둥지를 덮쳤다.

지능과 기만

기만은 그것을 간파할 지적 능력을 낳는다. 위 사례에서는 아주 비슷한 대상들을 구별하는 능력, 세는 능력, 맥락 요인에 맞추어 식별력을 조정하는 능력, 마치 다중 추론을 하듯이 행동하는 능력, 즉 알껍데기가 땅에 떨어져 있고 알이 파괴된 것을 보고 탁란이 이루어졌을 테니 투자를 최대한 줄이자 등등의 추론을 하는 능력이 포함된다.

이런 향상된 지적 능력은 더 미묘한 기만 수단을 택하고 이어서 그런 기만 수단은 기만을 간파하는 더 뛰어난 능력을 선택한다. 즉 기만은 속는 자의 지적 능력을 계속 선택한다. 우려하는 표적이 움직이는 표적―즉 그것을 간파하는 당신의 능력을 벗어나도록 진화하는―이므로, 계속 새로운 식별 능력이 생겨난다. 기만을 꿰뚫어보는 능력은 숨는 능력이 없거나 숨는 데 전혀 관심이 없는 표적을 식별하는 데는 불필요한 특수한 재능을 요구한다. 따라서 기만은 특히 고도로 사회적인 종에서 지능을 선호하는 주요 요인이었을 것이다.

또 지능은 속이는 자를 돕는다. 행동으로 기만할 때 지능은 아마도 펼쳐지는 기만의 범위를 늘리고 질을 높일 것이다. 인류에게서 한쪽 극단에 속하는 행동 자체를 보이는 사람들은 주로 비언어 형태의 기만―의도한 것은 이쪽 방향이지만 반대 방향을 찌르는 식으로―만을 사용하며, 언어 기만 같은 복잡한 패턴을 활용하는 일은 거의 없다. 대조적으로 아주 영리한 사람은 다중 차원에서 거짓말을 할 수 있다. 따라서 기만은 행동과 지각 양쪽으로 지능의 발달을 선택한다. 비록 지각 측면에서 더 그렇긴 하지만 말이다. 예를 들어 나방의 등 쪽은 나무껍질을 점점 더 정확히 재현하게 된다. 이것은 나방 쪽에는 새로운 지적 능력을 전혀 요구하지 않는 반면, 새와 도마뱀 같은 시각적 포식자에게는 식별 능력이 더 커져야 함을 의미한다. 행동 기만은 그렇지 않다.

기만에 지능이 확고한 역할을 한다는 가장 좋은 증거는 원숭이와 유인원의 뇌 연구에서 나온다.[12] 새겉질(신피질, 이른바 사회적 뇌)의 크기―더 제대로 말하자면 뇌 전체에서 새겉질의 상대적인 비율―는 자연에서 전술적 기만을 얼마나 이용하는가와 관련이 있다. 전술적 기만은 이익을 가져다 준다고 볼 수 있는 모든 종류의 기만을 포함한다. 따라서 새겉질의 상대적인 크기는 상대적인 지능, 특히 사회적 지능의 좋은 척도다. 한 연구진은 자연에서 원숭이와 유인원의 행동을 연구한 기존 자료들을 이용해 기만의 수많은 사례 집합을 모았고 내친김에 미발표된 연구 자료도 좀 달라고 여기저기 요청했다. 그들은 그렇게 모은 증거가 집단 크기나 한 종이 연구된 정도에 편향되지 않았는지 혹은 일부 원숭이와 유인원에만 적용되는 것은 아닌지 확인했다. 그렇게 해서 그들은 원숭이와 유인원 전체에서 종이 영리할수록 기만이 더 자주 일어난다는 확고한 결론을 내렸다. 따라서 아마 자기기만도 그럴 것이다.

뒤에서 살펴보겠지만, 나이가 같은 아이들 중에서는 영리한 아이일수록 거짓말을 더 자주한다. 이 점은 아무리 강조해도 지나치지 않다. 우리는 종종 지능이 높을수록 자기기만을 덜 할 것이라고 생각한다. 아니 적어도 지성인들은 그것이 참이라고 상상한다. 내가 믿는 바대로, 그 반대가 참이라면? 더 영리한 사람들이 그렇지 않은 사람들보다 평균적으로 거짓말과 자기기만을 더 자주 한다면?

암컷 의태 수컷[13]

암수를 쉽고도 확실하게 식별할 수 있도록 진화가 이루어졌을 것이라고 생각하겠지만, 한쪽 성이 다른 쪽 성(혹은 다른 종의 같은 성)을 모방하는 사례가 자연에는 흔하다. 다음의 세 사례에서 보듯이 모방 대상은 암컷이다. 반딧불이 집단에는 성적 의태를 통해 남을 잡아먹는 쪽으로 진화한 종들이 있다.[14] 한 종의 포식성 암컷은 다른 종 수컷의 구애 불빛에 반응한다. 자기 종의 불빛이 아니라 그 수컷이 속한 종의 암컷이 내는 것과 같은 불빛을 깜박거린다. 수컷은 짝짓기를 기대하고 암컷에게 왔다가 붙잡혀서 먹히고 만다. 섹스는 아주 강력한 힘이며 특히 수컷은 자연선택을 통해 섹스에 '무분별한 열망'을 갖도록 진화했다. 따라서 섹스는 기만이 기생하기 좋은 비옥한 토대를 제공한다.

또 한 사례는 모든 종 가운데 3분의 1이 기만을 통해 꽃가루받이를 하는 난초다.[15] 즉 이들은 꽃가루 매개자에게 실제 보상을 전혀 하지 않으면서, 보상을 한다는 착각을 일으킨다. 이런 난초 종들은 대부분 먹이를 제공하지 않은 채 꽃가루 매개자의 먹이 냄새를 흉내 낸다. 더 소수의 난초(약 400종)는 모습과 냄새 양쪽으로 꽃가루 매개자 종의 성체 암컷을 모방함으로써 흥분한 수컷의 의사(擬似) 교미를 유도한다. 난초는 수컷이 사정을 함으로써 교미를 끝내도록 배려하지는 않는다. 아마 흥분 상태를 계속 유지시켜서 수컷이 이 '암컷' 저 '암컷'을 계속 찾아다니면서 꽃가루를 옮기게 하려는 듯하다. 식물 종에게 막 꿀을 보상으로 받았다면 수컷은 미련을 버리지 못하고 근처의 꽃들을 살펴보지만, 의사 암컷에 들른 수컷은 그렇지 않다. 그들은 즉시 새로운 꽃

무더기가 있는 곳으로 날아간다. 진짜 보상을 얻겠다는 듯이 말이다. 따라서 성적 의태자는 진짜 보상을 제공하는 근연종보다 더 번식을 잘하는 경향이 있다.[16] 속는 종 자체에도 실질적으로 혜택이 돌아가는 부수적인 효과도 나올 수 있다.

또 자연선택은 암컷인 양 흉내 내어 텃세권을 차지한 수컷을 속여서 곁에 머물다가, 진짜 암컷이 오면 몰래 그 암컷과 교미를 하여 알의 일부 또는 전부의 아버지가 되는 행동을 하는 수컷도 선호해왔다. 텃세권을 차지한 수컷은 그 알도 자신의 알로 여기고 돌볼 것이다. 때로 자연선택은 영구히 기만을 저지르는 형태, 즉 남을 속이는 생활에 전적으로 의존하는 전략을 보이는 형태를 빚어낼 만큼 기만을 강하게 선호하기도 한다. 블루길은 고전적인 사례다.[17] 블루길 수컷 중에는 모습과 행동이 암컷과 똑같아지도록 진화한 것들도 있다. 이런 수컷은 몸집이 텃세권을 지키는 수컷의 6분의 1에 불과하고, 진짜 암컷과 거의 같은 크기다. 이 암컷 의태 수컷은 텃세권을 지닌 수컷을 찾아가서 수컷의 구애를 받아들이고, 수컷이 계속 관심을 갖도록 유도한다. 이렇게 수컷 가까이 머물러 있음으로써 이 의사 암컷은 진짜 암컷이 알을 낳을 때 수정시킬 만반의 준비를 갖춘 셈이다. 텃세권을 지닌 수컷은 암컷 두 마리와 잠자리에 든다고 상상하고 있지만, 실제로는 암컷 한 마리와 수컷 한 마리를 끼고 있는 셈이다. 암컷 쪽은 진실을 알고 있을 것이 거의 확실하다.

이 두 종류의 수컷은 서로 전환되지 않는 별개의 형태인 듯하다. 두 형태가 그토록 오래 유지되어온 것으로 볼 때 그들의 장기 번식 성공률은 똑같을 것이 틀림없으며 ─즉 진화 시간에 걸쳐 속이는 자와 속는 자는 똑같은 수준으로 번식을 해온 것이 분명하다─ 이 동등함은 빈도 의존 선택을 통해 강화되는 것이 틀림없다. 암컷 의태 수컷은 상대적으로 수가 적을 때면 번식률이 더 높아질 것이고, 수가 많아지면 번식률이 낮아질 것이다. 암컷이 양쪽 수컷을 어떤 식으로 선호하는지는 알려져 있지 않지만 대체로 암컷은 희귀한 수컷을, 즉 양쪽 대안 중에서 빈도가 적은 쪽을 선호한다.

성적 의태의 가장 놀라운 사례 중 하나는 단독 생활을 하는 벌에 기생하는 작은 곤충인 한 가뢰에게서 볼 수 있다.[18] 이 가뢰는 퍼질 때가 되면 100~2000마리가 한데 모인다. 그러면 마치 숙주인 벌 종의 암컷 한 마리와 크기와 색깔, 앉은 자세까지 비슷해진다. 심지어 마치 한 마리인 양 서로 보조를 맞추어서 나무를 오르내리기도 한다. 크기가 수백분의 1에 불과한 개체들이 모여서 만화경 같은 가짜 그림을 만들어 낸다. 그러면 벌 수컷이 와서 이 그림에 교미를 시도하며, 가뢰는 새로운 벌집으로 퍼질 수 있다.

가짜 경보

경보는 다양한 종, 특히 조류에게서 나타나며, 근처에 포식자가 있다고 다른 개체(때로는 친척)에게 경고하는 기능을 한다. 경보는 꼭 필요한 순간에 울린다. 받는 쪽에서 잘못 받아들일 여지가 거의 없다. 따라서 진짜 경보를 주형으로 삼아서 가짜 경보가 반복하여 진화해왔다 해도 놀랄 일이 아니다. 열대의 여러 종의 새들이 뒤섞여 사는 곳에서는 한 새가 크고 맛 좋은 곤충을 잡아서 막 먹으려 할 때 다른 누군가가 가짜 경보를 발할 것이다.[19] 그러면 새는 곤충을 내버리고 다급하게 숨는 반응을 보일 때도 있고, 그렇지 않을 때도 있다. 양쪽의 비율이 거의 반반이다. 반면에 진짜 경보가 들리면 새들은 예외없이 즉시 달아나는 반응을 보인다. 즉 새들은 진짜 경보와 가짜 경보를 반쯤 식별하도록 진화했다.

도둑갈매기 부모는 새끼들이 싸울 때면 가짜 경보를 발하며, 그러면 새끼들은 깜짝 놀라 서로 떨어져서 숨는다.[20] 그럼으로써 부모는 싸움이 더 확대되지 않도록 간섭한다. 제비 수컷은 가짜 경보를 이용해 가장으로서의 권리를 지키곤 한다.[21] 그들은 짝 근처에 다른 수컷이 있는 것을 보면 경보를 발한다. 그러면 암수 모두 숨느라 바쁘다. 무리에서 번식을 하는 수컷들은 다른 때는 그런 소리를 내지 않지만(제비도 "늑대다!"라고 외치고 싶어 하지는 않는다) 알을 낳는 시기에는 돌아왔을 때 둥지가 비어 있으면 거의 언제나 그런 소리를 낸다(암컷이 혼외정사를 하는 사례가 빈번하고 방치하면 자신의 혈통이 위험에 처한다). 영양도 같은 책략을 쓰는 법을 터득했다.[22] 수컷은 다 자란 암컷과 하루 이틀 교미를 하면서 보낸 뒤, 암컷이 다른 곳으로 가려고 하면 경고하는 소리를 낸다. 마치 근처에 포식자가 숨어 있으니 자신과 함께 있어야 한다고 신호하듯이.

위장

위장은 자연에 너무나 흔하지만 우리는 좀처럼 눈치채지 못한다. 대다수의 생물은 적어도 어느 정도는 뒤섞이도록 선택되며, 대벌레와 나뭇잎벌레는 그런 자연선택의 극단적인 사례일 뿐이다. 하지만 행동 측면에서 문어와 오징어는 고도로 발달했기에 특별히 언급할 가치가 있다.

문어와 오징어는 보호 껍데기를 갖추지 않은 통통하고 맛 좋은 동물이므로, 자연히 그들을 먹잇감으로 탐내는 포식자들이 아주 많다. 포식자는 주로 어류지만 포유류와 잠수하는 조류도 이들을 탐식한다. 위장은 문어와 오징어의 유일한 방어 수단이다(먹물을 뿜고 무는 것을 제외할 때). 그들은 피부 색소 세포 각각에 뉴런이 하나씩 연결되어 있어서 시냅스를 거치면서 중계된다고 할 때보다 신호 전달 시간이 짧으며, 약 2초 안에 배경에 거의 완벽하게 녹아들 수 있는 놀라운 체계를 진화시켰다.[23] 먹이를 먹으면서 돌아다닐 때에는 다양하기 그지없는 이런저런 배경 속을 아주 천천히 움직이면서 새 표면을 마주칠 때마다 색깔과 무늬를 조정한다. 그럼으로써 거의 눈에 띄지 않으면서 돌아다닐 수 있다.[24] 모래, 개펄, 산호초, 바위, 바닷말 등등 어디를 돌아다니든 간에 말이다. 문어는 자기 밑에 있는 것에 맞추어 끊임없이 색깔과 무늬를 변화시키면서 서서히 굽이치는 듯이 움직인다. 빨리 헤엄치고 싶을 때는 넙치의 모양과 색깔, 헤엄칠 때의 움직임, 속도를 흉내 내어 해저 위를 쏜살같이 나아간다.[25]

중간 속도일 때(먹이를 찾아다닐 때)에는 한 번에 몇 시간씩 분당 약 세 가지의 서로 다른 표현형을 무작위로 펼치는 가장 특이한 전략을 채택한다.[26] 마치 자신의 위장 형태들이 담겨 있는 카드 한 벌을 아무렇게나 뒤섞어서 보여주듯이. 이 방식은 포식자가 어느 특정한 위장 형태에 대한 특정한 탐색 이미지를 형성하는 것을 막는 데 도움을 준다. 포식자가 잠재적인 먹이를 인지할 때, 먹이는 새로운 위장 형태로 변신해왔다. 한 오징어 종은 암컷 의태도 진화시켰다.[27] 의태가 너무나 뛰어나기에 그런 수컷은 때로 같은 암컷 의태 수컷들까지도 속인다. 암컷 의태 수컷들이 교미를 하기 위해 다가올 정도다. 이것은 기만이 그 자체로 이익을 준다는 너무나 설득력 있는 또 한 가지 사례다.

죽음과 죽은 척하기

포식자-먹이 관계에서는 기만이 첫 간파 때부터 최종 포식행위에 이를 때까지 어디에서든 일어날 수 있다는 것이 오래전부터 알려져 있었다. 죽음이 임박했을 때의 사례를 두 가지 들어보자. 죽은 척하기는 대개 먹이가 잡혔을 때 일어나며, 죽음을 가져올 최종 타격을 막기 위한 것으로 여겨진다. 새는 꼼짝하지 않고 죽은 척 연기하지만, 의식이 있고 경계 상태를 유지한다. 뜨고 있는 눈만이 살아 있다는 징후일 때도 종종 있다. 닭은 첫 기회가 생기는 순간 달아난다. 대개 붙잡고 있던 포식자가 죽은 줄 알고 놓는 순간이다. 하지만 여우에게 잡힌 오리는 여우가 놓아도 얼마간은 꼼짝하지 않은 채 있기도 한다. 특히 다른 여우들이 있는 것 같을 때 그렇다. 한편 여우도 여기에 적응했다. 여우는 먹이를 잡은 즉시 몇 마리는 죽이고 나머지는 날개를 떼어 달아나지 못하게 만든다.

날개 부러진 척하기broken-wing display는 둥지 근처에서 새가 다친 것처럼, 즉 한쪽 날개가 부러져서 축 늘어진 것처럼 행동함으로써 잠재적인 포식자의 주의를 딴 곳으로 돌리려 시도하는 것이다.[28] 새는 날개를 축 늘어뜨린 채 포식자 근처에서 어기적거리며 움직이다가 공격을 받으면 재빨리 날아서 달아난다. 이 과시 행동은 포식자가 둥지에 더 가까이 다가올수록 더욱 극적인 양상을 띤다. 조류는 둥지가 위협을 받을 때 쓸 다른 다양한 행동을 갖추고 있다.

땅에 둥지를 트는 새인 뜸부기는 둥지에서 쪼르르 멀어지는 쥐인 양 흉내를 낼 것이다.[29] 등을 약간 구부정하게 하고 양쪽 날개를 조금 벌리고 늘어뜨려서 살진 쥐가 탁 트인 곳에서 쪼르르 달아나는 모습을 흉내 낸다. 다양한 포유류와 조류에게 맛있어 보이는 손쉬운 먹이처럼 말이다. 하지만 공격을 받으면 단숨에 하늘로 날아오를 수 있다. 또 때로 갈대밭에서 뜸부기는 돌을 던지듯이 크게 물보라를 일으키면서 물속으로 풍덩 들어갔다가, 수면에 개구리가 있는 양 갈대 사이로 요란한 소리를 내면서 움직일 것이다. 유념할 점은 뜸부기가 마치 그렇지 않은 척 행동하면서 주의를 끈다는 것이다. 뜸부기는 발각되지 않는 쥐나 개구리처럼 되어서는 안 되고, 발각되지 않도록 애쓰는 표적처럼 행동해야 한다. 그래서 뜸부기는 겉으로는 은밀하게 움직이는 척하면서 통상적인 수준보다 더 큰 움직임을 보인다.

전략으로서의 무작위성

우리는 기만을 찾아낼 때 패턴을 이용하고 무작위성은 패턴의 부재를 뜻한다. 무작위성은 발각되지 않도록 고안된 기만 전략의 일부로서 매우 중요한 가치가 있지만, 우리는 그 가치를 제대로 인식하지 못할 때가 종종 있다. 사례를 두 가지 살펴보자. 나비가 알을 낳지 못하게 막도록 진화한 식물 구조물인 가짜 나비 알이 있다.[30] 나비는 이미 누군가 알을 낳은 것을 보면 그곳에 알을 낳지 않기 때문이다. 가짜 알은 식물의 잎 표면에 무작위로 나타난다. 하지만 그 식물 구조물이 본래의 기능을 하는 다른 근연종에서는 구조물이 잎의 양쪽에 대칭적으로 난다. 따라서 자연선택은 무작위성을 빚어냈다. 나비가 그 알들이 대칭적으로 나 있으면 진짜 알이 아닌 양(사실 진짜 알이 아니다) 대하도록 진화했기 때문일 것이다. 가지뿔영양도 무작위성을 추구한다. 가지뿔영양 어미는 젖을 먹이는 사이사이에 새끼를 숨겨두고 먹이를 찾아 나설 때면, 처음에는 새끼에게서 멀어지는 방향으로 나아간 뒤, 무작위적으로 이리저리 돌아다니면서 많은 시간을 할애한다. 젖을 먹이기 위해 돌아오기 직전에야 어미는 새끼가 있는 쪽을 향함으로써 새끼의 위치를 드러낸다.[31]

이제 인간의 사례를 살펴보자. 예전에 세관원이 으레 주인이 있는 자리에서 가방을 뒤지던 시절에, 밀수품을 찾아내는 검증된 방법은 가방 주인이 곁눈질로 지켜보고 있는 동안 무작위로 여기저기 쑤셔대는 것이었다. 가방 주인이 동요를 하거나 지나치게 주의를 기울일 때마다 세관원은 가방의 내용물을 전부 꺼내 수상쩍은 물품을 집중 조사했다. 여기서 세관원은 여기저기 찔러봄으로써(그리고 주의를 기울임으로써) 문제가 되는 물품, 아마도 불법적인 물품이 있는 곳을 가방 주인이 스스로 폭로하게끔 만든다. 이런 사태―발각―에 대비가 안 되어 있으면 불안감이 고조되고 무심코 정보를 드러내게 된다는 점을 유념하자.

오랜 세월 나는 정보의 제한이 중요함을 잘 알고 있었다. 나는 세관원에게는 해본 적이 없지만, 경찰관이 내 차의 짐칸을 뒤진다면 그냥 등을 돌린다. 경찰관은 내가 무언가를 숨기고 있다고 생각할지 모르지만, 설령 거기에 무언가가 있다고 할지라도 어디에 있는지 내게서는 아무런 단서도 얻지 못할 것이다. 물론 다른 목적으로 주시당하고 있을 때, 우리는 진실을 감추기 위해 준무작위 행동에 몰두할 수도 있다.

예전에 병 때문에 떠났다가 하버드에 재입학 허가를 받고자 애쓸 때, 나는 유명한 "이 잉크 얼룩이 뭐로 보이는가?"(로르샤흐) 검사를 받아야 했다. 나는 어떤 그림을 보는지 혹은 어떤 이야기를 하는지, 어떤 색깔인지, 이야기가 일관성이 있는지 등등을 토대로 등급을 매겨 결과를 내놓는다는 것을 미리 알고 있었지만 '정상'임을 의미할 가능성이 높다고 여겨지는 '적절한' 답이 무엇인지를 잊었기에, 패턴이 없음을 보여주는 것이 가장 나을 것이라고 여기고서 단순히 무작위화해 답을 했다. 때로는 이야기를 하고, 때로는 그림을 말하고, 때로는 색깔을 이야기하는 식이었다. 적어도 나는 완고하거나 강박적으로 보이지 않게 되었다. 나는 재입학 허가를 받았다. 사실 우리 행동의 핵심에는 무작위성이 어느 정도 들어가 있을지도 모른다. 그럼으로써 남들도 우리 자신도 패턴을 찾아내지 못하게 될 것이다. 따라서 우리가 무심코 자신을 드러내는 것을 막을 수 있다.

기만은 분노를 유발할 수 있다

동물은 자신을 향한 기만을 간파했을 때 어떻게 반응할까? 말벌, 새, 원숭이 등등 다양한 종에서 나온 연구 결과들은 그들이 종종 분개하면서 즉각적인 응징을 한다는 것을 시사한다. 참새의 가슴 깃털이나 말벌의 입 부분(악판)에는 멜라닌이 더 많아서 짙은 색을 띠는 부위가 있는 데, 이 부위는 개체의 지위를 알려주는 임의의 상징—이른바 배지—역할을 한다. 이런 배지를 지닌 종들은 기만을 간파했을 때 즉각 응징하는 듯하다. 배지는 개체들이 서로 정면으로 보았을 때 가장 눈에 잘 띄는 신체 부위에 있고, 배지의 크기는 몸집 및 지위와 비례 관계에 있다. 임의로 지위를 나타내는 배지와 지위 자체의 관계가 어떻게 유지되는 것일까? 예를 들어 말벌의 악판에 있는 멜라닌은 몸 전체의 1퍼센트도 안 된다. 왜 이 체제에는 사기꾼이 끼어들어 몸집이 보장하는 것보다 더 높은 지위를 가리키는 배지를 만들지 않는 것일까? 이유는 그런 사기꾼은 즉시 공격을 받으며, 그랬을 때 대개 자신을 방어할 수 없기 때문이다. 악판에 물감을 칠해 더 우월해 보이게 한 개체들은 더 우위를 차지하기는커녕 물감을 칠하지 않은 대조군보다 진정으로 우월한 개체들로부터 여섯 배나 더 자주 공격을 받은 반면, 지위가 더 낮아 보이도록 칠한 말벌은 두 배 더 공격을 받았다.[32] 흥미로운 점은 낮은 지위에 있는 말벌들이 처음부터 우월해 보인 개체보다 우월해 보이도록 칠한 개체를 더 자주 공격했다는 사실이다. 여기서는 모습과 행동의 부조화가 핵심 지각 요소가 된다.[33] 개체의 배지를 더 짙게 칠하고 호르몬을 처리해 더 공격적으로 만들면 그들은 우위를 차지하지만, 모습에는 변화를 주지 않고 공격 성향만을 더 띠게 할 때는 안정한 우위 관계를 확립하는 데 실패한다. 아마 남들이 계속 도전하려는 유혹을 느끼기 때문인 듯하다.

참새의 가슴을 더 짙게 칠해서 배지가 더 커보이도록 하고 그에 따라 지위가 더 높아 보이게끔 하면, 지위에는 대개 정반대 효과가 나타난다. 색칠을 한 새는 전보다 더 자주 공격을 받는다. 특히 겉보기에 배지 크기가 같거나 더 큰 새들이 공격을 한다. 그 결과 기만하는 배지를 지닌 개체는 지위가 낮아지거나 집단에서 추방된다. 대조적으로 지위가 하락된 양 속이는 개체—즉 실제보다 더 연하게 보이도록 배지를 탈색시킨 개체—는 종종 지나치게 공격적이 된다. 주위를 빙빙 날면서 새로운 (줄어든) 배지를 토대로 자신에게 아주 가까이 접근함으로써 불손한 행동을 보이는 이웃들을 공격한다.[34]

기만이 분노와 공격을 유발할 수 있다는 사실은 약 30년 전에 내 인생에서 아주 설득력 있게 와 닿았다. 나는 한 살배기 아들을 안고서 산책을 하다가 나무에서 다람쥐를 보았다. 하지만 아들이 다람쥐를 보지 못했기에, 나는 다람쥐가 더 가까이 다가오도록 가락을 붙여서 휘파람을 불었다. 그러자 다람쥐는 더 앞으로 기어 왔다. 하지만 아들은 여전히 볼 수 없었다. 그래서 나는 다람쥐와 나의 관계를 뒤집어서 공격하는 흉내를 내기로 결심했다. 나는 와락 앞으로 뛰었다. 나는 다람쥐가 황급히 달아날 것이라고 예상했다. 막 싹튼 우애 관계가 파탄나겠지만 다람쥐가 쪼르르 달아나면 아들이 볼 수 있을 터였다. 하지만 다람쥐는 이빨을 한껏 드러낸 채 화가 나서 찍찍거리면서 곧장 우리를 향해 달려오더니 우리에게 가장 가까운 가지로 뛰어내렸다. 이제 아들은 다람쥐를 보았고, 나는 몹시 놀라서 서둘러 몇 걸음 뒤로 내뺐다.

내 어리석은 행위로 다람쥐는 내 어깨 위로 뛰어내려서 노련하게 두 번 아이의 목을 물어서 죽일 수도 있었다. 내가 처음부터 적대적이었다면 다람쥐가 그렇게 화를 내지 않았을 것이 분명하다. 처음에는 호의적이었다가 공격을 한다(기만)는 것은 배신을 의미했기 때문에 다람쥐는 그렇게 엄청난 분노를 표출한 것이다. 좀 사이비과학적인 연구를 하다가 다람쥐를 격분시켜서 아기를 위험에 빠뜨릴 뻔했다는 이야기를 아내에게 하지 않은 채 슬며시 집으로 아기를 안고 들어올 때의 굴욕감은 이루 말할 수 없다. 나는 두 번 다시 그런 짓을 할 엄두도 내지 못했다.

기만을 알아차렸을 때 공격하는 행동이 중요한 이유는 그것이 기만 행동의 비용과 발각되지 않았을 때의 혜택을 크게 증가시킬 수 있기 때문이다. 공격을 받을지 모른다는 두려움은 그 자체가 기만을 암시하는 이차적인 신호가 될 수 있고, 그 두려움을 억누르는 것이 자기기만에는 유리하다. 물론 기만이 발각되었을 때 치르게 될 사회적 비용이 응징 공격만은 아니다. 당신은 여성이 그저 가볍게 때리는 정도밖에 할 수 없을 것이라고 생각하겠지만 여성은 거짓말을 알아차리면 대개 더 잔인하게 관계를 끝낼 수도 있다. 기만이 발각되면 사회적 수치심을 느낄 수도 있다. 나쁜 평판, 신용과 지위 상실이 이어질 수 있기 때문에 속이는 자는 기만에 성공해야 할 뿐 아니라 발각되었을 때 더 큰 결과가 빚어지는 것을 피하기 위해 기만을 숨기려는 압박을 늘 받을 것이다.

동물은 기만을 의식할 수도 있다

다른 종에게 어떤 특정한 종류의 의식을 부여하고자 할 때에는 당연히 신중을 기해야 하겠지만, 동물이 벌어지고 있는 기만을 어느 정도 상세히 의식하고 있음을 강력히 시사하는 상황들이 있다. 예를 들어 갈까마귀는 나중에 먹기 위해 먹이를 은닉하는(즉 땅에 묻어 숨기는) 성향을 중심으로 일련의 정교한 행동을 진화시켰다.[35] 은닉하는 장면을 우연히 남이 보면 훔쳐갈 수도 있다. 그래서 먹이를 숨기려 하는 갈까마귀는 이 가능성에 아주 예민하게 반응하는 듯하다. 그들은 다른 새들로부터 멀찌감치 떨어진 다음, 남이 보지 못하게 가려주는 장애물 뒤에서 먹이를 숨기곤 한다. 숨기다가도 시시때때로 멈추고 주위를 살핀다. 누군가 지켜보고 있다는 기미가 조금이라도 보이면, 그들은 대개 숨겼던 먹이를 다시 꺼낸 뒤 남이 지켜보지 않을 때까지 기다렸다가 다른 곳에 다시 묻는다. 먹이를 은닉한 뒤에는 1~2분 사이에 다시 돌아와서 살펴보곤 할 것이다. 한편 지켜보는 새들은 멀리 안전한 곳에, 때로는 나무나 다른 물체 뒤에 숨은 채 기다린다. 그들은 갈까마귀가 먹이를 숨기다가 멈추면 지켜보는 것을 멈추고, 갈까마귀가 먹이를 숨기고 떠나면 1분 이상 기다렸다가 먹이에 다가간다.[36] 사람의 손에 자란 갈까마귀는 사람의 시선을 따라 자세를 바꾸면서 장애물 주위를 둘러보고는 한다.[37] 이것은 갈까마귀가 남의 시선을 멀리까지 투사할 수도 있음을 시사한다. 마찬가지로 어치는 다른 새가 있는 상황에서 먹이를 은닉할 때, 거리를 최대한 벌리고 어두운 곳에서 먹이를 헷갈리게 이리저리 옮기면서 숨긴다. 실험을 해보면 그들이 전에 먹이를 숨길 때 누가 지켜보았는지 기억하며, 새로운 새가 지켜보고 있을 때보다 그런 새가 지켜보고 있을 때면 먹이를 파내어 다시 숨길 가능성이 더 높게 나온다.[38] 그것은 기만이라는 맥락에서 지능이 진화했음을 보여주는 또 한 사례다.

회색다람쥐는 다른 다람쥐가 있을 때는 더 멀찍이 은닉하고, 가짜 은닉처를 만들며, 다른 다람쥐에게 등을 돌린 채 은닉처를 만든다.[39] 까마귀가 지켜보고 있을 때는 그런 반응을 보이지 않는다. 다른 포유동물도 등을 돌리는 모습을 종종 보인다. 암컷에게 발기한 모습을 과시하는 침팬지 수컷은 더 지위가 높은 수컷이 오면 등을 돌리고는 한다.[40] 발기한 것이 수그러들 때까지 말이다. 16개월밖에 안 된 아기도 손에 쥔 물건을 감추거나 하던 짓을 숨기기 위해 등을 돌릴 것이다. 나는 개인적으로 여성이 곁에 있을 때 나와 관계가 있거나 내가 관계를 맺고 싶어 하는 다른 여성에게서 전화가 오면 등을 돌리지 않고서는 전화를 받기가 어렵다. 설령 숨길 것이 전혀 없고 돌아서는 행위가 내심을 드러내는 것이라고 할지라도 그런 일은 일어난다. 아마 다른 여성과 통화를 하지 않는 척하는 한편으로, 자신을 지켜보고 있는 여성을 바라보지 않음으로써 인지 부조화―그리고 인지 부하―를 줄이려는 시도일 것이다.

갈까마귀 좀도둑은 먹이를 은닉한 새가 근처에 있을 때에는 알고 있는 은닉처를 뒤지지 않지만, 다른 새(즉 은닉처를 지킬 가능성이 적은)가 있을 때에는 개의치 않고 즉시 은닉처로 향할 것이다. 게다가 그들은 은닉한 새가 있을 때는 마치 의도를 숨기려는 듯이 은닉처에서 먼 곳을 열심히 찾는다. 한 실험에서는 먹이가 숨겨진 지역으로 갈까마귀들을 들여보내자, 하위 수컷은 금방 먹이를 찾는 능력을 터득했고, 가장 상위에 있는 수컷은 금세 기생하는 법을 습득했다. 그러자 하위 수컷은 먹이가 전혀 없는 곳부터 뒤짐으로써 상위 수컷을 쬔 뒤에, 재빨리 먹이가 있는 곳으로 움직였다.

갯가재는 8주 가운데 7주 동안은 단단한 껍데기로 몸을 감싸고 위험한 집게발을 자랑하면서 돌아다닌다. 하지만 8주째에는 허물벗기를 하기 때문에 몸과 집게발이 부드럽다. 이때는 남을 공격할 수 없고 남의 공격에 취약하다. 이 시기에 마주치면 그들은 집게발로 위협하는 횟수가 크게 증가하며, 그와 동시에 상대에게 돌진하는 척도 한다. 이런 방법으로 상대를 겁주어 쫓는 데 성공할 확률은 절반쯤 된다. 나머지 절반은 실패하여 필사적으로 달아난다. 갯가재가 부드러운 껍데기를 지니기 바로 전주에는 집게발 위협의 횟수가 증가할 뿐 아니라, 위협에 이어 실제 공격이 이루어지는 횟수도 증가한다.[41] 공격 행동을 하지 못할 때가 온다는 것을 남이 알아차리지 못하도록, 위협 뒤에 공격 행동이 이어진다고 과시하는 듯하다.

농게 수컷은 대개 다른 수컷을 위협하고 남과 맞서 싸우고 암컷에게 구애하는 데 쓰는 커다란 집게발을 갖고 있다. 이 집게발을 잃으면 아주 흡사하게 생긴 새 집게발이 재생되지만, 원래 있던 것보다 기능이 떨어진다. 첫 집게발의 크기는 굴에서 끌어낼 때 저항하는 능력뿐 아니라 힘과도 상관관계가 있지만(몸집과 무관하게) 재생된 집게발의 크기와는 상관이 없고, 수컷은 상대방의 집게발이 둘 중 어느 쪽인지 구분할 수 없다.[42]

영장류에게서는 남이 모르도록 정보를 숨기는 것이 아주 적극적인 형태를 취할 수도 있다. 예를 들어 침팬지와 고릴라는 얼굴을 가림으로써 얼굴 표정을 숨기려 시도할 것이다. 동물원에서는 고릴라가 한 손이나 양손으로 '놀이 표정play face(함께 놀자고 하는 의미의 얼굴 표정)'을 가리는 모습이 관찰되어왔으며, 이렇게 가린 얼굴은 가리지 않은 놀이 표정보다 놀이를 유도할 가능성이 더 적다. 물론 이런 식으로 숨긴 놀이 표정은 들키지 않을 가능성이 거의 없고, 2차 신호가 되기 쉽다. 침팬지는 던지려 하는 물건을 등 뒤에 숨길 것이다.[43] 또 물건을 나무의 한쪽으로 던짐으로써 다른 침팬지가 놀라 반대편으로, 그의 적수가 기다리는 쪽으로 움직이도록 유도한다.[44]

진화 게임으로서의 기만

기만을 이해하고자 할 때 한 가지 중요한 부분은 그것을 수학적으로 여러 참가자가 다양한 수준의 의식적 및 무의식적 기만을 수반하는(아주 고운 혼합물인) 다양한 전략을 추구하는 진화 게임으로 이해하는 것이다. 이것을 협력 문제와 대비시켜보자. 단순한 죄수의 딜레마는 협력의 모형으로 널리 쓰인다.[45] 쌍방의 협력은 각자에게 혜택을 주는 반면, 변절하면 양쪽이 다 피해를 입는다. 하지만 각자는 상대방이 협력할 때 자신은 변절하면 더 이익을 본다. 일회성 만남에서는 기만이 선호되지만, 참가자들이 앞서 상대방이 한 행동에 따라 반응하는 것이 허용된다면 주로 협력이 출현할 것이다. 이 이론적 공간은 잘 연구되어 있다.

게임 이론을 기만에 가장 단순하게 응용한다면 기만을 고전적인 죄수의 딜레마로서 다루는 식이 될 것이다. 두 사람이 서로에게 진실을 말하거나(둘 다 협력한다), 거짓말을 하거나(둘 다 속인다), 한쪽만 그렇게 할 수 있다고 하는 것이다. 하지만 이 모형은 작동할 수 없다. 작동할 수 없는 한 가지 이유는 기만 사례에서는 새로운 핵심 변수가 점점 중요해진다는 것이다. 바로 누가 누구를 믿을까 하는 문제다. 당신이 거짓말을 하고 내가 믿는다면, 나는 당할 것이다. 당신이 거짓말을 하고 내가 믿지 않는다면, 당신이 당할 가능성이 높다. 대조적으로 죄수의 딜레마 게임에서는 각자가 서로 수를 교환하고 나면 상대가 어떤 수를 둘지(협력할지 속일지)를 알며, 가장 단순한 조건에서는 가장 단순한 상호 교환 법칙이 작동할 수 있다고 본다. 처음에는 협력하는 수를 두지만, 그 뒤부터는 상대방이 두는 수에 따라 자신도 같은 수를 둔다는 것이다(팃포탯). 하지만 기만에서는 그런 명백한 상호 교환 논리가 없다. 기만 문제에서는 당신이 내게 거짓말을 할 때, 내가 당신에게 거짓말로 되갚는 것이 최상의 전략이 아니다. 대개는 당신과 거리를 두거나 당신을 처벌하는 것이 내게는 최상의 전략이 된다.

내가 들은 기만의 수학적 모델 중에서 가장 창의적인 제안은 최후통첩 게임UG, ultimatum game을 이 문제에 적용하자는 것이다.[46] UG에서는 한 참가자가 이를테면 100달러(연구진이 제공한)를 나누자고 제안한다. 자신이 80달러, 응답자가 20달러를 갖자는 식이다. 응답자가 제안을 받아들이면 거기에 맞추어 돈을 나누고, 응답자가 거부하면 어느 쪽도 돈을 받지 못한다. 때로는 익명의 일회성 만남이라는 상황을 상정하고서 게임이 펼쳐진다. 즉 서로 알지 못하고 앞으로도 만날 일이 없는 사람과 단 한 번 게임을 하는 것이다. 이 상황에서 게임은 개인이 불공정성을 의식하는 수준을 측정한다. 설령 돈을 잃을지라도 거절할 만큼 불쾌한 수준의 제안은? 많은 문화에서는 80/20 배분이 집단의 절반이 너무 불공정하다고 거부하는 손익분기점이다.

이제 내기에 걸 수 있는 판돈이 두 가지(100달러와 400달러)고 참가자가 둘 다 그 사실을 아는 변형된 UG를 상상하자. 먼저 제안자에게 무작위로 한쪽 판돈을 할당한다. 제안자가 당신에게 40달러를 제안한다고 하자. 따라서 판돈이 100달러라면 40퍼센트가 될 것이고(당신은 수락할 것이다) 400달러라면 10퍼센트가 된다(대다수는 거절할 것이다). 제안자에게는 거짓말이 허용된다. 즉 실제로는 액수가 많은 판돈을 받아놓고도 적은 액수를 받았다고 말할 수 있다. 당신은 제안자를 믿을 수도 있고 그렇지 않을 수도 있다. 이 게임에서 또 한 가지 핵심적인 부분은 당신이 제3자(이해관계가 없는)에게 대가를 주고 진실을 알아낼 수 있다는 것이다. 이것은 제안자의 정직성에 관한 불확실성을 줄이는 일에 당신이 얼마나 가치를 부여할지를 측정한다.

진실을 찾아냈을 때 제안자가 거짓말을 했다는 사실이 드러날 수 있으므로, 당신은 제안을 거절하고 반대로 진실을 추구할 도덕적(아니 적어도 도덕주의자처럼 굴) 동기를 지니게 된다. 불확실성을 유지하는 편이 더 나을지, 즉 굳이 대가를 지불하면서 진실을 알아낼 필요가 있을지와 계속 비교하면서 말이다. 순수한 경제적 관점에서는 진실을 찾아내는 것이 아무런 혜택이 없음을 유념하자. 제안받은 돈이 얼마든 간에, 진실을 알아내겠다고 대가로 지불한다면 그 돈을 쓸데없이 낭비하는 꼴이 될 수 있기 때문이다. 그러면 이런 질문이 나올 수 있다. 응답자는 불편한 진실이 드러날 수도 있음에도 불확실성을 줄이기 위해 얼마나 대가를 지불할 자세가 되어 있을까? 실생활에서는 게임이 익명성의 수준이 제각기 다른 상황에서 펼쳐지기도 하고, 반복되는 죄수의 딜레마 게임에서처럼 여러 차례에 걸쳐 펼쳐질 수도 있음을 유념하자. 식별력이 발달할수록, 상대방은 당신의 정직함(그렇다는 것이 금방 드러난다)으로부터 더 많은 혜택을 보고 기만의 피해를 덜 입을 것이다(알아차리고 거부함으로써).

여기에 자기기만을 추가하면, 게임은 금방 아주 복잡해진다. 우리는 다음과 같은 행위자들을 상상할 수 있다.

- 시종일관 정직(비용: 정보를 드러내고, 남이 기만해도 곧이 곧대로 받아들인다).
- 의식적인 부정직이 상당한 수준이고 자기기만 수준은 낮음(비용:

인지 비용이 더 높고 발각될 때 비용도 더 높다).
• 높은 수준의 자기기만을 겸한 부정직(현재의 인지 비용이 적으므로 겉보기에 더 설득력이 있지만 나중에 발각되어 손해를 보고 남에게 이용당할 행동을 더 자주 한다).

등등.

기만의 더 심오한 이론

단순한 게임 이론을 다루는 수학에 재능이 있는 이들이나 컴퓨터 시뮬레이션을 통해 그런 게임을 연구하는 이들은 방금 말한 구분에 따라 사람들을 집단으로 나누고 각 변수에 정량적 효과를 할당해 그것들이 결합된 진화 궤적을 탐사할 수 있을지도 모른다. 하지만 아마도 결과는 그저 그런 수준일 것이고, 게임의 진행 양상은 각 전략에 할당된 상대적인 정량적 효과에 전적으로 의존할 것이다. 더 심오한 연관성은 공진화 경쟁이 명시적으로 정립될 때에만 출현할 가능성이 훨씬 더 높다. 물론 일반적인 요점은 이 게임에 다수의 행위자가 참여하며, 일종의 빈도 의존성 평형을 통해 게임 자체가 시간이 흐르면서 변할 수 있다는 것이다. 우리는 어떤 보상을 기대하느냐에 따라서 상황에 따라 택하는 역할이 달라질 것이다. 물론 처음에는 아주 단순한 게임에서 시작하고, 이 게임의 동역학을 점점 알아갈수록 복잡한 요소를 하나씩 추가하는 편이 더 낫긴 하다.

우리의 자기기만 이론이 기만 이론에 토대를 둔다면, 기만 이론을 발전시키는 것이 특히 가치가 있으리라는 것은 분명하다. 나는 30년 전부터 그렇다는 것을 알고 있었지만 기만의 더 심오한 논리에 관한 독창적인 것을 생각해내지도 못했고, 다른 누군가가 큰 발전을 이룬 것도 보지 못했다. 암수의 구애 상호작용 때 신호가 위조하기 더 어렵게 점점 더 많은 비용이 드는 것 쪽으로 진화했을 수도 있지만(예를 들어 뿔의 크기, 신체적 힘, 대칭성), 기만의 여지는 늘 있으며, 비용 위주의 이 단순한 규칙에 따르지 않는 체계도 많다.

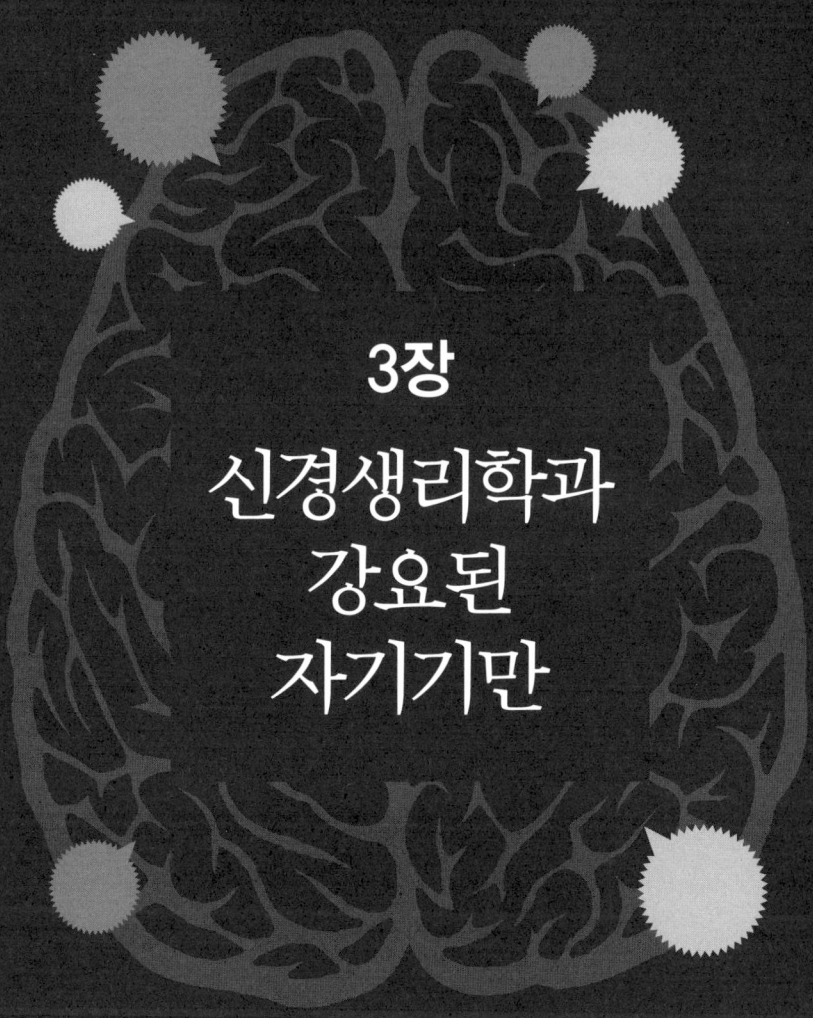

3장
신경생리학과 강요된 자기기만

1980~1990년대에 아이와 여성이 성적 학대를 받았다는 증거들이 나오면서 두 가지 거짓 고발이 유행병처럼 퍼졌다. 투옥되거나, 있지도 않은 죄로 재판을 받거나, 공개적인 비난과 불명예에 시달리는 등등 무고한 사람들에게 엄청난 비용을 안겼다. 이 모든 결과는 가짜 기억의 이식을 토대로 했으며, 엄청난 사회적 비용을 안긴 강요된 자기기만의 사례다.

비록 기만과 자기기만의 신경생리학 연구는 이제 막 시작된 상태이지만, 흥미로운 발견이 이미 몇 가지 이루어져 있다. 의식적 마음이 인간의 행동을 인도하는 데 하는 역할이 아주 미미함을 시사하는 증거가 있다. 우리가 짐작하는 것과 정반대로, 의식적 마음은 행동과 지각 양쪽으로 무의식에 뒤처지는 듯하다. 그것은 행동의 개시자라기보다는 관찰자에 훨씬 더 가깝다. 사고를 적극적으로 억제하는 과정을 상세히 살펴본 연구 결과들은 진화 과정에서 뇌의 한 부분이 다른 부분을 억제하도록 전용轉用되어왔음을 시사한다. 사실이라면 매우 흥미로운 발달 양상이다. 동시에 사회심리학은 사고를 억제하려는 노력이 때로 반동 효과를 낳는다는 것을 명확히 보여주는 증거를 내놓았다. 반동 효과는 어떤 생각을 억제하려고 하는데 오히려 전보다 더 자주 떠오르는 것을 말한다. 또 거짓말과 관련된 뇌 영역의 신경 활동을 억제하면 거짓말을 더 잘하게 되는 듯이 보인다는 연구도 있다. 마치 덜 의식할수록 거짓말을 더 잘하는 듯이 말이다.

유도된induced 자기기만이라는 것이 있다. 이때 자기기만자는 자기의 이익이 아니라 자기기만을 유도하는 사람의 이익을 위해 행동한다. 부모, 동반자, 친족 집단, 사회 등등이 자기기만을 유도할 수 있고 이것은 인류 생활에 대단히 중요한 요인이다. 당신은 자신의 이익을 위하지 않으면서도 자기기만을 할 수 있다. 무엇보다도 그것은 우리가 이 운명을 피하는 일에 경계심을 늦추지 말아야 함을 시사한다. 즉 자기기만을 통해서가 아니라 의식을 더 확대함으로써 방어해야 한다고 말이다.

마지막으로 우리는 자기기만을 공격 전략의 일부로 다루어왔는데, 과연 그럴까? 자기기만이 전적으로 방어 기능을 한다는 정반대 −전통적인− 견해를 살펴보자. 예를 들면 현실에 맞서 우리가 간직하고 있는 행복을 보호하기 위해서라는 것이다. 우리가 상황이 아주 나쁘다는 것을 안다면 아침에 아예 이불에서 나오지 않을 것이라는 개념은 그것의 극단적인 형태다. 이것이 일관성을 띤 보편적인 진리라고는 볼 수 없지만, 자기기만을 할 때, 우리가 때로 개인적인 이익(남에게 전혀 영향을 미치지 않으면서)을 위해 진정으로 자신을 속일 수도 있다는 점은 분명하다. 플라세보와 최면은 자기기만이 직접 건강에 혜택을 준다는 점에서 독특한 사례를 제공한다. 비록 대개 제3자, 즉 최면치료사나 의사라는 모델이 필요하지만. 그리고 6장에서 살펴보겠지만 자기기만의 도움을 받아 긍정적인 면역 효과를 유도할 수 있다는 점은 거의 확실하다.

의식적 지식의 신경생리학

우리는 의식적 마음의 안에 살기 때문에, 의사 결정이 의식에서 생기고 그 체계에서 나오는 명령을 통해 수행된다고 쉽사리 상상하고는 한다. 우리가 '이 공을 던지자'라고 결정한 뒤에 공을 던지라는 신호를 보내기 시작하고, 그 직후에 공이 던져진다는 것이다. 하지만 행동의 신경생리학을 상세히 조사한 결과는 그렇지 않음을 보여준다.[1] 행동을 일으키는 신경 자극이 의도를 의식하는 시점보다 약 0.6초 앞서 운동 준비에 관여하는 뇌 영역에서 시작된다는 사실이 처음 드러난 것은 20여 년 전이었다. 실제 행동은 의도를 의식한 뒤에도 무려 반 초 더 늦게 일어난다. 다시 말해 우리가 공을 던지겠다는 의식적 의도를 형성할 때, 던지기에 관여하는 뇌 영역은 반 초 이상 앞서 이미 활성을 띤 상태다.

훨씬 더 최근인 2008년에 나온 연구는 전의식preconscious 신경 활동을 더 극적으로 보여준다. 이 연구는 늦은 운동 계획late motor planning에 관여하는 보조 운동 영역을 조사했다. 이 문제에서 규명해야 할 한 가지 중요한 사항은 사전에 이루어지는 이 신경 활동이 특정한 결정(공을 던진다)과 관련된 것인지, 아니면 단지 일반적인 활성화(무언가를 한다)인지 여부다. 이 연구는 새로운 실험을 통해 이 문제를 해결했다.[2] 실험 대상자에게 반 초 간격으로 글자가 연달아 깜박이며 나타났다가 사라지는 화면을 보게 하면서, 마음에 든다고 느낄 때마다 두 개의 단추 중 하나를 누르라고 하면서(왼쪽 또는 오른쪽 검지로), 그 의식적 선택이 이루어질 때 어느 글자를 보았는지 기억하라고 한다. 그 뒤에 글자 네 개를 보여주면서 단추를 누르겠다고 의식적으로 결정했을 때 본 글자가 어느 것인지 고르게 한다. 이것은 결정의 의식적 지식이 만들어지는 시점이 언제인지 대강 한정하는 역할을 했다. 각 글자는 반 초 동안만 보이고 의식적 지식은 행동 자체가 시작되기 약 1초 전에 나타나기 때문이다.

그렇다면 사전 무의식적 의도는 언제 생길까? 행동 이전 단계 때 뇌의 다양한 영역들을 찍은 뇌기능 자기공명영상 fMRI(신경 활동과 관련된 혈액 흐름을 보여주는 영상)을 통해 이 문제를 살펴볼 수 있는 컴퓨터 소프트웨어가 나와 있다. 가장 놀라운 점은 행동이 임박했음을 의식하기 무려 7초 전에, 보조 운동 영역 및 운동 신경 자체에서 꽤 멀리 떨어져 있는 가쪽 및 안쪽 이마앞엽 겉질에서 활성이 나타난다는 것이다. fMRI의 반응이 느리다는 점을 고려할 때, 의도를 의식하기 10초 전에 나중에 의식과 행동 자체를 빚어낼 신경 신호가 시작된다고 추정된다. 또 이 연구는 어떤 결정이 위험하다는 것을 의식적으로 깨닫기 한참 전에 위험한 결정에 대한 예측 피부 전도 반응 anticipatory skin conductance response 이 일어난다는 더 이전의 연구 결과들을 설명하는 데도 도움을 준다.

여기서 강조할 가치가 있는 한 가지 요점이 있다. 사람은 무언가를 하려는(공을 던진다) 의도를 의식하는 시점부터 약 1초 사이에 그 행동을 중단할 수 있으며, 중단은 행동이 시작되기 100밀리초(10분의 1초) 전까지 이루어질 수 있다. 이 효과 자체는 의식 아래에서 작동한다. 즉 행동이 시작되기 200밀리초 전에 행동의 구현 여부에 영향을 미칠 수 있는 식역하 subliminal 효과가 작동할 수 있다. 그런 의미에서 의식적 의도가 형성되기(그때부터 행동이 시작되기까지 약 1초의 지연이 있다) 전에 무의식적 신경 활동의 긴 사슬이 있다는 증거가 자유의지라는 개념을 배제시킨다고는 할 수 없다. 적어도 과거 경험을 통해 의식적으로 무의식적으로 배울 수 있고 나쁜 생각을 폐기할 수 있다는 의미에서 그렇다.

반면에 지각이 이루어지려면 의식에 어느 정도 시간이 필요하다는 것이 지금은 명확해졌다.[3] 달리 말하면, 신경 신호는 발끝에서 뇌까지 전달되는 데 약 20밀리초가 걸리지만, 의식에 등록되는 데는 그보다 스물다섯 배 더 긴, 꼬박 500밀리초(0.5초)가 걸린다. 여기서도 의식은 무의식보다 현실을 더 뒤늦게 알아차리며, 따라서 의식에 들어가는 것에 무의식적 편향이 영향을 끼칠 시간은 많다.

요약하자면, 현재까지 나온 가장 나은 증거들을 토대로 할 때, 결정을 준비하는 단계에서 우리 무의식적 마음이 의식적 마음보다 앞서고 의식이 그 과정에서 상대적으로 늦게 나타나며(약 10초 뒤) 의식이 이루어진 뒤에 결정을 폐기할 시간이 충분하다(1초)는 것을 알 수 있다. 게다가 입력되는 정보가 의식에 들어가려면 약 반 초가 필요하므로, 의식적 마음은 행동의 개시자라기보다는 우리 행동의 사후 평가자이자 주석자—합리화하는 것을 포함하여—에 더 가까운 듯하다. 코미디언 크리스 록은 당신이 그를 처음 만날 때(그의 의식적인 마음을 포함하여) 당신은 사실상 그를 만나고 있지 않다고 말한다. 그의 대리인을 만나고 있을 뿐이라는 것이다.

사고 억제의 신경생리학

신경생리학자들이 연구해온 자기기만 가운데 특히 가장 많은 것을 드러내는 유형—진짜 정보를 의식으로부터 억누르려는 의식을 매개로 한 노력-이 있다. 여기서 나온 자료는 우리의 맥락에서 볼 때 놀랍기 그지없다. 뇌의 서로 다른 부위들이 다른 부위의 활동을 억제해 자기기만적인 생각을 빚어내도록 진화해온 듯하다는 것이다.

기억을 의식적으로 적극 억제하려는 사례를 생각해보자. 실생활에서 우리는 자신의 생각을 억제하려 적극적으로 시도한다. 오늘은 이 생각을 하지 않겠어, 제발 이 여성을 내 머릿속에서 몰아내줘 등등. 연구실에서는 실험 대상자들에게 방금 배운 임의의 기호 집합을 잊으라고 요청한다. 한 달 뒤에 기호를 떠올려보라고 하면서 기억하는 정도로 측정해보면, 그런 노력의 효과가 개인별로 편차가 대단히 심하다는 것을 알 수 있다. 이 편차는 밑바탕을 이루는 신경생리학 측면의 다양성과 관련이 있다. 잊으라는 요청을 받을 때 등가쪽 이마앞 겉질DLPFC, dorsolateral prefrontal cortex이 더 활성을 띨수록, 해마(기억이 주로 저장되는 곳)에서 진행되는 활동은 더 억제되고 한 달 뒤에 기억하는 것이 더 적어진다.

한편 DLPFC는 인지 장애물을 극복하고 원치 않는 반응을 억제하는 것을 포함해 운동 활동을 계획하고 조절하는 데도 종종 관여한다.[4] 이 뇌 영역이 다른 뇌 영역들에 종종 영향을 미치며, 특히 행동을 억제하는 데 관여하므로, 기억을 억제하는 새로운 기능을 갖도록 전용되었다고 상상하고픈 유혹을 느낀다. 여기에는 신체적인 측면도 관여한다. 나는 잘 안다. 나는 원치 않는 생각이 떠올라서 그것을 억제하는 행동을 할 때, 마치 무언가를 아래로 눌러서 보이지 않게 하려는 양 내 팔의 한쪽 또는 양쪽이 저절로 씰룩거리는 경험을 종종 한다.

자신의 생각을 억제하려는 노력의 역설[5]

방금 말한 신경생리학적 연구는 짧은 시간 동안에 의미 없는 글자나 숫자를 죽 나열해 보여준 뒤에 짧은 시간 동안 잊는 시도를 한 다음, 한 달 뒤에 결과를 측정한 것이다. 하지만 의미를 지닌 무언가를 억제하려고 애쓴다면 또 다른 요인이 작동한다. 어떤 생각을 억제하려는 의식적인 결정(흰곰을 생각하지 말자)을 쉽게 해낼 수 있으며, 그 생각이 떠오를 때마다 더 깊이 억누르다 보면 곧 그 생각이 떠오르지 않게 될 것이라고 여길지도 모르겠다. 하지만 실제로는 그렇지 않다. 마음은 억제에 저항하는 듯하며, 어떤 조건에서는 우리가 억제하려고 애쓰는 바로 그것을 한다.

예를 들어 우리는 남에게 숨기려는 진실 자체를 마치 무심코 혹은 의지에 거역하듯이 불쑥 털어놓을지도 모른다. 억제된 생각은 때로 1분에 한 번의 속도로, 때로는 며칠 동안 의식으로 돌아오고는 한다. 사고 억제의 신경생리학을 보면, 사고 억제를 남보다 더 잘하는 사람도 있고, 더 힘들게 노력해야 하는 사람도 있다. 하지만 완벽하게 성공하는 사람은 거의 없다.

여기에는 두 가지 과정이 동시에 작동하는 듯하다. 한편으로는 처음에 그리고 다시 떠오를 때마다 원치 않는 생각을 의식적으로 억제하려는 노력이 있다. 다른 한편으로는 마치 오류를 찾으려는 양 금지된 단어를 찾는 무의식적 과정이 있다고 여겨진다. 추가 억제가 필요한 생각이 말이다. 이 과정은 그 자체가 오류를 일으킬 수 있다. 특히 인지 부하를 받고 있을 때 그렇다. 정신이 팔려 있거나 지나치게 부담을 받고 있을 때, 그 생각의 무의식적 추구는 그것의 억제와 결합되지 않음으로써, 억제된 생각이 예상보다 더 자주 불쑥 튀어나올 수 있다.

신경 억제를 통한 기만 향상[6]

신경생리학이 처음으로 큰 발전을 이룬 것은 현재 진행되는 뇌 활동을 시간적 공간적으로 측정하는 능력 덕분이었다. 처음에는 뇌파도EEG를 통해 엉성하게 측정했지만 이제는 fMRI와 양전자 단층촬영 PET을 통해 더 정확한 측정이 가능해졌다. 현재는 정반대 접근법을 취해 뇌의 특정 부위의 활동을 선택적으로 억제하면서 결과를 살펴보는 최신 방법도 쓰인다(1장에서 살펴보았듯이). 두피에 외부 전기 자극을 가해 바로 밑에 놓인 영역의 뇌 활동을 직접 억제하는 것이다. 예를 들어 기만에 관여하는 뇌 영역(앞쪽 이마앞 겉질)PFC, anterior prefrontal cortex에 전기 자극을 가하면서, 실험 대상자에게 방에서 돈을 훔치는 모의 범죄에 참가할지 여부를 판단하도록 고안된 일련의 질문들에 답변할 때 거짓말을 할지 여부를 선택하도록 한다.

비록 일반적으로 우리는 인생에서 인위적으로 유도된 효과—예를 들어 무릎을 세게 때리는 것—는 긍정적이기보다 부정적일 때가 훨씬 더 많을 것이라고 예상하지만, 기만과 관련지어서 이렇게 뇌 영역의 활동을 억제했을 때는 뚜렷하게 긍정적인 효과가 나타났다. 적어도 세 가지 핵심 요소가 유익한 방향으로 변형되었다. 억제 하에서는 거짓말을 하는 반응 시간이 줄어들었으며, 생리적으로 흥분하는 시간도 빨라졌다. 따라서 사람들은 더 빠르게 반응했고 긴장도 덜했다. 또 전기를 가해 뇌 활동을 억제했더니 거짓말할 때의 도덕적 갈등도 줄어드는 듯했다. 즉 사람들은 억제 하에서 죄책감을 덜 느꼈고, 죄책감을 덜 느낄수록 반응 시간이 더 빨랐다. 게다가 이 영역이 억제된 사람들은 관련된 질문에는 거짓말을 더 자주하고 무관한 질문에는 거짓말을 덜함으로써 거짓말을 더 세밀하게 조율했다.

이것은 아주 놀라운 결과다. 정신 활동을 인위적으로 억제하면 거짓말이 더 능숙해진다. 이 원리를 자기기만에도 유추 적용할 수 있다. 정신 활동은 머리뼈에 붙인 자기 장치를 통해 외부에서 억제할 수도 있고 내부적으로 뇌의 다른 영역들이 가하는 뉴런 억제를 통해, 즉 기만에 봉사하는 자기기만을 통해 이루어질 수도 있기 때문이다. 유일하게 우리가 모르는 부분은 외부 억제도 기만의 제반 측면들을 우리가 의식하지 못하게 하는지 여부다. 우리는 그렇다고 예상하지만 말이다.

참고로 중국에서 최근에 이루어진 두 건의 연구는 병리학적인 거짓말쟁이로 간주되는 사람들의 뇌는 기만과 관련이 있다고 믿어지는 영역에 백질이 더 많다는 것을 시사한다.[7] '백질white matter'은 뉴런 자체가 아니라 뉴런에서 길고 가늘게 뻗어 있는 가지돌기에 양분을 공급하는 신경아교세포를 가리킨다. 저글러juggler의 뇌를 연구해보니 연습을 더 많이 할수록 뇌의 '저글링 센터'에 백질이 더 많아지는 것으로 나타났다. 따라서 거짓말과 백질과의 이 상관관계도 반복된 연습에서 비롯된 것일 수도 있다.[8]

무의식적 자기인지는 자기기만을 보여준다

자기기만을 보여주는 고전적인 실험은 약 30년 전에 이루어졌고, (대체로 무의식적인) 언어적 부정이나 자기 목소리의 투사를 살펴보았다.[9] 탁월한 한 일련의 실험은 진짜 정보와 거짓 정보가 개인의 마음속에 동시에 저장되지만, 진짜 정보를 향한 강한 편향은 무의식 마음에 숨겨지고 거짓 정보는 의식에 담긴다는 것을 보여주었다. 그리고 자신의 목소리를 부정(혹은 투사)하는 경향은 그렇게 함으로써 자신의 기분이 좋아질지 혹은 나빠질지에 따라 영향을 받을 수 있다. 따라서 자기기만은 궁극적으로 남을 향한 것이라고 주장할 수 있다.

그 실험은 인간 생물학의 한 가지 단순한 사실에 토대를 두었다. 사람의 목소리는 우리를 생리적으로 흥분시키고, 자신의 목소리(예를 들어 녹음기에서 흘러나오는)는 더욱 그렇다. 우리는 이런 효과를 알아차리지 못한다. 따라서 우리는 자기인지 게임을 할 수 있다. 사람들에게 어떤 목소리가 자신의 것인지(의식적 자기인지) 여부를 물으면서, 무의식적 자기인지가 이루어지는지 조사하는(자기인지가 일어나면 뇌가 더 활성을 띨 것이다) 것이다.

방식은 이렇다. 사람들에게 한 책의 같은 문단을 읽으라고 하고서 녹음을 한다. 녹음한 것을 2초, 4초, 6초, 12초, 24초 간격으로 자른 뒤 자신의 목소리와 남들의 목소리를 이어 붙여서(성별과 연령을 맞추어서) 마스터 테이프를 만든다. 그 사이에 참가자에게 전기 피부 반응GSR, galvanic skin response을 측정하는 장치를 부착한다. 흥분 정도를 측정하는 것인데, 사람들은 대개 남의 목소리를 들을 때보다 자신의 목소리를 들을 때 두 배 더 흥분한다. 그런 뒤 참가자에게 녹음 테이프에서 자신의 목소리가 들린다고 생각할 때면 한쪽 단추를 누르도록 하고, 또 매우 확신한다면 다른 단추를 누르도록 한다.

그러자 몇 가지 흥미로운 사실이 발견되었다. 어떤 이들은 이따금 자신의 목소리를 부정했는데, 그것이 그들이 저지른 유일한 종류의 실수였다. 그리고 그들은 그 사실을 의식하지 못한 듯했다(나중에 면담을 해보니 단 한 사람만이 그 실수를 했음을 알고 있었다). 하지만 피부는 제대로 알고 있었다. 즉 자신의 목소리를 들을 때 예상되는 것처럼 GSR이 크게 증가하는 것으로 나타났다. 대조적으로 사람들은 자신의 목소리가 아닐 때 자신의 목소리가 들린다고 생각했다. 즉 그들은 자신의 목소리를 투사했고, 그것이 그들이 저지른 유일한 실수였다. 비록 그중 절반은 나중에 자신들이 이따금 이 실수를 저질렀음을 알아차렸지만, 여기에서도 피부는 제대로 파악했다. 이것은 무의식적인 자기인지가 의식적 인지보다 우월함을 보여주었다. 그 외에 두 가지 범주가 더 있었다. 결코 실수를 하지 않는 이들과 때로 피부조차도 속아 넘어가면서 양쪽 실수를 다 저지르는 사람들이었다. 하지만 논의를 단순화하기 위해 이 두 범주는 무시하기로 하자(어쨌든 이 두 범주는 그 이상 알려진 것도 없다).

사람들이 스스로에게 기분이 상해 있을 때에는 자기몰입self-involvement(이를테면 거울을 보는 것)을 덜한다는 것이 잘 알려져 있다. 위 실험에서 방금 한 모의실험에서 낮은 점수를 받아(사실은 무작위로 점수를 할당했다) 기분이 상한 사람들은 자신의 목소리를 부정하기 시작했다. 좋은 점수를 받아 기분이 좋은 사람들은 자신의 목소리가 아닐 때에도 자신의 목소리를 듣기 시작했다. 마치 성공했을 때는 자기제시selfpresentation가 확장되고 실패했을 때는 수축되는 듯했다.

또 다른 흥미로운 특징—결코 통계적으로 분석된 바 없지만—은 부정하는 이들이 모든 자극에 최고 수준의 흥분 상태를 보였다는 것이다. 마치 빨리 반응하고, 현실을 부정하고, 그것을 안 보이게 치우도록 점화된 것 같았다. 반면에 현실을 창안하는 것(목소리가 자신의 것이 아님에도 자신의 것이라고 투사하는 것)은 덜 흥분한 상태에서 이루어지는 활동인 듯하고, 실수를 저지르지 않는 사람들은 대개 그들보다도 흥분 수준이 더 낮다. 아마 부정할 필요가 있는 현실은 구축하고 싶은 현실이 없는 것보다 더 위협적일 것이다. 또 부정은 인지 부하가 낮고 빨리 처리할 수 있지만 빨리 검출해 삭제하려면 그만큼 뇌가 흥분을 해야 한다.

이 점은 뇌가 친숙한 얼굴에 반응하는 방식과 한 가지 유사점이 있다. 일부 사람들은 뇌의 특정한 부위가 손상되어 친숙한 얼굴을 의식적으로 인지하는 능력에 문제가 있다. 낯선 얼굴들 중에서 친숙한 얼굴을 고르라고 하거나 얼굴과 이름을 연결하라고 하면, 그들은 그저 우연히 맞추는 수준의 결과를 보인다. 하지만 뇌 활동과 피부 전도도 변화를 보면 그들이 무의식적으로는 친숙한 얼굴을 인지한다는 것을 알 수 있다. 어느 얼굴이 더 신뢰가 가는지 물으면, 우연히 나올 수 있는 것보다 더 높은 확률로 우리가 예상한 쪽을 더 많이 선택한다. 따라서 우리는 많이는 아니지만 무의식적 지식에 어느 정도 접근할 수 있다.[10]

다른 동물들을 대상으로도 이런 연구를 할 수 있을까? 몇몇 새는 인간과 똑같은 양상을 보여준다. 녹음 재생 실험에서 그들은 자기 종의 노래(다른 종의 노래에 비해)를 들을 때 생리적으로 더 흥분하며 자신의 노래를 들을 때면 더욱 흥분한다.[11] 이 새들이 자신의 목소리를 인지했을 때(언어적 자기인지에 상응할 것이다) 단추를 쪼도록 훈련시키기는 쉬우며, 그럴 때의 생리적 흥분 상태는 무의식적 자기인지(인간의 GSR)에 더 가까운 무언가를 드러낼 것이다. 새를 싸움에서 지게 하면 자신의 목소리에 단추를 쪼는 것을 피하기 시작하고(부정), 싸움에서 이기게 하면 반대 효과가 나타날까?

뇌의 반쪽이 다른 반쪽에게 무언가를 숨길 수 있을까?

우리의 좌뇌와 우뇌는 뇌들보(뇌량)로 연결되어 있으며, 고대 척추동물에서 비롯된 이 좌우대칭 구조는 우리의 일상생활에 중요한 영향을 미친다. 좌뇌와 우뇌는 어느 정도 독자적으로 정보를 받고(왼쪽 귀, 우뇌) 또 독자적으로 행동한다(좌뇌는 오른손을 움직인다). 나는 좌뇌가 목표를 소리내어 말함으로써 명백히 하기 전까지 내 우뇌가 탐색에 적극적으로 관여하지 않을 수도 있다는 사실을 종종 알아차리고는 한다. 즉 내가 시야나 왼쪽 주머니를 포함한 내 주머니에서 어떤 물건을 찾으려는데 도무지 찾지 못할 때가 있다. 그러다가 그 단어를 소리 내어 말하면("라이터야."), 갑자기 나는 그것이 내 시야의 왼쪽이나 왼쪽 주머니에 있음을 알아차린다(이것은 뇌와 몸의 회로가 엇갈려 배선된 결과다. 즉 몸 왼쪽의 정보는 주로 우뇌로 가고, 이어서 우뇌는 몸 왼쪽의 움직임을 통제한다). 나는 내가 찾고 있는 정보가 양쪽 반구 사이의 뇌들보를 자유롭게 오가는 것이 아니라, 찾고 있는 대상의 이름을 들어야만 우뇌가 그것을 이해하기 때문에 이런 일이 일어난다고 믿는다. 이름을 듣는 순간, 갑자기 왼쪽 시야와 왼쪽 촉감—우뇌의 통제 하에 있는—이 탐색할 수 있도록 열린다.

이 신기한 사실이 기만 및 자기기만과 관련이 있을까? 나는 그렇다고 믿는다. 내가 무언가를 내 자신에게 숨기고자 할 때 -남의 열쇠 뭉치를 무의식적으로 집어 드는 것처럼- 그것은 즉시 내 왼쪽 주머니에 들어가고, 내가 의식적으로 그것을 찾을 때에도 느리게야 발견될 것이기 때문이다. 마찬가지로 나는 여성과의 '무심코' 이루어지는 접촉(즉 그 행동을 의식하지 못한 채 한)이 전적으로 왼손으로만 일어나고 내 지배하는 좌뇌, 즉 내 몸의 오른쪽을 통제하는 뇌는 그 사실을 깨닫고 깜짝 놀라고는 한다는 점을 알아차렸다. 언어를 담당하는 쪽인 좌뇌는 사실상 의식과 관련되어 있다. 우뇌(왼손)는 덜 의식적이다.

부정-그리고 그 뒤의 합리화-의 과정이 선별적으로 좌뇌에 담기고 우뇌는 그것을 억제한다는 증거도 위의 주장을 뒷받침한다. 몸의 오른쪽이 마비된 사람(좌뇌의 뇌졸중 때문에)은 자신의 신체 조건을 거의 또는 결코 부정하지 않는다. 하지만 왼쪽이 마비된 사람 중에는 적은 비율이긴 하지만 자신의 뇌졸중을 부정하고(질병인식불능증) 강한 반대 증거에 직면하면(왼팔을 움직이지 못하는 동영상) 마비의 원인을 부정하려는 놀라울 만치 다양한 합리화에 몰두하는(관절염 때문이라거나 오늘은 팔을 움직이고 싶지 않다거나 운동을 너무 열심히 해서라는 등등의) 이들이 있다.[12] 특히 뇌의 오른쪽 중앙에 커다란 병터가 있는 사람에게서 이런 성향이 더 흔하고 심하게 나타나며, 이 사실은 우뇌가 감정적으로 더 정직하고 좌뇌가 자기홍보self-promotion에 적극적으로 종사한다는 다른 증거들과 들어맞는다. 대개 사람들은 위협하는 단어에는 반응 시간이 더 짧지만, 질병인식불능증이 있는 사람은 반응 시간이 더 길다.[13] 그것은 그들이 자신의 신체 조건에 관한 정보를 암묵적으로 억누른다는 점을 드러낸다.

강요된 자기기만

지금까지 우리는 기만을 숨기고 가공의 자아를 내세움으로써 행위자에게 봉사하도록 진화한 자기기만을 이야기했다. 이제 남이 우리에게 미치는 영향을 생각해보자.

우리는 남에게, 즉 남의 견해와 욕구와 행동에 대단히 민감하다. 게다가 남들은 우리를 조작하고 지배할 수 있다. 그것은 남이 우리에게 강요한(다양한 세기의 힘으로) 자기기만을 낳을 수 있다. 유용한 극단적인 사례들이 있다. 사로잡힌 사람은 사로잡은 자와 자신을 동일시하게 될 수도 있고, 학대받는 아내는 학대하는 남편의 세계관을 취할 수 있으며, 괴롭힘을 당하는 아이는 그 범행의 원인을 자기 탓으로 돌릴 수도 있다. 이것들이 바로 강요된 자기기만의 사례이고, 그들이 희생자의 관점에서 기능적으로 행동한다면(결코 확실하지는 않지만) 아마도 지배하는 자와의 갈등을 줄임으로써 그렇게 할 것이다. 때로 당사자 자신이 이런 이론을 내세우기도 한다. 학대받는 아내는 심하게 겁에 질릴 수도 있고, 묵종이 심한 폭력을 추가로 도발할 가능성이 가장 적은 길이라고 합리화할지도 모른다. 실제로도 그렇다고 믿는다면 가장 효과적이다.

상황이 반드시 극단적일 필요는 없다. 새를 생각해보자. 많은 작은 조류 종들을 보면 처음에는 수컷이 우위에 있다. 암컷이 정착할 영토를 차지하고 있는 쪽이 수컷이기 때문이다. 그리고 선호하는 취식지에서 암컷을 내쫓을 수도 있다.

하지만 시간이 지날수록 우월했던 지위는 낮아지고, 암컷이 알을 낳을 단계에 이르면 상황은 역전된다.[14] 이제는 암컷이 수컷을 선호하는 취식지에서 몰아낸다. 혼외 부계의 위험성과 암컷의 부모 투자가 점점 더 중요해지는 것이 암컷이 우위에 서는 이유라고 추정된다. 인간관계에서도 똑같은 일이 종종 벌어질 수 있다.

이 발견은 오래전에 내 주의를 끌었다. 내 자신이 이 여성 저 여성과 맺은 그토록 많은 관계를 너무나 정확히 포착한 듯했기 때문이다. 처음에는 내가 우위에 있었지만 결국에는 철저히 종속적인 상황에 놓이고는 했으니 말이다. 나중에야 나는 자기기만의 지배 체제도 그에 따라 변했다는 것을 깨달았다. 나의 것에서 그녀의 것으로 말이다. 처음에는 논의가 모두 내게 유리한 쪽으로 편향되어 있었지만, 나는 거의 알아차리지 못했다. 내 위주인 것이 당연하지 않은가? 그런 뒤에 우리는 대등하게 말하는 시기를 짧게 거친 뒤, 그녀의 자기기만 체제로 빠르게 넘어갔다. 나는 사실상 그녀가 잘못한 일에도 그녀에게 사과를 하고는 했다.

예를 들어 섹스는 귀인적attributional 악몽—누가 누구에게 어떤 영향을 미치는가?—이 될 수 있다. 한쪽 또는 양쪽에 성기능 장애가 생겼을 때 상대방 때문이라고 여기기가 십상이다. 죄책감에서 비롯되든 관계가 끝장날까 하는 두려움에서 비롯되든 간에, 당신은 이제 자신이 아닌 다른 누군가를 위해 자기기만을 저지르고 있을지 모른다. 가장 부럽지 않은 입장이다.

암묵적 대 명시적 자존심

강요된 자기기만의 또 한 사례를 살펴보자. 좀 더 깊은 사회적 의미를 함축한 것이다. 우리는 개인의 암묵적 선호뿐 아니라 명시적 선호라는 것도 측정이 가능하다. 명시적 측정은 그저 사람들에게 선호하는 것을 직접 말하라고 요청하면 된다. 예를 들어 이른바 흑인과 백인(미국의 경멸적인 용어를 써서) 중에서 행위자가 어느 쪽을 선호하는지 묻는 것이다. 암묵적 측정은 더 미묘하다. 사람들에게 '백인' 이름(칩, 브래드, 월터)이나 '좋은' 단어(기쁨, 평화, 멋진, 행복한)가 나오면 오른쪽 단추를 누르고 '흑인' 이름(타이론, 말릭, 자말)이나 '나쁜' 단어(고통, 역겨움, 전쟁, 죽음)가 나오면 왼쪽 단추를 누르라고 요청한다. 그런 다음 백인이나 나쁜 단어, 흑인이나 좋은 단어로 상황을 뒤집어서 다시 한다. 이제 반응 시간latency—백인이나 좋은 단어 대 백인이나 나쁜 단어에 단추를 누를 때 반응하는 데 얼마나 걸리는가—을 살펴본다. 반응 시간이 짧을수록 (반응이 더 빠를수록) 그 단어들이 암묵적으로 뇌에서 더 강하게 연관되어 있음을 의미한다. 그래서 이것을 '암묵 연합 검사IAT, implicit association test'라고 한다. 이 검사법은 1998년에야 나왔지만, 방법론상으로 실질적인 개선이 이루어진 것들을 포함해(사회과학에는 드문 일이다) 지금까지 엄청난 문헌을 쏟아내고 있다.[15] 몇몇 웹사이트는 인터넷을 통해 엄청난 양의 IAT 자료를 모으고 있으며(예를 들어 하버드, 예일, 워싱턴 대학교의 웹사이트) 이런 연구들은 몇 가지 놀라운 발견을 해냈다.

한 예로 흑인과 백인은 남보다 자기를 더 높이 평가하는 명시적 경향을 지닌다는 점에서 비슷하며, 사실 흑인이 그 경향이 좀 더 강하다. 하지만 암묵적 측정값을 보면, 백인은 명시적인 경향보다 더 강하게 백인을 선호하는 반응을 보이는 반면, 흑인은 —평균적으로— 흑인보다 백인을 선호한다.[16] 이것은 엄청난 차이로는 아닐지라도 자기보다 남을 선호한다는 의미다. 이것은 진화적 관점에서 보면 가장 의외의 결과다. 진화적 관점은 자기가 이기심의 출발점(목표가 아니라면)이라고 보기 때문이다. '즐거움'과 '친구' 같은 일반적인 좋은 단어 대 '끔찍한'과 '무시무시한' 같은 나쁜 단어를 이용한 암묵적 측정을 토대로 개인이 자기보다 남(무관한)을 높이 평가한다는 점이 드러난다면, 개인이 자신의 이익 쪽으로 확연히 틀어져 있지 않다는 의미이기도 하다.

이것은 강요된 자기기만의 특징이며 —자신보다 남을 더 높이 평가하는 것— 아마도 몇 가지 부정적인 결과를 빚어낼 것이다. 예를 들어 인종을 강하게 점화시킨 흑인 학생은 심리 검사에서 점수가 낮아진다.[17] 이것은 사실 현재 나와 있는 수백 가지의 '점화' 효과 중 최초의 사례에 속했다. 스탠퍼드 대학교에서 흑인과 백인 대학생들을 상대로 비교적 어려운 적성 검사를 했다. 한 집단은 단순히 검사만 받도록 했다. 다른 한 집단에는 몇 가지 개인적인 사실들을 알려달라고 요청했다. 그 중에는 인종 항목도 들어 있었다. 점화가 없을 때에는 흑인과 백인 학생들이 동등한 점수를 받았다. 점화를 했을 때에는 백인 학생들이 좀 더(상당히 아니지만) 나은 점수를 받았고, 흑인 학생들은 거의 절반으로 점수가 떨어졌다. 정반대로 점화를 함으로써 반대 방향으로 개인의 점수를 조작할 수도 있다. 아시아계 여학생은 '아시아인'이라는 점화를 했을 때 수학 시험을 더 잘 보았고 '여성'이라는 점화를 했을 때 점수가 낮아졌다. 그런 점화 효과가 얼마나 오래 지속되는지, 점화가 얼마나 자주 일어나는지 아무도 모른다. 아프리카계 미국인은 자신이 그렇다는 것을 얼마나 자주 떠올릴까? 한 달에 한 번? 하루에 한 번? 아니면 30분마다?

따라서 역사적으로 지위가 낮았거나 멸시당했으며 현재 사회적으로 종속된 처지에 있는 소수 집단은 부정적인 암묵적 자아상을 지니고, 자기보다 남—사실상 자신을 억압하는 자—을 선호하며, 종속된 정체성을 의식하자마자 수행 능력이 떨어질 가능성이 있음을 강하게 시사한다. 이것은 강요된 또는 유도된 자기기만이 어떤 힘을 지니는지를 시사한다.[18] 일부, 아니 사실상 많은 종속된 사람들이 자신에 관한 지배 집단의 틀에 박힌 관점을 채택한다. 물론 모두가 그렇지는 않으며, 아마 유도된 자기기만의 희생자는 자각을 하면 자신의 종속에 맞설 가능성이 더 높을 것이다. 아무튼 역사적 혁명은 많은 사람들의 의식이 변할 때 —자기 자신과 자신의 지위에 관하여— 일어나는 듯하다. 그와 함께 IAT에도 변화가 일어나는지는 알려져 있지 않다.

거짓 자백, 고문, 아첨

그 밖에도 언급할 만한 유도된 자기기만 유형이 몇 가지 더 있다. 중범죄를 저질렀다고 거짓 자백을 하도록 사람을 설득하는 일은 놀라울 만치 쉽다.[19] 설령 그 결과 —그리고 종종 그렇지만— 장기간 투옥된다고 할지라도 말이다. 그저 민감한 희생자와 일주일 내내 24시간 옛 방식의 성과 좋은 경찰 활동을 적용하기만 하면 된다. 희생자를 격리시키고 잠을 못 자게 하고 거부와 반박을 허용하지 않는 강압적인 심문을 하고 거짓 사실들을 들이대고 가상의 이야기를 들려주는 것이다. "살인 무기에서 당신의 피를 확보했어. 아마도 그럴 의도가 없었거나 의식하지 못한 채 비몽사몽간에 부모를 살해했겠지." 그러면서 자백을 하면 다 끝난다고 암시한다. 그러면 심문은 끝나겠지만, 사실상 용의자의 비참한 처지는 그때부터 시작될 것이다. 이런 압력에 얼마나 취약한지, 궁극적으로 자기기만이 어느 정도 유도되는지는 사람마다 다르다. 일부는 거짓 자백을 뒷받침할 거짓 기억을 만들기까지 한다. 자신에게 딱히 혜택이라고는 전혀 없음에도 말이다.

또 방어적 자기기만이라고 볼 수 있는 유형의 강요된 자기기만도 있다. 고문을 당하는 사람을 생각해보자. 고통이 너무나 심하면 해리 disassociation라는 것이 일어날 수 있다.[20] 고통의 세기를 줄일 수 있을까 하여, 고통을 다른 심리 체계들로부터 분리시키는 것이다. 마치 마음이나 신경계가 심한 고통을 그 체계의 나머지 부분들로부터 떼어내고 거리를 두고 객관화함으로써 자신을 보호하는 듯하다. 이것을 고문자가 강요한다고 생각할 수도 있지만, 그것은 가장 열악한 상황에서 지금 당장 살아남을 수 있게 해주는 방어 반응이라고도 볼 수 있다. 우리는 수많은 사람들이 들려준 이야기를 통해 이것이 그저 일시적인 해결책이며, 고문 자체와 그것에 대한 무력감이 그 뒤로도 오랫동안 남아서 심리적 및 생물학적 비용을 청구한다는 것을 안다. 물론 고문에 비하면 훨씬 더 약한 형태의 고통으로부터의 해리도 있다. 엄마가 간지럼을 태워서 아이의 주의를 흩트리는 것이 그렇다.

비교적 온건한 형태의 강요된 자기기만은 아첨이다. 아첨은 종속된 사람이 지배자의 자아 또는 자아상을 마사지함으로써 지위를 획득하는 것이다. 왕궁에서 아첨꾼은 왕을 연구할 시간이 충분한 반면, 왕은 아첨꾼에게 별 주의를 기울이지 않는다. 또 왕은 일반적으로 자기 자신에 대한 통찰력이 제한되어 있다고 여겨진다. 지배자이기에 그는 자신의 자기기만을 연구할 시간도 동기도 부족하다.

강요된 자기기만은 때로 '사기con', 즉 계획적으로 기만해 자원을 빼앗으려 할 때 이용되기도 한다(8장). 예를 들어 사기꾼의 성공이 희생자에게 전에 서로를 잘 알고 있었다는 확신을 유도하는 데 달려 있는 상황이 있다. 사기꾼(남성)은 희생자의 어깨를 양팔로 감싸면서 "어이, 웬일로 여기까지 왔어?"라고 말함으로써 자기기만을 유도할 수 있다. 희생자가 순종적이라면 예전에 만난 적이 있을 것이라는 기억을 재빨리 만들어낼 수도 있다. 그것은 사기꾼이 나중에 그들이 정말로 서로 알고 있었다는 증거로 삼을 만한 사실들을 제공한다.

유도된 자기기만 중에 널리 퍼져 있으면서 아주 중요한 것이 하나 있다. 지도자가 부하들에게 자기기만을 유도하는 능력은 역사적으로 엄청난 결과를 빚어내고는 했다. 10장에서 살펴보겠지만, 집단 내에 널리 공유되는 가짜 역사적 서사는 전쟁을 위한 분위기를 고조시키는 데 쉽사리 이용될 수 있다. 한편으로 정치 지도자는 성공을 거두었을 때 사람들에게 무언가가 그들의 자기 이익을 충족시키는 것이 아닌데도 충족시키는 것이라고 믿도록 부추기는 능력을 깨우칠 수도 있다.

아동 학대의 가짜 기억[21]

1980~1990년대에 아이와 여성이 성적 학대를 받았다는 증거들이 나오면서 두 가지 거짓 고발이 유행병처럼 퍼졌다. 투옥되거나, 있지

도 않은 죄로 재판을 받거나, 공개적인 비난과 불명예에 시달리는 등등 무고한 사람들에게 엄청난 비용을 안겼다. 이 모든 결과는 가짜 기억이 이식된 것이 원인이었고, 엄청난 사회적 비용을 안긴 강요된 자기기만의 사례다.

두 유행병은 서로 관련이 있었다. 하나는 여성들이 과거 유년기에 성적 학대를 받은 비율이 높다는 주장에서 비롯되었다. 그것은 '기억 회복 요법recovered memory therapy'이라는 그런 기억을 이끌어내도록(혹은 만들어내도록) 고안된 다양한 기법을 통해서만 발견되었다. 학대 기억이 전혀 없는 여성들은 다른 이유로 심리치료사를 찾았다가 자신이 지속적으로 되풀이해 학대를 받았다는 확신을 갖고 나왔다. 기억을 떠올리려는 치료사의 암시, 유도 질문, 최면 시도를 통해서 말이다. 그런 방법들 중 일부는 나중에 가짜 기억이라고 드러날 것을 주입하는 도구로 쓰였다.

두 번째 유행병은 첫 번째 유행병에서 자연적으로 파생된 것이었다. 생각지도 않은 성적 학대가 과거에 그토록 많이 이루어졌다면, 현재까지도 지속되고 있을 것이 분명하지 않은가. 1983년 캘리포니아의 한 유치원 교사들이 아이들을 일상적으로 성적 학대했을 뿐 아니라, 애완용 토끼를 죽이는 악마 의식에 참가시키고 심지어 비행기에 태워서 비슷한 의식이 이루어지는 곳으로 데려가기까지 했다는 등등의 이유로 고발되었다. 이 점이 바로 두 유행병의 공통 특징이었다. 즉 남에게 가짜 기억을 주입할 수 있지만, 새롭게 풀려난 기억이 자신이 원하는 것을 만들어내지 못하게 막을 수는 없다. 있을 법하지 않은 '기억'이 점점 늘어나면서 결국 이 유행은 붕괴했다. 하지만 이미 수십 군데의 공동체가 자신의 아이들이 성적으로 학대당했고, 로봇과 바닷가재의 공격을 받았고, 개구리를 산 채로 먹도록 강요당했다고 배운 탓에 생긴 괴로운 트라우마에 시달려야 했다.

가공의 학대 때문에 투옥된 이들도 있었고, 일부 무고한 부모는 자기 아이들에게 소아성애를 저질렀다고 믿는 사람들로부터 공개적인 비난을 받는 치욕을 감수해야 했다. 유감스럽게도 법정에 나와서 그 여성들과 아이들이 진실을 말하고 있다고 전문가로서 견해를 밝히는 증언을 함으로써 바보 놀이에 기꺼이 참가했던 임상심리학자도 무수히 많았다.

자기기만은 마음의 면역계일까?

자기기만에 대해 심리학이 내놓은 주된 대체 관점은 그것이 원초적인 무의식적 충동에 맞선다거나(프로이트 체계) 자신의 행복을 향한 공격에 맞서는(사회심리학) 방어적인 것이라는 주장이다. 후자는 행복을 나름의 권리를 지닌 산물, 우리 정신 건강의 일부로 다룬다. 따라서 그것은 보호할 가치가 있는 산물이고, 그를 위해 우리는 실제 면역계가 우리 몸의 건강을 지키는 것과 마찬가지로 정신 건강을 지키는 '심리적 면역계'를 지닌다는 것이다. 건강한 사람은 행복하고 낙천적이며, 자신의 삶을 통제한다는 느낌이 더 강하다는 등등. 자기기만은 때로 이런 효과를 빚어낼 수 있으므로, 자연선택은 자기기만을 선택한다는 것이다. 그 결과 우리는 사실을 날조하고 편향된 논리를 전개하며 대안을 간과한다. 요컨대 우리는 자신에게 거짓말을 한다. 한편 행복을 지키기 위한 자기기만을 어디까지 허용할지를 판단하는 '합리성 중추reasonability center'가 있다는 것도 분명하다(예를 들어 남에게 터무니없게 보이거나 위험할 만치 망상적이 되지 않도록 하는). 그렇다면 진화는 왜 행복 같은 중요한 정서를 조절하는 더 분별력 있는 방법을 만들어내지 못한 것일까?

물론 증거로 볼 때 성공한 생물은 더 행복하고 더 낙관적이며 더 통제력이 있을 것으로 예상된다. 또 그들은 자기강화를 보여줄 가능성이 높다. 그것이 자기강화가 행복, 낙관주의, 통제 감각을 일으킨다는 의미일까?

그럴 리는 거의 없다. 우울한 사람은 더 행복한 사람보다 공통 형질의 자기강화가 훨씬 덜하다는 것을 보여준다. 그들은 심지어 자기비하도 드러낸다. 이것을 근거로 하여 때로 자기기만이 없다면 우리 모두가 우울해질 것이라는 주장도 나오고는 한다. 하지만 이것은 원인과 결과를 뒤집은 것이 거의 확실하다. 우울한 시기는 자기부풀리기에 좋은 때가 아니다. 특히 이 부풀리기가 남을 향한 것이라면 말이다. 대신에 우울은 자기성찰의 기회에 더 적합하다.

가상의 심리적 면역계를 논의하기 전에, 진짜 면역계가 모든 생물에게 공통적인 한 가지 주요 문제를 다룬다는 점을 염두에 두는 편이 좋다. 바로 우리를 내부에서 먹어치우는 생물인 기생생물에 대처하는 문제다(6장 참조). 면역계는 당면한 현실에 토대를 둔 다양한 분자 메커니즘을 이용하여, 침입하는 생물들의 진정한 동물원이라 할 바이러스, 세균, 곰팡이, 원생동물, 벌레 등등 나름대로 수억 년에 걸쳐 강한 자연선택을 통해 갈고닦은 기술을 이용하는 수천 종을 공격하고, 무력화하며,

삼키고, 죽인다. 또 면역계는 대규모 도서관에 이전 공격의 자료를 정확히 기록해 보관하고, 미리 프로그램된 적절한 대항 반응도 갖추고 있다.

대조적으로 심리적 면역계는 우리를 불행하게 만드는 요인을 바로잡음으로써가 아니라 맥락에 놓고, 합리화하고, 최소화하고, 그것에 관해 거짓말을 함으로써 일한다. 몸의 면역계가 이런 식으로 일한다면 그것은 당신에게 "좋아, 당신은 지독한 감기에 걸렸지만, 적어도 동료를 길에 쓰러뜨릴 만한 독감은 아니야."라고 말하는 것으로 자기 할 일을 다하는 셈이다. 따라서 진정한 심리적 면역계는 우리에게 나서서 문제를 바로잡도록 하는 것이어야 한다. 죄책감은 우리를 되갚는 reparative 이타주의로, 비참함은 불행을 줄여서 우리 삶을 더 낫게 하려는 노력으로, 웃음은 삶의 논리적 불합리함을 이해하는 쪽으로 나아가도록 동기 부여를 한다. 그에 비해 자기기만은 기껏해야 일시적인 이익을 제공할 뿐, 진짜 문제를 해결하지는 못함으로써 우리를 자기기만 체제 내에 가둔다.

고도로 사회적인 종으로서 우리가 남의 행동과 견해에 아주 민감하고 남에게 깊이 영향을 받을 수 있다—우리의 자기주장과 행복을 줄임으로써—는 것은 사실이지만, 왜 자기기만 같은 수상쩍은 것을 이 문제의 해결책으로 채택하는 것일까? 자기기만의 방어적 관점이 확장된 도덕적 자아상과 들어맞는다는 점을 유념하자. 즉 나는 당신을 더 잘 속이기 위해 내 자신에게 거짓말을 하는 것이 아니라 오히려 당신이 내 자신과 내 행복에 가하는 공격을 방어하기 위해 내 자신에게 거짓말을 한다는 것이다.

하지만 이 체계에는 느슨한 점이 있다. 당신은 한 사회적 세계의 일부이기도 하다. 당신을 보는 눈은 자신의 행동을 연구하는 당신의 눈일 수 있다. 그 눈은 무엇을 보고 있을까? 당신의 의식적인 행위가 먼저이고, 무의식적인 자아는 그 다음일까? 우선 그렇다고 가정해보자. 때로 자신의 이익을 위해, 자신의 다른 부분들을 속이는 데 도움이 되도록 이 내면의 눈을 속일 수 있을까? 나는 그렇다고 믿는다. 또 우리는 좋아할 수 없는 사건들에 관한 고통스러운 기억을 억누르려 시도할 수도 있다. 딸이 정체 모를 살인자에게 살해당한 남자는 이렇게 말할지도 모른다. "딸이 죽었을 때 나는 딸애에 관한 기억을 담요로 둘둘 말아서 잊어버리려 애썼습니다." 아마 계속 떠오르는 고통스러운 기억은 어떤 용도로도 쓰지 못하기에 잊는다고 해서 잃는 것도 없지 않을까. 또 정의상 자기기만적이지 않은 우리 의식을 다듬으려는 다양한 노력들이 있다. 명상, 기도, 낙관주의, 목표 의식, 의미 부여와 통제, 이른바 긍정적 착각을 포함한 다양한 자기계발 계획들이 거기에 속한다. 6장에서 살펴보겠지만, 그런 계획들의 한 가지 중요한 혜택은 면역 기능을 향상시킨다는 것이다. 여기서 나는 그와 관련된 두 가지 사례를 좀 깊이 살펴보고자 한다. 플라세보 효과와 최면이다. 둘 다 믿음이 치료를 할 수 있음을 보여준다.

플라세보 효과[22]

플라세보placebe(속임약) 효과와 자기최면을 비롯한 최면의 효과는 자신에게 혜택을 주는 자기기만의 사례로, 대개 제3자를 필요로 한다. 전자에서는 청진기를 끼고 실험복을 입은 사람이, 후자에서는 시계를 리

듬 있게 흔들면서 당신에게 말을 거는 사람이 필요하다. '플라세보'는 화학적으로 불활성이거나 무해한 물질을 마치 약인 양 투여하면 유익한 —심지어 약학적인— 효과가 나타나고는 한다는 사실을 가리키는 용어다. 이 효과는 매우 일관적이고 강력하기 때문에, 어떤 신약이든 간에 임상시험을 할 때 으레 플라세보 대조군을 설정한다. 즉 어떤 알약이 관절염 환자에게 도움이 되는지 여부를 시험하려면, 핵심 화학물질이 빠진 비슷해 보이는 알약을 똑같은 수의 사람들에게 투여해야 한다. 알약이 플라세보보다 더 나은 결과를 내놓아야만 약효가 있다고 말할 수 있다. 물론 플라세보 효과 자체를 더 정확히 측정하기 위해 분석할 때 제3의 범주—플라세보도 약도 투여하지 않는—를 추가하면 더 좋겠지만, 의사들은 그렇게 하는 것이 가치가 있음을 좀처럼 깨닫지 못하고 있다.

그런 연구들은 플라세보 효과가 나타나지 않는 사람은 상당히 소수인 반면, 나머지 사람들은 강한 자기 유도적 효과를 보인다고 말한다. 이것은 최면과 무의미한 내용의 기억을 파괴하는 능력에 관해 우리가 아는 사항들과 들어맞는다. 아마 이 개인별 차이는 남에게 조종당하는 능력과 양의 상관관계가 있는 듯하다(사실, 방금 말한 세 가지 사례는 모두 제3자 효과를 수반한다). 이것은 긍정적인 효과를 얻기 위해 자기기만을 하는 능력이 남에게 기생당하기 쉽고, 그 결과 남이 자기 이익을 위해 당신의 피암시성을 조작할 수 있음을 시사한다.

다음의 효과들은 매우 두드러지고 비용과 인지한 편익 사이에 뚜렷한 연관성이 있음을 보여준다. 플라세보 효과는 다음과 같을 때 더 강해진다.

- 알약이 더 클 때
- 알약이 더 비싼 것일 때
- 알약이 아니라 캡슐 형태로 투약할 때
- 투약 과정이 몸을 더 침범하는 형태일 때(알약을 먹는 것보다 주사를 놓거나 겉보기 수술을 하면 더 낫다)
- 환자가 더 적극적일 때(약을 문지르거나 하는 식으로)[23]
- 부작용이 더 있을 때
- '의사'가 의사답게 보일수록(흰 의사 가운을 입고 청진기를 걸고 있을 때)

알약의 색깔은 상황에 따라 다르게 효능에 영향을 끼친다. 통증에는 흰색(아스피린을 연상해서일까?), 자극에는 빨간색, 주황색, 노란색, 진정제에는 파란색과 녹색이 더 효과가 있다. 사실 파란 플라세보는 파랗다는 것만으로도 수면을 늘릴 수 있고, 그에 따라 아마 즉시 면역 혜택을 얻을 수 있을 것이다(6장).

플라세보 효과의 일반 법칙들은 인지 해리 이론(7장)과 들어맞는다. 개인이 어떤 입장에 더 치중할수록 그는 치중하는 이유를 더 합리화할 필요가 있고, 합리화를 더 할수록 더 긍정적인 효과가 나타난다는 것이다. 수술은 플라세보 효과를 보여주는 사례들을 계속 제공해왔다. 고전적인 사례 중 하나는 1960년대에 미국에서 협심증(심장의 통증)을 치료한 수술이다.[24] 가벼운 가슴 수술로 심장 근처의 두 동맥을 융합해 심장으로 향하는 혈류량을 증가시킴으로써(그렇게 말했다) 통증을 줄이는 것이었다. 수술은 효과가 있었다. 통증이 줄었고, 환자는 기뻐했다. 당연히 의사도 기뻐했다. 그때 몇몇 과학자들이 탁월한 연구를 수행했다. 그들은 사람들에게 똑같은 수술을 했다. 가슴을 열고 동맥 근처를 잘랐지만, 융합은 하지 않았다. 그런 뒤 모든 사람들의 수술 부위를 똑같이 꿰매었다. 그들은 나중에 효과를 평가할 때까지 누가 어떤 '수술'을 받았는지 모르게 했다. 그러자 원래의 수술의 받은 사람들과 똑같이 유익한 효과가 나타났다. 다시 말해, 그 수술의 효과는 전적으로 플라세보 효과였던 듯하다. 두 동맥의 융합은 유익한 효과와 전혀 무관했다.

수술은 유달리 플라세보 효과를 일으키기 쉬운 듯하다. 아마 비용이 많이 들고 여러 사람이 모여서 거들기 때문인 듯하다. 아무튼 대부분의 수술은 하기 전에는 불안하고, 하고 난 뒤에는 합병증—다시 수술로 치료해야 할—을 일으킬 가능성이 있다. 마이클 잭슨의 얼굴을 생각해보라. 따라서 한 하위 분야 전체가 불건전한 방식으로 발달할 동기가 내재되어 있다. 한 예로 리뮤너렉토미remunerectomy는 오로지 환자의 지갑을 빼앗기 위한 수술을 가리킨다. 종종 골관절염 때문에 생기는 무릎의 이상을 치료하는 데 쓰이는 관절경 수술을 생각해보자.[25] 한 소규모 연구는 겉보기 수술—진짜 수술의 모든 특징을 갖추었지만 진짜는 아닌—도 진짜 수술과 거의 똑같은 혜택을 준다고 주장했다. 그것은 이런 수술의 혜택이 주로 플라세보 효과임을 시사한다. 진짜 수술의 효과는 플라세보보다는 더 심한 최대 통증과 연관이 있었다. 아마 몸 속으로 더 침범하기 때문일 것이다. 하지만 전반적인 통증 수준을 비롯해 여러 가지 지표들에서 큰 차이가 있음에도, 플라세보와 수술은 놀라울 만치 비슷한 효과를 낳았다.

플라세보가 통증에 미치는 효과는 어느 정도 상세히 연구가 되어왔다.[26] 일부 사람들에게서 진통제를 투여받았다는 믿음만으로도 엔도르핀(뇌에서 분비되는 진통 효과가 있는 화학물질_옮긴이)의 생산이 유도되고 그럼으로써 아픈 느낌이 줄어드는 효과가 나타난다는 데는 의심의 여지가 없다. 즉 뇌가 가까운 미래에 일어나리라고 예상한 것이 심리 상태에 영향을 끼친다. 뇌가 예견하면 당신은 그 예견의 혜택을 볼 수 있다. 알츠하이머병 환자들에게 플라세보 효과가 나타나지 않는 경향은 그들이 미래를 예견하지 못한다는 점과 관련이 있을지 모른다.

기대는 진정한 의학적 효과와 플라세보 효과가 뒤섞인 과거 경험들의 혼합체를 통해 강한 플라세보 효과를 일으킬 수 있다. 한 저자는 이렇게 말했다.

> 사람들이 받는 의학적 치료는 조건 형성 시험에 비유할 수 있다. 의사의 흰 가운, 돌보는 사람의 목소리, 병원이나 진료실의 냄새, 주사바늘의 따끔함이나 알약을 삼킬 때의 느낌은 모두 이전의 경험을 통해 특수한 의미를 획득함으로써, 통증 완화를 기대하게 만든다.[27]

우울증은 플라세보 효과에 특히 민감한 듯하다. 많은 연구들은 진짜 항우울제가 증상 개선의 약 25퍼센트를 담당하고, 플라세보 효과가 나머지 75퍼센트를 설명함을 보여주었다. 당신이 자신을 돕기 위해 무언가를 하고 있다고 믿으면 전투에서 반 이상은 이긴 셈이다. 아무튼 우울증은 절망이 특징이며, 플라세보는 대단히 큰 희망을 제공한다. 나는 항우울제 처방을 받을 때면 늘 그 점을 생각한다. 나는 효과가 나타나려면 적어도 3~4주는 기다려야 한다는 말을 듣는다. "쌓일 시간이 필요합니다." 다시 말해, 언제라도 곧 약효를 직접 검증할 수 있다고는 기대하지 말고, 통상적인 평균으로의 회귀 법칙—다시 말해 악화된 뒤에는 호전된다는—이 당신에게 나중에 필요로 하는 모든 증거를 준다는 것이다. 그동안은 치료 프로그램에 따르라! 가장 최근의 메타분석(2010년)은 놀라운(그리고 매우 환영할 만한) 사실을 보여준다. 플라세보가 가벼운 우울증에는 항우울제 못지않은 효과를 보이지만, 심한 우울증에서는 효과가 뚜렷이 갈린다는 것이다. 진짜 약은 강력한 효과를 보이는 반면, 플라세보는 효과가 거의 없었다. 앞서 살펴보았듯이, 이것은 남을 향한 자기기만의 한 특징이다. 적당히 하면 먹히지만, 많이 하면 먹히지 않는 것이다.

자가자극 효과를 빚어내는 능력은 여성의 성 연구를 통해 잘 드러난다.[28] 오르가슴에 이르지 못하는 성 기능에 이상이 있는 듯한 여성들에게 성적 자극에 맞추어 골반으로 흐르는 혈액의 양(흥분과 상관관계가 있는 변수)에 가짜로 피드백을 주면 더 큰 성적 흥분을 유도할 수 있다. 그들은 남성이 자신의 성기가 발기한 것을 보면 성적 욕구가 증가할 수 있는 것과 다소 흡사하게 스스로에게 더 크게 흥분하라고 말하는 듯하다.

플라세보 효과가 운동선수에게서도 나타난다는 데는 의심의 여지가 없다. 실험을 해보니 자전거 선수에게 카페인 함유 음료라고 말했을 때(실제로는 무카페인이었다) 진짜 카페인 함유 음료를 주었을 때(마찬가지로 카페인이 들었다고 말하면서)의 절반 정도 긍정적인 반응이 나타났다.[29] 자전거 선수에게는 카페인 함량이 더 높다고 말하는 것만으로도 더 강한 긍정적인 운동 반응이 나타난다. 고통이 없으면 얻는 것도 없다라는 진부한 말조차도 플라세보 효과를 간직하고 있다.

더 나아가 플라세보 효과가 플라세보 효과를 유도할 수도 있다.[30] 즉 과민성 대장 증후군이 있는 사람에게 이제 플라세보-약 성분이 전혀 없는 불활성 화학물질-를 줄 텐데, 긍정적인 마음 자세를 취하면 이따금 모르는 사이에 강력한 플라세보 효과를 발휘할 수 있으며, 마지막으로 알약을 꾸준히 먹는 것이 매우 중요하다고 말한다. 이런 많은 도움이 되는 말을 했으니, 그렇게 플라세보라고 말했어도 효과가 나타난다고 해도 놀랄 필요는 없다.

플라세보는 종교와 유사점이 많다. 둘 다 강한 믿음을 수반한다. 둘 다 일반적인 '의사나 목자'라는 요소를 포함해 일련의 조건적 연합을 수반한다. 그리고 사실 아주 최근까지(약 5000년 전까지) 의학과 종교는 하나였다. 종교 행사에 규칙적으로 참석하면(음악이 있다면 더욱 좋다!) 세심하게 배려하는 의사나 조언자를 정기적으로 찾아가는 것과 마찬가지로 플라세보 효과를 비롯한 면역 혜택이 강화될 것이라고 쉽게 상상할 수 있다.

플라세보 효과의 한 가지 놀라운 특징은 집단 내에서 큰 편차를 보인다는 것이다. 대체로 약 3분의 1은 아주 강한 효과를, 3분의 1은 적당한 수준의 효과를 보이며, 나머지 3분의 1은 전혀 효과를 보이지 않는다. 이것은 우리가 계속 강조해왔던 것의 한 사례다. 즉 기만과 자기기만 체계는 진화하는 것이 분명하고, 자기기만의 형태와 정도에는 중요한 유전적 변이가 있다는 것이다. 우리는 방금 말한 변이 중 유전적인 부분이 얼마나 큰 역할을 하는지 알지 못하지만, 우울 장애가 있는 사람들에게 나타나는 플라세보 효과의 수준 차이가 특정한 유전자와 관련이 있음을 시사하는 연구가 최근에 나왔다.

플라세보 효과가 나타나는 경향과 상관관계가 있는 요인이 또 있을까? 최면에 걸리기 쉬운 피암시성도 다양성이 큰 형질이다.[31] 쉽게 조작당하는 사람이 있는 반면, 저항력이 강한 사람도 있다. 최면에 걸리기 쉬운 것과 플라세보 반응 사이에 강한 양의 상관관계가 있다고 해도 놀랄 필요는 없다. 둘 다 최면술사나 '의사'라는 제3자를 필요로 하는 일종의 자기기만이다. 실험 참가자들을 최면에 잘 걸리는 사람과 그렇지 않은 사람으로 나눈 뒤, 전자에게 스트룹 검사Stroop test(색깔을 가리키는 단어들을 다른 색깔로 써놓고 단어의 색깔을 맞추는 검사)에서 단어를 인쇄한 색깔에만 주의를 집중하도록 최면을 걸자, 그들은 단어가 가리키는 의미에 전혀 간섭을 받지 않는다는 것을 보여주었다. 하지만 최면에 잘 걸리지 않는 사람들에게서는 그런 개선 효과가 전혀 나타나지 않았다.[32] 따라서 바로 이것이 최면에 걸리기 쉬움으로써 얻는 혜택이다. 인지 부하에 집중하거나 그것을 견디는 능력이 더 크다는 것이다.

이 장은 의식적 통제라는 착각을 다루면서 시작했다. 그런 뒤에 우리는 점점 더 깊고 더 미묘한 형태의 외부 통제를 향해 나아갔다. 강요된 자기기만의 일반적인 사항, 그것의 해리에 따른 고통, 남과 자아에 대한 거짓 비난, 플라세보 효과, 최면에 이르기까지 다루었다. 이제 이런 갈등들을 우리의 두 가지 주요 사회적 관계인 가족(4장), 남녀(5장)와 연관해서 살펴보면 가치가 있을 것이다. 우리는 자기기만을 언제 식구들과 성적 상대에게 강요하고, 언제 어떻게 자신에게 강요하는 것일까?

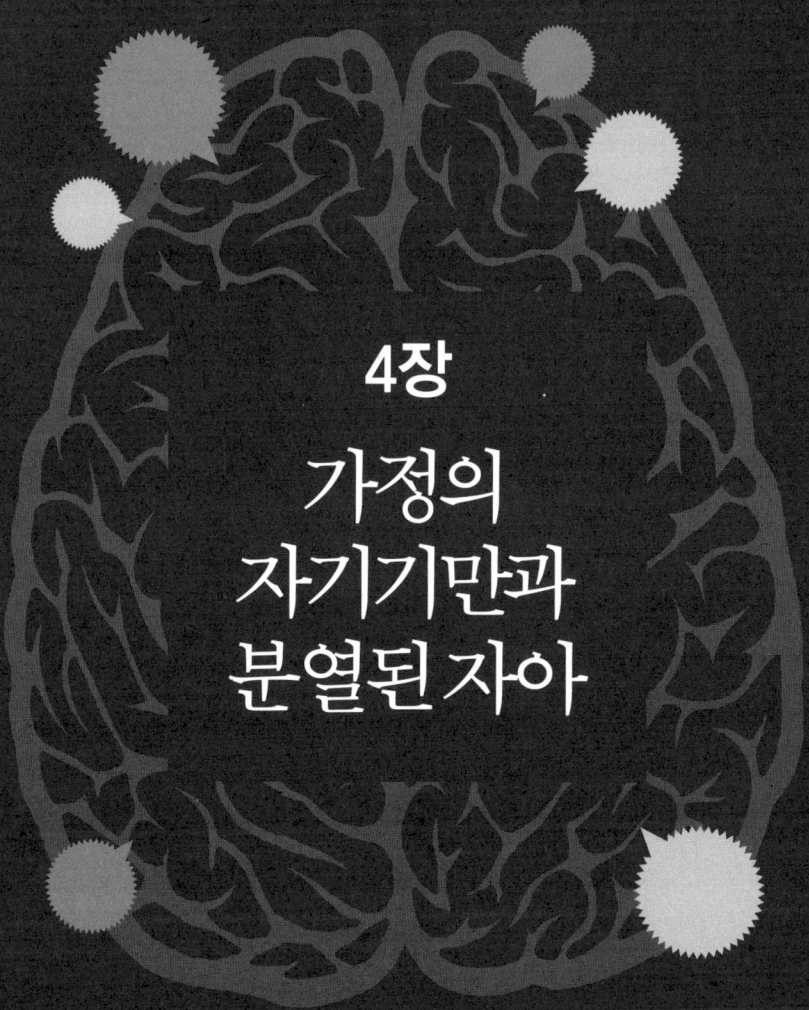

4장
가정의 자기기만과 분열된 자아

부모는 때로 헌신과 보살핌의 정도라는 측면에서 아이를 기만하는 행동을 할 것이다. "다 네가 잘되라고 이러는 거야." 아이는 매를 맞으면서 그 말을 들을 수도 있다. 혹은 나중에 "어떻게 하는 것이 네게 가장 좋을까 하는 생각만 해."라고 말하면서 아이의 행동을 더욱 옥죈다. 정말로 아이를 위해서일까? 사람들은 어떻게 하는 것이 자신에게 가장 좋을지를 생각하기 마련이며, 그것은 아이에게 가장 좋은 것과 충돌할 수도 있다.

대개 우리는 가정에서 삶을 시작한다. 적어도 처음 20년 동안은 그렇다. 그리고 가정은 대개 부모 양쪽 혹은 한쪽과 한 명 이상의 형제자매로 구성된다. 또 이 가족은 조부모, 삼촌, 사촌 등등을 포함하는 더 큰 확대가족의 일부일 때가 종종 있다. 이 모든 가족의 생물학에서 핵심이 되는 것은 유전적 근친도(r)다. 즉 한 개인에게 있는 어떤 유전자의 동일한 사본이 공통 조상에게서 직접 유래했기에 다른 사람에게 나타날 확률이 있다는 의미에서 식구들은 모두 서로 근친관계에 있다. 부모 중 한쪽이 지닌 전형적인 유전자가 자식에게 있을 확률은 절반이고(따라서 자식의 r=1/2), 자식에게 있는 전형적인 유전자가 아버지 또는 어머니에게 있을 확률도 절반이다. 형제자매의 근친도는 1/2인 반면, 이복 형제자매는 1/4이 되며, 멀어질수록 근친도도 줄어든다. 이것은 '해밀턴 법칙Hamilton's rule'으로 이어진다. 해밀턴 법칙은 이타주의를 선호하는 선택이 이루어지려면, 한 친척을 향한 이타적 행동의 편익에 근친도를 곱한 값이 이타주의자가 치르는 비용보다 커야 한다는 것이다.[1] 예를 들어 당신이 이복 자매를 돕는다면, (다른 조건들이 같을 때) 그녀에게 가는 편익은 당신이 치르는 비용의 4배 이상이 되어야 할 것이다. 마찬가지로 자연선택은 당신에게 오는 편익보다 그녀에게 가는 피해가 4배 이상인 이기적인 행위를 반대할 것이다. 요약하자면 가족은 근친도가 높긴 —투자를 유도하고 갈등을 제한하는 경향이 있다— 하지만 1($r=1$)에는 한참 미치지 못하므로 행위자 사이에 갈등도 일어날 것이라고 예상할 수 있다. 우리 목적상 핵심은 진화할 기만과 자기기만의 종류에 근친도가 여분의 차원과 논리를 덧붙인다는 것이다.

부모는 자신의 행동이 사실 근친도와 무관한 부분(부모의 이용)에 토대를 둘 때에도 아이와 공유하는 근친도에 토대를 두는 척할 수 있다(부모 투자).[2] 부모 자신이 이 편향을 알아차리지 못할 수도 있다. 그리고 자식은 부모의 입장에서는 최적인 수준을 초과해 부모가 더 많이 투자를 하도록 유도하기 위해 필요한 것이 더 많은 척할 수 있고, 그럴 때 많다고 스스로 믿는다면 더 효과가 있을 수도 있다. 양측의 대응은 그런 식으로 이어진다. 사실 근친도는 기만 및 자기기만과 관련해 온갖 복잡한 양상을 빚어낸다. 거기에는 허위 진술, 조종, 내면의 분열이 뒤따른다. 이것들을 차례로 살펴보기로 하자.

개인은 식구에게 이타적인 행동과 이기적인 행동 양쪽을 다 하도록 자연선택을 거치므로, 유연관계가 더 먼 사람들에게 그런 행동을 할 때보다 더 깊은 차원에서 동기와 태도를 허위 진술할 가능성이 있다. 예를 들어 당신과 r이 낮은 사람이 당신의 이익을 위해 행동하도록 프로그램되어 있을 것이라고 가정할 이유는 전혀 없지만, 당신과 유연관계가 있는 사람은 그렇게 프로그램되어 있으며 당신과 가까울수록 더욱 그럴 것이라고 가정할 수 있다. 따라서 당신의 친척은 설령 진짜 동기는 오로지 조종하려는 것이라고 할지라도 겉보기에는 당신의 이익을 위하는 척 설득력 있는 태도를 보일 수 있다. 또 친척은 당신에게 권리를 주장할 수도 있다. 내가 너와 근친도가 4분의 1이나 되니까 네가 네 인생을 엉망으로 만들면 내 이익의 4분의 1도 엉망으로 만드는 셈이잖아? 그러니 우리 둘 다를 위해 좀 잘 살도록 해.

또는 이런 사례를 생각해보라. 비록 부모가 자식을 위해 투자를 하도록 자연선택을 거쳐왔다고 해도, 자식이 요구하는 것만큼 투자를 하라거나 늘 투자를 하라고 자연선택된 것은 아니다. 따라서 가까운 친족 사이에 더 깊은 차원의 ―그리고 아마도 종종 일어나겠지만 더 고통스러운― 허위 진술이 일어날 가능성도 있다. 당신은 아이에게 투자를 하는가 아니면 아이를 이용하는가? 아이를 사랑하는가 사랑하지 않는가? 당신이 뒷바라지할 아이의 독자적인 자기이익을 염두에 두고 있는가, 아니면 아이를 오로지 당신의 더 큰 계획을 위한 도구로서 보는가? 어느 쪽이냐에 따라 자식에게는 대단히 큰 차이가 빚어지며, 부모 쪽에서 기만과 자기기만이 일어날 여지도 크게 달라진다. 물론 자식 쪽에서도 그렇다.

두 번째로, 장기간의 부모 투자에 언어라는 요인이 추가됨으로써 유도된 자기기만을 포함해 의식적이고 무의식적인 조종이 이루어질 기회가 많아진다. 즉 부모는 자기기만을 드러내는 자식의 이익이 아니라 부모의 이익에 봉사하도록 자식에게서 자기기만을 유도할 수 있다. 아이는 부모가 자신의 진정한 이익을 위해 행동한다고 믿으면서 자라지만, 실제로는 그것이 아닐 수도 있다. 자식은 부모의 투자를 더는 필요로 하지 않을 때까지는 그런 강요된 자기기만을 떨쳐낼 처지가 못 될 수도 있다. 그것은 사춘기 말에 정서적 동요와 부모를 향한 노골적인 적대감을 빚어내는 추가 요인이 된다. 그에 따라 어른은 앞서 부모로서 했던 조종의 값비싼 대가를 치르는 정도가 달라질 수 있다. 게다가 부모는 혼연일체가 아니다. 부모는 아버지와 어머니로 구성되고, 조종이 그들 자신뿐 아니라 친가 쪽과 외가 쪽 친척들에게 영향을 미치므로 자식 조종의 이해관계가 다르다.

세 번째는 좀 뜻밖의 내용이겠지만, 근친도를 고려하면 개인은 이해관계가 서로 다른 여러 자아로 자동적으로 나뉜다는 것이다. 그 자아들 중에서 가장 중요한 것은 모계 자아와 부계 자아다. 예전에는 생물이 추구하는 자기이익이 단일한 것이라고 믿었다. 자신의 유전적 번식을 최대화한다는 단일한 목적을 지닌다고 생각했다. 친족 이론은 그것이 불가능하다고 말한다. 우리 안의 각 유전자들은 서로 다른 유전 법칙에 따르고, 그 결과 이해관계가 충돌한다는 것이다. 예를 들어 Y염색체는 아버지에게서 아들에게로만 전달된다. Y염색체의 자연선택 과정은 딸의 이익과 무관하다. 이것이 아버지가 아들 쪽으로 조금이라도 더 편향될 것이라고 예상할 수 있다는 의미일까? 전혀 그렇지 않다. 남성의 X염색체는 딸에게로만 전해지며, X염색체는 Y염색체보다 유전자가 열 배 이상 많다. 따라서 어떤 편향이 있다고 한다면, 남성은 딸 쪽으로 좀 더 유전적 편향을 보여야 한다. 이것이 사실인지 여부는 아무도 모르지만, 친할머니가 자신의 X염색체가 있을 확률을 토대로(1/2 대 0) 손자보

다는 손녀를 더 좋아할 수 있다는 증거가 약간 있다.[3]

Y와 X염색체는 전체 유전체의 일부에 불과하다. 우리 안에서 일어나는 유전적 분할의 주축은 모계 쪽 절반과 부계 쪽 절반이며, 둘은 동등한 힘을 발휘한다. 우리의 유전자 중에는 어머니로부터 물려받아야만 활성을 띠는 것이 수백 가지 있다. 이것을 모계 활성 유전자 maternally active gene라고 하고, 우리는 아버지로부터도 거의 같은 수의 유전자, 이른바 부계 활성 유전자도 받는다. 모계 활성 유전자는 어머니의 이익을 촉진하도록 자연선택을 거치며, 부계 활성 유전자는 아버지의 이익을 도모하도록 자연선택을 받는다. 이 선택이 바로 내면의 유전적 갈등을 빚어낸다. 서로 다른 두 유전적 자아가 우리의 행동과 더 큰 규모에서 표현형의 주도권을 차지하기 위해 경쟁한다. 이 갈등은 두 가지 중요한 효과를 낳는다. 우리는 양쪽 사이에 기만이, 즉 외부인이 아니라 서로를 향해 기만이 펼쳐질 것이라고 예상할 수 있다. 예를 들어 모계 유전자는 남들(모계쪽 인물들일 때)과의 특별한 근친도에 맞추어 전반적인 행동을 하는 것이 개인에게 이익이라고 과장할지 모른다. 반면에 부계 유전자는 그런 모계 효과를 평가절하하도록 자연선택을 거칠 수 있다. 두 번째로 우리는 바깥 세계에 있는 누군가를 기만하는 문제에서도 우리의 두 자아가 차이를 드러낼 것이라고 예상할 수 있다(자기기만이 있든 없든 간에). 뒤에서 살펴보겠지만, 이 분할은 깊은 차원에서 우리 자신을 나누고 있다. 성장과 부모 자원의 소비에 영향을 미치는 일찍 활동하는 유전자부터 어른일 때의 행동에 영향을 미치는 나중에 활동하는 유전자에 이르기까지 지속된다.

부모와 자식의 갈등[4]

부모는 대개 각 자식과의 근친도가 1이 아니라 2분의 1이며, 마찬가지로 자식도 그렇기 때문에, 양쪽 사이에 갈등이 빚어질 여지가 충분하다. 이 갈등은 대개 부모가 자식에게 투자하는 정도와 자식이 보이는 행동 성향을 놓고 벌어진다. 자식의 행동은 친척들에게 영향을 미치기 때문이다. 부모는 살아남는 자식의 수를 최대화하도록 자연선택을 거치는 반면, 아이는 형제자매보다 부모와의 근친도가 두 배 더 높기 때문에 부모 자원을 공평하게 나눈 비율보다 더 많이 확보하려고 애쓰는 쪽으로 자연선택을 받는다. 비록 더 많이 가져간다고 해서 형제자매가 두 배로 희생당하는 것은 아니지만 말이다.

기만은 아이의 행동 목록에서 중요한 부분을 차지한다. 실제 느끼는 것보다 더 많이 필요한 척하거나 부모를 심리적으로 조종하는 사례가 그렇다. 때로는 부모가 더 뛰어난 본능을 지니고 있음에도 그에 맞서서 기만을 펼치기도 한다. 한편 부모는 겉으로 드러나는 가용 자원의 규모를 최소화하도록 자연선택을 거칠 수도 있다. 다른 자식을 위해 아껴두는 편이 좋기 때문이다. 부모가 지닌 한 가지 중요한 선택권은 할 수 있는 만큼 자신의 의지를 강요할 것인가, 아니면 자식에게 공평하게 분배하는 쪽을 택할 것인가 여부다. 원칙적으로 후자를 택하면 장래 자식과의 갈등이 줄어들 것이다. 자식이 거기에 반응해 비슷한 입장을 택한다면 더욱 그렇다. 철저한 지배를 택했을 때의 한 가지 위험은 자식이 신체적으로 부모만큼 자라고 부모가 오랫동안 자신을 어떻게 대했는지를 깨달았을 때 소동이 벌어질 수 있다는 것이다.

자식의 일반적인 행동은 편익에 근친도를 곱한 값이 자신이 치르는 비용보다 클 때만(형제자매라면 B편익 〉 2C비용) 친척에게 이타적인 행동을 하도록 선택되지만, 부모는 자식에게 순 편익이 있을 때마다 —즉 B 〉 C— 이타주의를 실천하는 것을 보고 싶어 할 것이다. 따라서 부모는 자식이 자신의 이익에 따라 행동하는 경향을 보이는 쪽보다 더 나은 사람이 되게(더 이타적이고 덜 이기적인) 키우도록 자연선택을 받는다. 이것은 아이가 전반적으로 부도덕하게 굴 때(단순히 부모의 자기이익에 반하는 차원이 아니라) 처벌하는 행동의 형태를 취할 수도 있다.

극단적인 학대의 사례

인류의 부모 투자가 장기간에 걸쳐 이루어진다는 것은 부모와 자식이 서로의 행동에 반응할 기회가 많다는 의미다. 이것의 한 가지 중요한 결과는 불충분한 투자를 받거나 사실상 학대를 받는 아이가 저항 측면에서 곤란한 입장에 놓일 수 있다는 것이다. 극단적인 사례일 때, 저항은 상황을 악화시킬 뿐일 가능성이 높다. 즉 학대가 더 심해지고 투자가 더 줄어드는 결과를 초래할 것이다. 따라서 아이는 10대가 되기 전까지는 대체로 순종해야 할지 모른다. 학대가 심한 가정일수록 더 그러할 것이다. 또 바깥 세계에 숨겨야 할 것이 더 많으므로, 저항이 없다는 것은 남에게 폭로하지 않는 것을 포함하며, 실제로 그렇다. 전반적으로(신체적, 정서적, 성적) 학대에서는 학대자가 관계가 더 먼 사람일 때보다 가까운 친척(혹은 양부모)일수록 아이가 학대를 폭로하기까지 더 오랜 시간이 걸린다. 폭로한다면 말이다. 여기서는 연 단위의 시간을 말한다. 간섭이 일어날 가능성이 더 적어지고 보호자가 뒷바라지를 덜하는 시기까지 기다린 뒤에야 말이다. 그리고 그런 상황에서는 면역계에 미치는 부정적인 영향이 성인 때까지도 이어진다(6장 참조).

여기서 아이는 품행이 방정한 태도를 유지하도록 자연선택을 통해 선호될지도 모르고, 거기에는 해리와 선별적 회상 같은 자기기만이 수반될 수 있다. 해리가 일어나면 마음이 비교적 분리된 둘(혹은 그 이상)의 부분으로 나눠지고, 그중 한쪽은 학대를 회상하지 못하거나 학대를 학대로 보지 않는다. 아마 대개 부모에게 보이는 자아는 그쪽일 것이다. 학대를 받는 아이에게는 해리 쪽이 더 흔하게 나타나고, 이 해리는 스트룹 검사 같은 지적 수행 능력을 떨어뜨린다.[5]

극단적인 정신적 외상의 기억을 아이가 철저히 억압했다가 오랜 세월이 흐른 뒤에야 자세히 떠올린다는 개념은 대부분의 사례에는 들어맞지 않는 것으로 밝혀졌지만, 그렇다고 정신적 외상에 기억 상실 요인이 관여하지 않는다는 의미는 아니다. 해리는 한 가지 사례일 뿐이다. 여기서도 학대자의 근친도가 높을수록 가장 큰 기억 장애가 나타난다. 기억 장애의 모든 유형들에서 비보호자보다는 보호자가 비슷한 학대를 했을 때 더욱 기억 장애를 유도한다. 이것이 기억이 본래 더 불쾌하고 지울 필요가 있기 때문에 일어나는 것일까, 아니면 입을 계속 다물고 있으라는 보호자의 압력이 유달리 강하기 때문에 나타나는 현상일까? 둘 다일 수 있다. 우리는 보호자로부터 학대를 받을 때 남에게 그 사실을 털어놓으려는 경향이 더 줄어든다는 것을 안다.

유전체 각인

앞서 말했듯이, 지난 30년 사이에 유전학에서 이루어진 가장 놀라운 발견 중 하나는 우리가 단일한 자기이익을 지닌 단일체가 아니라 부계의 유전적 이해관계와 모계의 유전적 이해관계를 간직하고 있으며, 두 이해관계가 다를 수 있고 각각이 자신의 관점에서 세상을 보도록 부추기는 작용을 한다고 예상된다는 것이다. 예전에 생물학자들은 유전자가 자신이 어디에서 왔는지를 전혀 기억하지 못한다고 생각했다. 앞서 말한 평균 근친도는 그런 생각의 산물이다. 어머니를 통해 전달될 가능성이 절반이고, 아버지를 통해 전달될 가능성이 절반이라고 가정하고 계산한 값이다. 하지만 1980년대에 생물학자들은 부모 중 어느 쪽에서 왔느냐에 따라 발현 수준이 달라지는 소수의 유전자들이 있음을 알아차리기 시작했다. 그런 유전자들은 두 사본 중 한쪽은 활성을 띠고 다른 쪽은 활동하지 않았다. 따라서 부계 활성 유전자가 있고 모계 활성 유전자가 있다. 부모 중 어느 쪽에서 유래했느냐에 따라 활성이 제한되므로, 이 유전자들은 평균 근친도가 아니라 부모 각각과 그 친척들의 정확한 근친도(0 또는 1)에 따라 행동할 수 있다.

생쥐에게서 처음으로 발견된 두 각인 유전자를 예로 들어 설명하자.[6] 인슐린 유사 성장 인자 Igf2는 세포 분열 속도를 높임으로써 태아의 성장을 촉진하는 부계 활성 유전자다. 이 유전자 사본 하나가 활성을 띠면, 활동하는 사본이 없을 때보다 태어날 때의 몸무게가 40퍼센트 더 나간다. 이것이 어떤 의미일까? 어미의 투자를 받기 위해 경쟁할 때, 새끼의 부계 유전자는 모계 유전자에 비해 형제자매들과 유연관계가 더 적다.

암컷이 여러 수컷과 짝짓기를 함으로써 한배의 새끼들, 혹은 각 배의 새끼들이 서로 아비가 달라진다면 형제자매들 사이의 모계 근친도는 변하지 않는 반면, 부계 근친도는 낮아진다. 따라서 부계 유전자는 형제자매에 미치는 효과보다 자신에게 미치는 효과를 상대적으로 더 중시할 것이고(각인되지 않은 유전자나 모계 활성 유전자와 비교해서), 태아의 성장 속도를 더 높여서 상대적으로 더 크게 태어나는 쪽을 선호할 것이다.

증거를 직접 보도록 하자. 상반되게 각인된 유전자는 정반대 효과를 미친다. 인슐린 유사 성장 인자2 수용체Igf2r는 모계 활성 유전자로서, 포유동물에게서 그 단백질은 Igf2에 달라붙는 두 번째 결합 자리를 갖도록 진화했다. 결합하면 Igf2를 리소좀으로 운반해 분해시킨다. 사실 Igf2r은 생산되는 Igf2의 70퍼센트를 제거한다. 그 결과 태아 성장률을 약 30퍼센트 떨어뜨린다.[7] 이것은 결코 엉성하다는 의미가 아니다. 여기에는 서로를 거의 상쇄시키는 두 가지 규모가 크고 값비싼 상반되는 효과가 작용한다. 개체의 입장에서는 안 좋을지 몰라도, 새끼에게 상반되는 두 힘이 작용한다고 했을 때 예상할 수 있는 바로 그대로다. 증거들은 발달 초기에 영향을 미치는 각인 유전자들이 거의 언제나 헤이그 법칙Haig's rule을 따른다고 말한다. 헤이그 법칙은 부계 활성 유전자들이 어미의 투자가 이루어지는 동안 성장에 긍정적인 영향을 미치는 반면, 모계 활성 유전자는 부정적인 영향을 미친다는 것이다.[8]

마지막으로 언급할 증거가 하나 더 있다. 비록 부계 유전체나 모계 유전체를 쌍으로 갖도록 인위적으로 조작한 생쥐는 제대로 발달하지 못하지만, 이중 부계(두 정자를 결합해 만든 세포핵을 지닌)나 이중 모계(두 난자를 융합해 만든 세포핵을 지닌)에서 유래한 세포를 일부만 포함하고 나머지 세포는 정상인 생쥐는 제대로 발달한다. 그런 키메라는 놀라운 사실을 보여준다. 이중 모계 세포가 더 많을수록 태어난 새끼는 더 작다. 반대로 예상한 대로 이중 부계 세포가 더 많을수록 태어나는 새끼는 더 크다. 그런데 놀라운 점은 따로 있다. 생쥐 몸 속 기관의 상대적인 크기도 달라진다는 것이다. 예를 들어 이중 부계 세포의 수가 더 많을수록 신피질이 더 적고, 따라서 뇌가 더 작다. 시상하부는 정반대로 영향을 받는다. 즉 이중 부계 세포가 많을수록 시상하부는 커지는 반면, 이중 모계 세포가 적을수록 시상하부는 작아진다.[9] 왜 그럴까?

상반되는 각인 유전자들이 일으키는 내부 갈등

개체 사이의 갈등이 둘 사이에서 벌어질 기만의 맥락을 설정하듯이 (자기기만을 포함하여), 개체 내의 갈등은 경쟁하는 부분들 사이에 기만이 벌어질 무대를 설정한다. 이것을 '자아들의 기만'이라고 부를 수도 있을 것이며, 여기에는 뇌의 서로 다른 부위들이 관여할 수도 있다.[10] 신피질은 주로 사회적인 뇌로서, 가까운 친척들 및 다른 사회적 관계들과 상호작용을 할 때 다양하게 관여한다. 시상하부는 허기와 성장에 관여하고 훨씬 더 자기중심적인 동기를 지닌다. 우리는 둘 사이에 논쟁이 벌어지는 것을 상상할 수도 있다. (모계) 신피질은 이렇게 말한다. "가족이 중요해. 나는 가족을 믿어. 나는 가족에 투자할 거야." (부계) 시상하부는 대꾸한다. "나는 배고파." 즉 서로는 개체 전체('나')를 위해 뭐가 좋은지를 놓고 자신이 선호하는 입장을 내세우면서 논쟁을 벌인다.

그리고 여기에 유전적 다양성이 전제된다는 데는 의심의 여지가 없다. 각인 유전자(적어도 생쥐에게서)에서 얻은 한 가지 놀라운 발견은 그중 절반 이상이 신경 발달과 나중에 성체의 행동에 영향을 미친다는 것이다.[11] 이 분야의 연구는 아직 유아기에 머물러 있지만, 한 가지 놀라운 사례가 나와 있다. 생쥐 암컷의 부계 활성 유전자가 모성 행동을 유도하는 데 특히 중요하다는 것이다.[12] 성체 암컷의 몇몇 부계 활성 유전자들은 떨어진 새끼를 데려오고, 핥아주고, 감싸서 따뜻하게 해주는 등등의 중요한 모성 행위를 매개한다. 역설적으로 들리는지? 사실은 그렇지 않다. 근친교배가 아니라면 암컷이 지닌 두 종류의 유전자—모계 유전자와 부계 유전자—는 새끼에게서 표현될 확률이 똑같으므로, 이것만으로는 편향이 전혀 나타나지 않을 것이라고 예상할 수 있다. 하지만 암컷은 자매의 자식과 다른 친척들에게도 투자를 하고, 모계 쪽 친척들과 유연관계가 더 가까우므로 모계 유전자는 남들을 위해 투자 자원을 일부 아낌으로써 개체의 번식에 해를 입힐 가능성이 더 높다. 반면에 부계 유전자는 자기 자식에 투자하라고 역설할 것이다.

또는 자기 사촌(이를테면 고모의 아들)과 성적 모험을 즐길까 생각하는 젊은 여성이 있다고 하자. 그녀의 부계 유전자는 그렇게 생긴 자식의 근친도가 1/2에서 5/8로 증가하리라는 것을(근친교배의 장점) 즉시 알아차리겠지만, 모계 유전자는 근친도가 전혀 증가하지 않는다고 볼 것이다. 하지만 양쪽 유전자 모두 유전적 동질성 증가로 자식의 질이 떨어지는 상황에 처할 것이다(근친교배의 단점). 요컨대 그녀의 부계 유전자는 성관계를 추구하고 모계 유전자는 저항할 가능성이 더 높다.[13] 전자는 "사촌과의 입맞춤은 근사해."라고 선언할 것이고, 후자는 근친교배로 장애아가 태어날 위험을 도덕적으로 설파할 것이다. 당사자는 이것을 내면의 논쟁으로서 경험할 수도 있다. 해결책을 반드시 도출하는 것도 아니면서 양쪽은 자기 사례를 과장하기 쉽다.

또 사회 규모에서 일어날 가능성이 있는 효과를 상상해보자. 여성이 혼인하면 남편의 마을로 이주하고 고향으로 돌아가는 일이 거의 없는 부거제 사회가 있다고 하자. 인도 시골과 세계 많은 지역에서는 아직도 흔하다. 그녀의 아이들은 모두 친가 쪽과 더 관련이 깊은 사람들이 대부분을 차지하고 외가 쪽 사람들은 없는(엄마와 형제자매들을 빼면) 세계에서 자란다. 따라서 그런 사회에서 자라는 아이들은 남들에게 영향을 미치는 행동을 둘러싸고서 두 유전적 자아 사이에 내면의 갈등을 경험할 것이라고 예상할 수 있다. 이를테면 부계 유전자의 포괄 적응도를 증가시킬 이타적 행동이 반드시 모계 유전자의 적응도를 높이지는 않을 것이다. 아들은 이 부거제 사회에 그대로 남아 있고 딸은 어머니와 마찬가지로 다른 마을로 이주할 터이므로, 아들이 더욱 갈등을 느낄 것이다. 그리고 어머니는 자기 아들의 모계 유전자를 후원할 것이다. 아들의 나머지 유전자들(그리고 그의 아버지)이 원하는 것보다 친족 집단 지향적인 행동을 덜 하라고 촉구함으로써 말이다.

부모의 조종과 각인

부모는 자식이 부모의 이익에 봉사하도록 조종하는 쪽을 택하고, 자식은 그런 조종에 저항하는 쪽을 택할 수도 있다. 여기서 핵심 변수는 자식의 이타적 성향과 이기적 성향이 어느 정도인가다. 그 성향이 다른 친척들에 영향을 끼치는 한에서 그렇다. 부모는 자식들과 근친도가 동등하므로 자식들에게 평등 윤리를 역설하는 경향을 보이겠지만, 각 자식은 형제자매보다 자아와 더 유연관계가 깊으므로 개인적으로 편향된 윤리가 더 적절해 보일 수 있다.

물론 부모 각자는 부모 양쪽이 아니라 자신의 이익을 대변할 것이라고 예상되므로 모계 조종과 부계 조종이 있을 것이고, 그것은 자식에게 나타나는 두 표상 사이의 갈등을 빚어낼 가능성이 있다. 더 중요한 점은 자식의 모계 활성 유전자가 모계 조종에 더 순응하고, 부계 유전자는 부계 조종을 더 받아들일 것이라고 예상된다는 것이다. 따라서 부계 조종은 자식에게 있는 부계 각인 유전자와 더불어 공진화하면서 서로를 강화할 것이 분명하다. 이것은 각각 '모계 목소리'와 '부계 목소리'를 강화하고, 각각은 부모 중 동성 쪽이 미치는 영향이 각인 유전자를 통해 강화되어 나타난다.

나는 내 세 딸의 마음에 외가 쪽 사람들에 대한 편견을 심어주려고 애쓸 때 이 상호작용을 처음 깨달았다는 말을 해야겠다. 엄마에 대한 편견은 절대로 아니다. 내가 미치지 않고서야 그럴 리가 없지 않은가. 그저 외가 친척들만을 가리킨다. 나는 딸들의 얼굴에서 전적으로 동의한다는 표정을 엿보았을 때, 기분이 좋았다. 그것은 가르침으로 위장한 부모의 조종이 성공한 사례였다. 하지만 딸들이 걸어 나갔을 때 나는 깨달았다. 내가 딸들에게서 내 부계 편향적인 논리에 장단을 맞추고 있던 부계 유전자만 보고 있었다는 것을 말이다. 딸들은 스스로 생각하기 시작하자마자 그 문제에 더 균형 잡힌 견해를 채택했을 것이고, 설상가상으로 엄마와 함께 있는 순간부터 상황은 통째로 역전되었을 것이다.

 말이 난 김에 덧붙이자면, 나이를 먹을수록 사람들에게 중요한 친척 범주는 중요한 유전적 비대칭성을 지닌 사람들(부모, 이복형제자매, 사촌)로부터 비대칭성이 없는 사람들(자식과 손주)로 바뀐다. 즉 유전체 갈등이 빚어질 것이라고 예상되는 친척들로부터 그렇지 않은 친척들로 옮겨간다. 따라서 아마 우리는 나이를 먹을수록 내면 갈등을 덜 겪게 될 것이다. 바깥 세계에 대한 우리의 근친도 구조가 더 대칭적이 되기 때문이다.[14]

부부 갈등이 유전적 갈등에 미치는 효과

 위의 사고방식은 한 가지 매우 중요한 질문으로 이어진다. 부부 갈등이 그 드라마의 관객이자 배우인 아이의 심리에 어떤 유전적 효과를 미칠까? 논리상 아이의 부계 유전체는 부계의 관점을 받아들이거나 따를 것이고, 모계 유전체는 모계 입장을 받아들이는 쪽으로 편향될 것이라고 예상할 수 있다. 갈등이 심화될수록 아이의 두 유전적 측면—모계와 부계—이 자신의 산물(단백질, 짧은 간섭 RNA, 안티센스 RNA 등 등 다른 유전자의 활동을 조절할 수 있는 것들)을 점점 더 지나치게 많이 생산함으로써 둘 사이에 갈등이 고조될 것이라고 쉽게 상상할 수 있다. 따라서 부부 갈등이 심해질수록 아이의 내면 갈등도 심리적 수준뿐 아니라 유전적 및 생화학 수준에서 심해질 수 있다. 그렇다면 이것은 아이의 내면 고통을 강화하는 중요한 요인임에 틀림없다.

일화들이 보여주듯이, 아이들의 한 가지 놀라운 특징은 이복형제자매-이를테면 새 엄마가 낳은 아빠의 아이-가 등장할 것이라는 소식에 강한 적대감을 드러내는 사례가 아주 많다는 것이다.[15] 아이들은 이복형제자매의 등장에 진심으로 기뻐하는 대신에 그 근친도가 덜한 형제자매를 자신(그리고 친형제자매)이 받는 투자를 위협하는 요인으로 보는 듯하다. 여기서도 그런 반응을 이끄는 것은 모계 유전자라고 예상할 수 있다. 그 유전자들은 아빠의 새 아기에 전혀 관심이 없기 때문이다. 따라서 이 새로운 상황이 유도한 유전적 갈등은 직접적인 심리학적 갈등보다 더 강할 수도 있다.

각인과 자기기만

기만과 자기기만은 유전체 각인과 몇 가지 방식으로 관련을 맺고 있으며, 그중 가장 중요한 것은 유전체 각인이 빚어내는 내면의 파편화와 갈등이다. 가정생활의 중요한 측면들에서 우리는 목표, 현실 이론, 기만과 자기기만의 정도가 서로 어느 정도 다른, 서로 분리할 수 있는 두 사람(한 명이 아니라)으로서 행동한다. 또 서로를 속이려는 유혹을 받는 두 사람이기도 하다. 우리는 이 두 사람을 모계 자아와 부계 자아라고 한다.

두 측면이 의식의 수준에 어떤 차이를 낳을 것이라고 예상하는가? 물론 이것은 우리가 남에게 가장 숨기고 싶은 성격이 어느 쪽이냐에 달려 있다. 모계 측면의 지향점이 더 이기적이라고 하자(상호작용하는 친척이 더 적어서). 그쪽은 바깥 세계로부터, 그리고 다른 유전적 절반(부계 쪽)으로부터 자신을 더 숨기고 싶어 할 것이다. 따라서 의식적인 마음은 부계 지향적 행동을 보이고 모계 편향을 알아차리지 못하겠지만, 모계 쪽은 이중인격의 사례와 흡사하게 부계 쪽을 연구할(그리고 이용할) 기회가 많을 것이다. 이중인격에서는 무의식적 인격은 의식적 인격을 알지만, 의식적 인격은 무의식적 인격을 알지 못한다. 이것은 아직 단지 어설픈 추측에 불과하다. 하지만 우리 마음의 두 반쪽—그들의 상호작용과 그들이 기만과 자기기만에 서로 다르게 미치는 효과—이라는 주제는 계속 확대되어 가족과 관련한 주요 하위 분야로 자리를 잡을 것이다.

여기서 한 가지 흥미로운 가능성이 제기된다. 당신의 반쪽이 다른 반쪽보다 더 죄책감을 지닐 수 있을까? 그렇다. 당신의 반쪽은 수치심을 느끼고 다른 반쪽은 못 느낄 수 있을까? 나는 그렇다고 본다. 죄책감이 남에게 끼친 피해에 관한 것이라면, 논리적으로 볼 때 친척에게 끼친 피해가 낯선 이에게 끼친 피해보다 더 나쁠 것이다. 따라서 당신의 부계 쪽은 친가 친척에게 끼친 피해에 더 죄책감을 갖는 반면 모계 쪽은 거의 알아차리지 못할 수 있다. 수치심이 자아, 특히 공개적으로 자아에 입힌 훼손에 관한 것이라면 엄마를 통해 연관된 친척들이 대중에 포함될 때 당신은 모계 유전자를 통해 더 강한 수치심을 느끼고 부계를 통해서는 훨씬 적게 또는 전혀 수치심을 느끼지 못할 수도 있다. 죄책감과 수치심은 우리가 일으키기도 하고 우리 안에서 유도되기도 하는 감정이다. 타당한 이유 없이 우리에게 죄책감을 일으키려고 하는 이도 있고, 우리가 수치심을 느끼게끔 시도하는 이도 있다. 그들 자신의 근친도 비대칭성은 우리에게서 그런 감정을 유도하려는 성향에 영향을 미칠 수도 있다. 그렇게 유도된 감정은 우리 각자를 둘로 분할할 수도 있으며, 그 결과 내면 갈등과 혼란이 야기될 수 있다.

아이들의 기만[16]

인간은 몇 살 때부터 기만을 펼칠 수 있을까? 우리는 아이들이 순진하다고 말하지만, 속셈을 속이고 거짓말을 하는 행동은 아주 이른 나이부터 나타난다. 그것은 과학적 연구에서뿐 아니라 일상적인 관찰에서도 드러난다. 아이는 만 2~3세가 되면 다양한 기만을 보여주고, 기만의 명확한 징후는 생후 약 6개월째에 처음 나타난다. 가짜로 우는 척하고 웃는 척하는 것은 최초의 기만행위에 속한다. 가짜로 우는 척하는지 여부는 아기가 누가 듣고 있는지 알아보기 위해 울다가 이따금 멈추고는 하기 때문에 구분할 수 있다. 이것은 아기가 희생자의 행동에 따라 기만을 조절할 수 있음을 보여준다. 생후 8개월이 된 아기는 금지된 행동을 숨기고 부모의 주의를 딴 데로 돌릴 수 있다. 만 2세가 되면, 아기는 벌을 주겠다는 위협에 허세를 부릴 수가 있다. 이를테면 벌을 받겠냐는 말에 분명히 겁을 먹었으면서도 "흥, 그러든 말든."이라고 답할 수 있다. 한 연구에서는 만 두 살 반이 된 아이들 중 3분의 2가 적어도 2시간에 한 번은 기만행위를 한다고 드러났다.[17] 아이가 거짓말을 하는 동기는 어른의 동기와 대체로 비슷한 듯하다. 남의 감정을 보호하기 위한 -이른바 선의의 거짓말- 것은 만 5세가 되어서야 나타난다.[18]

분노 발작temper tantrum, 즉 아이가 마구 화를 내면서 때로 자학할 지경까지 위협하며 생떼를 부리는 행위는 사람에게서 잘 알려져 있지만, 침팬지뿐 아니라 펠리컨에게서도 나타난다.[19] 펠리컨 새끼는 흥분해 난폭하게 빙빙 돌면서 생떼를 부린다. 그 과정에서 형제자매를 내쫓기도 하고, 결국은 지쳐서 부모의 발 앞에 쓰러진다. 그것은 사실상 당장 투자를 하라고 요구하는 행동이고 실제로 종종 투자를 받고는 한다. 펠리컨은 아이나 어린 침팬지처럼 머리를 땅에 박는 대신에 자신의 가장 중요한 부위를 공격하고 자기 날개를 물어뜯는다.

다음의 두 일화가 시사하듯이 자식의 기만은 극도로 미묘한 양상을 띨 수 있다. 5개월 된 쾌활한 딸과 사랑이 넘치는 친밀한 관계를 맺고 있는 한 여성이 보육시설에 맡긴 딸을 데리러 간다. 딸은 보육교사와 즐겁게 놀고 있다. 하지만 엄마를 보자 아이는 한순간 환하게 기쁜 표정을 지었다가 즉시 주저앉아 눈물을 짜낸다. 엄마는 어떻게 받아들여야 할까?

딸은 엄마를 보고 정말로 행복하지만, 즉시 행복하다는 기색을 감춤으로써 엄마가 온종일 돌봐주지 않아서 자신이 불행하다고 표현하는 것이다. 다시 말해 엄마에게 죄책감을 일으키기 위한 행동이다. 이제 만 2세가 넘은 그 아이는 무언가를 원할 때 '필요하다'라는 말을 쓴다("나는 ……가 필요해."). 마치 그것이 대단히 중요한 문제라고 강조하려는 듯이 말이다. 하지만 무언가를 원하지 않을 때에는 필요하다는 말을 하지 않는다. 대신에 더 부드럽게 그것을 '원하지' 않는다고 말한다. 그것은 자신도 원하는 것이 있다고 주장하는 동시에 더 천천히 거의 애처롭게 "하지만 엄마, 나는 그것을 원하지 않아."라고 말하는 셈이다. 첫 번째 사례에서 아이는 더 큰 투자를 하도록 엄마를 조종하고 있으며, 두 번째 사례에서는 나름대로 원하는 무언가를 지닌 존재로서의 자신에게 엄마가 공감하게끔 시도하는 것이다.

사실 아이의 기만은 태어나기 이전부터 시작된다.[20] 임신 3분기가 되면, 엄마의 주요 혈액 변수들—맥박 수, 혈당 수치, 혈액 분포 등등—의 통제권에 놀라운 변화가 일어난다. 원래 이런 변수들은 아주 낮은 농도로 생산되는 모체 호르몬의 통제 하에 있다. 하지만 임신 3분기에는 통제권이 태아에게 넘어간다. 태아는 똑같거나 아주 유사한 호르몬을, 그것도 100~1000배 더 고농도로 생산한다. 왜 태아에게로 통제권이 넘어가고 왜 그렇게 고농도의 호르몬을 쓰는 비효율적인 신호 전달 체계로 바뀌는 것일까?

통제권은 태아가 자신의 이익을 위해 빼앗은 것이다. 통제권 이전으로 모체의 혈당량과 맥박 수는 모체가 선호하는 수준보다 더 높아진다. 그러면 태반을 통해 태아에게로 전달되는 양분이 증가할 것이기 때문이다. 같은 이유로 모체의 다리와 팔에서 피가 빠져나와 태아 주변으로 집중된다. 태아의 호르몬이 증가하면 모체가 호르몬 둔감성을 증가시킴으로써 대응하는 공진화 경쟁이 벌어진다고 가정하면, 진화 과정에서 어떻게 모체가 홀로 자신의 혈액을 통제할 때보다 호르몬 농도가 엄청나게 더 증가할 수 있었는지를 쉽게 이해할 수 있다. 이 분야의 한 전문가가 말했듯이, 의견 차이가 없을 때에는 속삭여도 되지만 고함이 새어나온다면 갈등이 있음을 시사한다.

아이는 성숙함에 따라 점점 더 지적 능력이 향상되는 동시에 기만하는 능력도 커진다.[21] 이것은 우연이 아니다. 성숙하는 능력 자체는 아이에게 더 큰 일반 지능을 제공하는 한편으로 행동을 억누르고 새 행동을 창안하는 능력도 향상시킨다. 또 연령에 따라 보정했을 때 지능의 자연적인 차이는 기만과 양의 상관관계가 있다는 명확한 증거가 있다. 아이를 방에 놔두고서 상자 안을 들여다보지 말라고 말한다. 실험자가 돌아올 때쯤이면, 대부분의 아이는 이미 상자 안을 들여다본 상태다. 이제 그들에게 안을 들여다보았는지 물어보자. 대다수는 아니라고 말하겠지만, 단순한 인지 검사에서 더 영리하다는 평가가 나온 아이일수록 거짓말을 할 가능성이 더 높다. 태어날 때의 건강(다양한 요인들의 가중합으로 측정한)도 거짓말과 양의 상관관계가 있다. 우리가 자기 자신을 향한 기만을 부정적인 것으로 경험한다고 해서, 기만자로서의 우리가 기만을 부정적으로 경험한다는 의미는 아니다. 적어도 들키지 않았을 때는 말이다.

비록 인간 어른을 대상으로 한 결정적인 증거가 없을지라도 원숭이와 유인원에서 보았듯이(2장) 더 영리한 성인일수록 기만행위를 더 많이, 그것도 더 능숙하게 할 것이라고 예상할 수 있다. 이론상 그들이 지능이 떨어지는 사람들보다 자기기만도 더 저지를 것이라고 예상할 수 있다. 이것은 고도의 자기기만과 결합된 고도의 지적 능력이라는 특수한 위험을 낳는다. 예를 들어 악행을 저지르는 데 도가 튼 악당이 그렇다. 지적으로 뛰어난 사람은 이 말을 반박하기 십상이지만, 즉 자신의 뛰어난 재능으로 그보다 못한 사람들이 빠지기 쉬운 함정을 피할 것이라고 반론을 펼치기 쉽지만 증거와 논리를 보면 정반대라고 예상할 수 있다. 다른 증거가 나오기 전까지 우리는 지적으로 뛰어난 사람이 기만과 자기기만에 빠지기가 특히 더 쉬울 때가 많다고 가정해야 한다. 그들이 창설한 많은 학문 분야들에서도 그렇다(10장과 13장 참조). 이른바 자신이나 자신이 속한 특정 집단의 지적 능력을 자랑하는 이들은 자신이 더욱 진정한 거짓말쟁이이자 자기기만자인지 여부를 심사숙고하는 편이 나을 것이다.

아이들에게 선의의 거짓말을 하라고(이를테면 좋아하지 않는 선물을 좋아한다는 식으로) 말하면, 아이들은 의도한 희생자(선물을 준 사람)를 향해서만 웃어 보인다. 정말로 좋아하는 선물을 받았을 때는 주변 사람들을 향해서도 웃음을 지어 보인다.[22] 어른과 마찬가지로 아이도 새로운 표정을 만들어내기보다는 진정한 표정을 억누를 때가 더 많은 경향이 있고, 어른보다 더 잘한다. 연령과 상관없이 사람들은 새 표정을 만들어낼 때면 과장하는 경향을 보이는 반면 표정을 억누르는 일은 더 정확히 해낸다.

흥미롭게도 실험을 해보니 만 5세의 아이들 중에서는 남녀 똑같이 더 지배적인 성향을 보이는 이들이 관찰자들을 더 잘 속였다. 하지만 같은 실험에서 지배 성향은 남의 기만을 알아차리는 데는 전혀 이점을 제공하지 않았다.[23] 어른들에게서도 남성에게서는 같은 결과가 나오지만, 여성의 기만행위는 지배 성향에 영향을 받지 않는다(기만을 알아차리는 능력도 마찬가지다). 1장에서 살펴보았듯이 사람들에게 '최고 권력'을 주면 그들은 남의 감정 표현을 정확히 알아보는 능력이 줄어들고 따라서 우리는 그들이 기만에 더 취약할 것이라고 예상할 수 있다.

부모가 아이가 아주 어릴 때부터 '척하기pretend', 즉 가상 놀이를 함께하고, 아이들이 서로 그리고 홀로 가상 놀이를 하며, 아동문학이 대부분 환상 작품이라는 점은 주목할 만하다. 기만을 수반하는 놀이가 얼마나 흔한지(그리고 인기 있는지) 생각해보라. 숨바꼭질, 카드 묘기,

마술, 홀짝 등등 많다. 따라서 척하기를 아주 이른 나이부터 삶에 통합하려는 어떤 충동이 존재하는 듯하다. 그것은 분명히 상상과 학습을 자극하고 또 아이가 기만을 펼치고 간파하는 것이 중요한 세계에서 살아갈 수 있도록 준비시킨다. 나는 아이가 기만을 펼칠 때 본연의 죄책감을 느낀다는 징후를 한 번도 본 적이 없다. 정반대로 적어도 부모를 대할 때, 아이는 기만을 자신의 1차 방어선으로 여기는 듯하며, 그럴 만도 하다. 부모는 더 크고 더 강하고 더 경험이 많으며 자원의 대부분을 통제하고 있으니 말이다.

부모가 아이의 기만에 미치는 효과

부모가 아이에게 선의의 거짓말을 부추길 수도 있겠지만, 부모는 종종 아이의 기만행위를 금지하고 억누르며 (때로는) 혹독하게 처벌하려고 한다(부모 자신을 향한 것일 때 더욱 그렇다). 부모는 권력을 지니고 있다. 그들은 사실만을 요구한다. 부모가 흔히 쓰는 한 가지 수단은 바짝 다가가서 아이의 얼굴을 응시하면서 내 눈을 똑바로 보라고 아이에게 강요하는 것이다. 나는 20세가 된 아이들에게도 이 방법이 성공을 거두는 사례를 보고는 한다. 대학생들은 내게 부모가 어느 누구보다도 자신의 기만을 더 잘 읽어내고 때로는 거의 완벽하게 맞춘다고 생각한다고 이구동성으로 말한다. 벌을 준다는 위협은 일반적으로 아이들에게서 그것을 회피할 기만을 유도하는 경향이 있고, 기만 자체에 대한 반응으로 나온 처벌에도 마찬가지다. 벌(특히 혹독한 벌)은 아마도 솟구치는 두려움과 고통(미지의 면역학적 효과를 낳는)을 숨기기 위해 더 큰 자기기만을 유도함으로써 더 깊은 기만을 부추길 수도 있다.

또 부모는 자신이 기만행위에 빠질 때 자식에게 모방하려는 유혹을 일으킴으로써 엄청난 효과를 미칠 수도 있다. 아이들은 기만이 좋은 것이라고 배울지도 모른다. 심지어 정당한 생활양식이라고 여길 수도 있다. 부모의 기만행위는 나쁜 짓을 숨기기 위해 친구에게 거짓말을 하는 것부터("어, 태워주지 못해서 미안. 우리 애가 아파서 병원에 데려가는 바람에.") 더 심각한 허위 진술에 이르기까지 다양하다. 부모가 마약 중독자이고 중독을 은폐하기 위해 온갖 '이야기'를 지어낸다면, 아이는 부모의 중독을 숨기기 위해 거짓말을 할 수도 있고 나중에 자라서는 사람들에게 전반적으로 거짓말을 하게 될 수도 있다. 그런 한편으로 아이들은 부모의 모순과 위선에 예민한 것으로 유명하고, 그런 행위가 자신을 향했을 때 더욱 그렇다. 아이에게는 하지 말라고 한 짓(현관 근처 화단에 쓰레기를 던지는 것)을 당신 자신이 하다가 아이에게 들켰을 때, 당신은 오후 내내 아이의 잔소리에 시달릴 수도 있다.

심리학자들은 아이의 발달에서 중요한 초기 단계 중 하나가 아이가 자기 주변의 세계를 신뢰하는 법을 배우는가 여부라고 주장해왔다. 이 학습은 대개 부모의 보살핌을 충분히 받으면서 주변 세계를 탐사하는 데 성공함으로써 이루어지지만, 언제나 성공적인 것은 아니다. 양육을 제대로 받지 못한 아이는 필요한 보살핌을 제공할 세계를 신뢰하지 못할 수도 있다. 극단적인 경우에는 부모가 아이의 신뢰를 너무 남용하는 바람에, 아이가 전혀 신뢰를 하지 못하게 되고 진실을 말하기가 두려워서 거짓말을 하게 될 수도 있다. 마치 아이가 현실 자체를 두려워하는 법을 배우게 된 듯하다. 자신이 지닌 현실의 표상을 두려워하게 된 것은 확실하다. 아이가 자신의 부모가 진실하게 행동한다는 것을 믿을 수 없다면 아이는 방어와 불신 때문에 거짓말을 할 수도 있다. 이 증후군은 더 전반적으로 여러 관계에서도 나타날 만큼 뿌리가 깊어질 수도 있다. 어쨌든 부모는 자식과 긴밀한 유연관계에 있고 대체로 자식의 이익을 진심으로 위할 것이라고 예상되므로, 부모가 빚어낸 불신은 더 폭넓게, 아이와 이해관계가 더 적은 사람들에게까지 확대되기가 쉽다.

부모는 때로 헌신과 보살핌의 정도라는 측면에서 아이를 기만하는 행동을 할 것이다. "다 네가 잘되라고 이러는 거야." 아이는 매를 맞으면서 그 말을 들을 수도 있다. 혹은 나중에 "어떻게 하는 것이 네게 가장 좋을까 하는 생각만 해."라고 말하면서 아이의 행동을 더욱 옥죈다. 정말로 아이를 위해서일까? 사람들은 어떻게 하는 것이 자신에게 가장 좋을지를 생각하기 마련이며, 그것은 아이에게 가장 좋은 것과 충돌할 수도 있다.

부모가 아이를 기만하는 더 극단적인 사례는 몇몇 한 부모 가정에서 잘 나타난다. "아빠는 어디 있어?" 아이가 묻는다. "우리를 버리고 떠났어." 엄마가 말한다.(사실은 정반대다.) "아빠는 너와 얽히기 싫대. 그러니 잊어버려." 여기서 엄마의 초기 행동은 아이에게 고통을 안겨주고, 그 뒤의 행동도 그렇다. 너는 아버지와 아무런 관계도 없고 네 모습의 절반이 아버지를 닮았다는 것도 잊으란다. 혹은 엄마는 이렇게 말한다. "아빠는 돌아가셨어."(사실은 교도소에 있다.) 나중에 아이는 진실을 알고서 그 기만과 그에 수반되었던 고통에 분개한다. 여기서도 교도소로 면회를 가거나 편지를 주고받거나 전화 통화를 하는 식으로 아버지와 관계를 도모할 기회가 전혀 주어지지 않는다.

　여기 유달리 불행한 사례가 하나 있다. 한 아이는 엄마가 집에 사는 남자가 삼촌이라고 했다고 전했다. 엄마와 삼촌은 서로 다른 방에서 잤지만, 아이는 둘이 성관계를 가진다고 확신한다. 그렇다면 어느 쪽일까? 그들은 남매가 아니고 엄마가 거짓말을 하고 있거나, 둘이 남매이고 엄마가 근친상간을 저지르는 것일까? 가족과 섹스만큼 폭발하기 쉬운 심리적 조합은 또 없다. 가족을 더 깊이 이해하려면 사실 섹스도 포함시킬 필요가 있다. 부모는 어머니와 아버지로, 자식은 아들과 딸로, 형제자매는 오빠와 여동생 등등으로 대체되어야 한다. 그런 한편으로 남녀 양성은 가족을 넘어서는 의미를 지니며 자기 역할에 맞는 기만과 자기기만을 부추긴다. 다음 장에서는 이 주제로 넘어가보자.

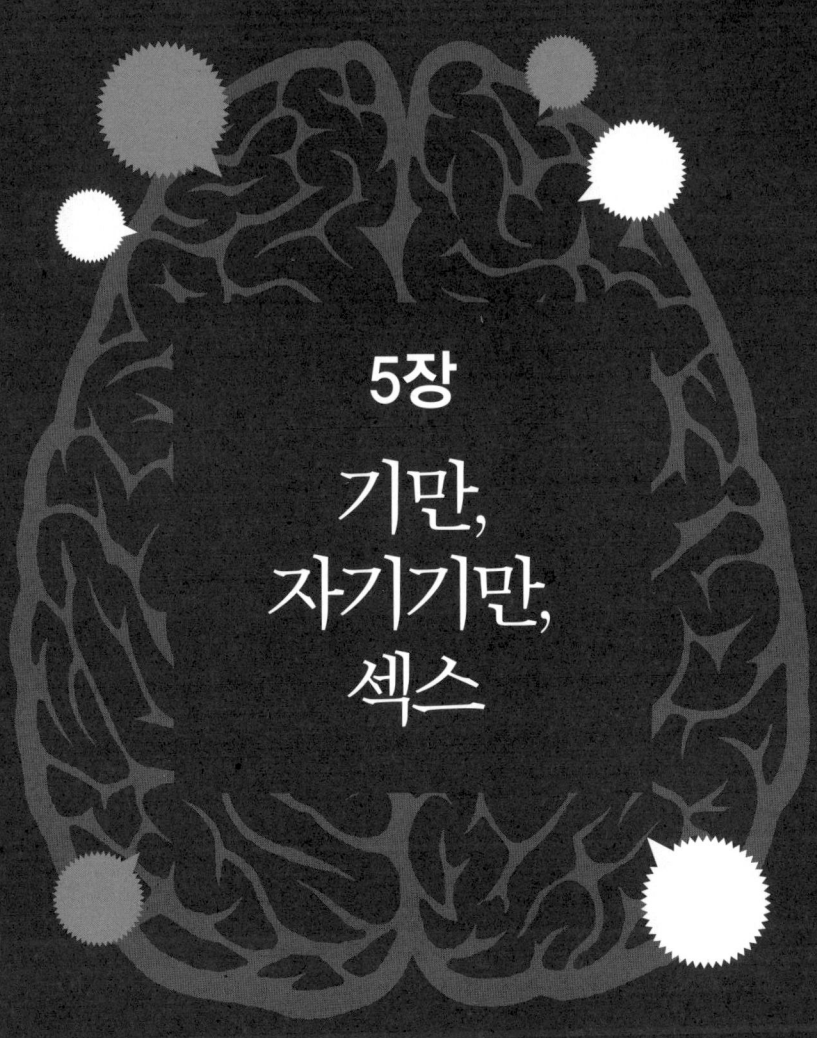

5장

기만, 자기기만, 섹스

젊었을 때, 나는 '거짓 감정'이라는 것을 알게 되었다. 여성을 만나면 강하게 끌렸고 내 모든 것을 다 보여주었다. 나는 사랑에 빠졌다고 느꼈고, 두세 차례 섹스를 했다. 그러고 나면 끌렸던 감정이 통째로 사라졌다. 아니, 사실상 피하려는 마음으로 돌아섰다. 낭만적인 사랑이라는 거짓 감정은 섹스를 유도하기 쉽도록 나타났으며 섹스가 끝난 뒤에는 사라진 것이 분명했다. 물론 나는 일을 치른 뒤에야 그 사실을 깨달았다. 물론 여성들은 더 상심했다.

남녀의 관계만큼 기만과 자기기만의 가능성이 풍부한 관계는 거의 없다. 유전적으로 무관한 두 사람은 새로운 인간을 만들어내는 유일한 행위를 하기 위해 하나가 된다. 바로 섹스다. 그것은 잘하면 황홀경을 일으키고 최악일 때에는 몹시 낙심시키고 강요될 때에는 극도로 고통스럽게 상처를 입히는 강렬한 경험이다. 그 행위는 때로 두 사람이 다년간 또는 평생, 즉 아이들을 다 키울 만큼 오래 함께 지내도록 해주는 더 큰 관계의 일부다. 왜곡과 노골적인 기만이 이루어질 기회가 사방에 널려 있으며 때로 강한 선택압selection pressure이 작용하기도 한다. 마찬가지로 짝끼리는 서로를 대개 자세히 그리고 진지하게 알아가며, (거부하지 않는다면) 시간이 흐를수록 지식은 깊어진다.

섹스 자체는 모든 수준에서 심리학적 및 생물학적 의미로 가득하다. 우리는 성적으로든 낭만적으로든 자신의 관심 수준, 긍정적이든 부정적이든 상대를 향한 더 깊은 관심, 혹은 우리의 성적 관심을 잘못 표현하는 것이 아닐까? 남녀 사이의 기만과 자기기만을 분석하려면 먼저 남녀 성별과 섹스를 포함한 둘 사이의 관계가 어떻게 진화했는지 기본 논리를 기술해야 한다. 그런 뒤에야 우리는 그것을 혼외정사, 불확실한 친자관계, 여성의 월경 주기, 여성의 성적 관심, 환상, 배신, 살인과 관련한 기만과 자기기만의 성별 차이와 연관 지을 수 있다.

두 성별, 그리고 섹스의 핵심은 그들이 낳을지 모를 자식이다. 그것이 바로 생명의 기능이다. 진화 맥락에서 볼 때, 주의를 기울일 필요가 있는 변수는 둘뿐이다. 유전자와 부모의 투자다.[1] 자식은 그 두 가지만으로 이루어진다. 자식은 부모 양쪽으로부터 유전자를 받고(거의 동등하게) 양쪽 부모로부터 혹은 다른 종들이 대개 그렇듯이 어머니로부터만 투자도 받는다(즉 노동력과 자원). 자식이 양쪽 부모에게서 받는 유전자들은 동시에 ―수정 때― 도달하지만, 부모의 투자는 수정이 이루어지기 한참 전에 시작될 수도 있고, 수정이 이루어진 지 한참 뒤까지 계속될 것이다. 그리고 사람의 사례에서는 이 부모의 투자가 남녀 사이에 복잡하게 변화하는 방식으로 나뉜다. 하지만 이 복잡한 문제로 들어가기 전에, 성 자체가 있는 이유를 살펴보자. 성가시게 성은 왜 있는가?

성은 왜 있을까?

유성생식은 왜 있을까? 단순하고 효율적인 경로를 취해서 암컷이 수컷의 유전적 기여 없이 자식을 낳으면 안 되는 것일까? 대개 육아와 관련된 모든 일을 암컷 혼자 해내지 않는가. 그렇다면 암컷은 왜 그 모든 유전적 혜택을 혼자서 다 취하지 않는 것일까? 다시 말해 왜 수컷이 있어야 할까? 사실 암컷만으로 이루어진 종도 많지만, 그들은 작은 동물들인 경향이 있다(아주 작은 곤충, 진드기, 원생동물 등등). 일부 도마뱀과 어류처럼 몇몇 눈에 띄는 예외가 있긴 하다. 하지만 몸집이 큰 축에 속하는 종 중에서, 무성생식하는 종은 진화 과정에서 오래 버티지 못하고 사라진다.[2] 이 두 가지 사실은 왜 있는 것일까?

성의 이점은 유전적으로 다양한 자식을 생산함으로써 얻는 혜택에서 나온다. 사람의 부모는 —매일 재조합의 마법을 통해— 유전적으로 다양한 자손 수십억 명을 낳을 수 있는 반면, 무성생식하는 여성은 자신의 유전체에 갇혀 있고 각 자식은 소수의 돌연변이만을 지닐 것이다. 그렇다면 유전적 다양성을 빚어내는 것이 왜 중요할까? 논리와 증거 모두 두 가지 중요한 힘이 있음을 강하게 시사한다. 재조합을 통해 유전자들은 기존 조합이 끊기고 계속 새로 조합되기에, 늘 같은 유전자 집합에 얽매이는 대신에 다양한 조합을 통해 새롭게 평가될 수 있다. 이것은 유익한 유전자가 진화할 수 있는 속도를 높인다. 때로는 자신의 기생생물이 이 진화를 일으키는 주요 압력으로 작용하기도 한다. 기생생물은 수가 많고 희생을 치르게 하며, 새로운 공격 수단을 빠르게 진화시킨다. 기생생물의 피해를 줄이고자 숙주는 유전적으로 다양한 자식과 내부적으로 유전적 다양성이 높은(이형접합성) 자식을 선호하게 된다. 앞으로 살펴보겠지만, 성의 이 유전학적 근본 명령은 짝 선택과 성의 다른 측면들에 중요한 의미를 지닌다.

양성-공진화하는 두 종

성은 수억 년 동안 대다수 종에게서 주된 번식 형태였다. 부분적으로 경쟁하는 두 형태인 암컷과 수컷(정자나 난자를 생산하느냐에 따라 정의되는)은 기나긴 시간에 걸쳐 안정한 빈도 의존성 평형에 사로잡혀 있다. 한쪽 성에 속한 개체의 수가 상대적으로 증가하면 반대쪽 성의 가치가 더 올라가고, 그에 따라 그 성의 개체수가 증가함으로써 많은 종은 양쪽 성의 개체수가 대체로 같도록 진화해왔다.

성별에 따라 육아에 투자를 하는 정도도 다르다. 암컷이 만드는 난자는 비용이 많이 들기 때문에 난자의 수는 엄격히 제한된다. 수컷의 정자는 1억 마리라 해도 무게가 1그램도 채 안 나가기 때문에 비용이 그다지 들지 않으며, 쉬고 있을 때 남성은 1시간도 안 되어 그만큼의 정자를 만들어낼 수 있다. 육아의 추가 투자는 대개 암컷 쪽에서 이루어지므로 일반적으로 암컷의 부모 투자분이 수컷의 것을 초과한다. 이 말은 남성의 부모 투자분이 때로 상당히 많은 우리 종에게도 어김없이 적용된다.

수백만 세대 동안 수컷의 기만은 주로 유전적 자질을 속이기 위해서 이루어졌을 것이 분명하다. 수컷은 유전자밖에 제공하는 것이 없었으니까. 일반적으로 암컷의 선택은 수컷의 자질을 보여주는 신뢰할 수 있고 속이기가 어려운 신호들을 선호하는 쪽으로 반복해 이루어진 것으로 여겨진다. 그런 신호는 몸집, 대칭성, 선명한 색깔, 복잡한 노래 등등 여러 가지가 있다. 그런 수컷과 짝짓기를 하면 대개 유전적으로 우수한 자식이 나온다. 때로는 자질이 우수한 수컷이 부족해, 암컷들이 남보다 수컷을 빨리 꾀기 위해 자신의 번식력을 광고하는 쪽을 선택할 수도 있다.

물론 거의 모든 형질은 광고하거나 숨길 수 있다. 나는 예전에 몸의 대칭성이 좋은 척도일 뿐 아니라 모방이 불가능하기 때문에 유전적 자질의 지표로 널리 쓰인다고 생각했다(식물, 곤충, 조류, 포유류 등등에서). 하지만 블루길의 사례를 보고 그렇지 않다는 사실을 깨달았다. 블루길 수컷은 몸 양쪽이 선명한 색깔을 띠고 있고 대개 양쪽을 고루 과시하면서 오락가락 헤엄친다. 하지만 좌우가 비대칭적인 수컷은 언제나 색깔이 더 선명한 면만을 보이면서 헤엄을 친다.[3] 아마 자신이 수컷의 한쪽 면만 보고 있다는 점을 알아차리지 못할 만큼 아둔한 암컷은 거의 없겠지만, 그래도 그들은 그 수컷이 얼마나 비대칭적인지 알지 못한다. 그저 뭔가 숨기는 것이 있다는 점만 알아차릴 뿐이다. 그런 수컷은 양쪽 면을 다 과시하는 수컷보다 못하겠지만 그래도 양쪽 면을 다 드러냈을 때보다는 나을 것이다.

일상생활에서 이것이 중요하다는 사실을 처음 깨달은 것은 한 여학생과 수다를 떨 때였다. 그녀의 얼굴은 아주 매력적이었는데, 내게 깊은 인상을 심어주려고 할 때마다 고개를 돌려 양쪽 면을 고루 보여주면서 화사하게 웃는 듯했다. 그 효과는 매우 강력했다. 나머지 우리도 무의식적으로 그리고 때로는 의식적으로 양쪽 면을 과시하는 빈도를 바꿀 것이 틀림없다. 매력적인 쪽을 더 드러내고 비대칭을 숨기는 편향을 보이면서 말이다.

나는 지금쯤이면 과학적 연구를 통해 성별에 따른 기만과 자기기만의 일반적인 차이점들이 밝혀졌을 것이라고 생각해왔다. 또 사교 능력과 사회적 상호작용에 들이는 시간을 고려할 때 여성이 남성보다 기만과 자기기만을 더 잘 꿰뚫어볼 것이고, 남성이 여성보다 자기과시와 과신을 통해 혜택을 볼 기회가 더 많으므로 자기기만을 더 할 것이라고 예상했다. 나는 여성이 남성보다 자신들의 관계에서 벌어지는 기만을 더 깊이 살펴본다고 믿는다. 물론 자기기만은 언제나 다른 문제다. 나는 혼인한 지 18개월이 되었을 때 아내가 내게 말하지 않고 있었지만 내가 하는 거짓말들을 줄줄 꿰고 있다는 것을 알아차리고는 움찔했던 기억을 잊을 수가 없다. 아내는 나중에 써먹기 위해 내 행동의 목록을 작성하고 있었다. 나는 거의 배신감을 느꼈다. 나는 고지식한 편이라서 누군가가 내게 거짓말을 하면, 즉시 지적하는 경향이 있는데 말이다(지배 문제와 상관이 없을 때). 이런 내 추측 중 어느 것이 들어맞는지 나는 전혀 모른다. 실제 이 주제를 과학적으로 연구한 사례가 전혀 없기 때문이다. 여성이 기만을 더 잘 포착하거나 더 능숙하게 기만을 펼치는 체계적인 능력이 있다는 증거는 전혀 없다. 게다가 자기기만도 성별에 따라 확연히 편향이 나타나는 것이 아니다. 과신만이 예외다. 과신은 남성 쪽으로 더 편향되어 있는 것이 확실해 보인다. 그 문제를 살펴보기로 하자.

구혼할 때의 기만과 자기기만

첫 만남 때 남녀 사이의 기만과 자기기만이라는 문제를 살펴볼 때, 여성이 대체로 유전적 자질을 드러내는 징후들(배란기에는 이 점이 특히 중시

된다)뿐 아니라 주로 남성의 지위, 자원, 투자할 의지를 살펴보고서 선택을 한다는 점을 알면 유용하다.[4] 유전적 자질은 육체적 매력을 통해 드러날 수도 있다(이를테면 얼굴 대칭과 얼굴의 남성미). 따라서 우리는 남성이 이런 속성들이 두드러지도록 허위 표시를 할 것이라고 예상할 수 있다. 실제로 주는 것보다 더 많이 주는 듯이 보이도록 하고, 앞으로 실제로 줄 것보다 더 많이 줄 가능성이 높아 보이도록 하며, 실제보다 유전자가 더 우수해 보이도록 한다(아마 이 마지막 사항이 속이기가 가장 어려울 것이다).

한편 남성은 번식력과 다산성이라는 신체적 증거에 초점을 맞추어 선택을 한다. 젊음, 허리와 엉덩이의 비율(곡선미), 유방의 크기와 대칭, 얼굴의 대칭과 여성다움의 정도 같은 유전적 자질을 드러내는 증거들이 그렇다. 마지막으로 남성은 일부일처제 성향을 중시한다(자신의 성향은 전혀 염두에 두지 않은 채).

부모 각자의 투자분이 애초에 큰 차이가 난다는 점을 생각할 때 —극단적인 사례를 들자면, 정자는 무게가 1조분의 1그램인 반면 열 달을 품어 낳은 아기는 3.4킬로그램이다— 남성(여성에 비해)이 장기적인 관계보다 짧게 성행위를 하는 관계에 상대적으로 더 치중하는 것도 놀랄 일이 아니다. 이것은 섹스 자체에 관한 남녀의 더 크고 일관적인 심리적 차이로 이어진다. 전 세계에서 남성은 여성보다 성적 다양성을 더 선호한다. 남성은 여러 시기에 걸쳐 더 많은 성행위 상대를 갈망하고, 매력적인 낯선 상대와 섹스를 할 가능성이 더 높으며, 단위 시간당 두 배나 더 많은 성적 환상을 품고, 짧은 관계를 위해 여성을 고르는 기준을 더 낮추고 성매매 여성을 찾을 가능성이 더 높다. 상대의 야심, 성실함, 친절함, 감정의 세기에 관해서 여성이 남성보다 속았다는 말을 더 자주 한다. 여성은 섹스를 하려는 의향 측면에서만 남성보다 더 기만적인 모습을 보인다. 남성이 섹스에 보이는 관심을 생각할 때 놀라운 일도 아니다.

마찬가지로 여성은 오르가슴을 흉내 내라는 선택압을 받는 반면, 남성은 그런 압력(혹은 필요성)을 거의 느끼지 못한다. 여성은 남성의 자아를 만족시키고 원치 않는 섹스를 끝내기 위해 오르가슴을 꾸며낸다. 완전히 속는 남성도 있고, 많은 남성은 적어도 이따금씩 속아 넘어갈 것이다. 진짜 오르가슴은 정자의 운동을 적극적으로 돕는 역할을 한다고, 즉 정자를 안으로 빨아들이는 일을 한다고 여겨진다. 또 같은 상대와 더 자주 섹스를 하게끔 유도한다.

따라서 우리는 한쪽 성이 상대편 성의 특정한 기만행위에 얼마나 화를 낼지를 헤아릴 수 있다. 예상대로 상대가 자원과 지위를 과대 포장했을 때, 남성보다는 여성이 더 화를 낸다. 하지만 그것은 사소한 요인이다. 여성을 정말로 화나게 하는 것은 서로 연관된 두 가지 기만이다. 처음으로 성관계를 맺기 전에 남성이 자기 감정의 깊이를 속이고, 성관계를 가진 뒤에 남성이 전화도 안 하고 만나지도 않을 때다. 이 행동들에도 자기기만이 수반될 수 있으며, 나는 그렇다고 굳게 믿는다. 1960년대 초에 젊었을 때, 나는 '거짓 감정'이라는 것을 알게 되었다. 나는 여성을 만나면 강하게 끌렸고 내 모든 것을 다 보여주었다. 나는 사랑에 빠졌다고 느꼈고, 두세 차례 섹스를 했다. 그리고 나면 끌렸던 감정이 통째로 사라졌다. 아니, 사실상 피하려는 마음으로 돌아섰다. 낭만적인 사랑이라는 거짓 감정은 섹스를 유도하기 쉽도록 나타난 것이었으며 섹스가 끝난 뒤에는 사라진 것이 분명했다. 물론 나는 일을 치른 뒤에야 그 사실을 깨달았다. 물론 여성들은 더 상심했다.

누구의 아기일까?

성관계를 맺은 지 열 달 뒤에 남성에게 닥칠 가장 중요한 현안 중 하나는 새 생명이 탄생했다는 말을 듣는 것이다. 자신이 아빠라는 말과 함께 말이다. 하지만 정말일까? 진실인지 여부에 따라서 근친도는 1/2이 되거나 0이 될 수 있다. 물론 섹스는 여성이 아기의 엄마임을 거의 확실히 보증한다. 하지만 남성이 아빠임을 보증하지는 않는다. 따라서 남성은 친자 문제에 특히 민감할 것이라고 예상되고, 실제로 그렇다. 우리의 인지 능력은 어떠할까? 아이가 부모의 자식인지를 알아보는 능력에는 남녀 차이가 전혀 없는 듯하지만, 남녀 모두 엄마를 통해서 친자임을 더 쉽게 알아보며, 아기의 성별이 자신과 같을 때 친자임을 더 잘 알아본다. 하지만 신생아가 친자임을 인지시키려는 태도에서는 남녀 간에 놀라운 차이가 드러난다. 여성과 외가 친척들은 아기가 아빠를 닮았다고 이구동성으로 말하고(딸보다 아들일 때 더욱 그렇다), 예상하겠지만 아빠로 추정되는 남성은 닮았다는 주장을 받아들이는 동시에 한편으로는 좀 미심쩍어할 수도 있다.[5] 무관한 아이의 모습에 맞추어 인위적으로 사람들의 얼굴 사진을 변형해 닮아 보이게 한 실험들은 남성이 아이가 자신을 더 닮아 보일수록 입양하고 양육비를 지원하고 아이가 물건을 깨뜨렸을 때 용서하려는 의향이 더 강해진다는 것을 보여준다.[6] 반면에 여성은 영향을 받지 않았다. 많은 사회에는 이 주제에 관한 농담이 있다. 세네갈에는 "이웃을 닮은 예쁜 아기보다는 당신을 닮은 못생긴 아기가 더 낫다."라는 농담이 있다. 자메이카에서는 아기의 아빠가 된다는 것을 '웃옷'을 준다고 표현한다. 웃옷이 더 잘 맞을수록(그를 더 닮을수록) 그는 더 행복할 것이다. "남성에게 조끼를 맞추어준다."는 것은 아기가 쏙 빼닮았다는 의미다. 조끼는 각자의 몸에 맞게 재단해야 하기 때문이다.

뱃속에 있는 아기가 유전적으로 자신의 아기라고 어떻게 확신할 수 있을까? 물론 확신할 수 없다. 일부 남성들은 그 가능성, 그녀가 주변에 없는 시간, 옛 친구와 하는 통화 등등을 놓고 고민한다.[7] 하지만 나는 늘 그 문제가 과장되었다고 믿었다. 아이를 오랜 기간 보면서 내 아이가 맞는지 여부를 알 수 없다는 것(DNA 검사가 없다고 해서)을 믿지 못했기 때문이다. 우리 집안에는 진실이 내 눈앞에 틀림없이 있음을 보여주는 우성 유전적 표지들이 충분히 있다. 친자가 아니라는 것이 정말로 사실이라고 해도, 나빠 보았자 열 달 동안 좋은 사회적 목적을 위해 사소한 비용을 허투루 투자한 것에 불과하다. 그러니 그 문제를 제쳐두고 남은 삶을 잘 살아나가자. 다시 말해, 우리는 질투라는 치명적인 세계로 점점 빠져들 필요가 없다. 하지만 다음 사례가 시사하듯이, 안타깝게도 그런 일이 너무나 많다.

여성의 불륜에 대한 남성의 반응

내밀한 관계에 있는 상대의 불륜 징후들에 남성이 보이는 반응은 전 세계에서 보편적인 듯하다. 분노와 공격성, 즉 여성을 위협하고 때리고 격리시키고 때로는 살해함으로써 그 행동을 억누르려는 시도가 그것이다. 그 결과 여성은 달아나려 시도했다가는 죽을 것이라고 협박당하고 철저히 두려움에 사로잡히고 지배당하는 사태가 벌어지기도 한다. 이런 상황에서 여성은 강요된 자기기만의 방어 형태에 빠져들 수 있다. 그럴 때 자신을 괴롭히는 자를 믿고 자기 자신을 비난하는 사태도 벌어지고는 한다. 여성 할례(욕망을 줄이기 위해), 전족(움직임을 저지하기 위해), 감금(사회적으로 격리시키기 위해)은 모두 여성이 유혹에 빠지는 것을 예방하는 기능을 한다. 비록 나는 그런 짓이 이루어지는 사회에서 그런 행위들을 여성이 빠지기 쉬운 유혹을 억제하기 위해서라고 합리화할 것이라고는 보지 않지만 말이다.

여성의 불륜에 남성이 과격하게 대응하는 것을 법으로 허용하기도 한다. 유부녀와 '무단으로' 벌인 성적 접촉을 남편을 희생자로 삼은 범죄(상대 남성과 여성이 저지르는)로 규정하는 것은 역사적이고 범문화적인 보편적인 현상이었다. 미국의 일부 지역에서는 아주 최근까지도 불륜 현장을 목격했다면, 그것으로 남편이 살인을 저질러도 —자신의 아내든 불륜 상대방이든 간에— 충분히 정당화될 수 있다고 여겼다. 이 모든 것이 뜻하는 바는 혼외정사를 했거나 그랬다는 혐의만으로도 여성(그리고 불륜 남성)이 위험에 처할 수 있다는 것이다. 아주 강력한 선택압—예를 들어 살인과 구금—은 혼외 관계에 관한 기만을 불러올 수 있다. 내 자신의(매우 제한된) 경험에 비추어볼 때, 진행되고 있는 관계를 의식에서 몰아내기란 거의 불가능하므로 혼외 관계는 불가피하게 의식적인 기만을 수반하고, 자기기만은 제기될 수도 있는 비난에 맞서 굴하지 않고 당당한 모습을 취하게끔 돕는 역할밖에 못할 것이 분명하다.

살인을 생각해보자. 많은 미국 도시에서 성적 질투심은 살인의 두 번째 또는 세 번째 주요 원인이고, 그것이 첫 번째 원인인 사회도 많다. 1972년 디트로이트에서는 살인의 3분의 1이 '특정한 범죄와 관련된'(예를 들어 강도를 하던 중에 저지른) 것이었지만, 나머지 중 5분의 1은 성적 질투심 때문에 일어났다. 세부적으로 살펴보면 몇 가지 흥미로운 점이 있다(총 58건). 질투심에 못 이겨서 살인을 저지르는 확률은 남성이 여성보다 네 배 더 높았다. 남성이 자신의 짝을 죽인 횟수와 불륜 남성을 살해한 횟수는 거의 같았고, 그러다가 오히려 여성에게(때로 자기 친척들의 도움을 받은) 살해당한 남성의 수도 거의 비슷했다. 부정한 동성애자 애인을 죽인 남성은 두 명이었다. 거기에는 불확실한 친자관계 문제가 전혀 없었다! 짝이 부정을 저질렀을 때, 여성이 살해하는 데 더 성공적이었다. 즉 여성은 아홉 건의 사례에서 불륜을 저지른 이들 중 한 명을 살해하는 데 성공한 반면, 그러다 오히려 짝에게 살해당한 사례는 두 건뿐이었다.

캐나다에서 아내 폭행으로 법정에 선 사례 중 55퍼센트는 적어도 어느 정도 질투심과 관련이 있었다. 남성은 불륜 가능성에 분노, 음주, 위협, 성적 흥분으로 반응한다. 여기서 성적 흥분은 가장 흥미로운 미묘한 반응이다. 어느 정도 일부일처제를 지키는 동물 종 중에서 상당수는 자신의 암컷이 교미를 하는 모습을 보면 성적으로 흥분한다. 수컷 오리는 자신의 짝이 다른 수컷들에게 집단 강간을 당하면 그 직후에 자신의 짝을 강간한다.[8] 아마도 방금 주입된 정자와 경쟁할 정자를 집어넣기 위해서일 것이다. 따라서 짝이 다른 누군가와 성관계를 한다는 증거나 상상이 성적 흥분을 일으킬 수도 있다는 것은 남성 심리의 한 특징이다. 나는 그 반대도 참인 사례는 전혀 찾아내지 못했다. 여성은 혼외정사에 눈물, 무심한 척, 자신의 매력을 높이려는 노력으로 반

응한다. 남성은 화를 내고 술을 마신다.⁹

물론 남성은 짝의 불륜 행위를 파악할 때 자기기만에 빠지기 쉽다. 자아상이 초라할수록, 완전한 편집증까지는 아니라고 해도 의구심은 더 커진다. 자신의 내면적인 자질이 떨어질수록, 짝이 빠질 만한 유혹이 더 커 보인다. 그의 유전적 자질이 떨어진다고 추정된다는 점을 생각할 때 그녀가 그를 더 쉽사리 지배할 수 있으므로, 그는 아예 내쳐질까 두려워서 감히 의구심을 발설하지 못할 수도 있다. 남성이 자기기만을 저지르는 두 번째 이유는 자신의 죄책감에서 나온다. 나는 남성들이 자신에게 책임이 있는 것을 놓고 전혀 무관한 짝을 비난하는 사례를 많이 보았다. 그것은 부정과 투사의 또 다른 사례다. 그 비난은 아마도 주로 위장용일 것이다.

기만과 여성의 월경 주기

생물학적으로 여성은 한 달을 주기로 매우 흥미로운 변화를 거치는데, 거기에 많은 기만과 자기기만이 얽혀든다. 여성은 배란기에 더 매력적이 된다.¹⁰ 몸이 더 대칭적이 되고 허리와 엉덩이의 비율이 좀 더 곡선미를 띠는 듯하다. 또 월경 주기의 다른 시기보다 다른 여성들의 외모를 더 폄하한다.¹¹ 그들이 (무의식적으로) 자신을 다른 여성들과 비교하고 배란기에 자신이 상대적으로 더 매력적이기에 남들을 폄하하는 것일까? 아니면 가장 중요한 시기에 자신의 우월한 외모를 돋보이게 하기 위해 남을 폄하하는 행동을 추가로 하는 것일까? 나는 후자가 맞을 것이라고 상상하지만, 그렇다고 단정하기에는 증거가 부족하다.

여성은 배란기에 전반적으로 더 성적으로 활기를 띠며, 유전적으로 더 매력적인 남성을 향해 또 혼외정사 쪽으로도 더 강하게 편향을 드러내는 듯하다. 독일 빈의 몇몇 클럽에서 몇 달 동안 남녀 쌍들을 연구한 결과, 배란기가 가까워지면 여성은 자신의 짝을 동반하고 오는 일이 줄어드는 반면 몸을 더 노출시키는(더 드러나는 옷을 입음으로써) 경향을 보였다.[12] 배란기에는 상대적으로 더 남성적이고 대칭적인 얼굴을 한 남성 쪽으로, 즉 우수한 유전적 자질(하지만 부모 투자는 아니다)을 보여주는 표지 쪽으로 더 쏠리는 모습을 보여주었다. 또 피부색이 좀 더 짙고 털이 적은 남성 쪽으로 취향이 변하는 현상도 나타났다.[13] 랩 댄서로 일하면서 피임약을 먹지 않는 여성은 배란기에 다른 시기보다 (생리할 때를 제외하고서. 생리 때는 더 적게 번다) 시간당 약 30퍼센트를 더 번다.[14] 피임약을 먹고 있다면, 월경 주기 내내 여성의 행동에 아무런 차이가 나타나지 않는다.

월경 주기 동안 일어나는 변화는 남녀 사이의 근원적인 미묘한 유전적 긴장을 반영하는 것일 수 있다. 특히 놀라운 한 연구 결과는 기생생물 방어에 관여하는 주조직적합성 유전자가 짝의 것과 더 일치하는 – 그러면 자식의 생존율은 낮아지는 불리한 점이 있다– 여성일수록 배란기에 짝과 성관계를 가질 가능성이 더 적고, (언어적으로) 강요된 성관계를 맺는 횟수가 늘며, 섹스를 하는 동안 다른 남성(자신의 예전 짝을 포함해)과 섹스를 하는 상상을 더 자주 한다는 것을 보여준다.[15] 하지만 12일 뒤, 즉 배란을 하지 않는 시기에는 유전자 일치 여부가 여성의 성적 행동과 상상에 아무런 영향을 끼치지 않는다(짝과 유전자가 일치하지 않는 여성과 비교했을 때). 남성은 어느 때든 간에 짝과 주조직적합성 유전자가 일치하는지 여부에 전혀 영향을 받지 않는다. 그들에게는 주기적인 변화가 나타나지 않는다.

따라서 우리는 여성이 배란기에 기만적으로 행동하라는 압력을 더 받을 것이라고 예상할 수 있다. 이때 여성은 짝과 공유하고자 할 가능성이 적은 자발적이고 의식하는 형태의 자기기만—일시적인 환상—을 펼친다. 그녀는 매달 반복되는 은밀한 환상의 세계를 펼치기 시작할 수도 있다. 그러면 아마도 나중에 배란기에 더 노골적인 행동을 하고픈 유혹에 빠질지도 모른다. 어쨌든 은밀한 삶은 매달 중요한 며칠 동안만 짝이 모르게 펼쳐진다. 짝이 가장 매력적으로 보이면서도 자신에게 성적으로 가장 관심을 덜 가지는 시기가 있다는 사실을 알아차리는 남성들이 과연 있을까 하는 것은 가장 흥미로운 질문이 될 것이다. 그리고 실제로 알아차린다면 그들은 어떤 반응을 보일까?

냄새는 섹스의 중요한 한 부분이다. 여성은 남성보다 후각이 더 예민하고, 배란기에는 더욱 그렇다.[16] 배란기에는 섹스와 관련된 특정한 화합물에 100배 더 민감해질 수 있으며, 냄새를 토대로 남성의 신체 대칭성을 식별하는 능력도 정점에 이른다. 나는 젊은이들이 삶의 후각 차원에 너무나 무심하다는 것을 알고 놀라고는 한다. 나는 학생들로부터 종종 똑같은 이야기를 듣는다. "여자 친구를 만나기로 한 날 어떤 여자가 절 너무나 흥분시키는 거예요. 그래서 관계를 가졌죠. 여자친구가 낌새를 챌 만한 흔적은 전혀 남기지 않았어요. 그런데 만나자마자 그녀는 내게 뭔가 일이 있었다는 것을 알아차린 듯했어요." 그러면 나는 학생들에게 섹스를 한 뒤에 씻었는지 묻는다. "아니오." 그들은 씻어야 한다는 생각조차 하지 않았다. 바로 그것이 문제였다. 그들이 사는 후각 세계와 여자 친구가 사는 후각 세계는 달랐다. 물론 빠져나갈 여지가 아예 없을 수도 있다. 당신의 행동을 빠삭하게 파악하는 여자 친구라면 왜 이 시간에 몸을 씻고 나왔는지 물을 테니까.

후각 차원에서만이 아니라 정신생활의 다른 여러 측면에서도 남녀 사이에 차이가 나타날 수 있다. 여성은 얼굴 표정을 읽는 데 더 뛰어난 반면, 남성은 군중 속에서 적대적인 얼굴을 포착하는 데 더 뛰어나다.[17] 소리를 처리하는 뇌 부위가 남녀에 따라 다를 수도 있으며, 놀랍게도 머리를 쓰는 다양한 일에서 여성의 뇌는 남성의 뇌에 비해 더 대칭적으로 활동하는 경향이 있다.[18] 즉 주어진 과제를 풀 때 양쪽 뇌 반구가 더 균등하게 쓰인다. 대칭성이 삶과 특히 정신생활에서 유리할 때가 아주 많기 때문에 —예를 들어 시각의 원근감과 청각의 위치 식별 능력은 양쪽 눈과 귀로 동시에 정보를 얻는 결과다— 여성이 남성보다 유리하다고 가정하고 들어가야 한다. 뇌의 양쪽 반구를 연결하는 뇌들보(뇌량)는 여성이 남성보다 더 크다. 그것은 양쪽 반구 사이에 정보가 더 쉽게 공유되고 기능이 대칭성을 보일 가능성이 더 높다는 의미다.

여성의 관심을 대하는 남성의 자기기만

남성이 자신에게 여성이 성적으로 관심을 보이는지 여부를 놓고 스스로를 기만함을 시사하는 증거들이 몇 가지 있다.[19] 여성들이 말하는 바에 따르면, 남성은 여성이 실제보다 자신에게 성적으로 더 큰 관심을 보인다고 착각할 가능성이 더 높다. 대조적으로 여성은 남성이 자신에게 보이는 관심을 평가할 때(크다 또는 적다) 편향을 전혀 보이지 않는다. 실험들도 일관적인 증거를 내놓는다. 논리적으로 남성은 여성보다 그런 지각 편향의 혜택을 더 많이 볼 수 있다. 남성은 그 과정에서 거짓 투사를 더 많이 하겠지만, 실제로 관심을 지닌 여성들을 더 많이 포착할 것이다. 착각에 따르는 비용이 그다지 많지 않다고 가정할 때(여성이 거절하면 떠나면 그만이다), 그 편향은 전반적으로 편익을 제공할 것이다. 물론 지나치게 껄떡거린다는 평판이 비용을 추가할 수는 있다. 그 결과 여성이 더 많은 관심을 보인다고 생각하는 한편으로 자신을 '차갑다'고, 즉 비교적 흔들리지 않는 사람이라고 생각하는 자기기만적인 편향이 빚어질 수 있다.

여성의 행동이 자신에게 관심이 있다는 남성의 착각을 더 강화할 수 있다는 증거가 있다. 남녀가 처음 만나서 10분 동안 함께 보내는 장면을 촬영한 실험에서, 처음 1분 동안 여성이 더 높은 빈도로 구애 행동을 보였지만(고개를 끄덕이는 것 같은) 그것은 실제 관심 여부와 무관했다.[20] 그런 행동은 나중 단계(4~10분 째)에서만 실제 관심과 관계가 있었다. 따라서 여성은 실제 관심을 갖기 이전에 관심이 있는 양 행동하는 듯하다. 이것은 여성이 실제로 관심이 생기기 전에 남성에게 관심이 있다는 착각을 불러일으킬 것이고, 사실 처음 1분 동안 여성이 고개를 끄덕이는 행동은 나중 단계에서 남성이 얼마나 말을 많이 하는지를 예측하는 지표가 된다.

남성의 동성애 성향 부정[21]

자신의 동성애 충동을 부정하면 그 충동을 남에게 투사하게 된다는 주장이 오래전부터 있어왔다. 마치 주변 세계에서 동성애 사례를 찾아낸 뒤, 자신의 부분은 부정하고 남들에게서 그것을 살펴보는 것과 같다. 이 동성애 부정이 동성애자 공격으로 이어질 수 있다는 것은 놀랄 일이 아니다. 남의 동성애 사례는 자신의 숨겨진 정체성에 직접적인 위협이 될 수 있기 때문이다. 아니라고 부정해도, 불룩한 머리 모양에 여성 향수를 풍기는 매력적인 젊은 남성에게 저절로 반응한다는 것을 말이다. 우리가 흥분했음을 남들이 알아차리기 전에 그를 공격하는 편이 더 낫다. 이것을 반동 형성reaction-formation이라고 부르기도 한다. 자신에게 매력적이지만 받아들일 수 없는 것을 경멸하고 부정하면서, 남에게서 그것을 보면 공격한다. 동성애자를 공격함으로써 이성애자로서의 자아상을 뒷받침하는 것이다.

최근의 연구도 이런 유형의 역동적인 현상이 일어난다고 말한다. 미국에서 킨제이 기준으로 A-1 이성애자인 남성, 즉 동성애 행동도 동성애 생각이나 감정도 전혀 없는(혹은 그렇다고 스스로 말하는) 남성은 상대적으로 동성애를 혐오하는, 즉 동성애자에게 적대적이고 화를 내는 부류와 상대적으로 느긋하고 개의치 않는 부류로 나뉜다.

그런데 이들에게 음경의 둘레를 아주 정확히 측정하는 체적변동기록기를 음경 기부에 붙이고 남녀, 두 여성, 두 남성이 각각 사랑을 나누는 6분짜리 야한 영화 세 편을 보게 했을 때 재미있는 일이 벌어졌다. 영화를 본 뒤에는 각자에게 발기가 얼마나 되었고 성적으로 얼마나 흥분했는지도 물었다. 한 가지 흥미로운 결과는 상대적으로 동성애를 혐오하는 사람과 그렇지 않은 사람 모두 이성애 영화와 레즈비언 영화에 비슷하게 반응했다. 두 영화에 강하게 흥분했지만, 이성애 영화 쪽이 좀 더 강했다. 그들은 남성 동성애 영화에서만 차이를 보였다. 동성애 혐오증이 없는 남성들은 음경 크기가 조금 하지만 무의미한 수준으로 커진 반면, 동성애 혐오 남성들은 영화를 보는 내내 음경 크기가 꾸준히 늘어나서 두 여성이 나오는 영화를 보았을 때 커진 반응의 3분의 2에 이르렀다. 나중에 면담을 할 때, 모든 사람은 자신의 음경 팽창과 흥분의 정도를(둘은 상관관계가 높았다) 정확히 평가했다. 동성애 혐오 남성들이 남성 동성애 영화를 이야기할 때만 예외였다. 그들은 음경이 팽창했고 흥분했다는 사실을 부정했다. 그들이 실제로 그 점을 의식했는지는 알지 못한다.

자기기만은 혼인에 좋을까 나쁠까?

섹스와 사랑이 관련된 영역에서 두 가지 극단적인 형태의 기만이 있다. 섹스를 중시하기에 사랑하는 척 해야 할 때와 진정으로 사랑하지만 섹스를 꾸며내야 할 때가 있다. 나이가 서른 살쯤 되면, 누구나 이런 상황을 겪어보았기 마련이다. 섹스를 꾸며내야 할 때, 우리는 환상, 이전의 짝, 상상 속의 상대, 가상의 성행위를 떠올린다. 무엇이든 좋다. 이런 관계가 짝에게 특히 위험하다는 점을 유념하자. 짝이 당신의 진짜 반응을 알아차리지 못한다면, 앞으로 벌어질 가능성이 높은 배신행위에 준비가 안 되어 있을 것이다. 반면에 성적으로 강하게 끌릴 때 사랑을 꾸며내기란 훨씬 어려울 수 있다. 사랑이 부족한 관계는 열정적인 섹스와 노골적인 적대감이 공존하는 더 변덕스러운 것이 되기 쉽다.

혼인 생활에서 자기기만이 어떤 효과를 미치는가라는 질문의 단순한 답은 자기기만의 종류에 따라 다르다는 것이다. 긍정적이고 부부 금슬을 강화하는 형태의 자기기만은 유익해 보이는 반면, 기존의 자기 위주의 방식으로 자신의 인지 해리를 해소하는 유형의 자기기만은 정반대 효과를 미치는 듯하다. 즉 재확인 대 멀어지기다. 혼인할 때 염두에 두어야 할 격언은 두 눈을 똑바로 뜨고, 일단 혼인을 하면 한쪽 눈을 감고 현실을 파악하라는 것이다. 혼인할지를 결정할 때는 비용과 편익을 균등하게 따져보고, 일단 혼인을 하면 긍정적이 되도록 노력하고 부정적인 사소한 부분들에는 신경을 쓰지 말라.

먼저 긍정적인 형태의 자기기만을 살펴보자. 부부가 서로를 평가할 때 스스로 평가할 때보다 더 높이 평가하는 경향이 있다면, 혼인 생활은 더 오래 지속된다. 여기에는 호소력 있고 낭만적인 순환 고리가 있다. "여보, 나는 당신이 자신을 사랑하는 것보다 당신을 더 사랑해. 그만큼 당신은 행복한 거야." 효과는 양방향으로 작용한다. 당신이 상대를 더 높이 평가할수록 당신은 더 오래 함께 살게 되고, 그 역도 마찬가지다. 오래 해로하는 것이 혜택이라고 한다면, 서로를 높이 평가하는 것이 유익하다.

사람들은 시간이 흐를수록 부부 관계에서 개선되는 점을 보려는 편향이 있다.[22] 설령 개선이 과거가 얼마나 나빴는지(현재에 대한 평가와 비교해)를 과장함으로써 이루어지는 것이라고 할지라도 말이다. 일단 과거가 잘못 회상되면, 발전이 이루어졌다는 기억이 확정되고 개선의 기억들이 더욱 늘어나면서 관계는 더 오래 지속된다. 여기서 원인과 결과를 구분할 수 없다는 점을 강조하는 것이 중요하다. 자기기만은 관계의 만족도와 지속성을 향상시킬 수도 있고, 다른 요인들을 수반할 수도 있다. 아마 성공은 자기기만을(긍정적인 종류의) 낳을지 모른다.

부부간의 만족도가 시간이 흐르면서 직선적으로 감소한다고 시사하는 증거가 있긴 하지만, 사람들은 편향된 기억을 지닌다. 즉 이전에는 만족도가 줄었지만, 더 최근에는 증가함으로써 이전의 감소를 상쇄시켰다고 기억한다.[23] 한 연구에서는 참가한 부부 양쪽 다 2년 반 동안 부부 관계의 만족도가 꾸준히 증가했다고 말했지만, 어떤 증거도 찾아낼 수 없었다. 하지만 연구가 끝날 무렵에, 더 먼 과거에는 개선이 전혀 없었지만 더 최근에는 개선이 있었다는 쪽으로 기억이 재조정되었다.

대조적으로 개인 내면의 자기정당화 과정은 둘 사이의 화합을 더 어렵게 만들고, 극단적일 때 자기정당화는 혼인 관계의 '암살자'로 비칠 수도 있다.[24] 즉 적극적인 자기정당화 과정은 한 가지 주요 방식으로 부부 화합을 방해하는 역할을 하는 듯하다. 여기서도 우리는 무엇이 원인이고 결과인지 알지 못한다. 자기기만이 파탄을 일으키는 것일까, 아니면 그저 가속시킬 뿐일까?

우리가 아는 것은 자기정당화의 양상들이 진단 특징이 될 수 있다는 것이다. 어느 부부가 3년 뒤에도 함께 살고 있을지를 예측하려고 시도한 과학자들은 조사 기간에 두 사람 사이의 상호작용을 연구한 자료를 토대로 놀라운 예측 성공률을 보였다. 그들은 더 철저히 부정적인 방식으로 역사를 고쳐 쓴 부부가 갈라설 것이라고 예측했다. 오로지 이것만을 토대로, 과학자들은 10쌍이 이혼할 것이라고 예측했는데, 7쌍은 맞았고 3쌍은 틀렸다. 또 나머지 40쌍은 갈라서지 않을 것이라고 올바로 예측했다. 따라서 전반적으로 예측 성공률은 94퍼센트에 달했다. 별거 이야기를 전혀 꺼내지 않았음에도 몇몇 부부는 애초에 왜 혼인을 했는지를 이미 잊어버린 양 말을 했고, 나쁜 혼인 생활의 불협화음을 줄이는 기능을 하는 듯한 자기정당화 과정에 깊이 매몰되어 있었다(물론 바로잡으려는 노력은 전혀 하지 않은 채). 혼인 생활을 연구한 다른 이들은 상대를 향한 긍정적인 행위와 부정적인 행위의 비가 5:1보다 낮을 때 혼인 생활에 문제가 있다고 주장한다.

환상의 호소력과 위험

환상은 유혹적이고 깨지기 쉬운 활동이다. 그것은 우리 생물학 깊숙이 뿌리박고 있다. 초창기부터 인류는 자발적으로 매우 즐거워하면서 환상을 펼쳤고 남들이 부추길 때 쉽게 넘어가기도 했다. 우리는 인위적인 세계를 창조한 뒤에 그 안에 사는 쪽을 택한다. 환상은 대개 긍정적인 방식으로 현실을 대체한다. 환상이 진실이라면 세상은 더 나을 것이다. 예를 들어 우리가 연구실에서 24시간씩 일주일 내내 5년 동안 하고 있는 연구가 사실 노벨상감이라고 하자. 그렇게 환상을 품음으로써 우리는 나중에 올 것이 확실한 보상 혜택을 누릴 수 있다. 그 환상이 사기를 촉발하지 않는 한, 환상은 사실상 우리 연구의 질을 높일 수도 있다. 추가된 환상의 부추김을 받아서 한 노력과 그 결과가 그 과정에서 상실한 기회들과 비교해 살펴보았을 때 정말로 그만큼 가치가 있는지는 다른 문제다. 환상이 제대로 펼쳐지지 못했을 때 더 그렇다.

그리고 환상의 단점은 무엇일까? 낭만적 환상을 생각해보자. 저기 멀리 있는 여성은 사실 당신의 아내가 될 사람이다. 설령 영혼의 짝(완전한 망상에 빠졌을 때라면)은 아닐지언정 말이다. 이제 당신은 연구실에서 그 환상에 푹 빠질 수 있고, 거기에는 연애와 (미래의) 성생활까지 담길 것이 확실하다. 당신은 소득 중 일부를 매주 그 사랑하는 이에게 보낸다. 더 직접적으로 사랑을 보여줄 수 없으니 돈을 보냄으로써 사랑을 표현하는 기쁨을 만끽할 것이라고 말하면서 말이다. 그녀는 기뻐할 것이다. 너무나 기뻐함으로써 당신의 환상 속에서 당신을 부추길지도 모른다. 사실 애초에 그녀가 거의 일방적으로 그 환상을 만들어낸 것인지도 모른다.

자메이카인들은 이런 형태의 조작을 가리켜 '붑스boops'를 잡았다고 말한다. 붑스는 대개 젊은 여성을 뒷바라지하는 나이 든 남성이다. 월세, 전기요금, 생활비를 내주고, 아마 작은 차도 사주고, 대가로 최소한의 성적 보상을 받기를 기대할 것이다. 하지만 그가 받는 것은 그저 환상뿐임이 곧 드러난다. 일이 잘 풀릴 때, 그는 섹스 보상을 전혀 받지 못한다. 자신의 상상을 유지하고 자기 행동에 더 보상을 받고자 더 안달하면서 말이다. 일단 자신의 환상에 사로잡히면, 그는 거기에 거의 의문을 품으려 하지 않는다. 다른 상황이었다면 즉시 경계심을 일으키거나 적어도 검토를 요구할 반대 증거들은 쉽게 내버려진다(이를테면 자신은 크리스마스 선물을 아예 받지 못하면서도 그녀에게는 값비싼 선물을 준다). 한 정신과의사는 이렇게 말한다. "당신은 현실의 사소하고 좀스럽게 보이는 것들이 멋진 환상을 방해하기를 원하지 않는다."

남이 당신의 환상을 이끌고 있기 때문에 당신은 자신의 진정한 관심사로부터 아주 멀어질 수도 있다. 그렇다. 당신은 6개월 동안 연구실에서 탁월한 연구를 해왔지만 진정으로 환상에 사로잡힌다면 지금 당장 많은 비용에 허덕이게 될 것이고 언젠가 실제 관심사와 다시 연결되려면 환상에서 벗어나기 위해 고통을 감내해야 한다. 충족되지 않은 성적 환상 및 낭만적인 환상이 가장 값비싼 축에 속한다는 데는 의심의 여지가 없다. 당신의 잠재적인 번식 성공률이 상당 부분 위태로워질 뿐 아니라 당신은 더 쉽게 마음에 상처를 받게 된다.

배신의 고통

가정에서의 기만과 자기기만이 자신의 인생에 가장 깊은 효과를 미친다고 한다면, 가장 고통스러운 기만과 자기기만은 섹스와 관련된 것이다. 성적 배신만큼 지독한 고통을 주는 것은 없다. 사랑하는 짝이 당신을 배신했음을 알아차리는 순간 찾아오는, 영혼이 반으로 쪼개지는 것 같은 아픔은 그 무엇에도 비교할 수 없다. 가정에서 일찍 겪는 기만과 자기기만이 만성 관절염과 비슷한 통증을 일으킨다고 한다면, 성적 배신은 트럭에 치이는 것 같은 고통이다. 나는 남녀 모두 그렇다고 믿는다.

여기에는 적어도 세 가지 요소가 있다. 첫째, 운명이 아주 크게 역전될 수 있다. 당신의 자식이라고 여겼던 아이가 남의 아이고, 양방향이라고 여겼던 사랑으로 넘치던 삶이 사실은 일방적인 것이었음이 드러난다. 둘째, (이른바) 배신은 여러 달 혹은 여러 해 동안 지속되었을 숱한 의도적인 기만, 거짓말들로 이루어진 침대에 토대를 두고 있을 때가 많다. 이 모든 일이 벌어질 때 당신도 나름의 역할을 했다. 거짓말들을 믿음으로써 말이다. 때로는 적극적으로 자기기만을 하거나 적어도 적절한 주의를 기울이지 않음으로써.

마지막으로 기만은 모든 방향으로 뻗어나간다. 살면서 접하는 거짓말 중 상당수는 주로 당신과 거짓말쟁이 사이에서 이루어진다. 하지만 성적 거짓말은 불가피하게 다른 사람들까지 연루시킨다. 때로는 당신이 모르는 당신 삶의 이면을 수십 명이 알게 되면서 사람들을 대할 때 수치심이 커지기도 한다. 진정으로 극단적인 사례로서 엘린 우즈가 겪은 끔찍한 일을 생각해보자.[25] 그녀는 남편인 골프선수 타이거 우즈가 자신들이 즐겨 찾던 길 건너편 식당의 여종업원과 정기적으로 성관계를 맺었고, 몇 년 동안 가족끼리 알고 지냈던 이웃집의 딸을 유혹했고, 자신과 종종 만나는 수많은 사람들이 남편의 성생활을 숨기는 데 공모했고, 그리고 무엇보다도 그 비밀이 전 세계 수십억 명에게 새어나갔다는 사실을 견뎌내야 했다. 영화배우 아널드 슈워제네거도 같은 짓을 저지름으로써 대중에게 흥밋거리를 선사했다.

섹스는 왜 그렇게 수치심과 연관되고는 하는 것일까? 한 가지 이유는 성적 행동이 때로 자기이익에 직접적으로 반하는 역할을 한다는 것이다. 즉 자아를 훼손한다. 원칙적으로 자위행위, 수간, 동성애 등등 자아에 도움이 되지 못하는 모든 성행위가 여기에 포함된다. 관련이 없는 사람들은 직접적인 자기이익이 전혀 없겠지만, 친척들은 있을 것이다. 친척들의 자기이익은 당신의 잘못된 성행위에 직접적으로 피해를 보며, 그들의 평판도 그럴 수 있다. 따라서 그들은 당신을 수치스럽게 여길 구체적인 압력을 느낄 수 있다.

원칙적으로 당신의 부적절한 성적 행동은 많은 이들을 분개시킬 수 있다.

여기서도 가정의 사례와 대비시키면 통찰력을 얻는다. 우리는 철저한 순종을 강요하면서도 평등이라는 이념을 내세우는 가정에서 자랐을 수도 있지만, 대개 지배와 허위 표시는 일종의 연속선을 이루며 우리는 그 가운데 어딘가에 놓인다. 하지만 불륜(임신과 마찬가지로)은 연속선을 이루지 않는다. 당신은 부정하든지, 그렇지 않든지 둘 중 하나다. 임신하든지 그렇지 않든지. 여기서는 운명의 역전이 절대적인 것일 때가 많다.

아마 당신은 스스로에게 이렇게 말할 것이다. "2년 동안 네게 거짓말을 하고 너를 멸시하고 네가 지닌 것을 약탈한 사람에게 어떻게 해야 적절한 응징이 될까?" 그러면서 목을 조르고픈 생각이 들 것이다. 하지만 당신 자신의 목은 조르지 말아야 하지 않겠는가? 당신은 모든 기만을 받아들이고 외면해왔다. 아마도 당신 짝의 의식적이거나 무의식적인 충동질에 힘입어 당신은 자기기만을 통해 스스로를 조작했을 것이다. 그 침대를 만들고 그 위에 누운 것은 당신들 두 사람이다.

당신이 자란 가정환경과 당신이 현재 꾸린 가정환경 사이에 어떤 관계가 있을 때가 종종 있다. 이 유사점 중에는 유전적인 것도 있고 모방을 통해 형성된 것도 있다. 하지만 다른 무언가와 논리적으로 연관된 효과로 나타나는 것들도 있다. 크리스 록은 모든 여성이 '아빠 문제'를 안고 있으며, 현재의 짝인 당신이 그 대가를 치러야 한다는 농담을 즐겨 한다. 아버지에게 학대받는 어떤 여성과 연애를 하다가 마침내 그녀를 그 집안에서 빼내온다고 하자. 처음에 그녀는 행복할 것이다. 하지만 자신을 빼내올 만큼 강한 남성인 당신이 다른 면에서 자신의 아버지보다 더 안 좋게 자신을 지배할 수 있다는 기미를 조금이라도 비치면, 당신은 문제를 떠안게 된다.

성적으로 유발된 고통은 금슬-아마 자식을 갖느냐 여부와 별개일 것이다-이 좋았던 부부일수록 더 클 것이다. 이유는? 비교적 평범하게 육체관계를 맺는 성생활을 상상해보자. 껴안고 몇 차례 입을 맞추고 남자가 위로 올라가서 둘은 좋은 성교를 즐긴다. 이런 섹스와 상대의 몸을 구석구석 탐사하고 온갖 사랑의 행위를 하는 성교를 대조해보라. 배신이 일어나면, 후자 쪽이 훨씬 더 고통스럽다. 내밀한 쾌락을 잃는 상실감이 더 크고, 또 그것은 더 깊었던 장기간의 애정을 잃었음을 시사한다. 그리고 애정이 깊었을수록 양쪽 다 마음에 떠올리는 것이 더 고통스럽다. 이제 그가 다른 누군가와 사랑을 나누겠지 하는 생각에 당신은 가슴이 에일 것이고, 당신이 그런 사랑을 나누었던 이는 영원히 떠났으니까.

어떤 관계로부터 빚어진 고통이 최악의 고통이라는 점은 거의 확실하다. 육체적 고통은 거의 언제나 다른 무언가를 함으로써 누그러뜨릴 수 있지만, 마음의 고통은 저절로 가라앉을 때까지 기다릴 수밖에 없다. 그 고통은 안쪽뿐 아니라 바깥쪽에서도 느껴진다. 사적인 고통을 더 심화시킬 뿐인 사회적인 차원이 있기 때문이다. 배신을 통해 당신의 짝이 다른 많은 사람들이 얽혀 있는 거짓말의 그물에 연결되고는 한다는 점을 명심하자. 배신을 알았지만 말하지 않은 이들 등등과 말이다.

이 상호작용의 또 다른 매우 고통스러운 부분은, 장기적인 관계가 가망이 없음을 시사하는 증거가 나왔을 때 최선의 전략은 관계를 끊고 상대를 버리고 상호작용을 최소화하는 것이겠지만, 그런 갈라서기 자체가 마치 자신을 반으로 쪼개는 것처럼 매우 고통스럽다는 점이다. 둘 사이에는 그동안 다중적인 관계망이 형성되었을 것이므로, 이제 그것을 잘라버리면 사회적으로 심각한 박탈감을 겪게 된다. 하루에 두세 차례 울리던 전화벨 소리 대신, 이제 짓누르는 듯한 침묵이 지배한다. 예전에는 기쁨, 사소한 깨달음, 희망과 두려움을 함께 나누었지만 이제는 그럴 수 없다. 접촉, 설령 적대적인 접촉이라도 다시 잇고 싶은 욕구가 굴뚝같다. 당신은 자신이 그 사람에게 말을 걸고 있음을 알아차린다. 그리고 대개 좋은 말은 아니다. 당신이 악의적인 행동을 하거나 보복하려는 환상에 빠져 있다면, 당신은 열정적인 섹스, 따스한 것이 아니라 열정적이고 시간을 소모하고 고통스럽고 값비싸고 부정적인 섹스에 빠질 위험이 있다.

지금까지 우리는 인생의 가장 감미롭고 사랑 가득하고 육체적으로 흥분된 순간부터 거짓말, 배신, 심지어 공개적인 망신의 희생자로서 가장 쓰라린 기억에 이르기까지 살펴보았다. 사랑에서 살인하고픈 충동에 이르기까지 말이다. 자기기만은 이 전환을 일으키지는 않지만 모든 단계에서 그것에 관여한다.

6장
자기기만의 면역학

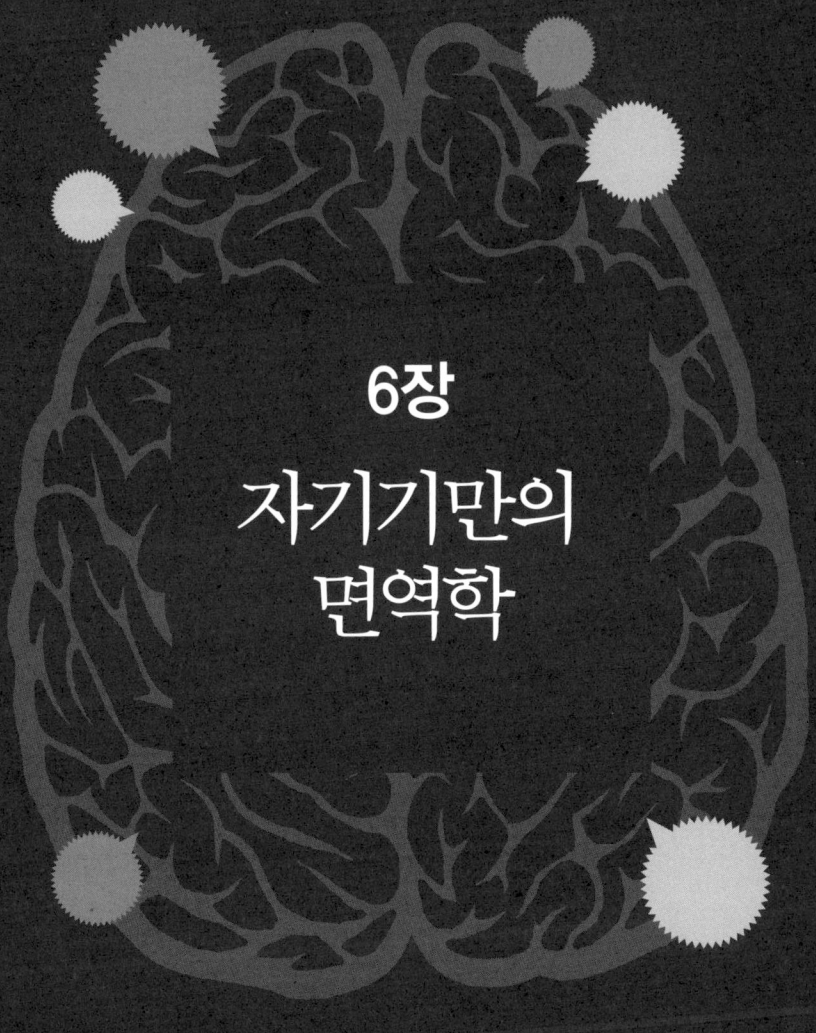

HIV 음성인 동성애 남성 22명을 5년 동안 연구해보니 동성애자 정체성을 숨기는 쪽이 그렇지 않은 쪽보다 기관지염, 부비동염 같은 감염 질환과 암에 약 두 배 더 걸리기 쉽다는 것이 드러났다. 털어놓음의 면역학적 효과는 분명하다. 정신적 외상에 관해 일기를 쓰는 것만으로도 분명한 면역학적 효과를 본다. 면역학적 효과는 아니지만 실직에 관해 글을 쓰면 재고용 기회도 늘어난다.

지금까지 우리는 개인이 바깥 세계와 맺는 관계에 초점을 맞춰왔다. 경쟁자, 친구, 짝, 가족이 그렇다. 각 관계에서의 성공과 실패에 기만과 자기기만은 어떻게 관여할까? 각 관계에 특수한 자기기만은 어떤 종류고 비용은 얼마나 될까? 하지만 자기기만 행동의 비용과 편익(으레 그렇듯이 비용과 편익은 궁극적으로 생존과 번식에 미치는 효과를 통해 정의되고 측정된다)에 강한 효과를 미치는 내부 세계도 있다. 이 내부 세계는 수많은 기생생물―안에서부터 우리를 먹어치우는 침입자 생물들(질병을 일으키는)―과 그들에 맞서 싸우는 대단히 복잡한 면역계로 이루어진다.[1]

이 세계가 자기기만에 중요한 이유는 주로 면역계가 비용이 많이 든다는 사실에서 비롯된다. 면역계는 에너지와 단백질의 엄청난 저장고 역할을 할 수 있고 융통성이 아주 많다. 즉 분자 스위치를 한 번 딸깍 함으로써 비용과 편익을 다른 기능에 이전할 수 있다. 당장 성취할 수 있는 번식 기회를 위해 다른 남성을 공격하는 쪽으로 자원을 돌릴 수 있을까? 질병 문제는 더 뒤에서 살펴보기로 하자. 그런 결정은 건강, 질병 없는 삶, 궁극적으로 생존과 번식에 아주 중요한 후속 효과를 미친다. 그리고 앞으로 살펴보겠지만 이런 결정을 내릴 때 자기기만의 수준이 각기 다른 심리 상태들 중에서 선택을 하는 과정이 함께 이루어지는 사례가 많다. 달리 말해서 자기기만은 면역계, 따라서 생존과 번식에, 한마디로 번식 성공률에 강한 부정적인 효과를 미치며 그보다 훨씬 적지만 때로 긍정적인 효과를 미치기도 한다.

내부 세계는 적대적인 행위자들로 우글거린다. 주로 기생생물들, 즉 안에서부터 우리를 공격하고 먹어치우는 쪽으로 분화한 종들뿐 아니라 통제를 벗어나서 마구 증식하는 우리 몸 세포의 돌연변이 형태인 암세포도 있다. 기생생물은 바이러스, 세균, 균류, 원생동물, 환형동물 등등 여러 종류가 있다. 그들은 대단히 다양한 질병을 일으킨다. 그중 치명적인 종류를 몇 가지 꼽자면 말라리아, 에이즈, 류머티스 열, 결핵, 폐렴, 이질, 천연두, 이하선염, 백일해, 코끼리피부병 등등이 있다. 사실 지구에 사는 종의 절반 이상이 다른 절반에 기생한다는 것을 알면 정신이 번쩍 들 것이다. 게다가 이 수치는 둘의 상대적인 빈도를 과소평가한 것이다. 기생생물 종은 대개 숙주 종보다 훨씬 더 작고 찾기가 더 어렵기 때문이다. 대다수의 기생생물은 상대적으로 약한 영향을 끼치지만, 그들이 번식 성공률에 끼치는 영향을 종합하면 기생생물들의 내부 세계는 한 세대에 총 사망률의 30퍼센트까지 차지함으로써 거의 바깥 세계만큼 중요하다. 이 엄청난 선택압은 그 내부의 적에 맞서 싸울 대단히 크고 복잡하고 고도의 다양성을 지닌 체계, 즉 우리 면역계를 빚어냈다.

면역계는 침입하는 생물들을 검출하고 무력화해 삼켜서 죽이는 여러 종류의 세포들을 만들어낸다.[2] 면역계 중 타고난 부분은 자율적이고, 제1차 방어선 역할을 하며, 학습에 그다지 의지하지 않는다. 두 번째 부분은 경험과 학습을 토대로 이미 마주친 적이 있는 기생생물에 맞서는 방어 수단을 선택적으로 생산한다. 이 체계는 기생생물만큼 많은 기생생물 방어 수단(항체)을 만들어낸다. 암세포뿐 아니라 침입자를 찾아내어 차단하는 내부를 향한 이 체계를 '육감'이라고 부르고는 한다.[3] 과거에 공격했던 기생생물에 관한 상세한 기억을 갖춘 이런 유형의 방어 체계는 대단히 중요하기 때문에 세균도 지니고 있다(세균의 기생생물은 바이러스다).

우리는 질병으로부터 자신을 지키기 위해 많은 투자를 한다. 당연하다. 그런데 그것이 기만 및 자기기만과 어떤 관계가 있을까? 놀랍게도 답은 '많이'다. 곧 알게 되겠지만, 자신의 성적 취향(혹은 HIV 감염 상태)을 숨기는 데는 비용이 든다. 사회적 관계와 정체성뿐 아니라 면역 기능 이상 및 그와 관련된 조기 사망 측면에서도 그렇다. 수치심, 죄책감, 우울증은 모두 침체된 면역 기능과 관련이 있지만 수치심이 죄책감보다 더 큰 영향을 미친다. 정신적 외상에 관한 생각을 함께 나누면 -일기장에 쓰는 것도 포함해- 면역 기능 개선에 도움이 된다. 행복한 혼인 생활은 면역계에 혜택을 주며, 불행한 혼인 생활은 면역계에 비용을 안겨준다. 기분을 향상시키는 명상도 면역 기능을 개선한다. 신앙도 면역 기능 증진과 관련이 있으며, 낙관주의도 마찬가지다. 그런 사례는 많다. 요약하자면 진실을 억누르는 행위는 면역 기능과 건강에 비용을 부담시킨다는 것이 일반적인 법칙인 듯하며, 부정적인 정서도 마찬가지다. 핵심은 왜 그런지 이해하는 것이다. 현실의 심리적 억압은 왜 면역 비용과 관련이 있고 현실을 공유하거나 직면하는 일은 왜 면역 혜택과 관련이 있을까? 그리고 쾌활한 성격은 왜 면역 혜택과 관련이 있고, 우울한 성격은 면역 비용과 관련이 있을까?

아마 이 문제와 연관된 면역계의 가장 중요한 측면은 에너지와 단백질 소비량으로 측정되는, 그것의 엄청난 비용일 것이다. 이 자원은 다른 용도로 쉽게 돌릴 수 있다. 에너지를 통해서든 다른 어떤 중요한 단위를 통해서든 면역계의 총체적인 비용을 추정하는 법을 알아낸 사람은 아직 아무도 없지만 그 비용이 많다는 데는 의심의 여지가 없다. 아마 뇌(휴식할 때 대사 에너지의 약 20퍼센트를 차지하는)에 맞먹는 수준일 것이다. 먼저 이 핵심 내용부터 살펴보기로 하자.

면역계는 비싸다[4]

우리 면역계를 이해하려면 먼저 그것이 에너지 및 생명의 구성 물질인 단백질 양쪽으로 극도로 비싸다는 점을 알아야 한다. 면역계는 하루 24시간 일주일 내내 일한다. 면역계를 계속 가동하기 위해 2주마다 (대강 많은 백혈구의 최대 수명에 해당하는) 몸은 그레이프프루트 2개보다 많은 부피의 세포들을 만든다. 일부 면역 세포는 몸에서 가장 활발하게 대사 활동을 하는 편에 속한다. 수천 종류의 B세포 하나하나는 초당 약 200개의 항체를 만들어내는 쪽으로 분화해 있다. 달리 말하면 그들은 하루에 자기 무게만큼의 항체들을 만들어낸다. 항체는 기생생물에 결합해 무력화하는 단백질이다. 물론 항체는 1.5일 만에 그 일을 해낼 수 있고, 끊임없이 보충되어야 한다. 면역계는 아주 복잡한 방식으로 당혹스러울 만치 다양한 종류의 세포들을 이용하므로, 총 대사 비용을 근접하게라도 추정한 사람은 아무도 없다. 비록 면역 활동 증가의 생존비용이 몇몇 조류 종에서 측정되긴 했지만 말이다. 실험실에서 면역계가 없는 생쥐가 만들어졌지만, 이런 동물들은 온갖 종류의 감염에 취약하며 멸균 조건이나 거의 멸균 조건하에서 유지되어야 하고, 그런 조건에서는 잘 자라지 못한다. 우리가 의존하는 유용한 세균(소화와 피부 건강에 도움을 주는 종류 같은)에 노출되지 않은 탓도 있다.

과학자들은 당장의 기생생물 공격에 대한 단기 면역 반응이 대개 에너지 면에서 값비싸다는 것을 보여줄 수 있었다. 열은 숙주보다는 기생생물이 더 견디기 힘들기 때문에 적응성을 띠고는 한다. 하지만 열 때문에 사람의 체온이 섭씨 1도 올라갈 때마다 대사율(대강 번역하면 우리가 에너지를 소비하는 속도)이 약 15퍼센트 증가하므로, 그 반응은 값비싸다.[5] 기생생물의 공격을 모사한 예방접종을 받으면 대개 며칠 동안 대사율이 약 15퍼센트 상승하는 반면, 실제 공격을 받을 때에는 단위 시간당 대사율이 두 배 급증한다. 이것은 에너지만이 아니라 단백질 소비량으로도 측정된다. 아픈 사람은 몸의 단백질 총량이 20퍼센트까지 줄어드는 반면, 일부 아픈 쥐에게서는 근육 단백질이 40퍼센트 이상 파괴되고 새로 합성되는 속도도 급격히 감소한다. 무균 환경에서 자란 닭은 기존 환경에서 자란 닭에 비해 몸무게가 약 25퍼센트 더 나간다. 물론 이것은 기생생물이 주는 비용뿐 아니라 면역 비용도 없음을 반영한다. 무균 환경에서 자라는 포유동물은 대사 요구량이 많으면 30퍼센트까지 떨어진다. 먹이에 항생제를 넣으면 조류와 포유류의 체중 증가율이 10퍼센트 늘어난다. 핵심 교훈은 명확하다. 우리 안에는 우리가 거의 의식하지 못하는 방대하고 강력하고 아주 값비싼 체계가 있다는 것이다. 앞으로 살펴보겠지만 그것은 많은 심리적 상관관계, 양쪽 방향으로 진행되고는 하는 원인과 결과, 놀라운 효과를 낳는 자기기만의 과정들을 수반한다.

우리 세포가 만드는 모든 단백질 중 약 10분의 1은 즉시 분해되고, 분해된 펩티드는 재순환된다는 점도 놀랍다. 이것은 2개의 전담 세포소기관(프로테오좀과 리소좀)이 주로 도맡아서 하는 소모적인 과정이다. 이 중 일부는 너무 많이 생산되거나 기형인 단백질을 조절하는 것이지만, 나머지는 바이러스, 세균, 암 세포가 만드는 단백질을 분해하는 과정이다. 그들의 영향을 조절하고 미래에 있을 공격에 대비해 그들을 인식하기 위함이다.

따라서 면역계는 소비되는 에너지와 단백질 양쪽으로 비싸다. 하지만 이 말은 그것이 또 다른 목적에 전용될 수 있는 에너지와 단백질 저장고라는 의미이기도 하다. 그리고 아마도 그것이 면역계의 행동 및 심리와 관련된 많은 것들을 이해하는 열쇠일 것이다.

면역계가 얼마나 비싼지(그리고 중요한지)를 알려주는 증거 중 하나는 '앓는 행동sickness behavior'에서 나온다.[6] 면역계가 자체 회복을 필요로 할 때 몸의 나머지 부위에 떠맡기는 비용이다. 면역계는 기생생물 침입자—바이러스나 세균이라고 하자—와 맞서 싸운 직후에 생리적으로 지친 상태가 된다. 침입자를 처리하느라 자신의 자원을 심하게 소모했기 때문에 다음 번 싸움에 대비하려면 스스로를 재건해야 한다. 그래서 면역계는 몸 전체를 무기력하고 무심하고 삶에 별 흥미를 못 느끼는 '시큰둥한 상태blah'로 유도한다. 이것은 뇌에 작용하여 사람을 무쾌감증, 즉 아무것에도 쾌락을 못 느끼는 상태로 만드는 호르몬(특히 사이토카인)을 분비함으로써 이루어진다. 쥐 실험에서는 건강한 개체에 뇌에 작용하는 면역 사이토카인을 분비하도록 유도하자 무쾌감증 상태가 나타났다. 원래 설탕 같은 보상을 얻기 위해 열심히 일하던(쳇바퀴를 열심히 돌리던) 쥐였는데, 시큰둥한 상태가 되었다.

  내게는 이 발견이 특히 놀라웠다. 나는 처음에 기생생물에게 공격을 받은(질병) 뒤에 여전히 맞서 싸우는 중이라서 기분이 안 좋은 것이라고 늘 생각해왔으니까. 작전을 마무리하고 있긴 하지만 아직 바쁜 와중이라고 말이다. 지금은 면역계－전쟁터에서 영웅적인 활약을 펼친 뒤 회복되고 있는－가 단지 스스로를 재건하기를 원한다는 것을 안다. 그저 축 늘어져 있는 것이 친절하게 돕는 길이 아니겠는가? 면역계는 에너지가 자신에게 돌아오도록 하기 위해, 다른 활동들이 보상을 못 받게 함으로써 그 활동들을 더 이상 추구하지 않게끔 하는 것이 아닐까? 내면적으로 이것은 우울증과 비슷하게 느껴진다. 그것의 목적을 이해하고 그 프로그램에 순응한다면 더 잘 헤쳐나가지 않을까? 꼼짝 말고 누워 있으라. 먹거나 성관계를 가지려 하지 말고, 대체로 재미있기는 하지만 면역계와 그 재생에 부담을 주는 활동들도 하지 말도록 하라. 그저 '쾌락으로부터의 휴가'에 만족해하라. 에너지를 보전하고 조신하게 있으라. 그러면 금방 상황이 호전될 것이다.

잠의 중요성

잠과 면역계 재충전이 대단히 중요하다는 사실은 다양한 연구를 통해 드러나고 있다.[7] 논리는 아주 단순하다. 잠을 더 많이 잘수록 면역계가 재생될 시간이 더 많아진다는 것이다(면역계 재생은 잠을 잘 때처럼 활동 수준이 낮을 때 주로 이루어진다). 하지만 자기기만은 종종 수면을 방해한다. 자기기만은 내면의 갈등과 불만을 일으켜서, 심리적 신체적으로 뒤척거리며 잠을 설치게 만든다. 생각과 감정을 적극적으로 억누르면 반발 효과가 나타날 수 있기 때문에 —어떤 생각을 억누르려 하지 않을 때보다 억누르려 할 때 더 자주 떠오를 수 있다— 잠을 직접적으로 방해할 수도 있다. 다른 조건들이 같다면 잠을 잘 잘수록 —따라서 건강이 더 좋아질수록— 자기기만은 줄어든다고 예측할 수 있다.

면역 연구는 잠, 면역 기능, 건강 사이에 직접적이고 강력한 긍정적인 관계가 있음을 보여준다. 즉 잠을 더 잘수록 더 낫다. 포유동물은 일반적으로 잠을 더 잘수록 감염에 더 잘 대처한다. 인위적으로 감염을 시킨 뒤 잠을 더 재운 토끼는 생존율이 더 높다. 한편 잠을 전혀 못 자게 한 쥐는 곧 전신에 세균 감염이 일어나 죽는다. 그러니 이 연관성을 염두에 두는 편이 현명할 것이다. 잠이 더 많아졌음을 알아차렸다면, 당신은 이미 감염된 것일 수도 있다. 그럴 때는 '순리에 따라' 잠을 푹 자야 한다.

종 내에서는 잠을 더 많이 잘 수 있는 개체일수록 백혈구가 거의 종류를 가리지 않고 수가 더 많은 반면, 같은 조직에서 만들어지지만 면역계에 속하지 않는 적혈구는 별 영향이 없다. 이 상관관계는 렘REM(빠른 눈 운동) 수면 단계뿐 아니라 다른 수면 단계들에서도 나타난다.

아마 잠의 숨겨진 혜택 중 가장 놀라운 것은 다양한 포유동물 종을 비교해 얻은 결과일 것이다.[8] 잠을 더 많이 자는 종의 개체일수록 기생생물에 감염될 가능성이 덜하다. 포유류는 밤에 3시간밖에 안 자는 종부터 21시간 이상 자는 종까지 다양하다. 이중에서 밤에 10시간 이상 자는 종은 그렇지 않은 종보다 기생생물 감염률이 24배 더 낮다. 즉 오래 자는 종일수록 삶은 더 지루할지 몰라도 더 건강하다는 것은 확실하다. 하지만 잠과 꿈이 깨어 있을 때 얻은 기억을 공고화하는 데 상보적인 역할을 한다는 점도 말해두자. 처음에 기억을 저장하고 며칠 뒤에 그 기억을 신피질, 즉 뇌의 더 사회적인 부분으로 전달하는 데 잠과 꿈 둘 다 필요하다. 따라서 우리가 아는 내용이 비추어볼 때, 소수의 포유동물 종(오래 자는)은 기억력이 아주 뛰어날지 모른다.

또 전 세계의 여러 유형지와 고문 장소에서 이루어지는 것처럼 일부러 잠을 못 자게 하면 희생자들이 기생생물의 공격을 더 받을 것이라는 점도(다른 부정적인 효과들에 덧붙여서) 염두에 두어야 한다.

면역성과 상쇄 효과

상쇄 효과는 주요 호르몬들과 면역 활동의 관계를 설명해주는 듯하다. 예를 들어 테스토스테론은 남성의 면역 기능을 억제한다. 테스토스테론 증가는 성적 기회 및 공격적인 위협과 관련이 있으므로, 둘 중 어느 것에 직면했을 때 몸은 사실상 이렇게 말하는 듯하다. "내 촌충은 나중에 처리하지. 지금은 면역 자원 중 일부를 남성 경쟁자를 물리치거나 성관계를 즐기는 데 쓰겠어." 이 발견과 들어맞는 또 다른 현상은 테스토스테론 농도가 가장 낮은 쪽이, 아이들이 있고 가정에 충실한 남성들이라는 것이다.[9] 가정에 충실하지만 아이가 없는 남성이 그보다 좀 더 높고, 가정이 있지만 혼외정사를 하는 남성이 그 다음이며, 아이도 없고 짝도 없으며 전면적인 경쟁에 시달리는 남성이 농도가 가장 높다. 사실 일부 동성애 남성은 최고 수준의 테스토스테론 농도를 보여주는데, 아마도 육아에 투자할 일이 없고 부부간 유대도 거의 없으며, 남성 대 남성의 경쟁은 최대로 벌이기 때문인 듯하다.

건강은 테스토스테론 농도에 반비례한다. 예를 들어 혼인은 남성의 수명을 늘리는 경향이 있다. 예상할 수 있겠지만 원숭이, 유인원, 인간을 연구한 자료들은 테스토스테론 농도가 더 높은 수컷(남성)이 말라리아 같은 질병에 감염될 가능성이 더 높고, 질병 자체는 테스토스테론 농도를 떨어뜨린다는 것을 보여준다.[10] 즉 질병에 감염되면 몸은 면역계에 투자하기 위해 테스토스테론 농도를 낮춘다. 테스토스테론에 마법 따위는 없다. 테스토스테론은 잠재력의 원천이 아니라 그저 신호일 뿐이다. 테스토스테론이 수반되지는 않지만 곤충에게서도 이 상관관계 중 일부가 나타난다. 즉 대다수 포유동물과 마찬가지로 곤충의 수컷은 암컷보다 면역계가 약하고 기생생물 부하parasite load가 더 크며 생존율이 더 낮다. 이 차이는 아마도 대다수의 동물들에게 일반적인 현상일 것이다. 수컷이 대개 사망률이 더 높다는 것은 분명하다. 테스토스테론은 지방이 없는 근육의 질량이라는 형질과 관련이 있는데, 근육량이 많은 남성일수록 자신의 성적 활동이 더 활발하다고 말하고 첫 성경험을 더 일찍 하는 경향을 보인다.[11] 또 그런 남성일수록 에너지 소비량은 더 많고 면역 기능은 더 떨어진다.

마찬가지로 스트레스에 반응해 생성되고 불안 및 공포와 관련이 있는 코르티코스테로이드는 면역 억제제 역할을 한다.[12] 예를 들어 지배 수컷에게 시달림을 당하는 지위가 낮은 원숭이는 코르티코스테로이드 농도가 높고 면역 기능이 낮은 경우가 많다. 이 상관관계는 면역계가 무엇이 스트레스를 일으키든 간에 거기에 대처하고, 아무튼 불안과 공포에 맞서는 데 쓸 수 있는 자원을 만들어내고 있음을 시사한다. 그럼으로써 일시적으로 질병에 걸릴 위험이 증가한다고 할지라도 말이다. (물론 지속되는 스트레스의 효과는 다른 문제다.)

요컨대 테스토스테론을 분출하고 있거나 코르티솔 같은 코르티코스테로이드로 힘을 얻을 때, 우리는 단기 이익을 위해 장기적인 내부 방어 체계를 희생시키는 셈이다. 뒤에서 이것이 공격을 하거나 위협을 당하는 것을 과장함으로써 면역계에 악영향을 미치는 자기기만의 또 다른 비용일 수 있음을 살펴볼 것이다.

뇌도 아주 비용이 많이 드는 기관이다. 체중의 3퍼센트밖에 되지 않지만 기초 대사 에너지의 20퍼센트를 소비한다. 깨어 있을 때, 이 비율은 거의 변하지 않는 듯하다. 1950년대에 산수 계산을 해도 뇌가 추가로 에너지를 더 쓰는 것은 아님이 밝혀졌다.[13] 지금은 20퍼센트라는 에너지 비용이 행복하든 우울하든 정신분열증을 겪든 마약에 취해 해롱거리든 변함이 없다는 사실을 알고 있으니 좀 예스러워 보이는 발견이다. 이 비용은 꿈을 꾸지 않는 잠을 잘 때 조금 줄어들지만, 꿈을 꿀 때는 약간 늘어난다. 따라서 24시간 내내 뇌의 기초 에너지 비용은 거의 일정하게 유지된다.[14] 우리 종에서는 20퍼센트가 기본 판돈이다. 즉 제

기능을 하는 뇌를 지니고 살아가는 데 드는 비용이다. 그 비용은 지불할 수밖에 없다. 5분이라도 지불하지 않으면 대개 사망에 이르거나 적어도 돌이킬 수 없는 뇌 손상을 입는다. 이것은 삶의 명약관화한 사실이며 그 누구도 예외는 없다.

불변 비용은 중요하다. 심리적 기능마다 에너지 비용이 다를 것이라고 상상하기가 쉽기 때문이다. 우울증이 뇌의 에너지를 절약함으로써 혜택을 줄 수도 있지 않을까 하고 생각할 수도 있지만 그렇지 않다. 우울증은 뇌가 쓰는 20퍼센트라는 에너지 비율에 전혀 영향을 미치지 않는 듯하다. 우울증이 에너지 수요를 줄인다면 전반적인 활동과 대사율을 낮춤으로써 그렇게 하는 것이다. 마찬가지로 억압(의식이 진실을 모르도록 억누르는 것)이 면역 기능을 떨어뜨린다고 해도 그것이 억압 자체가 정상적인 기능 외에 추가로 에너지를, 즉 면역계가 제공하는 에너지를 요구한다는 의미일 것 같지는 않다. 대신에 우리는 억압과 관련된 다른 변화들을 살펴보아야 한다. 그것이 면역계가 치르는 비용이다.

또 우리는 인체에서 뇌가 유전적으로 가장 활성을 띤 조직이라는 사실도 알고 있다.[15] 다시 말해 활동하는 유전자의 비율이 다른 모든 조직보다 뇌에서 더 높다. 그쪽으로 가장 근접한 경쟁자들이라고 할 간과 근육에서보다 거의 2배나 비율이 높다. 인체 유전자 중 약 3분의 1은 이른바 하우스키핑housekeeping 유전자들, 즉 세포를 작동시키는 데 쓰이는 유전자들이므로 대개 어떤 세포에서든 활동하고 있지만, 뇌는 발현되는 유전자의 총 개수만이 아니라 다른 세포에서는 활동하지 않는 유전자의 개수를 볼 때도 독특하다. 몇몇 추정값에 따르면 발현되는 유전자들의 총 개수 중 절반 이상이 뇌에서 발현된다고 한다. 즉

1만 개가 넘는 유전자가 말이다. 이 말은 우리 종의 마음과 행동에 관련된 형질들에서 특히 폭넓으면서도 세밀하게 조율된 유전적 변이들이 나타날 것이라는 의미다. 사회과학이 수십 년 동안 움켜쥐고 있는 교조적 견해와 정반대로 말이다. 물론 여기에는 정직함의 정도, 기만과 자기기만의 정도와 구조 같은 형질들이 포함된다.

우리가 모르는 부분은 이런 사실들이 우리 면역계에도 비슷하게 적용되는지 여부다. 면역계에서 활성을 띠는 유전자는 얼마나 될까? 뇌와 면역계에 공통으로 존재하면서 둘 중 한쪽 체계에서 고갈되면 다른 체계에도 문제를 일으키는 중요한 화학물질이 있을까? 우리는 그런 물질이 분명히 있을 것이라고 예상하며, 실제로 그렇다면 다른 식으로는 상상할 수 없는 면역-심리 상관관계가 보일 것이라고 예상할 수 있다. 비유를 들면 도움이 될 것이다. 1982년부터 조류 암컷들이 기생생물 내성 유전자를 새끼에게 물려주기 위한 방법으로서 선명한 색깔을 띤 수컷을 고른다는 연구 결과가 나오기 시작했다.[16] 그 뒤로 이 연구 결과는 여러 번 재연되어왔다. 암컷은 선명한 색깔의 수컷을 좋아하고 그런 수컷은 기생생물 수가 상대적으로 적다는 것을 말이다. 선명한 색깔을 띠는 동시에 병들어 있기는 어려운 듯하다. 하지만 왜 그럴까? 1990년대에야 카로티노이드─오렌지색, 노란색, 빨간색을 띠는 물질로서 척추동물은 만들지 못하고 먹이에서 얻어야 한다─가 면역 기능에 핵심적인 역할을 한다는 것이 밝혀졌다. 이것은 더 활발한 면역계가 침입자에 맞서 싸울 때─예를 들어 감염이 일어났을 때─ 주변 조직에서 카로티노이드를 뽑아낸다는 의미이고, 사실이 그렇다. 강하고 건강한 개체는 그렇게 하고도 색깔이 남으며 그것을 몸의 외부로 이동시켜서 광고 수단으로 삼는다.

면역과 상관관계가 있는 중요한 뇌 기능 유전자가 또 있을까? 가능성 있는 사례가 꿀벌에서 처음 드러났다. 벌에게 어떤 반응을 일으키는 무해한 항원을 주면 그 반응은 연상 학습을 방해하지만 지각이나 식별을 방해하지는 않는다.[17] 이 활동들이 뇌의 에너지 예산을 증가시키기 때문에 학습이 방해를 받을 가능성은 적으므로, 연상 학습이 저해되는 이유는 다른 어딘가에서 찾아야 한다. 우리는 꿀벌의 연상 학습이 옥토파민octopamine에 의존한다는 것을 안다. 옥토파민은 꿀벌의 면역계에 중요한 화학물질이다. 척추동물에게서는 면역계가 생산하는 사이토카인이 해마에 직접 영향을 미치고 기억 공고화를 약화시킬 수 있다는 것을 알지만, 그것이 기능적으로 어떤 의미가 있는지는 불분명하다. 우리는 기생생물 감염이 학습 능력에 극적이고 부정적인 영향을 미친다는 것을 안다. 이 효과는 활성을 띤 면역계가 학습에 중요한 다른 화학물질을 뇌에서 빼앗기 때문에 빚어지는 것이 틀림없다. 또 다양한 종에서 학습을 공고화하는 데 핵심적이라고 알려진 잠이나 꿈을 줄이는 등등의 다른 효과도 나타난다는 것이 알려져 있다.

조류의 면역계와 뇌는 분명히 긴밀한 관계에 있다. 성 선택을 통해 강화된 듯하다. 면역 기능과 밀접한 관계가 있는(주로 B세포를 만들고 저장함으로써) 두 기관은 새끼의 파브리시우스낭bursa of Fabricius과 성체의 지라다. 여러 조류 종에서 이 두 기관의 상대적인 크기는 뇌 크기와 비례 관계에 있다. 즉 뇌가 클수록 면역계에 투자를 더 한다는 것이다.[18]

이것은 어느 정도는 뇌가 클수록 수명이 길다(기생생물 방어에 유리하다)는 점 때문이지만, 이 상관관계는 암수의 뇌 크기가 다를 때 특히 강하게 나타난다. 즉 암컷에 비해 수컷의 뇌가 상대적으로 더 클수록 그 종에서 기생생물 방어에 쓰이는 두 핵심 기관도 상대적으로 더 크다. 수컷이 기생생물 부하와 그에 따른 인지 장애(조류에게서 무수히 관찰된)에 시달릴 가능성이 더 높기 때문에 특히 뇌가 큰 종에서 인지 장애를 더 잘 막을 수 있도록 면역 기능에 더 많은 투자를 이끄는 쪽으로 선택이 일어났다는 이론이 있다. 이 견해에 따르면 두 체계는 상보적이다. 즉 한쪽(면역계)에 투자를 더 많이 할수록 다른 쪽(뇌)의 기능도 향상된다. 아마 뇌가 기생생물에게 특히 손상되기 쉽기 때문일 것이다. 한 예로 촌충에 걸린 수달에게서는 뇌 손상과 뇌 크기 감소가 일어나는데, 그 효과는 수컷에게서 더 뚜렷하다.[19] 최근에 사람도 국가 평균을 따졌을 때 평균 기생생물 부하가 클수록 어른의 지적 능력 발달이 떨어진다는 연구가 나왔다.

정신적 외상을 글로 적으면 면역 기능이 개선된다

1980년대에서 2000년대에 이르기까지 과학자들은 일련의 중요한 실험들을 통해 정신적 외상을 글로 적으면 면역 기능이 뚜렷이 개선된다는 것을 보여주었다.[20] 비록 이 글은 대부분 영어로 쓰였지만 스페인어, 이탈리아어, 네덜란드어, 일본어에서도 폭넓게 같은 효과가 나타난다. 한 실험에서는 사람들에게 삶에서 가장 정신적 외상을 안겨준 사건을 떠올리라고 요청했다. 그런 뒤에 그들을 두 집단으로 나누어서, 한쪽은 나흘 동안 매일 20분 동안 일기에 정신적 외상에 관해 적도록 했고, 다른 한쪽은 매일 20분 동안 피상적인 주제(그날 한 일 같은)를 적도록 했다. 연구진은 실험을 시작하기 전과 일기를 적는 마지막 날, 6주 뒤에 피를 뽑아 검사했다. 무해한 주제를 적은 집단보다 정신적 외상에 관해 적은 집단이 글을 쓴 마지막 날에 기분이 더 안 좋다고 말했지만 그들의 면역계는 이미 개선된 상태였다. 6주 뒤에도 그들의 면역계는 여전히 좋은 상태를 유지했으며 그때쯤 사람들은 기분도 한결 나아졌다고 말했다(정신적 외상을 적지 않은 집단보다). 요컨대 정신적 외상을 대면하는 순간에 기분은 안 좋지만 면역 기능에는 긍정적인 효과가 나타나는 경향이 있고, 장기적으로는 기분과 면역계 양쪽 다 긍정적인 효과를 얻는다.

기분이 나아지는 효과보다 긍정적인 면역 효과가 먼저 나타나고, 그저 조금 글을 쓰는 것만으로도 몇 주 뒤에 측정 가능한 면역 효과가 생긴다는 점을 유념하자. 약 150건의 연구 자료를 검토한 최근의 연구도 이따금 일기에 적는 것까지 포함해 감정을 드러내는 것이 면역 기능에 강한 혜택을 주는 일반적인 양상이 나타남을 확인했다.[21]

실험실에서 일기에 정신적 외상에 관해 쓰는 행위가 진화적으로 최근에 발명된 것임은 분명하지만, 그것은 아마도 남과 그 내용을 함께 나누는 행위의 대체재 역할을 하는 듯하다. 신대륙 아메리카 원주민들의 여러 종교에서처럼 공개적으로 하든, 가톨릭의 고해성사처럼 은밀히 하든 간에, 대다수의 종교는 고백하는 의식을 갖추고 있다. 사실 기도할 때 자신의 죄를 신에게 고백하라는 권고는 비슷한 속마음 털어놓기 기능을 할 수 있다. '대화 치료', 즉 심리요법의 혜택도 어느 정도는 사실상 남들에게 감추고 있던 정신적 외상이나 수치스러운 이야기를 털어놓음으로써 얻는 것일 수 있다. 여행을 할 때 우리는 낯선 사람에게 비밀을 털어놓고는 한다. 전에 만난 적도 없고, 더 중요한 점은 앞으로 다시 만날 일도 없을 사람에게 말이다. 사람들은 소집단에서 대화를 할수록 그 집단에서 배운 것이 있다고 더 주장하고는 한다. 한 심리학자는 생각을 나눈다는 것이 '대단히 즐거운 학습 경험'인 모양이라고 심드렁하게 적었다.[22] 그래서 인간 발달 이론들 —이를테면 프로이트의 심리 성적 단계들— 중에는 신빙성이 점성술이나 다름없는 것들도 있지만, 정신분석가에게 털어놓는 행위 자체는 일기에 쓰는 것과 같은 이유로 혜택을 볼 수도 있다.

한 가지 중요한 가능성은 이 양의 상관관계 중에 사실상 수면에 효과를 미침으로써 영향력을 발휘하는 것도 있을지 모른다는 것이다. 남에게 정신적 외상을 털어놓음으로써 잠자는 시간이 15분 더 늘어나거나 적어도 잠을 덜 설치게 된다면, 그것만으로도 익히 알려진 면역 혜택을 설명할 수 있을 것이다. 털어놓기의 한 가지 놀라운 효과는 혜택을 아주 빨리 본다는 것이다. 당장 잠을 더 푹 잘 수 있는 식으로 말이다. 털어놓는 글쓰기 연구에서 강조할 가치가 있는 특징이 하나 더 있다. 컴퓨터로 분석을 해보니 글쓰기에서 유익한 효과를 빚어내는 요소가 세 가지 있음이 드러났다. 정서 단어, 인지 단어, 대명사가 그것이다. 긍정적인 정서 단어를 더 많이 쓸수록 건강은 더 나아진다. "행복하지 않다."라고 쓰는 것조차 "슬프다."라고 쓰는 것보다 낫다. 아마도 앞서 지녔던 행복이라는 긍정적인 감정의 여운에 초점이 맞추어지기 때문일 것이다. 부정적인 정서 단어는 많이 쓰거나 전혀 안 쓸 때는 아무런 혜택이 없고, 적절히 쓸 때만 혜택이 있다. 너무 많이 쓸 때는 질려서 그럴 것이고 아예 안 쓸 때는 그 정서를 완전히 부정하기 때문에 그런 듯하다. 1인칭 단수('나')를 다른 모든 대명사('그들', '그녀', '우리')로 이리저리 바꾸면 기분이 나아지는 반면 어느 한 관점을 유지하고 있으면 그렇지 않다는 연구 결과는 문제를 보는 관점을 바꾸는 것이 가치가 있음을 시사한다.[23]

반대로 억제가 건강 문제와 관련이 있다는 증거도 있다. 유년기의 정신적 외상(성적·신체적·정서적 학대, 부모의 사망 또는 이혼)을 숨긴 채 살아가는 어른은 암, 고혈압, 독감, 두통 등등의 질병을 더 많이 앓는다는 사실도 이 증거와 부합된다.[24] 한 연구에 따르면 성인의 10퍼센트는 17세 이전에 성적인 정신적 외상을 겪었다고 말했으며, 어느 집단에서든 그들이 건강 문제가 가장 심각했고, 자신의 문제를 털어놓은 이들은 절반도 안 되었다. 이 점을 토대로, 다른 원인으로 배우자가 사망했을 때보다 배우자가 자살했을 때 이야기하기를 더 꺼리는 경향이 있고, 그것이 더 정신적 외상을 줄 것이라고 상상하기가 쉬울 것이다. 사실 자살 유가족 지원 단체들은 그런 유형의 사망에 관해 더 많은 대화를 나누도록 격려하며 그럼으로써 더 나은 결과를 얻고 있다.[25] 그것은 상심한 사람들이 모여서 털어놓고 마음을 나눔으로써 혜택을 얻는 문화적 발명의 한 사례다.

최근의 정신적 외상에 관해 글을 씀으로써 얻는 놀라운 효과가 하나 더 있는데, 면역학적 효과는 아니지만 그래도 중요한 것이다. 바로 실직에 관해 글을 쓰면 재고용 기회가 늘어난다는 것이다.[26] 이런 유형의 글쓰기는 카타르시스를 일으키는 듯하다. 즉 당장 기분을 좋아지게 한다. 더 놀라운 점은 적어도 한 연구에서는 새 일자리를 얻을 가능성이 크게 증가한다고 나왔다는 것이다. 글을 쓴 사람 중 53퍼센트는 6개월 뒤 새 직장을 구한 반면, 글을 쓰지 않은 사람은 18퍼센트에 불과했다. 글쓰기의 한 가지 효과는 분노를 해소하는 데 도움을 줌으로써 그 분노를 장래의 새 고용주에게 쏟아내거나 사실상 어떤 형태로든 고용주에게 드러내지 않게 된다는 것이다. 그럼으로써 고용주에게 더 좋은 인상을 심어준다.

동성애와 부정의 효과

HIV와 에이즈가 세계적으로 중요하다는 점을 생각할 때, 정보 털어놓기나 억압의 효과가 HIV에 감염된 사람들을 대상으로 상세히 연구된 것은 놀랄 일이 아니다. 여기서는 질병의 진행 자체를 면역 기능의 민감한 척도로 삼을 수 있고, 위에서 말한 주된 발견들은 거의 고스란히 재연되어왔다. 비교적 간소한 글쓰기도 건강 상태를 뚜렷하게 개선한다(바이러스 부하당 면역 화학물질의 농도로 측정할 때). '털어놓는' 형태의 집단 치료도 바이러스 수를 줄이고 면역 기능을 향상시킨다.[27] 더 일반적으로 밝혀져왔듯이 글쓰기/털어놓기의 혜택은 글에 깨달음/인과관계 내용과 사회적 단어가 더 늘어날 때에만 나타나는 경향이 있다. 이것이 원인과 결과인지 아니면 단지 징후인지는 모르겠지만 그 상관관계는 강하다.

동성애와 HIV 감염 상태도 기만과 자기기만을 연구하는 데 유용하다는 사실이 드러났다. 각각은 실험 연구와 달리 장기간에 걸쳐 거의 매일 일어나는 일종의 부정을 유발하기 때문이다. 동성애 남성이 자신의 성적 정체성을 털어놓는('벽장에서 나오는out of the closet' 정도) 상대의 수는 저마다 다를 수 있다. 소수의 가까운 이성애자 친구들에게만 털어놓는 이도 있을 것이고, 그에 덧붙여 자기 식구들, 덧붙여 직장 동료들, 나아가 전 세계에 공개하는 이도 있다. 마찬가지로 HIV 양성인 사람은 그렇다는 사실을 남들에게 부정할 뿐 아니라, 자기 자신에게도 부정하려고 시도할 가능성이 있다.[28] 이 모든 노력은 면역 및 건강에 부정적인 효과를 미치고, 그 효과는 클 수도 있다.

'대체로' 혹은 '완전히' 벽장에서 나온 HIV 양성인 남성들에 비해, 적어도 절반은 '벽장에 있는' 사람들은 에이즈 증상이 나타나기까지 걸리는 기간이 40퍼센트 짧았고 전반적인 생존율은 20퍼센트 더 낮았다.[29] 자신이 HIV 양성임을 남이나 자기 자신에게 부정하는 것("나는 사실 앓고 있지 않아.")이 면역 기능 저하 그리고(또는) 이윽고 치명적인 HIV 감염으로의 더 급속한 진행과 관련이 있음을 보여준 연구가 세 가지 있다. HIV 양성인 여성들에게서는 정서적 지원이 면역 변화와 관련이 없었지만 심리적 억제(억제라는 단어를 일상적인 용법으로 쓸 때)는 관련이 있었다.[30] 억제가 더 강할수록 면역력은 더 빨리 쇠락한다.

동성애 남성의 HIV 진행을 남성이 '벽장에 있는' 정도의 함수로 보고서 위험한 종류의 무방비 성관계(항문 성교)를 얼마나 하는지 살펴본 연구도 있다. 벽장에 있는 사람들이 분명히 그런 유형의 성교를 더 많이 했다(동성애자임을 부정하기 때문에, 밤늦게 이루어질 가능성이 높은 그날의 섹스를 받아들일 준비가 덜 되어 있었음에도). 이 요소는 그 자체로도 HIV의 진행 속도를 높이는 효과가 있지만(아마도 경쟁할 HIV 균주를 추가로 도입하기 때문일 것이다), 그와 별개로 벽장에 있다는 것 자체는 HIV 내성에 훨씬 더 해로운 영향을 미쳤다. 적어도 이 점에서 볼 때는 진실을 드러내는 사람이 더 건강한 듯하다. 당신의 면역계는 더 강해지고, 동시에 당신은 더 의식을 하게 된다. 그럼으로써 자기파괴적인 방식으로 행동할 가능성이 더 적어지는 듯하다. 미국 정부가 최근 동성애자가 근무하는 공직 분야에서 "묻지도 말고 말하지도 말라."는 정책을 내놓은 것은 면역학적으로는 재앙이다.2011년 9월 20일부로 폐지되었다_옮긴이 그것은 자신의 성적 정체성을 부정하라는 요구이며, 불필요하고 원치 않는 다양한 면역 문제를 일으킬 것이다. 다른 이들을 긴장시키지 않겠다는 의도로 말이다.

만일 이 정책을 의무화한다면(미국 군대에서처럼) 자신의 이성애자 정체성을 숨김으로써 어떤 일이 벌어질지를 생생하게 설명한 사례가 여기 있다.

당신이 알거나 함께 일하는 모든 이에게 자신의 배우자, 가족, 집안, 여자친구나 남자친구 이야기를 전혀 꺼내지 않으려고 시도해보라. 단 하루만이라도. 사무실 책상에서 사진을 치우고, 배우자를 지칭할 때 쓰는 대명사를 정반대 성별을 가리키는 것으로 바꾸고, 당신이 이성애자임을 아무도 알 수 없도록 말이나 행동을 하나하나 조심하고, 혹시나 드러날 수 있으니 사적인 대화를 할 때면 사무실 문을 꼭 닫도록 하자. 한번 해보라. 이제 그 짓을 평생 한다고 상상해보라. 파김치가 되어갈 것이다. 정신이 돌아버릴 것이고, 자존심은 무너질 것이다. 그들은 우리를 지키기 위해 자신의 삶을 자발적으로 위험에 빠뜨리는 셈이다. 그리고 우리는 자신을 지키겠다고 그들에게 그런 삶을 살라고 요구하고 있다.[31]

자신의 동성애 성향을 숨김으로써 빚어지는 해로운 효과는 HIV 양성인 남성에게만 한정되지 않는다. HIV 음성인 동성애 남성 22명을 5년 동안 연구해보니 동성애자 정체성을 숨기는 쪽이 그렇지 않은 쪽보다 기관지염, 부비동염 같은 감염 질환과 암에 약 두 배 더 걸리기 쉽다는 것이 드러났다. 이 결과는 연령, 사회경제적 지위, 마약 사용, 운동, 불안, 우울증 같은 혼란을 일으킬 수 있는 여러 요인들과 무관하다. 특히 놀라운 점은 암과 감염 질환 양쪽으로 이 효과가 엄밀하게 용량 의존성을 띤다는 것이다. 즉 벽장에 더 틀어박힐수록 건강은 더 안 좋다. 최근에는 동성애 취향을 털어놓는 것이 심근 질환 쪽으로도 혜택을 가져올 수 있다는 증거가 나왔다.[32]

물론 모든 동성애 남성이 똑같이 혜택을 보는 것은 아니다. 남들보다 거절에 더 민감하게 반응하는 이들도 있으며 그런 성향은 중요한 효과를 미칠 수 있다. 거절에 민감한 이들일수록 벽장에 더 틀어박혀 있을 가능성이 높다. 그러면 거절을 피하는 동시에 면역학적으로도 혜택을 본다. 벽장에 틀어박혀 있음으로써 부담하는 일반 비용도 분명히 있지만, 거절에 민감한 이에게는 혜택이 비용을 압도할 수 있을 만큼 커질지도 모른다.[33]

이 이야기에서 가장 최근에 일어난 반전 소식을 들었는지? 이른바 유리 벽장에 산다고 하는 게이 남성들이 있다. 그들은 친구들에게 자신을 이성애자라고 소개한다. 동성애자임을 알면 친구들이 자신을 외면할 것이라고 믿기 때문이다. 하지만 사실 친구들은 그가 동성애자임을 알며, 속아주는 척하면서 지낸다. 이 동성애자들이 면역 혜택의 연속선상에서 과연 어디에 속할지 연구한다면 흥미로울 것이다. 나는 그들이 기존 벽장에 틀어박힌 이들보다 더 건강하겠지만, 많이는 아닐 것이라고 추측한다.

긍정적인 정서와 면역 기능

긍정적인 정서와 면역 기능 사이에 강한 연관성이 있다는 사실은 직접 실험을 통해 입증되었지만, 부정적인 정서가 상관관계가 있는지는 불분명하다.[34] B형 간염에 걸린 적이 없는 이들에게 B형 간염 백신을 맞으라고 해보니, 긍정적인 정서와 강한 긍정적인 면역 반응 사이에 뚜렷한 연관성이 드러났다.[35] 긍정적인 정서를 차분함, 평온함, 활력 등등 무엇으로 측정하든 간에 같았다. 부정적인 정서가 반대 효과를 미치긴 해도, 긍정적인 정서로 상쇄되면 그 효과는 별 의미가 없었다. 일반적으로 긍정적인 정서는 단지 부정적인 정서가 없는 것이고 그 반대도 마찬가지인 듯하다.[36] 부정적인 정서와 긍정적인 정서가 독립된 변수처럼 행동하는 사례도 있고, 부분적으로만 의존하는 사례도 있다.[37]

이런 현상은 도파민과 세로토닌 같은 신경전달물질의 활동으로 어느 정도 설명이 된다. 도파민은 보상을 예견하고 거기에 반응하는 식으로 뉴런 하나하나에서 급격한 활성 변화를 일으킨다. 보상이 기대에 부응하면 활성은 증가한 상태로 유지된다. 보상이 기대를 초과하면 활성은 더 증가하는 반면 예상보다 적으면 활성은 부정적인 보상의 기본 활성 수준보다 더 낮아진다. 긍정적인 정서는 도파민과 세로토닌의 생산을 늘리는 반면 부정적인 정서는 도파민에 아무런 직접적인 영향을 미치지 않는다(세로토닌 생산량 변화를 통해 간접적으로는 영향을 미칠 수도 있지만). 도파민은 면역 기능에 긍정적인 효과를 미치므로 긍정적인 정서와 부정적인 정서는 인지 기능과 면역 기능 양쪽으로 비대칭을 보인다. 즉 긍정적인 정서가 부정적인 정서보다 영향이 더 강하다. 이 비대칭의 근본적인 이유는 아직 밝혀지지 않았다.

긍정적인 정서의 척도들은 자기 사회에서 자립 생활을 하는 상대적으로 건강한 노인들의 생존율 향상과도 관련이 있다.[38] 그런데 특이하게도 긍정적인 정서는 이미 입원해 있는 노인들의 생존율 증가와도 관련이 있어 보인다. 악성 흑색종과 전이성 유방암 같은 말기 질병에 걸린 사람들은 긍정적인 정서로 더 악화되지만, 에이즈와 비전이성 유방암처럼 장기 생존율이 더 높은 질병에 걸린 사람들은 긍정적인 정서의 혜택을 본다.

이 비정상적인 양상도 긍정적인 정서와 긍정적인 면역 기능을 유지하는 데 필요한 보상의 수준을 통해 기능적으로 설명할 수 있을 듯하다. 당신의 몸이 빠르게 악화되고 있고 그 사실 때문에 기분이 울적하다면, 도파민이 일으킬 긍정적인 활성의 예상 보상 수준이 급격히 줄어들고 도파민 활성도 마찬가지로 급감한다. 그 결과 도파민 생산량 증가가 가져올 긍정적인 인지적 및 면역적 혜택이 줄어든다. 반면에 장기 퇴행성 질환에 걸린 사람에게서는 병의 진행 속도가 충분히 느리다면 활성 증가와 긍정적인 정서가 향상된 마음 기능과 면역 기능을 유지하는 데 필요한 양의 되먹임 고리를 만들 수도 있다.

음악의 효과

사람들은 음악을 듣기로 함으로써 기분과 면역계에 변화를 줄 수 있다. 음악 실험 중에는 너무 결과가 좋아서 믿어지지 않는 것들도 있다. 예를 들어 무작Musak(승강기 같은 폐쇄공포증을 일으킬 만한 상황에서 사람들을 차분하게 만들도록 고안된 부드럽고 평화로운 음악)은 중요한 면역 화학물질의 생산량을 14퍼센트 증가시키는 반면 재즈는 겨우 7퍼센트 늘린다. 무음은 아무 효과도 없었고 단순한 소음은 20퍼센트 부정적인 효과를 미쳤다.[39] 멜로디가 있는 음악은 주변 세계가 행복하고 조화로운 구조를 지녔음을 시사하는 반면, 소음은 귀에 거슬리고 무질서, 불확실성, 심지어 위험까지도 함축할 수 있다. 원숭이(타마린)의 자연적인 소리와 높낮이 및 박자가 일치하지만 원숭이 소리 자체를 이용하지 않은 음악은 실험실에서 타마린에게 우리 중에게서 관찰되는 것과 비슷한 행동 변화를 일으켰다.[40] 위협하는 소리를 토대로 한 타마린 음악은 더 불안한 활동을 유도했다. 하지만 긍정적인 사회적 상호작용에 토대를 둔 음악은 긍정적인 효과를 낳았다. 그들은 주변 감시를 덜하고, 사회적 활동을 덜하고, 먹이 찾기에 더 힘썼다. 다른 동물들에게서 외부의 위협이 줄어들었을 때 볼 수 있는 바로 그 효과다. 사람에게서도 위협에 부정적이고 따스한 정서에 긍정적인 유사한 면역 변화들이 일어날 것이 거의 확실하므로, 음악에 대한 사람의 반응은 아주 오래되었을 것이 분명하다.

인상적인 최근의 연구 결과가 두 편 있다. 한밤중에 소음에 노출시켜서 스트레스를 받게 한 생쥐에게 약 500개의 암세포를 주사한 뒤 매일 아침 아름다운 음악을 듣게 하자 암의 성장 속도가 훨씬 줄었다.[41] 마찬가지로 극적인 사례는 사람에게서 나온다. 기관지 물리치료를 받으면서(약물을 흡입하고 심호흡하고 기침하는 것) 바흐의 음악(장조)을 듣는 사람들은 음악 없이 치료를 받는 사람들보다 회복 속도가 훨씬 빨랐다.[42] (단조는 중립적이거나 부정적인 효과를 낳는다.) 요점은 알맞은 음악이 긍정적인 감정을 유도할 수 있고, 그 감정은 면역과 건강에 긍정적인 효과를 일으킬 수 있다는 것이다.

우리는 여성의 선택이 남성에게 인지적 부담을 강요해왔다는 것을, 여성을 더 즐겁게 해주어야 한다는 부담을 느낀다는 것을 분명히 안다. 조류 수컷은 암컷이 선호하는 많은 노래를 알고, 그 노래들을 담당하는 뉴런은 상당히 많지만 번식기가 아닐 때에는 완전히 퇴화한다(공연을 펼치는 데 비용이 든다는 명확한 증거다). 우리는 수컷의 흥겨운 노래가 암컷을 성적으로 흥분시키고 면역계에 긍정적인 효과를 미친다고 예상할 수 있다. 사람의 구애와 짝 사이의 관계에도 같은 말을 할 수 있을지 모른다. 남녀 사이에 즐거운 섹스를 비롯한 면역학적으로 긍정적인 상호작용과 갈등, 화, 억눌린 감정, 안 좋은 섹스 등등 부정적인 상호작용이 많이 이루어진다는 것은 분명하다.

노년의 긍정성

나는 노년의 긍정성 효과가 즐거운 음악을 듣는 쪽을 선택하는 것과 비슷한 양상으로 작동한다고 주장하련다. 60세가 되면(더 이른 나이가 아니라고 한다면) 사회적 지각과 기억이 긍정적인 방향으로 설정되는 놀라운 편향이 생긴다. 이 사실을 처음 밝혀낸 실험에서는 화면에 두 얼굴을 나란히 놓고 사람들에게 보게 했다.[43] 한쪽은 중립적인 얼굴이었고 다른 한쪽은 긍정적인 표정 또는 부정적인 표정을 지은 얼굴이었다. 1초 뒤에 화면에서 얼굴을 없애고, 두 얼굴이 있던 곳 중 한쪽에 점이 나타나도록 했다. 실험 참가자는 점을 알아보자마자 단추를 눌러야 했다. 점이 왼쪽에 나타나면 왼쪽 단추, 오른쪽이면 오른쪽 단추를 눌러야 했다. 20~30세의 참가자들은 점이 나타나는 곳에 어떤 표정의 얼굴이 있었던 간에 점을 지각하는 속도가 같았다. 하지만 60세에 이른 참가자들에게서는 편향이 나타난다. 즉 그들은 점이 긍정적인 얼굴 쪽에 나타나면 더 빨리 알아보고, 부정적인 얼굴 쪽에 나타나면 더 늦게 알아보았다. 눈의 움직임을 살펴보니 나이가 들수록 부정적인 표정보다 긍정적인 표정 쪽에 시선이 더 오랜 시간 향해 있다는 것이 드러났으며, 나중에 긍정적인 표정을 더 잘 기억해냈다. 젊은 사람들에게서는 이런 편향이 전혀 나타나지 않는다. 아시아인이든 유럽인이든 미국인이든 결과는 같았다.[44] 이 실험을 할 때 참가자의 편도체에 측정할 수 있는 효과가 일어나는 듯하다. 즉 노년의 참가자에게서는 긍정적인 얼굴이 부정적인 얼굴보다 편도체에 더 강한 반응을 일으키는 반면, 젊은 사람에게서는 그렇지 않은 듯하다.[45] 한 가지 더 말하자면 나이든 사람은 마치 부정적인 기분에 적극적으로 맞서서 긍정적인 기분을 유지하거나 유도하려는 양, 불쾌한 음악이 부정적인 기분을 유도할 때면 긍정적인 얼굴 쪽을 더 쳐다보는 반응을 보이는 경향이 있다.[46] 젊은 사람들은 굳이 성향을 따지자면 기분을 따라가는 경향을 보인다. 즉 기분이 더 안 좋아지면 부정적인 얼굴을 더 많이 본다.

이 긍정성 편향이 왜 나타나는 것일까? 젊은 사람은 현실―긍정적인 면과 부정적인 면 양쪽으로―에 주의를 기울이는 편이 더 현명하다. 그래야 나중에 적절한 대응을 더 잘할 수 있다. 부정적인 정보를 회피하는 것 자체는 위험해 보인다. 부정적인 사건들은 긍정적인 사건들 못지않게 자신의 이해관계(포괄 적응도)에 큰 영향을 미칠 수 있기 때문이다. 대조적으로 노년이 되면 부정적인 정보는 거의 학습할 필요가 없는 반면 긍정적인 정서는 커질수록 면역 반응을 강화하므로, 현실을 파악하는 능력을 줄이는 대신에 자신의 주요 문제, 즉 암을 비롯한 내부의 적들에 대처하는 능력을 강화하는 쪽을 택하는 것인지도 모른다. 긍정성 편향은 주의력과 부정적인 자극을 통한 학습을 희생시키는 대신, 현재 더 강한 면역 기능을 이용할 수 있게 해준다. 노년의 당신이 여태까지 어떤 적을 포착하는 법을 터득하지 못했다면 앞으로도 그것을 배울 가능성은 낮을 수도 있겠지만, 그동안은 긍정적인 기분과 면역 반응을 누릴 수 있다. 손자는 할머니와 할아버지가 어떤 일에도 상심하지 않는 것 같다고 감탄할지 모르지만, 할머니와 할아버지는 긍정성의 세계에서 살고 있는 것이다. 그들 스스로는 그 차이를 아예 모를 수도 있다.

노년보다 젊음을 선호하는 암묵적인 편향은 나이가 들어도 ―20세에서 70세까지― 거의 변하지 않지만(암묵적 연합 검사로 측정했을 때), 40대가 되면 젊음을 선호하는 명시적인 편향(우리가 신경을 쓴다고 말하는 것)이 줄어들기 시작해 정확히 60세가 되면 사람들은 젊었을 때보다 나이가 들수록 더 낫다고 말하기 시작한다는 사실도 흥미로운 우연의 일치다.[47] 다른 모든 이들과 마찬가지로 그들도 암묵적으로는 젊음을 긍정적인 특징들과 연관 짓지만, 노년의 긍정성 편향이 드러나는 바로 그 무렵부터 정반대 견해를 설파하기 시작한다.

긍정성 효과가 부정적인 정보나 정서의 억압을 전혀 요구하지 않는다는 점을 유념하자. 그 편향은 독자적으로 나타난다. 사람들은 그저 부정적인 정보에 주의를 기울이지 않고, 쳐다보지도 않고, 기억하지도 않을 뿐이다. 따라서 정서 억압이 빚어낼 가능성이 있는 부정적인 면역 효과가 반드시 일어나는 것은 아니다. 이것은 일반적인 법칙임에 분명하다. 즉 자기기만이 정보 처리 과정에서 더 일찍 일어날수록 부정적인 여파는 더 줄어든다. 그런 한편으로 현실과 단절됨으로써 빚어질 위험이 더 클 수도 있다. 진실이 최소한으로 저장되거나 아예 저장되지 않을 수도 있기 때문이다.

방금 말한 내용을 염두에 두면 왜 노인들이 괴팍하고 늘 언짢아한다는 식으로 인식되고는 하는지 의구심이 들 수 있다.[48] 그것은 때로 긍정성 편향을 상쇄시키거나 압도하는, 전혀 별개의 메커니즘에서 비롯되는 듯하다. 아직 제대로 밝혀지지 않은 이유들 때문에, 나이가 들수록 사람들은 억제력, 즉 하던 행동을 멈추고 싶을 때 멈추는 능력에 점점 더 문제가 생긴다. 종종 사람들은 사회적으로 부적절하게 여겨질 행동을 억제하고 싶어 하므로, 나이가 들수록 억제력이 떨어짐으로써 사회적으로 부적절한 행동이 많아지는 것도 놀랄 일이 아니다. 사적인 일을 공개적으로 논의하거나, 편견과 진부한 태도를 더 자주 노골적으로 드러내거나, 다른 사람의 입장을 취하기가 점점 더 힘들어지거나, 엉뚱한 말을 점점 더 많이 하는 것("그 이야기는 꺼내지도 마!") 등등이 그렇다. 아마 이런 특징 중 상당수를 나중에 "할아버지가 오늘은 기분이 좀 안 좋으셔."라고 말하며 합리화함으로써 노인이 그렇다는 인상을 심어주는 것일 수도 있다.

행복의 면역학 이론

 이 모든 연구는 면역계가 당면한 표적이 거의 없는 상태에서 최대 효율 근처에서 머물도록 세밀하게 조율되어 있을 때 내부적으로 매우 즐거운 상태를 경험한다는 사람 행복의 면역학 이론에 들어맞는다. 행복을 위해서는 음식이나 물이 없는 것(허기와 갈증) 같은 변수들조차도 적어도 어느 정도는 회피해야 한다. 면역계에 부정적인 영향을 미칠 테니 말이다. 뇌가 외부를 내다볼 때 적어도 어느 정도는 행복을 증가시킴으로써 포괄 적응도를 증가시키는 것이 사실이라면, 뇌가 내부를 들여다볼 때에도 마찬가지일 것이 분명하다.
 이 견해에 따르면 뇌의 활동은 외부 지향적인 것과 내부 지향적인 것으로 나뉜다. 바깥 세계에는 움직이지 않고 예측 가능한 특징들이 많다. 당신의 안방 형태, 냉장고에 든 음식들의 위치, 출근하는 경로 등등이 그렇다. 물론 세상에는 중요한 가변 요소들도 있다. 포식자의 출현, 식량 자원, 짝짓기를 할 기회, 도로에 난 구멍 등등. 당신은 이 모든 변수들에 맞추어 적절한 반응을 선택한다. 당신에게는 적절한 방향으로 내모는 내면의 보상/처벌 체계가 있다.
 이제 내부 체계 전체를 상상하자. 내부를 들여다보는 당신의 뇌에 여러 가지 항구적인 특징들이 보인다. 몸통보다 더 멀리 떨어져 있는 손과 발, 뇌가 화학적 활성을 조절하기 위해 만들어내는 것을 포함해 거의 모든 화학물질들이 궁극적으로 지나야 하는 특정한 순환계 등등이 그렇다. 하지만 이 세계에는 (원칙적으로) 수백, 아니 수천 종의 기생생물도 산다. 그중 지금 당장 물리쳐야 할 것은 몇 종류에 불과할지라도 말이다. 뇌는 왼쪽 아랫배에서 주요 감염이 진행되고 있다는 신호를 받거나 알아차려도, 기생생물 세포들의 사령부가 오른쪽 엄지발가락에 자리 잡고 있으며 주요 공격을 재개할 수 있다는 사실을 놓칠 수도 있다.

한 가지 중요한 차이를 빚어내는 것은 의식이다. 우리는 몸 바깥에서 이루어지는 상호작용은 잘 의식하지만, 몸 안에서 벌어지는 상호작용은 잘 알아차리지 못한다. 왜 그럴까? 어느 정도는 자기 자신에 관한 신호 중 상당수가 아예 의식할 필요가 없는 것이기 때문이기도 하지만, 기생생물 상호작용을 왜 그토록 알아차리지 못하는지 의아할 수 있다. 예를 들어 우리는 '앓는 행동'의 의미나 더 긴 수면의 가치를 제대로 알아차리지 못한다.

면역 기능이 중요함에도, 그것이 생존, 다산성, 육체적 매력 같은 개인 적응도—즉 번식 성공—의 주요 구성요소들과 맺는 상관관계를 측정하려는 노력은 거의 이루어진 적이 없다. 그에 상응한다고 할 만한 연구는 모두 조류를 대상으로 했다. 조류에게서는 패턴이 뚜렷하다. 어떤 감염에 대한 자연적인 면역 반응이 더 강할수록 자연과 실험실에서 더 잘 살아남고, 효과 크기개별 연구들에서 나온 결과들을 통계 절차를 통해 표준화한 것_옮긴이도 상대적으로 크다. 생존율 차이의 18퍼센트는 면역력 차이로 설명되는 반면 가장 가까운 경쟁자, 신체 대칭성의 수준은 생존율 차이의 6퍼센트밖에 설명하지 못한다.[49]

낙관주의는 면역 기능과 어떤 관련이 있을까? 많은 연구들은 낙관주의와 건강, 면역 기능, 생존 사이에 양의 상관관계가 있음을 보여주었다.[50] 최근에 특히 놀라운 연구 결과가 하나 나왔다.[51] 1년 동안 5차례에 걸쳐 법대생들을 대상으로 자신의 학업을 낙관적으로 보는 정도와 한 주요 면역 매개변수의 관계를 살펴보았다. 한 학생의 1년을 살펴보면, 낙관주의가 강할 때 면역 기능도 향상되었다. 하지만 학생들끼리 비교했을 때는 아무런 효과가 없었다. 즉 낙관주의적인 학생들이 더 강한 면역계를 지니는 것 같지는 않았다. 그런 반면에 더 자주 웃는 젊은 어른들은 더 오래 산다(그리고 이혼율이 더 낮다). 비록 심리학자들은 기분이 면역계에 영향을 미친다고 거의 만장일치로 가정하지만, 그 반대 방향도 똑같이 설득력이 있다. 즉 당신의 면역계가 거의 최고 수준의 효율성을 보인다면, 당신은 행복하고 긍정적이고 낙관적인 기분을 느낀다는 것이다.

심리 체계와 면역계는 깊이 뒤얽혀 있고, 양방향으로 원인과 결과가 되며, 한쪽 체계에 영향을 미치지 않고서 다른 쪽 체계가 활동하기란 거의 불가능하다. 이유가 늘 뚜렷한 것은 아니지만 자기기만은 면역계에 강한 효과를 일으키는 듯하다. 대개 자기기만이 심할수록 면역력은 약해지는 것이 원칙이지만, 가끔은 자기기만이 심할수록 면역 기능이 나아질 때도 있다.

이 분야는 아직 유아기에 있다. 몇몇 흥미로운 점들이 알려져 있지만 아직 모르는 것이 훨씬 많다. 어느 수준의 정보 억압이 어떤 면역 효과와 관련이 있을까? 그리고 두 체계 사이에 중요한 상쇄 효과를 일으키는, 뇌와 면역계에 공통된 화학물질은 무엇일까? 또 아예 몰라서 떠올리지도 못하는 질문들은 뭐가 있을까?

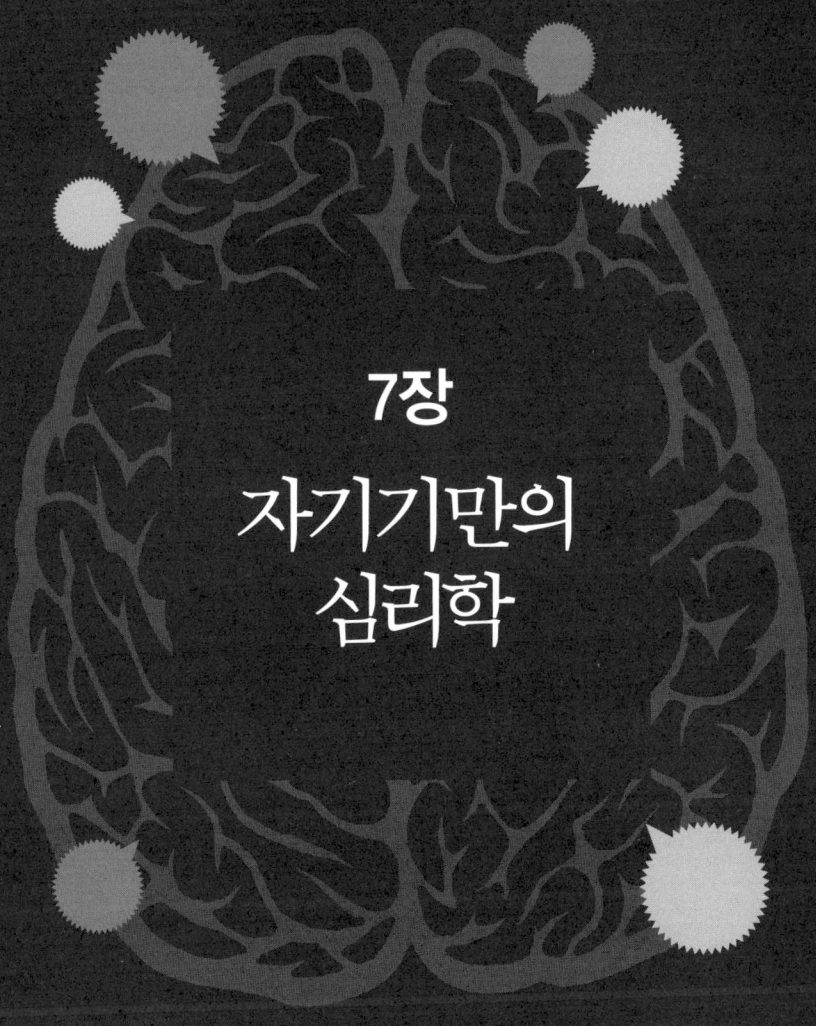

7장
자기기만의 심리학

우리는 처음에 논리적이지 않아 보이는 결정을 한 뒤에 애매함을 줄이기 위해 그것을 정당화한다. 그럼으로써 점점 더 강하게 집중하고 몰두하게 되고 원래의 의도나 원칙에서 멀어지게 할 수도 있는 함정에 빠지는 과정-행동, 정당화, 다시 행동 등등-이 시작된다. 이 과정은 부부를 화해시키기보다는 이혼으로 내모는 중요한 힘일 수 있다.

우리는 자신의 다양한 자기기만 행위들을 어떻게 습득하는 것일까? 정밀한 기계적인 측면이 아니라 심리학적 측면에서 볼 때, 자기기만을 습득하는 데 도움을 주는 심리학적 과정들은 무엇일까?[1] 우리는 정보를 추구하는 한편으로 그것을 파괴하는 행위도 하지만, 언제 어느 쪽 행동을 하며 어떻게 그렇게 하는 것일까? 이 질문에 답하려면 정보가 도달하는 순간부터 떠나는 순간까지, 즉 남에게 제시되는 순간까지의 정보 흐름을 추적할 필요가 있다. 돼지에게 쓰는 말을 빌리자면, '주둥이에서 꽁무니까지rooter to the tooter'다. 모든 단계에서 즉 편향된 도착에서 편향된 암호화, 거짓 논리를 중심으로 체계화하고, 잘못 기억하고, 이어서 남에게 왜곡해 재현하는 것에 이르기까지, 마음은 실제보다 더 낫게 보이도록 한다는 대개 좋은 목표를 위해 정보를 왜곡하는 행위를 계속한다. 예를 들어 남에게 이익편향적으로 보이기 위해서 그렇게 한다. 남에게 자아를 왜곡 재현misrepresentation하는 것이 자아를 자신에게 왜곡 재현하게 만드는 배후의 주된 힘이라고 여겨진다. 이것은 단순한 계산 착오나 큰 표본 집단에서 부표본을 뽑는 문제나 이따금 어긋나는 타당한 논리 체계를 초월하는 방식이다. 이것이 바로 자기기만, 즉 정보 습득과 분석의 모든 측면에 영향을 미치는 편향된 일련의 절차들이다. 이것은 심리 과정의 초기 단계에서 일어나는 진실의 체계적 변형이다. 이것이 바로 심리학이 정보 습득과 분석의 학문이자 그 정보의 지속적인 퇴화와 파괴의 학문인 이유다.

처음부터 강조할 가치가 있는 중요한 사실이 하나 있다. 음성 인식(3장) 사례에서처럼 자기기만이 무언가에 관한 진실과 거짓을 동시에 저장할 것을 요구하지는 않는다는 것이다. 거짓만이 저장될 수도 있다. 노년의 긍정적 편향(6장)에서 살펴보았듯이, 이전의 정보를 제쳐놓으면 -또는 철저히 기피하면- 진실은 덜 저장되고 나중에 그것을 억누를(잠재적으로 비용을 지닌) 필요성도 줄어들 것이다. 그와 동시에 정보가 덜 저장되므로, 전혀 모르기에 수반될 잠재 비용은 더 커진다. 습득한 뒤에 시간이 흐를수록 진실의 억압과 유지를 놓고 이루어지는 선택은 더 미묘해지고 복잡해지기 마련이다. 이 충돌하는 힘들이 시간이 흐르면서 정확히 어떻게 펼쳐지는지를 연구하는 분야는 아직 아무도 가지 않은, 가장 많은 발견이 이루어질 미지의 분야다.

이 장에서는 정보를 처리할 때 일어나는 편향 중 몇 가지를 살펴보는 일부터 시작하자. 이것은 결코 지루하지 않으며 다양한 심리 과정들이 기만 기능을 뒷받침하는 방식 중 인상적인 것에 속한다. 여기에는 미래의 감정을 예측할 때의 편향도 포함될 수 있다. 특히 중요한 점은 부정, 투사, 인지 해리가 기만과 자기기만을 빚어내는 데 어떤 역할을 하느냐다.

일부 정보의 회피와 다른 정보의 추구

생각의 자유를 얼마나 만끽하든 간에, 우리는 사실 입력되는 정보를 검열하는 데 많은 시간을 소비한다. 우리는 자신의 이전 견해를 반영하거나 지지하는 출판물을 찾고 그렇지 않은 것은 대개 회피한다. 당신은 내가 지금도 마리화나의 의학적 혜택을 시사하는 기사를 보면 꼼꼼히 읽을 것이라고 믿어도 좋다. 하지만 나는 그것의 건강 위해성을 다룬 기사는 기껏해야 흘깃 훑어보고 지나칠 것이다. 나는 담배 기사에는 관심을 덜 보일 수도 있다. 담배가 해롭다는 과학적 사실들은 수십 년 전에 입증되었고 내가 마지막 담배를 입에 문 것도 오래전 일이다. 따라서 내 주의 집중 시간의 이 편향들은 둘 다 적응과 직접 관련이 있으며 ―나는 마리화나를 피우므로, 그것의 효과에 관심이 있다― 자기기만에 동원된다. 내가 긍정적인 점을 과장하고 부정적인 점을 무시한다면 그 행동을 내 자신과 남들의 검열에 맞서 옹호하기가 더 쉽기 때문이다.

사람들에게 심각한 질병에 걸릴 소인을 지닐 가능성이 있음을 알려주고, 취약한지 여부를 파악할 간단한 검사를 해보지 않겠냐고 말함으로써 바로 이 편향을 측정한 실험이 있다. 얇은 띠에 침을 묻혔을 때 색깔이 바뀌면, 취약하다거나 그렇지 않음(실험군에 따라)을 시사한다고 알려주었다. 그러자 색깔 변화가 좋은 것이라고 믿는 이들은 그것이 나쁜 것이라고 믿는 이들보다 띠를 60퍼센트 더 오래 쳐다보았다(사실 띠의 색깔은 전혀 변화가 없었다).[2] 또 한 실험에서는 사람들에게 흡연의 위험을 알리는 녹음테이프를 들려주면서 내용에 주의를 기울이라고 요청했다. 그런데 테이프에는 배경 잡음이 섞여 있었고, 사람들은 소리의 크기를 줄일 수 있었다. 흡연자들은 배경 잡음을 줄이는 쪽을 택하지 않은 반면 비흡연자들은 무슨 말을 하는지 더 잘 듣기 위해 잡음 크기를 낮추었다.[3]

일부 사람들은 HIV 검사를 비롯한 진단 검사를 기피한다.[4] 나쁜 소식은 아예 듣지 않는 편이 낫다는 것이다. "아예 모르면 심란해할 필요도 없다." 예상할 수 있겠지만 결과가 좋든 나쁘든 할 수 있는 일이 거의 또는 전혀 없을 때 특히 그럴 가능성이 높다. 자신이 더 건강하다고 느끼는 사람들이 부정적인 정보를 기꺼이 더 살펴보려 한다는 것도 놀랄 일은 아니다. 즉 우리는 어떤 유용한 대응책을 마련할 수 없거나 다른 면에서 자신에게 불안을 느낄 때 자신에 관한 부정적인 정보를 알기 싫다고 적극적으로 피한다. 여기서 자기기만은 긍정적인 자아상을 유지하고 투사하는 데 기여한다.

많은 상황에서 우리는 무엇에 집중할지를 선택할 수 있다. 칵테일파티에서 우리는 두 군데서 이루어지는 대화를 귓전으로 들을 수 있다. 어느 쪽을 듣고 싶어 하느냐에 따라 한쪽 대화에 주의를 기울일 수가 있다. 우리가 회피하는 쪽의 정보가 대체로 어떤 방향으로 흘러가는지도 알아차릴 가능성은 있지만 세부적인 사항은 전혀 모른다. 따라서 여기에서도 정보가 아예 저장되지 않도록 편향된 정보 수집 과정이 일찌감치 작용할 수 있다. 나중에 굳이 감출 필요가 없도록 말이다. 한 실험에서는 사람들에게 데이트에 선택될 가능성이 높다고 —혹은 거의 없다고— 믿도록 했다. 높다고 믿은 이들은 데이트의 부정적인 속성보다 긍정적인 속성을 살펴보는 데 좀 더 많은 시간을 소비했지만, 반대쪽인 사람들은 부정적인 측면을 살펴보는 데 더 많은 시간을 투자했다.[5] 마치 닥칠 실망감을 미리 합리화하려는 듯이 말이다.

정보의 편향된 암호화와 해석

유입되는 정보에 주의를 기울인다고 해도, 여전히 우리는 편향된 방식으로 그렇게 할 수 있다. 한 실험에서는 사람들에게 대문자 B나 숫자 13(혹은 말이나 물범)일 수 있는 형체를 보라고 한 뒤에 그것이 글자나 숫자(또는 농장 동물이나 해양 동물)일 수 있다고 말해주었다.[6] 각 일반적인 범주에 미리 서로 다른 식품으로 보상을 하자 사람들은 400밀리초 동안만, 즉 의식에 겨우 도달할 시간만큼만 제시한 항목들에 대해 보상에 걸맞은 뚜렷한 지각 편향을 금방 습득했다. 시선을 추적해보니 대개 선호하는 범주에 속한 항목을 먼저 본다는 것이 드러났다(약 60퍼센트). 이 연구는 동기 부여가 정보 처리 과정에 미치는 영향이 시각 자극의 전의식 처리 과정까지 확장되고 따라서 시각계가 의식에 무엇을 제시할지까지도 인도한다는 것을 시사한다. 현재 색깔을 이용해 비슷한 연구가 이루어지고 있다.

요점은 우리 지각계가 선호하는 정보 쪽으로 아주 빨리 방향을 설정한다는 것이다. 여기서는 음식 보상과 관련이 있는 형태 쪽이었다. 이 자체는 기만 및 자기기만과 아무 관련이 없다. 그것은 때로 그 자체로서 직접적인 혜택을 제공할 것이다. 하지만 우리의 자존감, 혹은 남을 속이는 능력을 부추긴다는 이유로 선호되는 정보에도 똑같은 **빠른 편향** 과정이 이용될 수 있다. 개인적 환상만큼 자기기만에 봉사하는 것은 거의 없으므로, 이런 환상을 일깨우면 선택적 주의 집중이 특히 강렬해질 것이라고 예상된다.

이와 관련된 효과는 60년 전에 밝혀졌다. 배가 더 고픈 아이일수록 동전을 그리라고 하면 더 크게 그린다는 것이다.[7] 만족을 얻는 데 쓰는 도구(돈으로 음식을 산다)는 더 관심을 끌고 더 크게 지각된다. 최근에는 목이 마를 때 컵이 더 크게 보인다는 것이 밝혀졌다. 특히 갈증에 주의를 집중하라고 했을 때 더 그랬다. 그리고 잠재의식적으로 정원 가꾸기가 재미있다는 암시와 연결된다면 원예 도구도 더 커 보인다.[8]

우리의 초기 편향은 놀라울 만치 강한 영향을 미칠지 모른다. 한 실험에서는 사형에 강한 찬반 태도를 지닌 사람들을 골랐다. 그들에게 양쪽 입장을 뒷받침하는 사실들을 뒤섞어서 제시했다. 이 행동은 집단을 결속시키는 대신에 더 첨예하게 분열시켰다. 사형제에 이미 반대하던 이들은 이제 새로운 논거들을 수중에 넣었고, 찬성하는 이들도 마찬가지였다. 편향된 해석이 그 과정을 담당했다. 사형제를 선호하는 이들은 찬성 논거를 확고하다고 받아들이고 반대 논거는 불충분하다고 받아들였다.[9] 이전의 사례와 마찬가지로 자기 확인적 사고는 이 행동과 부정적인 관계에 있었다. 즉 자신을 더 좋게 생각할수록 자기기만을 덜 저지른다. 여기에 함축된 한 가지 중요한 의미는 자기기만이 종종 사람들을 갈라놓는 힘—분명히 친구, 연인, 이웃 사이에—이라는 것이다. 비록 전쟁 같은 집단 공통의 목표 하에서는 공유되는 자기기만이 사람들을 결속시키는 유달리 강력한 힘이기도 하지만 말이다.

편향된 기억

또 환영 받는 결과를 낳도록 편향될 수 있는 여러 기억 과정들이 있다. 우리는 자신에 관한 긍정적인 정보를 더 쉽게 기억하고, 부정적인 정보는 잊거나 시간이 흐를수록 중립적이거나 더 나아가 긍정적인 것으로 변형시킨다.[10] 남들에게 이야기를 하는 것 같은 차별 시연 differential rehearsal은 그 자체가 효과를 일으킬 수 있고, 그것은 이전 과정들에 영향을 끼치는 과정의 끝('꽁무니')에 있는 자기기만의 한 예다. 상보적인 기억 편향은 같은 방향으로 적극적으로 작용할 수도 있다.[11] '기술 수업'을 받으면, 사람들은 수업을 받기 이전의 자기 기술을 그 당시에 평가했을 때보다 더 나빴던 것으로 기억한다. 아마 발전한다는 착각을 빚어내기 위해서일 것이다. 나중에 그들은 수업이 끝난 뒤 자신의 실제 실력이 예전보다 더 나아졌다고 잘못 기억한다.[12] 아마 같은 착각을 유지하기 위해서일 것이다. 여기서 우리는 일련의 편향된 기억들을 통해 자신이 선호하는 일관적인 편향들의 집합을 만들어내고 있다.

기억은 자신에게 봉사하는 방식으로 계속 왜곡된다. 남녀 모두 실제보다 자신이 성관계를 맺은 상대의 수가 더 적으며 각 상대와 더 많이 성관계를 가졌다고 기억한다.[13] 마찬가지로 사람들은 선거 때 투표를 하지 않았음에도 했다고 기억하고, 기부를 하지 않았음에도 했다고 기억한다. 또 투표를 했다면 실제로 투표를 한 후보자보다는 이긴 후보자를 찍었다고 기억한다. 또 아이들이 실제보다 더 조숙하고 더 재능이 있었다고 기억한다. 이런 사례는 많다.

사람들은 종종 기억이 시간이 흐르면서 선명함이 점점 흐려지는 사진인 것처럼 생각하지만, 사실 기억은 재구성되고 쉽게 조작된다. 즉 사람들은 자신의 기억을 끊임없이 재창조하며, 다른 사람이 이 과정에 영향을 끼치는 것도 비교적 쉽다.[14] 경찰관이 목격자에게 사고 현장 근처에서 존재하지도 않았던 빨간 스포츠카를 보았는지 묻는다면, 후속 질문들에서 목격자로부터 빨간 스포츠카 이야기를 더 자주 듣게 될 것이다. 때로는 스포츠카가 그 사고 자체에서 가장 생생하게 기억나는 세부 사항 중 하나로 자리를 잡을 수도 있다. 앞서 말했듯이 사후의 차별 시연은 기억에 신뢰할 만한 편향을 빚어낼 수 있다.

사례를 하나 더 들어보자. 건강 정보는 명확하고 기억할 수 있는 방식으로 제시될 때에도 기억에서 쉽사리 왜곡될 수 있다.[15] 사람들에게 콜레스테롤 검사를 받게 하고서 1, 3, 6개월 뒤에 결과를 어떻게 기억하고 있는지 조사했다. 응답자들은 대개(89퍼센트) 자신의 위험 수준을 정확히 떠올렸고 시간이 흘러도 기억은 흐릿해지지 않았지만, 자신의 콜레스테롤 수치가 실제보다 높다고 기억하는 사람보다 낮다고 기억하는 사람이 두 배 이상 많았다. 이런 유형의 기억 편향은 일상 경험에도 적용된다. 사람들은 자신의 나쁜 행동보다 선한 행동을 더 잘 떠올리는 반면 남의 행동을 떠올릴 때는 그런 편향을 전혀 보이지 않는다.

또 우리는 전적으로 허구인 기억도 꾸며낼 수 있다. 이런 말까지 있을 정도다. "나는 기억력이 워낙 좋아서 없던 일까지 기억할 수 있다니까."[16] 내 기억에도 그런 사례가 하나 있다. 오랫동안 나는 1968년 하버드 와이드너 도서관의 지하실 깊숙이 들어갔던 일을 사람들에게 이야기해왔다. 1948년 부친이 다른 사람과 공동으로 저술해 국무부에서 낸 책을 찾기 위해서였다. 뉘른베르크 전범 재판소에서 사형 선고를 받을 수준은 아닌 나치 전범들을 탈나치화하는 절차를 서술한 책이었다. 그 절차는 단계적인 조치들로 이루어진 복잡한 체계였다. 당신이 나치 돌격대원이었다면 가벼운 훈방 조치로 끝나지만 친위대원이었다면 5년 동안 직장을 구할 수 없게 하는 식이었다. 하지만 이 전체 이야기 중에서 진실인 것은 거의 없다. 그런 책은 아예 없다. 그렇다. 내가 도서관 지하실을 헤맨 것은 사실이고 내 부친이 공저한 나치에 관한 책이 거기에 있었으며 국무부가 발간했다는 것도 사실이다. 하지만 그 책은 1943년에 나왔고 나치 점령지의 나치 조직 편제를 다룬 보잘 것 없는 작품이다. 그러니 독일 재편의 토대가 되었을 가능성은 거의 없었다. 하지만 바로 그것이 거짓 기억의 요점이 아니던가? 좋게 만드는 것, 특히 좋게 보이도록 하는 것 말이다. 나는 이 이야기를 하면서 그럴듯하게 보이도록 사소한 내용들을 추가했다. 나는 내 자신을 비롯해 아무도 믿지 않았기 때문에, 우리 집안에 떠도는 이 이야기가 사실인지 직접 알아내기 위해서 지하실로 내려갔다고 말하고는 했다. 하지만 여기에도 거짓말이 추가되었다. 사실 보잘 것 없는 이 1943년도 책에 관한 '집안 이야기' 따위는 없었으니까. 그것이 바로 거짓 기억 구축의 일반적인 특징이다. 일반적인 논거를 떠받치기 위해 새로운 세부 사항을 덧붙이고 나중에 그것이 기억의 일부가 되는 것이다.

누가 누구에게 무슨 말을 했는지를 거꾸로 기억할 수도 있다. 미국의 소설가 고어 바이덜은 NBC 아침 방송인 〈투데이 쇼〉에서 톰 브로카우와 인터뷰를 한 일을 기억한다. 브로카우는 먼저 바이덜이 양성애에 관해 저술한 내용을 질문했다. 바이덜은 정치 이야기를 하러 이 자리에 나온 것이라고 대꾸했다. 브로카우는 양성애 질문을 물고 늘어졌다. 하지만 바이덜의 입장은 확고했고 결국 그들은 정치 문제에 논의를 집중했다. 여러 해가 지난 뒤, 브로카우는 가장 어려웠던 인터뷰가 무엇이었냐는 질문을 받자 바이덜을 인터뷰할 때였다고 대답했다. 이유는? 자신은 정치 대담을 하고 싶었는데 바이덜이 양성애 이야기를 하자고 계속 고집을 피웠다는 것이다. 입장이 뒤집힌 것이다. 그리고 예상할 수 있듯이, 그것은 자기개선에 봉사한다. 즉 양성애보다 정치에 더 관심을 가진 브로카우가 더 나아 보인다.

실험실에서 이루어진 연구는 우리가 남들과 논쟁할 때 자기편의 훌륭한 논리와 상대편의 나쁜 논리를 기억하고, 자기편의 나쁜 논리와 상대편의 좋은 논리는 잊는 경향이 있음을 보여준다. 물론 그것은 자기편과 자신의 인상을 좋게 만들고, 아마 편향된 기억이 하는 역할이 바로 그것일 것이다. 기억 왜곡은 더 강력한 영향도 미친다. 우리의 자존감을 유지시키고, 실패나 나쁜 결정을 변명하고, 현재 문제의 원인을 더 깊은 과거에서 찾으려는 동기를 부여한다. 따라서 대다수의 사람들은 개선이라는 착각을 유지하며, 그럼으로써 인정해야 할 실수 같은 것은 최소한 지금의 내가 아닌 과거의 자신이 저지른 실수였다는 식으로 돌릴 수 있다.[17]

합리화와 편향된 보고

우리는 나쁘거나 수상쩍은 행동을 합리화하기 위해 내면의 동기와 서사를 재구성한다. 행동을 내면에서 우러나온 것이 아니라 외부의 우발적인 상황 탓으로 돌릴 수도 있다. 그러면 자신을 방어하는 데 도움이 된다. 따라서 사기가 나쁘지 않다는 -아니 의도하지 않았거나 자유의지로 한 것이 아니라는- 믿음은 우리의 사기를 합리화하는 데 봉사할 것이며, 실제로 그렇다.[18]

편향은 뜻밖의 상황에서 드러나기도 한다. 뚜렷한 혜택이나 비용이 전혀 없을 때에도 나타난다. 이 분야에서 이루어진 잘 설계된 고전적인 실험이 하나 있다. 사람들을 곤란한 상황에 몰아넣고서 두 가지 탈출구 중 하나를 제시하는 실험이었다. 연구진은 사람들에게 장애인과 그렇지 않은 사람 중 한 명을 골라 옆에 앉도록 했다.[19] 두 사람은 앞에 놓인 텔레비전을 보고 있었다. 두 사람은 같은 프로그램을 시청할 때도 있었고 다른 프로그램을 볼 때도 있었다. 같은 프로그램을 보고 있을 때, 사람들은 장애인 옆에 앉는 쪽을 더 택했다. 마치 자신들이 편견이 없다는 것을 보여주려는 듯이. 하지만 둘이 서로 다른 프로그램을 보고 있다면 사람들은 장애인이 아닌 쪽을 택했다. 마치 이제는 임의적인 선택을 정당화할 수단(더 재미있는 프로그램)이 있다는 듯이 말이다. 마찬가지로 많은 연구들을 메타분석해보니, 백인 미국인들이 다소 동등하게 흑인 미국인들을 돕는 쪽을 선택하지만(흑인들이 백인들을 돕는 쪽에 비해), 거리나 위험 등등 도움을 덜 주는 것을 합리화할 근거가 있을 때는 그렇지 않았다.[20] 여기서는 사람들이 자신의 행동을 부정하거나 잘못 기억하는 것이 아니다. 그보다는 근본 의도가 있음을 부정하고 그것을 외부 힘의 산물이라고 합리화하는 쪽이다. 이것은 자신이 한 행동의 책임을 줄이는 이점이 있다.

결정론에 대한 믿음은 잘못된 행동에 대한 손쉬운 변명거리를 제공할 수 있다.[21] 무의식 탓으로 돌릴 수도 있으니까. "어쩔 수가 없었어요." 인간 행동을 상대적으로 결정론적으로 보는 관점들은 사회적으로 악의적인 행동에 핑계 거리를 제공할 수도 있다. 실험적으로 결정론 견해를 유도하자(유전자와 환경이 어떻게 상호작용을 해 인간 행동을 결정하는지를 다룬 글을 읽도록 함으로써) 은밀하게 속이는 것이 허용된 컴퓨터 활용 과제에서 속이는 횟수가 증가했다. 이 연구가 보여주는 것은 개인의 책임을 줄이는 변수를 조작함으로써 스스로의 부도덕한 행동을 유도하기가 쉽다는 것이다(적어도 남들이 볼 때).

미래 감정을 예측하기[22]

자신의 미래 감정을 예측하는 능력에서 체계적인 편향이 드러난다는 것은 흥미로운 사실이다. 우리는 현재 느끼는 감정이 미래까지 이어질 것이라는 일반 법칙 하에, 예측 과정에서 체계적인 오류를 저지른다. 좋은 결과를 상상할 때면 미래의 행복을 과대평가하고, 그 반대도 마찬가지다. 마치 현재의 감정을 분석해 미래로 투사하는 듯하다. 우리는 '평균으로 회귀'할 것이라고, 즉 자연히 행복의 평균값으로 돌아갈 것이라고는 상상하지 않는다. 우리는 현재 행복할 때는 미래에 덜 행복할 거라고 가정하지 않으며, 현재 기분이 안 좋다면 미래에 더 행복해질 거라고 가정하지도 않는다. 그래서 2004년 미국 대선이 이루어진 지 1주 뒤에, 케리 후보 지지자들은 자신이 생각했던 것보다 덜 낙심했고 부시 지지자들은 생각했던 것보다 덜 황홀했다.

우리가 친구든 낯선 사람이든 남의 감정을 예측하려고 애쓸 때 비슷한 실수를 저지른다는 증거가 있다. 자신의 미래 감정뿐 아니라, 우리는 정서적 사건이 남들의 미래 감정에 미치는 영향도 과대평가한다. 사실 우리의 그런 예측은 그들 자신의 예측과 양의 상관관계에 있지만 어느 쪽도 정확한 예측 지표가 아니다.

문제는 해석에 있다. 일부에서는 이것을 자기기만의 일종이라고 본다. 우리의 자기기만 체계가 미래에 우리의 생각을 얼마나 재조정할지를 우리가 알아차리지 못하는 것이라고 본다. 나는 믿기 어렵다. 우리가 미래로 쉽게 투사할 수 있는 이유는 그것이 현재의 감정 상태를 표현하고 있기 때문이다. 자신의 미래 마음 상태를 언어로 예측하는 것은 선택 효과가 한정된 비교적 최근의 발명품일 수 있다. 우리가 언어로 어떤 예측을 하든 그것을 상쇄시키는 효과가 이미 우리 행동에 내재되어 있다.

이 규칙의 예외 사례들도 두드러진다. 나는 암스테르담의 한 클럽에서 나이지리아 미인을 보고서 용기가 없어 차마 다가가지는 못한 채 멀찌감치 떨어져서 3시간 동안 어정쩡하게 따라다녔던 일을 기억한다. 떠날 때 그녀는 비난의 눈길로 쏘아 봄으로써 나를 의기소침하게 했고, 내 영혼은 까맣게 타버렸다. 사회심리학자가 내가 자신의 정서를 어떻게 예측할지 알아보려 그 자리에 있었다면? 과연 내가 25년이 지난 지금도 그 기억이 내 의식을 바싹 말리고 있다는 사실을 추측이나 할 수 있었을까? 나는 한두 해 사이에 그 밤의 일을 까맣게 잊으리라고 예측했을 것이라고 믿는다.

모든 편향이 자기기만 때문인가?

자기기만의 증표는 편향이다. 단순한 계산 착오만으로는 충분하지 않다. 그런 착오는 진실 주위에 무작위로 분포해 있고는 하며, 어떤 패턴도 보여주지 않는다. 자기기만은 편향, 즉 자료들이 한 방향을 가리키는 패턴을 빚어낸다. 대개 자기강화나 자기정당화 방향이다. 실제로 있지만 자기기만이 추진하지 않는 편향이 있을까? 물론 있다.

다음 사례를 생각해보자. 우리를 향해 다가오는 소리는 실제보다 더 가까이 더 크게 지각되는 반면, 우리에게서 멀어지는 소리는 정반대다.[23] 이것은 편향이며, 여기에는 완벽하게 타당한 설명이 있다. 다가오는 대상은 본래 멀어지는 대상보다 더 위험하다. 따라서 다가오는 대상을 더 일찍 더 예리하게 검출할 가치가 있다. 아마 인간은 거리를 뉴턴 역학 단위가 아니라 다윈주의 단위로 측정하는 듯하다. 이 관점에서 보면 편향 같은 것은 없다.

또 다른 사례를 보자. 거리가 같음에도 나무 꼭대기에서 땅으로 떨어지는 빗방울을 보면, 땅에서 올려다볼 때보다 훨씬 더 멀어 보인다. 이 편향에 사회적 요소는 전혀 없다. 당신은 직접 자기 자신을 구하고 있다. 남들의 견해를 조작하려는 것이 아니라 말이다. 다른 많은 착오들도 마찬가지로 단순하게 설명할 수 있다. 단순한 착시인 것도 있다. 즉 특정한 조건에서 놀라운 편향을 빚어내는 우리 시각계에 있는 구멍 말이다. 한편 대부분의 상황에서는 잘 들어맞지만 일부 상황에서는 몹시 안 먹히는 일반 법칙들도 있다.[24]

물론 우리가 저지르는 착오는 아주 다양하다. 한 심리학자의 말을 빌리자면, 우리는 부족하거나 무리를 하거나 도를 지나치거나 크게 실수하거나 목표를 놓치거나 빈대 잡겠다고 집을 태울 수도 있다.[25] 그리고 우리는 자신의 성취를 과장하고 단점을 축소시키는 반면 남의 성취는 축소시키고 단점은 과장할 수도 있다. 그중에 많은 것은 자기기만에 봉사할 수 있지만 전혀 그렇지 않은 것도 있다. 때로 우리는 일시적으로 정신이 흐트러졌을 뿐인데 목표를 놓치기도 하고, 때로는 그저 (몹시) 잘못 계산하는 바람에 크게 실수하기도 한다. 또 빈대 잡겠다고 집을 태우거나 크게 실수하는 것이 우리의 의도와 딱 맞아 떨어질 때도 있기에, 원칙적으로 우리는 어느 편향이 자기강화 또는 어떤 다른 양상으로 남들의 기만이라는 통상적인 목표에 봉사하고 어떤 편향이 우리가 직접 사리사욕을 추구할 때 합리적인 계산 기능에 이바지하는지를 알아보기 위해 편향을 세심하게 살펴보아야 한다.

부정과 투사

부정과 투사는 근본적인 심리 과정들로, 현실의 삭제(또는 부정)와 현실의 창조를 말한다. 이 둘은 거의 서로를 요구한다. 현실을 투사하는 일은 무언가를 삭제할 것을 요구하는 반면, 부정은 현실에 채워질 필요가 있는 구멍을 만드는 경향이 있다. 예를 들어 개인이 위법 행위를 부정하면 필연적으로 다른 누군가에게 투사할 필요가 있을 것이다. 여러 해 전, 내가 운전을 하다가 모퉁이를 너무 급격하게 도는 바람에 한 살 된 아기가 뒷좌석에서 넘어져 울기 시작했다. 그 순간 내 입에서는 아홉 살 된 언니(내 의붓딸)에게 동생을 잘 잡고 있지 않았다고 호된 꾸지람이 쏟아졌다. 마치 내가 모퉁이를 두 바퀴만으로 돌기를 좋아한다는 것을 이제는 알아야 하지 않냐는 투였다. 내 목소리가 모질었다는 것 자체는 내가 무언가 잘못했음을 알리는 신호였다. 이 사고에서 언니의 책임은 기껏해야 10퍼센트고 나머지 90퍼센트는 분명히 내 책임이었지만, 나는 내 자신의 책임 부분을 부정하고 있었기 때문에 언니가 열 배로 증가한 책임을 견뎌야 했다. 마치 어느 한 부분이 줄어들면 다른 어딘가에서 증가가 일어나서 반드시 들어맞아야 하는 '책임 방정식'이 있는 것 같다.

부정과 투사의 좀 더 진지한 사례는 9/11이다. 큰 재난은 으레 원인이 여럿이고 책임이 있는 집단도 여럿이다. 원인과 책임의 가장 큰 부분이 오사마 빈 라덴과 그 부하들에게 있다고 해도 전혀 틀린 말은 아니지만, 지난 세월을 돌이켜보고 우리(미국 국민들)를 시켜서 직접적인 원인보다는 그 테러를 예방하는 데 실패했음을 보여주는 더 큰 그림을 그려보면 어떨까? 우리가 자기비판을 할 수 있다면 무엇을 시인하게 될까? 아무리 간접적이라고 해도 우리는 이 재난에 어떤 식으로든 기여하지 않았을까? 항공기 안전에 계속 주의를 기울이지 않았다는 점뿐 아니라(9장 참조) 우리 외교 정책도 문제였다.

이 마지막 자백은 가장 하기가 어려운 힘든 것일 때가 종종 있고 공개적으로 하는 사례는 거의 없다. 하지만 분별력 있는 사회는 때로 유용한 방식으로 사후에 행동을 인도한다. 여기서 개인적인 편향이 자신의 답에 영향을 미치기는 쉽지만 나는 내게 명백한 질문처럼 보이는 것에서 시작하련다. 즉 미국과 지난 50년 동안 미국의 분별없고 때로는 집단 학살도 무릅쓰는(캄보디아, 중앙아메리카) 외교 정책에 정당한 비판을 하는 이들은 없을까? 이스라엘—옳든 그르든 우리의 모든 '위성국들'처럼 너희도 우리 자식이다—을 맹목적으로 지원하는 것이 다른 곳에 있는 이들, 예를 들어 팔레스타인인, 레바논인, 시리아인과 자신을 그들과 동일시하거나 자신이 정의롭다고 믿는 이들의 어떤 정당한 분노를 불러일으킬 가능성은 없을까? 다시 말해 9/11은 아마도 우리가 자신의 외교 정책을 으레 선호하는 소수의 입장에서가 아니라, 더 비판적으로 다양한 이들의 관점에서 봐야 한다는 신호가 아닐까? 이 점을 공개적으로 언급할 필요는 없지만 마음속으로 조금이라도 조정을 시작할 수는 있다. 여기서도 더 큰 교훈은 자신의 적을 박멸하는 것이 적의 행동에 대한 유일하게 유용한 대응이 아니며, 자신의 책임을 철저히 부정하고 자기비판을 중단할 때에만 그것이 유일한 대응이 된다는 것이다.

부정은 자기강화적이다

부정은 자기강화적이기도 하다. 즉 일단 부정을 하면 당신은 거기에 코가 꿰이는 경향이 있다. 부정을 하고, 부정했음을 부정하고, 그것을 또 부정하는 식으로 죽 이어진다. 음성 인지 실험에서 부정한 사람들은 자신의 목소리를 부정했을 뿐 아니라, 부정했다는 사실도 부정했다. 어떤 사람이 자신이 공동 저술한 논문이 사기가 아니라고 결정했다고 하자.[26] 그렇게 결정함으로써 그는 밀려드는 첫 증거들의 물결을 부정해야 한다. 그래야 하기에. 그러면 두 번째 물결이 밀려든다. 항복하라고? 잘못을 인정하고 손해를 감수하라고? 그럴 가능성은 적다. 한 번 더 부정할 수 있고 부정을 뒷받침할 새 증거를 인용할 수 있을 때는 더 그렇다. 다음번 논쟁 때 그가 기대게 될 증거 말이다. 매번 부정할 때마다 그는 판돈을 두 배로 올리는 셈이며 ―두 배로 먹든지 다 잃든지― 애당초 자신이 얻었을 것이 전혀 없었고 비용도 전혀 들이지 않았기에, 그는 다시 판돈을 두 배로 올림으로써 앞서의 실수를 정당화하려는 유혹에 빠진다. 부정은 부정을 낳고, 매번 잠재 비용은 불어난다.

주식 거래에서는 가장 중요한 규칙이 세 가지 있다. "손실을 줄여라, 손실을 줄여라, 또 손실을 줄여라." 자연스럽게 일어나는 저항 때문에 이 규칙을 지키기란 쉽지 않다. 수익을 내면 기분 좋다. 우리는 수익을 누리고 싶다. 하지만 그러려면 주가가 오른 뒤에 주식을 팔아야 한다. 그래야 수익을 누릴 수 있다. 같은 맥락에서 우리는 위험을 회피한다. 손실이 나면 안 좋으니까 피해야 한다. 손실을 피하는 한 가지 방법은 주가가 떨어졌을 때 그냥 보유하는 것이다. 그러면 손실은 장부상으로만 날 것이고, 주가는 곧 다시 오를 수 있다. 물론 주가가 더 떨어질수록, 거래자는 주식을 더 오래 보유하고 싶어 할 수도 있다. 이런 식의 거래를 지속하면 거래자는 결국 손실만 난 주식들을 지닌 가장 딱한 입장에 놓이게 된다. 하지만 사실 실제로는 바로 그런 일이 벌어진다. 자신이 직접 거래를 하는 사람들은 우량 주식을 팔고, 그보다 좀 못한 주식은 덜 사고, 불량 주식은 보유하는 경향이 있다. 규칙을 준수하는 대신에 말이다. "손실을 줄여라, 손실을 줄여라, 또 손실을 줄여라."

당신의 공격, 나의 자기방어

투사와 결합된 부정의 가장 흔한 사례 중 하나는 공격성과 관련이 있다. 싸움의 책임이 과연 누구에게 있는가? 우리는 상대방이 이전에 한 행동을 덧붙임으로써 언제든 인과관계의 고리를 하나 더 늘릴 수 있고, 기억은 시간적인 순서가 나올 때면 약하다는 것이 널리 알려져 있다.

180도 정반대 방향을 향하고 있다는 착각을 불러일으키면서 앞쪽이 아니라 뒤쪽으로 움직이도록 진화한 동물 종들에게서 유사한 사례를 찾아볼 수 있다. 한 딱정벌레는 아주 긴 더듬이를 몸 아래쪽으로 구부려서 뒤쪽으로 튀어나오도록 한다.[27] 그럼으로써 꽁무니 쪽이 머리라는 착시를 일으킨다. 포식자는 대개 '머리'처럼 보이는 쪽(즉 꼬리)을 공격하므로, 그 순간 딱정벌레는 앞으로 곧장 튀어나간다. 즉 그 착각은 포식자가 예상하는 것과 정반대 방향으로 달아나도록 돕는다. 마찬가지로 몸 뒤쪽에 2개의 커다란 가짜 눈꼴무늬가 나 있어서 머리가 그쪽에 있다는 착시를 일으키는 어류도 있다.[28] 이 물고기는 바닥에서 먹이를 찾아다닐 때 천천히 뒤쪽으로 움직이는 듯이 보이며, '머리'처럼 보이는 쪽을 공격당하면 재빨리 반대 방향으로 달아난다. 여기서 주목할 점은 진실의 정반대(180도)가 진실로부터 조금 벗어나는 것(이를테면 이동 각도가 20도 차이 나는 것)보다 더 그럴듯하게 보인다는 것이다. 사람의 논쟁에서도 그렇다. 이것이 이유 없는 공격일까, 아니면 이유 없는 공격에 대한 방어 반응일까? 인과관계가 이쪽 방향일까, 아니면 180도 반대 방향일까? "엄마, 쟤가 먼저 그랬어요." "엄마, 쟤가 먼저 했어요."

인지 해리와 자기정당화[29]

인지 해리는 사소한 고민에서 깊은 상심에 이르기까지 긴장이나 불안 상태로서 경험하는 심리적 모순을 가리킨다. 따라서 사람들은 인지 해리를 줄이려는 행동을 종종 할 것이다. 개인은 서로 맞지 않는 두 인지 형태—생각, 태도, 믿음—를 지닌 것으로 비친다. "너 담배 안 끊으면 죽을 거야, 나는 하루에 두 갑씩 피우지만." 이 모순은 담배를 끊거나 흡연을 합리화함으로써 해소될 수 있다. "담배를 피우면 안정이 돼. 또 체중이 불어나는 것도 막아주잖아." 대다수는 정당화를 택하고, 훨씬 더 어려운 (더 건강해질지라도) 선택에 맞서 자기정당화를 하기 시작한다. 하지만 이미 비용을 치러왔기에, 선지가 하나밖에 없을 때도 있다. 당신은 합리화를 하거나 진실을 안고 살아갈 수밖에 없다.

고전적인 사례를 들어보자. 실험 참가자들을 두 집단으로 나눈다. 한쪽은 집단에 가입하기 위해 좀더 고역스럽거나 당혹스러운 검사를 받을 의향이 있는 사람들이고, 다른 쪽은 검사를 받는 대신에 소액의 입회비를 지불할 의향이 있는 사람들이다. 그런 뒤에 각자에게 가능한 한 아둔하고 거의 중구난방으로 보이게끔 배열한 집단 토의 장면을 찍은 테이프를 보고 그 집단을 평가해달라고 했다. 그러자 더 많은 대가를 치른 사람들은 소액의 입회비를 낸 사람들보다 그 집단을 더 긍정적으로 평가했다. 그리고 그 효과는 강력하다. 비용을 적게 들인 사람들은 토의를 지겹고 시시하다고 평가했고 회원들을 매력 없고 지루하다고 보았다. 테이프가 원래 의도한 것과 거의 같았다. 대조적으로 많은 비용을 지불한 사람들(당혹스러운 상황에서 노골적인 성적 묘사가 실린 글을 큰소리로 읽어야 했던)은 그 토의가 흥미롭고 재미있으며 회원들이 매력적이고 명석하게 보였다고 주장했다.

이것을 어떻게 이해해야 할까? 주류 학설에 따르면, 고통이 적을수록 얻는 것이 많으며 마음은 그에 따라 판단을 한다고 본다. 하지만 우리가 발견한 바는 다르다. 고통을 더 받을수록, 그 고통의 명시적인 혜택을 늘리기 위해 사후 합리화를 더 한다는 것이다. 비용은 이미 치렀고 되돌려 받을 수 없지만, 비용이 그렇게 많지 않다거나 돌아오는 혜택이 더 크다는 착각을 만들어낼 수는 있다. 당신은 사실상 비용을 심리적으로 돌려받는 쪽을 선택할 수 있고, 대부분의 사람들은 바로 그렇게 한다.

이 실험은 여러 차례 재현되었는데 결과는 한결같았다. 하지만 왜 그렇다는 것인지 여전히 이유가 잘 와 닿지 않는다. 그것이 일관성을 위해 쓰인다는 것은 확실하다. 당신이 비용을 더 많이 들였으므로, 더 큰 혜택을 받았을 것이 분명하다고 말하니까. 놀라울 정도로 사람들이 자기 행동에 이 효과가 나타남을 알아차리지 못할 수도 있다. 이 실험을 제대로 설명하고 개인이 지닌 편향의 증거를 보여주어도, 사람들은 그 일반적인 결과가 옳다고 보면서도 자신에게는 적용되지 않는다고 주장한다. 그들은 자기 행동을 내면의 관점에서 본다. 그 관점에서는 조작하는 요인을 의식하지 못한다는 것이 조작하는 요인이 없다는 의미가 된다.

인지 해리를 줄이려는 욕구는 우리가 새 정보에 반응하는 양상에도 강하게 영향을 미친다. 우리는 자신의 편향을 확인받고 싶어 하며, 행복한 상태에 이르기 위해 들어오는 정보를 기꺼이 조작하고 무시한다. 이런 일이 너무나 일상적이고 강하게 일어나기에 이름까지 붙여졌다. 바로 확증 편향confirmation bias이라는 것이다. 한 영국 정치인의 말을 빌리면 이렇다. "나는 이미 내놓은 견해를 입증하는 추가 증거라면 무엇이든 살펴볼 것이다."

합리화하는 성향이 너무나 강력하기 때문에 부정적인 증거는 종종 즉각 비판, 왜곡, 배제와 맞닥뜨리고는 한다. 더 많은 해리를 겪을 필요가 없도록 하거나 견해를 바꿀 필요가 없도록 하기 위해서다. 프랭클린 루스벨트 대통령은 일본계 미국인 수십만 명을 색출해 제2차 세계대전이 끝날 때까지 억류했는데, 오로지 배신할 수 있다고 예상했기 때문이었다. 하지만 그들이 배신할 것이라는 증거는 전혀 없었다. 한 미국 장군이 내놓은 전형적인 주장만 빼고 말이다. "항의 집회가 전혀 없었다는 사실 자체가 그런 행동이 일어나리라는 것을 불안하고도 확실하게 시사한다."

앞서 사형제도 사례에서 보았듯이, 한 주제에 대해 서로 의견이 갈린 사람들에게 균형 잡힌 정보 집합을 제공한다고 해서 양쪽의 견해가 반드시 서로 더 가까워지는 것은 아니다. 정반대다. 자신의 편향에 반대되는 사실들은 흔히 그 편향을 각성시킨다. 그 결과 강한 편향을 지닌 사람은 가장 모르면서도 가장 확신하는 사람으로 변할 수 있다. 한 실험에서는 사람들에게 정치적으로 마음에 드는 잘못된 정보를 준 뒤에 즉시 내용이 틀렸다고 바로잡았다. 대다수 사람들은 바로잡아준 뒤에 오히려 그 정보를 더 믿었다.

인지 해리 감소 욕구에 영향을 미치는 한 가지 중요한 요인은 바꿀 수 없는 결정의 사후 합리화다. 여성들에게 호감도에 따라 가정용품의 순위를 매겨달라고 한 다음, 호감 순위가 같은 두 제품 중에서 하나를 고르게 했다. 나중에 다시 순위를 매겼을 때 그들은 자신이 선택한 제품이 더 호감이 간다고 했다. 오로지 소유 여부에 따라 호감 순위가 바뀐 것이다. 마권을 산 사람들을 대상으로 사람들이 투자한 뒤에는 그 물품에 가치를 부여하는 경향이 더 강해진다는 것을 보여준 아주 단순한 연구가 있다. 사람들은 마권을 사려고 줄을 서 있을 때보다 같은 마권을 산 직후에 자신이 좋은 선택을 했다고 훨씬 더 확신했다. 이 효과의 한 가지 결과는 사람들이 환불할 수 있을 때보다 환불할 수 없을 때 그 물품을 더 좋아한다는 것이다. 처음에는 환불받을 수 있는 물품이 더 좋다고 말했음에도 말이다.

인지 해리 줄이기의 한 가지 기묘하고 극단적인 사례는 가석방의 여지가 아예 없는 종신형을 받은 사람들에게서 볼 수 있다. 이를테면 배우자를 반복해 칼로 찔러 살해한 범인이라고 하자. 놀랍겠지만 그들 중에서 자신의 첫 행동이 실수라고 인정하는 사람은 거의 없을 것이다. 오히려 정반대로 그들은 공격적인 태도로 자기 행동을 옹호하려 나설지도 모른다. "다시 같은 상황이 닥친다면 나는 똑같이 할 겁니다. 그래도 싸요." 그들은 범행 장면이 다시 생생하게 떠오르는 것을 도저히 거부할 수가 없다. 그들은 희생자의 공포, 고통, 도와달라는 비명 등등을 떠올리면서 다시 환상에 빠지고는 한다. 그들은 자신이 바꿀 수 없는 끔찍한 부정적인 결과(이제는 그들 자신에게도 영향을 미치는)를 빚어낸 일을 정당화하고 있다. 그들은 이제 원래의 실수가 일으킨 쾌감을 계속 떠올리며 살아야 하는 운명이다.

인지 해리 감소의 사회적 효과

사람마다 인지 해리 해소 성향이 달라서 서로 더 멀어지게 되는 현상을 흔히 피라미드에 비유해왔다. 어떤 주제에 대해 두 사람의 견해는 처음에 아주 비슷할 수도 있고, 그럴 때 둘은 피라미드의 꼭대기에 있다고 할 수 있다. 하지만 인지 해리라는 모순되는 힘이 작용하고 자기 정당화가 지속됨에 따라 둘은 피라미드의 서로 다른 면으로 미끄러져 내려간다. 그 결과 바닥에 이를 때면 서로 멀리 떨어지게 된다. 두 전문가는 그 점을 이렇게 표현했다.

> 우리는 처음에 논리적이지 않아 보이는 결정을 한 뒤에 애매함을 줄이기 위해 그것을 정당화한다. 그럼으로써 점점 더 강하게 집중하고 몰두하게 되고 원래의 의도나 원칙에서 멀어지게 할 수도 있는 함정에 빠지는 과정—행동, 정당화, 다시 행동 등등—이 시작된다.[30]

5장에서 살펴보았듯이, 이 과정은 부부를 화해시키기보다는 이혼으로 내모는 중요한 힘일 수 있다. 한 개인이 피라미드의 어느 면으로 내려가는 성향이 어느 정도가 될지를 결정하는 것이 무엇인가라는 질문은 중요하다(아직 답은 없다).

인지 해리의 새롭게 밝혀진 한 가지 측면은 적일 수도 있는 상대를 친구로 바꾸는 가장 좋은 방법과 관련이 있다. 서로 주고받으면서 협력하는 관계를 도모하는 가장 좋은 방법이 상대에게 선물을 주는 것이라고 생각할지 모르겠다. 하지만 사실은 정반대로 하는 것이 가장 좋은 방법이다. 즉 남을 구슬려서 당신에게 선물을 주도록 하는 것이 당신을 향한 긍정적인 감정을 유도하는 가장 좋은 방법일 때가 많다. 처음의 선물을 정당화할 다른 이유가 없다면 말이다. 꼬임에 넘어가서 남에게 선물을 준 사람은 그렇지 않은 사람보다 나중에 선물을 준 당사자를 더 높이 평가한다는 것이 실험을 통해서 드러났다. 200여 년 전의 한 민요는 이 직관에 반하는 논리(호혜적 이타주의 면에서)를 잘 포착하고 있다.

당신이 친절을 베풀었던 사람보다
당신에게 친절을 베풀었던 사람이
다시금 친절을 베풀기가 쉽답니다.

원숭이와 어린이에게서의 인지 해리[31]

동물들이 인지 해리를 보이는지 그리고 어느 나이에 아이들이 그런 효과를 드러내는지를 아는 것도 흥미로울 수 있다. 새들은 종종 어떤 물건(모이)을 쉽게 얻었을 때보다 더 힘들게 노력해 얻었을 때, 인간처럼 그 물건에 편향을 보인다. 때로 쥐도 같은 편향을 보인다.

더 새로운 형태의 실험은 원숭이에게 똑같이 좋아하는 물건 둘 중에 억지로 선택을 하게 하면(이를테면 동그란 초콜릿 중 빨간색이 아니라 파란색을 고르도록), 나중에 색깔이 다른 것(노란색 초콜릿)과 함께 놓았을 때 거절했던 것(빨간색)보다 노란색을 선호함을 보여준다. 마치 일관성을 유지하려는 듯이 말이다. 즉 빨간색 초콜릿을 거부했기 때문에 일관성을 유지하려면 빨간색을 또 다시 거부해야 한다. 하지만 처음 선택(빨간색이 아니라 파란색)을 실험자인 사람이 했다면, 그 뒤에 원숭이는 아무런 영향을 받지 않거나 실험자가 주지 않은 것이 틀림없이 더 나은 것이라고 생각하고서 파란색을 선택할 수도 있다.

만 4세의 아이들을 대상으로 한 거의 똑같은 실험들도 거의 동일한 결과를 내놓았다. 아이들에게 동등한 두 물건 중 하나를 억지로 고르게 했을 때, 아이들은 처음에 거부한 물건을 계속 거부한다. 마치 스스로에게 정직한 상태를 유지하려는 듯이 말이다. 즉 하나를 거부했다면, 아이는 마치 타당한 이유가 틀림없이 있다는 양 다시 그것을 거부하는 행동을 보인다. 선택을 한 뒤에야 아이가 어떤 물건인지 볼 수 있도록 했을 때에도 마찬가지다. 원숭이 실험에서처럼, 여기에서도 아이 대신에 실험자가 물건을 골라주면 그 뒤에 아이는 선택할 때 아무런 영향을 받지 않거나 실험자가 골라주지 않은 것이 마치 더 좋은 것인 양 그쪽을 선택한다.

즉 비록 아주 적다고 해도 다른 동물들과 아이들을 대상으로 한 인지 해리 연구 사례들은 비슷한 결과들을 내놓고 있다. 마치 앞서 한 선택이 어떤 타당한 논리를 토대로 했으므로, 같은 기회가 주어질 때 같은 선택을 할 가치가 있다는 양 합리화하는 행동을 한다. 이 책에서 내세우는 이론을 고려할 때, 아이들과 원숭이들이 일관성이라는 일반적인 착각을 남에게 투사할 것이라고 주장하고픈 유혹도 든다.

  이렇게 하여 우리는 자기기만의 진화, 생물학, 심리학을 이해하기 위한 토대를 마련했다. 이제 이 논리를 항공기 사고, 역사적 서사, 전쟁, 종교, 기타 지식 체계, 우리의 삶을 포함한 일상생활에 적용할 수 있다. 적용은 모든 방향으로 뻗어나간다.

8장
일상생활에서의 자기기만

대부분의 사기에는 논리적으로 모순되는 상황들이 끼어들지만 우리는 과정이 아닌 좋은 결과만을 생각하기 때문에 중간중간의 모순을 무시한다. 사기꾼은 대개 상대의 탐욕을 한껏 부풀림으로써 일종의 몰입경에 빠뜨린다. "나는 상대의 머릿속에서 그의 꿈을 꺼낸 뒤에 그것을 그에게 팝니다. 그것도 비싸게요!" 자기기만은 당신을 누군가의 꼭두각시로 만들 수도 있다.

지금까지 전개한 논리를 일상생활에 전면적으로 적용해보자. 그럼으로써 그것의 타당성을 어느 정도는 검증해볼 수 있다. 우리 사유 체계는 우리의 삶을 이해하는 데 얼마나 도움이 될까? 연구나 논리를 통해 드러날 때까지 우리가 전혀 알지 못하는 일상생활의 흥미로운 사실들이 뭐가 있을까? 우리의 사고에 담긴 편향 중 일부는 놀라울 만큼 상세히 연구되어왔으며, 일화를 통해서만 알려진 것들도 있다. 먼저 주식시장을 연구한 자료를 살펴보기로 하자. 주식시장에서 성별에 따라 과신하는 정도가 얼마나 다른지, 시장이 상승한다고 과장하는 말을 무의식적으로 쓰는 −즉 거래를 부추기기 위해− 정도가 얼마나 다른지가 드러날 것이다.

과신의 성별 차이

과신은 때로 -경쟁하는 상황에서- 이점을 주는 것이 분명하지만, 위험하고 궁극적으로 무익한 행동을 유도하는 한에서는 비용도 따를 것이 틀림없다. 자기 자신을 믿는 것이 자신의 행동을 예측하고 거기에 영향을 끼치는 많은 상황에서 중요한 변수임에는 분명하다. 남들도 우리의 자기확신에 주의를 기울이는 편이 낫다. 즉 정확히 측정할 수 있다면 말이다. 어쨌거나 그들은 당신과 방금 만났을지 모르지만, 당신은 평생 자신을 알아왔다. 따라서 기만만으로도 과신이 빚어질 수 있다고 우리는 예상할 수 있다(1장 참조). 일반적으로 우리 자신을 비롯한 많은 종에서, 암컷보다 수컷이 과신을 통해 혜택을 볼 가능성이 더 높다. 분명히 수컷이 잠재적인 번식 성공률이 대개 더 높으므로(대개 각 자식에게 투자하는 정도가 수컷이 더 적으므로), 과신의 성공 대가도 더 클 가능성이 높다(5장 참조).

아마추어의 주식 거래(컴퓨터를 이용한 매매)는 일상생활에서의 편향을 연구하기에 알맞은 상황을 제공한다.[1] 여기에서는 경쟁적 상호작용이 최소한으로 이루어진다. 즉 당신의 과신은 경쟁하고 있는 다른 투자자들에게 아무런 직접적인 영향을 미치지 않으며, 그들 중 어느 누구도 당신이 누구인지 모른다. 따라서 과신의 혜택은 전혀 없고, 비용이 우세할 것이라고 예상할 수 있다. 완전한 정보 하에서 주가는 진정한 가치를 보여주므로 거래는 무작위 효과를 낳는다. 약간 불완전한 정보하에서 주가는 진정한 가치에 근접하고 따라서 거래는 준무작위적 직접 효과를 낳는다. 하지만 거래는 할 때마다 수수료를 내므로 비용이 많이 든다. 이런 사실들을 고려할 때 미국 주식시장에서 상당한 과잉 거래가 이루어지는 것이 분명하다. 매달 거의 100퍼센트 주식 손바뀜이 이루어지고 하루에 50억 번의 거래가 일어난다(2007년). 각 거래의 비용을 고려할 때, 이만큼의 거래는 순효과를 따지면 부정적이다. 한 예로 일반 대중을 보면, 남성이 여성보다 주식 거래 횟수가 더 많고(한 표본 집단에서는 45퍼센트 더 많았다) 그에 따라 손실을 더 본다. 연간 손실률이 여성은 1.7퍼센트인 반면 남성은 2.7퍼센트다. 이 성차는 남성이 여성보다 금융 분야에서 성공하면 번식 측면에서 더 큰 보상을 얻을 가능성이 있음을 반영하는 듯하다. 이런 상향 편향은 특히 번식에 성공할 가능성을 전반적으로 더 높이는 남성의 다양한 활동들에서 나타날 것이라고 예상된다.

한 연구는 다양한 유형의 과신이 거래량과 상관관계가 있는지를 살펴보았다는 점에서 주목할 만하다.[2] 과신과 상관관계가 있는 핵심 요소는 익히 잘 알려진 '평균 이상 효과above-average effect'임이 드러났다. 평균 투자자는 능력과 과거 실적 면에서 자신이 평균 이상이라고 평가한다. 그리고 자신을 그렇게 평가하는 사람일수록 거래를 더 많이 한다. 실제 과거 실적과 아무런 상관관계가 없음에도 그렇다. 그럼으로써 거래를 더 많이 하지만 전체 거래 비용 때문에 평균 이득은 전혀 없고 평균 손실을 보는 결과가 빚어진다. 예전보다 더 많은 정보가 있다는 믿음, 즉 신호의 변동성을 과소평가하는 태도는 거래 활동과 상관이 없었으며, 자신의 과대평가만이 상관관계가 있었다.

통화시장에서의 과신은 좋은 대조를 이룬다.[3] 여기서는 거래 비용이 무시할 만한 수준이기에(주식 거래비용이 3퍼센트라면 그것의 약 100분의 1),

과잉 거래를 해도 당장 손해 볼 일은 전혀 없다. 전업 거래자들은 자신의 성공과 정확히 예측하는 능력을 과대평가하는 경향이 흔하다. 통화 거래에서 과신은 수익률에 아무런 영향을 끼치지 않지만(거래 비용이 무시할 수 있는 수준이라는 점을 토대로 예측할 때) 사회적으로는 양의 상관관계가 있다. 과신은 개인의 지위 및 거래 경험과 긍정적인 관계에 있다. 여기서는 원인과 결과가 결코 확실하지 않지만, 다른 영역들에서는 지위와 연령이 높은 사람일수록 실제 실적에서는 전혀 우월하지 않음에도 자신감이 더 넘치는 모습을 보인다는 사실이 잘 알려져 있기 때문이다.

남성이 여성보다 더 과신한다는 사실은 산수 게임 연구를 통해 밝혀져왔다.[4] 참가자는 5분 동안 5개의 수를 더하는 문제에서 정답을 하나 맞힐 때마다 500원을 받는 쪽을 택하거나, 다른 세 명과 경쟁해 이기면 총액을 받는 쪽을 택할 수 있다. 즉 경쟁을 택하면 가장 높은 점수를 얻은 사람은 정답 하나 당 2000원을 받고 나머지 세 사람은 한 푼도 받지 못한다. 상대방의 실력에 관한 완전한 정보를 갖추고 있을 때, 상위 4분의 1에 해당하는 이들은 경쟁을 택하고 나머지 사람들은 소액씩 따는 쪽을 택해야 한다. 하지만 실제 벌어지는 일은 전혀 다르다. 여성은 35퍼센트가 경쟁하는 쪽을 택함으로써 예상값에 가깝지만, 남성은 무려 75퍼센트가 경쟁하는 쪽을 택한다. 평균적으로 25퍼센트만이 이길 수 있는데도 말이다. 전체적으로 능력을 따질 때, 여성은 경쟁하기로 결정할 확률이 38퍼센트 더 낮다. 능력이 뛰어난 여성들은 과소경쟁을 하고, 능력이 떨어지는 남성들은 몹시 과다경쟁을 한다는 의미다. 이것은 자기기만―여기서는 과신이라는 형태―의 정도가 특정한 상황에서는 긍정적인 영향을 미치고 다른 상황에서는 부정적인 영향을 미치고,

순효과가 부정적임을 보여주는 또 한 사례다.

주식 거래에서 잘못된 행동을 하는 또 한 가지 원인은 스릴 추구thrill seeking 성향이다. 과신하는 사람들과 마찬가지로, 스릴을 맛보려는 특수한 욕구를 지닌 이들은 더 자주 거래를 해 손해를 보는 경향이 있으며, 이것은 과신과 무관하다. 스릴 추구자 중에는 남성의 비중이 훨씬 높다. 적어도 과속 벌금 딱지, 마약, 도박, 위험한 스포츠(행글라이딩 같은)를 기준으로 했을 때 그렇다. 핀란드에서는 과속 벌금 딱지를 더 많이 받는 사람일수록 주식 거래를 더 자주 해 손해를 본다.[5] 스릴 추구에 어떤 이점이 있는지는 파악된 적이 없지만, 아마도 과시와 관련이 있을 것이다. 즉 제대로 해낸 묘기는 자랑할 만한 광경이 될 수 있다.

주식시장에서의 비유

일간 뉴스 방송에서 쏟아지는 주식시장에 관한 비유들은 무의식적 설득의 좋은 사례다. 주식시장은 대단히 다양한 변수들에 반응해 위아래로 움직이고, 그런 변수 중 대다수는 우리가 전혀 알지 못하는 것들이다. 주식시장의 움직임은 아무런 특정한 패턴이 없는 무작위적 움직임, 즉 랜덤 워크random walk를 반영한다. 하지만 하루의 장이 마감하면 언론은 시장의 움직임을 더 일반적인 움직임에 종종 쓰이는 두 가지 언어(행위자 또는 대상)로 기술한다.[6] 보통 시청자는 어떤 비유들이 쓰이는지 전혀 모를 것이다. 핵심적인 차이는 행위자가 무언가의 움직임을 통제하느냐, 아니면 대상이 외부의 힘(중력 같은)에 의해 움직이느냐다. 주가 움직임에 행위자 비유를 쓴 사례를 보자. "나스닥이 올라갔다." "다우가 오르기 위해 애썼다." "S&P가 매처럼 곤두박질쳤다." 한편 대상 비유는 이런 식에 더 가깝다. "나스닥이 낭떠러지에서 떨어졌다." "S&P가 다시 튀어 올랐다."

행위자 비유는 추세가 계속될 것이라고 생각하도록 유혹한다. 대상 비유는 그렇지 않다. 흥미로운 점은 언어 사용에 체계적인 편향이 있다는 것이다. 즉 상승 추세에는 행위자의 행동을 가리키는 말을 더 쓰고, 하락 추세에는 외부 원인으로 돌리는 표현을 더 쓴다. 양쪽 비유 모두 움직임이 일관성을 띨 때 더 강한 표현을 띠며, 편향은 기사가 시장이 장기간 상승을 이어간 뒤에 나오든 장기간 하락을 이어간 뒤에 나오든 간에 존재한다. 심지어 학생들에게 해설가 역할을 맡기는 실험에서도, 학생들은 무의식적으로 그 특유의 편향을 채택했다. 즉 상승 추세에는 행위자, 하락 추세에는 외부 원인을 동원해 설명했다. 여기에 평균적으로 상향 편향이 있다. 시장이 하루 동안 더 상승할수록 행위자 비유도 더 많이 쓰이며, 그 비유는 (무의식적으로) 상승 움직임이 계속될 것임을 암시한다. 주가가 떨어지는 날에는 정반대이므로 —행위자 비유가 덜 쓰일수록, 하향 추세가 지속될 것이라는 예상도 약해진다— 순효과는 긍정적이다.

투자 정보는 평균적으로 더 많은 투자를 이끌어내야 한다. 언론의 언어에서 나타나는 이 편향이 전반적으로 투자를 부추기는 효과를 낸다는 것은 분명하다. 하루의 시장 변화를 단순히 보도하는(상승 또는 하락) 대신에 하루의 추세에 관한 정보를 제공함으로써 추세에 더 큰 기대를 품게 하고, 따라서 상승 움직임이 보인 뒤에는 거래가 더 늘어나고 순

손실도 더 커진다(랜덤 워크가 일어나는 동안에는 이익은 전혀 없고 거래 비용은 있기 때문이다). 아마 금융 해설가들의 역할은 원래(그들을 고용하는 측의 관점에서 볼 때) 시장의 수익을 과장하는 것이 아닐까.

삶에서의 교묘한 비유들

비유는 특정한 속도로 새 공간으로 이동하는 것 같은 일상적인 사건들에 더 추상적인 개념을 끼워 넣음으로써 의미를 구조화하는, 언어의 핵심 요소다.[7] 비유는 때로 의식의 레이더망 밑에서 날면서 중요한 무의식적 효과를 미칠 수도 있다. 예를 들어 완곡어법은 의미를 순화시킬 뿐 아니라 뒤집을 수도 있다.[8] '워터보딩Waterboarding'은 마치 지중해 휴양지에서 아이들과 하고 싶은 무언가처럼 들리고, '스트레스 포지션stress position'은 운동을 마무리하는 완벽한 방법처럼 들리며, 좋은 '수면 관리sleep management'는 우리 모두에게 혜택을 줄 수 있는 양 들린다. 하지만 이것들은 사실 고문의 종류들이다. 반복해 물을 퍼붓는 물고문, 쪼그리고 앉기처럼 똑같은 자세로 계속 있게 하는 것, 잠 안 재우기를 뜻한다. '부수적 피해collateral damage(군사 작전 때 살해되는 민간인)', '특별 인도extraordinary rendition(납치 후 고문)', '강화 심문enhanced interrogation(고문)', '우호적 사격friendly fire(아군의 손에 죽는 것)', '최종 해결책final solution(유럽 유대인 집단 학살)'도 같은 맥락의 용법들이다.

또 완곡어법 트레드밀euphemism treadmill이라고 부를 수 있는 것이 있다.[9] 즉 새 완곡어법이 곧 그것이 가리키는 대상에 오염되어 대신할 새 완곡어법이 창안되어야 하는 상황이 생긴다. '쓰레기 수거Garbage collection'는 '위생 작업sanitation work'이 되었고, 후자는 '환경 사업environmental services'으로 바뀌었다. '변소Toilet'는 '욕실bathroom'로(따라서 그 안에서 씻는다), 욕실은 '휴식실rest room'로(따라서 그 안에서 낮잠을 잔다)로 바뀌었다. '슬럼Slum'은 '게토ghetto'로, 게토는 '이너 시티inner city'로 변했고, 최근에 '게토'는 하위 계층 흑인 문화와 동의어가 되면서 얼마간 복귀하는 중이다. "그 친구는 너무 게토스러워." 마치 단어의 부정적인 함의에서 벗어나기 위해 달아나고 있지만, 전혀 소용이 없는 듯이 보인다. 곧 다시 부정적인 의미가 연상되기 때문에 우리는 계속 달아나야 한다.

누구나 이런 사례들을 알고 있다. 내가 어릴 때 '정신 지체ratarded'는 '정신 장애disabled'로, 다시 '정신적으로 힘든mentally challenged'이라는 용어로 바뀌었고, 그 용어를 붙였던 이들을 지금은 '특수한 요구special needs'를 지닌 사람이라고 한다. '학교 수위'는 지금 '학교 안전 요원'이 되었다. 예전에 한 전화 '교환원'이 내게 자신이 '정보 도우미'라고 말한 적이 있다. 그럼으로써 그가 얼마만큼 기분이 고양되었을지 잘 모르겠지만, 종종 그렇듯이, 그 완곡어법이 그것이 대체하는 단어보다 더 길다는 점에 주목하자. 즉 이런 노력은 적어도 효율성이라는 측면에서 볼 때는 잘못된 방향으로 나아가고 있다.

완곡어법 트레드밀은 몇 가지 중요한 의미를 함축한다. 우선 그것은 모든 학문이 말하는 것과 반대로 단어가 아니라 개념이 핵심이라는 것이다(13장의 문화인류학 참조). 즉 단어는 계속 변하고 있지만, 우리가 알아볼 수 있는 한 기본 개념은 변하지 않는다. 또 그것은 도입되는 다양한 변화들을 우리가 주의 깊게 지켜볼 것이라고 예상한다. 그렇지 않다면 왜 굳이 새 단어를 만들겠는가? 하지만 그렇게 하여 얻은 이점은 지극히 일시적인 경향이 있다.

또 그 트레드밀은 트레드밀이 멈출 때 우리가 자신의 차이 —인종적이든 성적이든 다른 무엇이든 간에— 중 몇 가지를 마침내 긴장을 풀고 대하게 될 것이라는 새로운 개념도 시사한다.[10] 이 달아나기 중에는 단순히 부정적인 것에서 달아난다는 차원보다 더 깊은 의미를 지닌 것도 있다. '니그로Negro'는 스페인어로 검다는 뜻이 맞긴 하지만, '백인'이 흔히 그 단어를 '니그라Nigrah'라고 잘못 발음하며, 니그라 자체는 인종적으로 모욕적인 n으로 시작하는 단어와 너무 가깝기 때문에 몹시 거북하다. 맞서 싸우려면 처음에는 사례를 과장할 필요가 있다. 그래서 '검은'은 '하얀'과 대등해지기 위해서만이 아니라 흑인을 적대시하는 이들에게 최악의 인종적 악몽인, 밤에 누런 눈만 빼고 전혀 보이지 않는 흑인 무법자—블랙팬서Black Panther. 1960년대 미국의 급진적인 흑인 운동 단체_옮긴이—를 들이댐으로써 겁을 주기 위해 선택된다. 말이 난 김에 덧붙이자면 '유색인'들은 뒤섞였음을 고상하게 인정했으며(그것에 대한 어떤 책임도 지지 않으면서), 그럼으로써 짐짓 생색을 낸 셈이었다. 지금은 혁신적인 사고 변화가 일어나는 시대를 살고 있기에 당신은 인종적 유대를 위해 노력한다. "우리 형제자매들은 모두 '검다'." 하지만 그렇게 말하고 난 다음 당신은 다음 단계로 넘어가고 싶다. 어떤 다른 집단을 통해서가 아니라 자신의 뿌리를 통해 자신을 정의하고 싶다. 다른 모든 이들이 그렇게 하니까. 이탈리아계 미국인, 중국계 미국인, 일본계 미국인 등등. '억압받던 흑인 노예계 미국인'이라고 하면 사람들이 뭐라고 하겠는가? 그러니 '아프리카계 미국인'이라는 용어로 기울어지는 것은 당연했다. 적어도 그 용어는 대부분의 유전자가 온 곳을 말해준다. 따라서 이 사례에서는 언어학적 변천이 특정한 집단이 거쳐 온 단계들과 논리적으로 일치하는 듯하다.

또 위악어법malphemism treadmill이라고 부를 수 있는 것도 있다. 단어에 억지로 부정적인 함의를 집어넣는 것이다. 영어의 '텐덴셔스tendentious(편파적인)'는 원래 반발을 불러일으키기 쉬운 강력하게 천명된 소수 견해를 뜻했다. 영국과 호주에서는 지금도 그런 의미를 지니고 있지만, 미국에서는 한 가지 부정적인 의미가 ―소수의 견해이기에 틀렸을 가능성이 높다는― 추가됨으로써, 부정확한 견해이기에 자연히 반발을 불러일으킨다는 식이 되었다. 아마 '텐덴셔스'가 '프리텐셔스pretentious(가식적인)'와 운율이 맞기에 이런 의미 전환이 더 쉽사리 이루어진 듯하다. 이스라엘을 비판하면 종종 '텐덴셔스'라는 말을 듣고, 미국에서는 그 말이 글자 그대로 참일 때가 많다. 즉 그런 비판은 반발을 불러일으킬 가능성이 높은, 강하게 천명된 소수 견해. 그렇다고 그것이 틀렸느냐는 다른 문제다. 언론에서는 위악어법을 쓰는 경향이 더 강하다. 다음과 같은 이중 강조 사례를 보면 짐작할 수 있다. '비타민 D 결핍증 대유행의 비극'은 아마도 비타민 D가 좀 부족하긴 하지만 전반적으로 건강에 별 영향이 없을 사람들이 조금 늘어났음을 가리킬 것이다.

지난 50년 사이에 다양한 분야들에서 발맞추어 유별난 언어적 조치가 취해져왔다. 두 성별을 가리키는 단어를 '섹스sex'에서 '젠더gender'로 대체한 것이다.[11] 기억할 수조차 없는 까마득한 옛날부터(적어도 1000년 전), 섹스는 개인이 남성(정자 생산자)인지 여성(난자 생산자)인지를 가리켰다. 지난 100년 사이에 그 단어는 "섹스를 하다."라는 의미도 지니게 되었다. '젠더'는 엄밀히 말해 언어학적 용어다. 그것은 다양한 언어에서 단어들이 여성, 남성, 중성이라는 성별을 띤다는 사실을 가리켰다. 단어의 성별은 거의 무작위인 듯하다. '태양'은 독일어에서는 여성, 스페인어에서는 남성, 러시아어에서는 중성인 반면, '달'은 스페인어와 러시아어에서는 여성이고 독일어에서는 남성이다. 독일어에서 사람의 입, 목, 가슴, 팔꿈치, 손가락, 손톱, 발, 몸은 남성이고, 코, 입술, 어깨, 유방, 손, 발가락은 여성이며, 털, 귀, 눈, 턱, 다리, 무릎, 심장은 중성이다.[12] 성에 따라 대명사가 지정되므로, 우리는 순무를 가리킬 때 이렇게 말할 수 있다. "그는 부엌에 있어." 왜 그런지 나는 모른다. 45년 동안 생물학자로 지냈지만, 나는 이 체계에서 그 어떤 운율도 이유도 찾아내지 못하겠다. 그것은 전적으로 임의적인 듯하며, 아마 그것이 요점이 아닐까. 문법상의 성이 임의적이며 의미가 없으므로, 생물학적 성차도 젠더의 언어로 번역될 수 있다면 마찬가지로 임의적이고 무의미해지지 않겠는가?

40년도 안 되는 짧은 기간에 놀라울 만치 활발하게 운동이 펼쳐지면서, '젠더'는 많은 분야에서 섹스라는 단어를 완전히 대체했다. 그래서 사람의 젠더는 남성 또는 여성이다. 사람이라는 단어의 성이 그렇다는 말이 아니라, 사람의 실제 성별이 그렇다는 것이다. 마찬가지로 소를 비롯한 다른 모든 생물들의 섹스도 '젠더'로 대체되어왔다. 이런 대체는 이중으로 압력을 받아 이루어져왔다. 성차를 성적 행동과 분리시키고, 성별에 따른 뚜렷한 생물학적 차이를 최소화시키고 대신 단어의 성이 상징하듯이 용어 자체(문화)가 부과하는 차이를 택하라는 것이다. 단어의 성이 더 임의적일수록, 성차도 더 임의적으로 할당된다.

이름자 효과 name-letter effect [13]

훨씬 더 사소한 차원에서도 언어학적 효과가 나타날까? 이를테면 자신의 이름자를 선호하는 편향이 있을까? 사람들은 자신의 이름(영어의 첫 번째 이름과 마지막 이름)에 들어 있는 글자를 선호한다. 즉 두 글자 중에 어느 쪽이 끌리는지 고르라고 하면(생각할 시간을 주지 않고 빨리 택하라고 할 때) 사람들은 일관되게 자신의 이름에 들어간 글자를 고른다. 이 말은 영어 첫 번째 이름과 마지막 이름의 첫 글자에 특히 잘 들어맞지만, 사실 각 이름 전체에도 적용된다. 이 효과는 다양한 방법으로 측정했을 때 한결같이 나타나며, 우리가 아는 한 의식의 바깥에서 이루어진다. 즉 자신이 자기 유사성을 토대로 글자를 선택한다는 사실을 의식하는 사람은 아무도 없는 듯하다. 이 효과는 조사한 모든 언어에서 나타난다. 로마자를 사용하는 유럽의 11개 언어뿐 아니라 그리스어와 일본어에서도 똑같았다. 자신의 생일 숫자에서도 비슷한 효과가 나타난다. 즉 임의로 나열한 숫자 중에서 생일의 숫자를 더 선호한다. 이 효과는 8세 어린이뿐 아니라 대학생에게서도 나타나므로, 개인이 글자에 수백만 번 노출되고 수많은 숫자를 접한다고 해도 강하게 유지되고 있음을 보여준다.

가장 단순한 설명은 이름자 편향이 오로지 자신의 이름이 친숙하기 때문에 나타난다는 것이다. 친숙함은 매력을 높일 수 있기 때문이다. 하지만 친숙함 이외의 다른 요소가 관여한다고 믿을 만한 타당한 이유가 있다. 일본의 여성은 어릴 때에는 성명 중에서 성에 든 글자를 선호하는 경향이 강하다가 자라면서 곧 이름의 글자를 선호하는 쪽으로 바뀌는 반면, 남성은 정반대 경향을 보인다.[14] 이것은 그 효과를 낳는 것이 접하는 빈도가 아니라 개인적으로 얼마나 중요한가임을 시사한다. 또 글자를 지나치게 많이 접한다고 해서 그것이 반드시 인기가 있는 것도 아니다. 적어도 가장 빈도가 높은 글자들에서는 가장 자주 접하는 글자가 가장 인기 있는 글자는 아니다. 한편 빈도가 가장 낮은 쪽에서는 거의 접하지 못하는 글자들—W, X, Y, Z, Q—이 매력이 덜한 글자들이기도 하지만, 벨기에의 왈룬Waloon 사람들은 W 글자를 자주 접해도 그 글자는 별 인기가 없다.[15] 게다가 이름자 효과는 자존감과 관련이 있는 긍정적인 육아 방식(아래 참조)처럼, 단어 사용과 뚜렷한 관계가 없는 변수들을 통해 강화된다. 즉 이름자 효과는 주로 자기애적인 것인 듯하다. 빈도 효과가 좀 추가되었긴 해도 우리는 다른 글자들보다도 자기 성과 이름의 첫 글자를 사랑한다. 우리 자신의 것이니까 말이다.

  이름자 효과는 한 짧은 시기에 반짝 빛을 내면서 전혀 의식하지 못하는 와중에 우리의 행동에 폭넓게 중요한 효과를 미친 듯했다.[16] 변호사 중에는 래리와 로라라는 이름을 지닌 이가 너무나 많고, 지구과학 논문 발표자 중에는 제프리가 아주 많다. 마지막 이름(첫 네 글자)이 자신이 사는 소도시나 거리나 주의 이름과 일치하는 이들도 너무나 많다. 사람들이 자기 주변의 사소한 우연의 일치를 토대로 인생을 좌우할 중요한 결정을 내린 모양이었다. 사람들이 자신의 마지막 이름과 일치하는 주로 이사하는 경향이 있다는 증거도 거기에 인과관계가 있음을 강하게 시사했다. 아마도 다행이겠지만, 처음의 연구 결과들을 아주 세심하게 분석해 각각이 절차나 논리에 숨겨진 편향 때문임을 밝혀냈을 때, 이 사상누각은 무너졌다. 예를 들어 40년 전에 아기에게 제프리, 로라, 래리라는 이름을 붙이는 열풍이 한 차례 불었다. 그래서 오늘날 지구과학과 법 분야뿐 아니라 다양한 영역들에 그런 이름이 지나치게 많은 것이다. 마찬가지로 이주 연구에서는 출생지를 몇 년 뒤(아이가 사회보장번호를 처음 받았을 때) 거주지라고 파악하고는 했으며, 이미 다른 곳으로 이사한 사례도 있었을 것이다. 사람들은 자신이 태어난 곳으로 돌아오는 경향이 강하므로, 이것만으로도 진짜처럼 보이는 상관관계가 나오고는 한다.[17] 실제로 그랬다.

그럼에도 이름자 효과와 관련된 비용이나 혜택은 우리가 아는 것만 해도 놀랍기 그지없다. 자기 이름의 첫 글자 선호는 진짜 비용을 치르게 할 수 있다. 즉 자기 이름의 첫 글자가 낮은 성적의 징후들과 관련이 있을 때 성적이 낮다(비록 그 역은 사실이 아니지만).[18] 이 맥락에서의 자기애는 비용을 주지만 혜택은 주지 않는다. 미국의 학교에서 C와 D는 낮은 등급이고 A와 B는 높은 등급이다. 첫 번째 이름이나 마지막 이름의 첫 글자가 C나 D인 사람은 A나 B나 다른 어떤 글자인 사람보다 학업 성적(평균 평점)이 더 낮다. 낮은 등급(C와 D)인 사람들이 그런 등급을 덜 기피하기 때문인 듯하다. 주목할 만한 점은 자기애가 이름의 첫 글자가 A나 B인 사람에게 혜택을 주지는 않지만 —그들은 다른 첫 글자를 지닌 사람들과 성적이 다를 바 없다— C나 D인 사람에게는 해를 끼친다는 사실이다. 당신의 이름이 찰스 다윈이라면, 당신은 주위의 학생들보다 성적이 좀 낮은 경향을 보일 것이다. 그리고 이런 편향은 삶에 다방면으로 효과를 미친다. 법학대학원들의 순위를 매겨보면 이름의 첫 글자가 C나 D인 학생들이 순위가 낮은 대학원에 더 많이 있다.

이름 첫 글자가 C와 D인 학생들에게 교사가 무의식적으로 낮은 점수를 준다는 주장도 나올 수 있지만, 직접 실험을 해보면 자기 자신이 문제를 틀리기 때문임이 드러난다. 어려운 철자 바꾸기 문제 10문항(그중 둘은 풀 수 없는 문제다)을 애써 풀게 한 뒤에 선택을 하라고 하면, 사람들은 틀린 답(그리고 더 적은 상금)이 자신의 이름자와 일치할 때 틀린 답 쪽을 선택할 것이고, 상향 편향은 드러내지 않을 것이다. 여기서도 자기애는 실패와 관련이 있지만 성공과는 관련이 없다. 우리 중 누군가가 그런 임의적인 편향에 반응하지 않는 경향이 있어서 삶을 더 객관적으로 보면서 더 자주 성공을 거두는 것이 가능할까?

이런 암묵적인 자기편향은 어떻게 생기는 것일까? 개인이 기억하는 형태와 그와 별개로 어머니가 기억하는 형태 양쪽으로 초기 양육 방식이 이름자 편향, (그리고 일부 사례에서는) 출생일 편향의 정도와 관련이 있다는 증거가 있다.[19] 거기에는 규칙이 있다. 따뜻하고 긍정적인 육아는 더 강한 긍정적인 자기편향을 빚어내는 반면, 통제나 과잉보호는 반대 효과를 낳는다는 것이다. 사람들에게 "나는 많은 좋은 자질을 지녔다고 느낀다."처럼 일련의 형질들을 스스로 평가하라고 요청함으로써(1은 매우 맞다, 7은 전혀 아니다) 측정했을 때, 그 변수들은 명시적 자존감에 비슷한 효과를 미쳤지만, 명시적 자존감을 바로잡아도 암묵적 효과는 여전히 중요하다. 최근의 연구는 더 나아가 일상 사건들이 자신의 이름자 편향에 영향을 미칠 수 있지만, 오직 명시적 자존감이 낮은 사람들에게서만 그렇다는 것을 시사한다.[20] 24시간 내에 일어난 부정적인 사건들의 수가 더 많을수록 암묵적 자존감, 즉 자신의 이름 글자를 선호하는 경향은 줄어든다.

자기비하 기만과 어리숙하게 굴기[21]

앞서 살펴보았듯이, 우리는 대개 자아상에 관한 기만을 자신의 확대를 수반하는 것이라고 생각한다. 자신이 실제보다 더 크고 더 명석하고 더 멋있게 보인다는 것이다. 하지만 두 번째 유형의 기만이 있다. 자기비하 기만이다. 생물이 자신을 더 작고 더 어리석고 더 나아가 추하게 보이도록 함으로써 이익을 얻는 쪽으로 선택이 이루어진 것을 가리킨다. 재갈매기를 비롯한 여러 바닷새들의 새끼들은 부모 곁에 더 오래 머물면서 부모의 투자를 더 많이 받기 위해 몸집이 작아 보이게 하고 덜 공격적으로 보이게 하느라 열심이다. 많은 어류, 개구리, 곤충 종들에서는(2장 참조) 수컷들이 몰래 알을 수정시키기 위해 겉으로 드러나는 몸집, 색깔, 공격성을 약화시켜서 암컷인 양 위장한다. 이런 사례들은 자기비하 기만이 다른 종들에게서 종종 생존 전략이 되어왔음을 시사하며, 따라서 사람에게서도 그런 전략으로 쓰일 가능성이 높다. 그것은 자기기만적인 자기축소로 이어질 것이다.

예를 들어 덜 위협적으로 보이면 더 가까이 접근할 수 있을 것이다. 이것은 대다수의 사람들이 정반대로 행동하므로, 이 방향으로는 방어력이 덜 발달해 있다는 사실에 어느 정도 성공 여부가 달려 있는 소수파 전략이다. 나는 너무나 저자세로 다가와 경계심을 전혀 일으키지 않았던 학생들을 기억한다. 그들이 솔직하거나 상향 편향을 드러내는 더 재능 있는 동료들 중 상당수보다 결국에는 당신의 시간을 훨씬 더 많이 빼앗으리라는 것(당신의 효율을 떨어뜨리면서)을 당신은 상상도 하지 못할 것이다. 물론 그들이 비하적인 자기기만을 하고 있는지 여부는 말하기가 어렵다.

내가 아는 한 가장 기억에 남을 만한 자기비하 기만 유형은 아프리카계 미국인 사회에서 '어리숙하게 굴기dummying up'라고 일컫는 것이다. 이것은 특정한 상황에서 전혀 모르는 척 행동하는 것을 가리킬 수도 있다. 예를 들어 범죄 현장에 있었음에도 전혀 보지 못한 척하거나 어떤 드러나지 않은 연관성을 알면서도 전혀 모르는 척하는 것이다. 하지만 더 일반적인 양상을 가리킬 수도 있다. 자신을 실제보다 머리가 더 나쁘거나 잘 알아차리지 못하는 양 보이게 하면, 할 일을 최소로 줄이는 데 도움이 될 수 있다. 직원은 더 힘든 일을 모면하고자 어리숙하게 굴 수도 있다. 나는 파나마와 때로는 미국에서도 스페인어를 쓰는 사람들이 실제로는 그렇지 않음에도 영어를 훨씬 더 못 알아듣는 양 구는 모습을 종종 보았다. 그들이 어리숙하다고 쉽사리 믿는 미국인들을 상대로 이득을 얻기 위해 하는 짓이다. 이것은 자신의 편견에 당하는 사례이기도 하다.

예전에 휴이 뉴턴Huey Newton에게 주요 단체(블랙팬서당)의 대표로서 종종 직면했을 것이 틀림없는 문제인, 자신을 상대로 어리숙하게 구는 이들을 어떻게 해결했는지 물었다. 그는 부르면 늘 딴청을 피우거나 실제로는 아무 일도 하지 않으면서 일하는 척하는 종업원을 상상해보라고 했다. 휴이가 그를 호되게 꾸짖는 방법은 이러했다. "흐음, 그러니까 너는 아주 멍청해서 내가 부르려 할 때마다 우연히도 딴 곳을 쳐다보고 있다는 거지? 그리고 너무나 멍청해서 내가 지켜보는 것을 알 때마다 닦을 필요도 없는 접시를 닦는 척하는 거고? 또 너무너무 멍청하니까 가지도 않을 식료품 창고로 늘 걸어가는 척하는 것이고? 어찌 그리 잘났니!" 이어서 욕설이나 손찌검이 가해진다. 아마 어리숙하게 굴기의 최종판은 일부 아프리카 사람들이 데리고 사는 침팬지들에게서 볼 수 있을 듯하다. 그 침팬지들은 사람의 말을 쉽게 알아들을 수 있으면서, 일을 시키지 못하게 알아듣지 못하는 척한다!

얼굴주의 face-ism

몸의 다른 부위보다 얼굴을 더 두드러져 보이게 하는 방식의 시각적 얼굴 묘사—즉 얼굴이 더 가까워 보이게 해 '얼굴주의' 등급을 높인—가 더 우월하다는 인상을 심어줄 것이라는 주장이 있어왔으며, 사람들은 실제로 그런 얼굴을 더 우월하다고 평가한다. 어쨌거나 '얼굴'이라는 단어는 '맞대면', '얼굴에 철판 깔고', '면목 없다' 등등에서처럼 맞선다는 의미로 쓰일 수 있다. 즉 내가 당신 앞에 얼굴을 더 들이밀수록 나는 더 우월해 보인다. 이 점에 부합되게 미국에서 차별을 받는 소수 인종, 즉 아프리카계 미국인의 얼굴은 유럽계 미국인의 얼굴보다 미국과 유럽의 다양한 정기간행물, 미국의 초상화, 미국 우표에서 얼굴주의 등급이 더 낮게 나온다.²² 이 차이는 상대적인 지위를 조절했을 때도 나타난다. 예술가가 아프리카계 미국인일 때만 예외다. 즉 그들은 인종별 차이를 전면 배제시킨 채 모든 이들의 얼굴주의 등급을 높게 묘사한다. 물론 예술가들이 이 효과를 얼마나 의식하고 있는지는 모르겠지만, 나는 그 자극의 제시자 중 상당수가 그 효과를 의식하지 못할 것이고, 수용자도 거의 모두 그럴 것이라고 추정한다.

「타임」과 「미즈」를 비롯한 미국의 다양한 정기간행물, 11개국(케냐,

멕시코, 인도, 프랑스 등등)의 매체 사진 3500장, 15세기까지 거슬러 올라가는 초상화와 자화상, 남녀의 얼굴을 그린 아마추어 그림들에 나온 남녀의 모습에서도 비슷한 현상이 발견돼왔다.[23] 이 모든 사례에서 남성은 여성보다 얼굴주의 등급이 더 높다. 즉 사진에 상대적으로 얼굴이 더 크게 나와 있다. 여성이 몸집에 비해 머리가 좀 더 큰 편이라는 점을 생각하면 놀랍다. 반면에 여성은 젖가슴이 있으며, 이것이 머리가 덜 보이고 몸이 더 보이는 쪽으로 편향을 일으킬 수도 있다. 아무튼 그 상관관계는 연구된 모든 나라에서, 17세기부터 지금까지의 모든 세기에서 참이다. 얼굴주의의 일반적인 효과는 동화책, 「포춘」 선정 500대 웹사이트, 황금 시간대 텔레비전 등등 수많은 곳에서 거의 보편적으로 나타나는 듯하다. 「미즈」 잡지(페미니스트)만이 미국의 나머지 출판물보다 통상적인 방향으로 약간 덜 편향되어 있다.

얼굴주의 점수와 인지된 지능의 수준 사이에 어떤 약한 상관관계가 있긴 하지만, 이것이 성별이나 인종별 비교에 영향을 미친다는 증거는 전혀 없다. 한 가지 사소한 예외가 있긴 하다. 미국의 다양한 정기간행물에 실린 사진들을 보면, 상대적으로 지적인 직업을 지닌 남성들이 비슷한 직업의 여성들보다 얼굴주의 점수가 더 높았고 더 육체적인 직업에서는 정반대 효과가 나타났다.[24]

정치인의 자기표현—즉 자신의 웹사이트에 올리기 위해 자신이 고르는 사진—조차도 통상적인 편향을 보여준다.[25] 적어도 미국, 캐나다, 호주, 노르웨이에서는 그렇다. 이 편향은 법률 분야 종사자가 여성이 남성보다 2배 더 많든 10분의 1에 불과하든(노르웨이와 미국을 비교할 때) 똑같다. 여기서도 미국에서 아프리카계 미국인 정치인은 여타 인종

집단에 비해 가장 높은 얼굴주의 지수를 보인다는 점에서 예외다. 즉 이것은 그들이 얼굴주의 지수가 높으면 그만큼 우월하다고(그리고 아마도 지능이 높다고) 여겨진다는 점을 인식하고 있음을 시사한다. 미국의 여성 정치인은 여성들의 표를 '여권 신장'을 원하는 것이라고 해석할수록 자신의 사진에서 얼굴을 더 강조한다.

사람들이 얼굴주의를 어느 정도 자각하고 있는지는 알려지지 않았으며, 그것의 메커니즘도 그렇다. 사진 선별 작업을 하는 백인이 흑인 얼굴을 보고 '아랫사람'이라고 내뱉은 뒤, 얼굴주의 지수가 상대적으로 낮은 사진을 고르는 것일까? 아니면 그는 검은 얼굴이 다소 꺼림칙해서 더 작게 나온 얼굴을 선호하는 것일까? 그리고 사진을 검토하는 흑인은 흑인 사진에 더 끌려서 얼굴이 더 크게 나온 사진을 용인하기가 더 쉽거나, "똑같이 우월하다."라거나 "내 자신과 동족이 똑같이 우월해 보이도록 하고 싶다."라고 하는 것일까?

조지 W. 부시의 머리에 관한 흥미로운 연구가 있다.[26] 그가 벌인 두 차례의 전쟁이 시작되기 78일 전과 시작된 지 134일 뒤에 시사만화에 실린 그의 얼굴주의 지수를 분석할 생각을 한 연구자들이 있다. 이 연구의 저자들은 우월한 지도자인 부시의 얼굴주의 지수가 전쟁이 터지면서 높아질 것이라고 예측했다. 그런데 실제로는 두 번 모두 낮아졌다. 저자들은 최근에 미국이 벌인 모든 주요 전쟁에서 대통령은 마치 자신이 모든 면에서 양보를 하고 합리적인 노력을 기울인 뒤에 어쩔 수 없이 떠밀려서 전쟁을 하는 양 보이기 위해 애썼기 때문에, 그것이 겉으로 보이는 우월성을 낮추었다고 주장했다. 혹은 만화가들이 나머지 우리와 달리 각 전쟁이 어떤 모습으로 비칠지를 알고 있었을 수도 있다. 그보다 더 가능성이 높은 쪽은 만화가들이 전쟁 이전에는 적에게 인상을 심어주기 위해 조국(그리고 지도자)을 확대시키는 편향을 보이다가 일단 전쟁이 터지고 나면 그 편향이 사라지기 때문에 그런 현상이 나타났다고 보는 것이다.

스팸 대 반스팸[27]

기만을 둘러싼 자연에서의 공진화 경쟁과 인간 삶에서의 경쟁 사이에는 유사성이 있다. 기만하는 자가 한 수를 두면 기만당하는 자가 대항 조치를 취하는 식의 과정이 몇 달 혹은 몇 년에 걸쳐 진행되는 것이다. 여기서는 기만하는 자가 유리한 입장에 있다. 대개 먼저 수를 두기 때문이다. 이 말은 최고의 두뇌를 지닌 이들이 기만에 맞서 싸우는 상황에서도 들어맞는다. 도처에서 침입하는 원치 않는 컴퓨터 메시지인 스팸이라는 '종'을 생각해보자. 스팸은 아무리 적은 액수든 간에 직접 또는 제3자로부터 돈을 받는다고 유혹하는 다양한 제안을 한다. 때로는 기업이 멋모르는 사람들을 자신의 웹사이트로 끌어들이기 위해 스팸을 보내기도 한다. 웹사이트를 방문하는 사람이 늘수록 그 기업이 고용한 광고 회사는 더 많은 돈을 번다. 스팸이 처음 문제가 되었을 때, 컴퓨터 소프트웨어 기술자들은 스팸을 알아차리고 차단하는 수단을 고안하면서 예방과 보호 쪽에 치중했다. 그 결과 빌 게이츠는 2004년에 정크 전자우편 문제가 "2006년까지는 해결될 것"이라고 열변을 토하면서 호언장담하기에 이르렀다. 게이츠는 당시 쓰이던 스팸

발송 도구를 막을 방화벽을 쉽게 세울 수 있을 것이라고 보았지만, 비용을 거의 들이지 않고 그런 방화벽을 쉽사리 우회할 수 있고 더 새로운 형태의 스팸 발송 수단을 쉽게 창안할 수 있다고는 상상하지 못했다. 2006년이 되자 스팸의 양은 더 늘었다. 그 전해보다 두 배로 늘어났다. 물론 스팸은 인간의 목적을 위한 인간의 발명품이며, 컴퓨터와 인터넷을 복제 도구로 삼는다.

반스팸 세력이 처음에 역공에 성공해 스팸의 수가 줄어든 뒤에, 보호 수단들을 모조리 우회할 수 있는 방법들이 등장했다. 그 결과 2006년 말에는 전자우편 열 통 중 약 아홉 통이 스팸이었다. 처음에 스팸에 맞서 사용된 수단은 세 가지 걸러내기 전략을 섞은 것이었다. 소프트웨어가 오는 메시지를 하나하나 훑어서 그것이 어디에서 왔는지, 어떤 단어가 포함되어 있는지, 어느 웹사이트로 연결되는지를 조사하는 방식이었다. 그러자 첫 번째 방어 전략을 우회하는 놀라운 수단이 개발되었다. 다른 컴퓨터를 바이러스에 감염시켜서 대신 스팸을 보내도록 하는 프로그램이 나온 것이다. 2006년 말에 자신도 모르게 매일 스팸을 보내는 컴퓨터가 약 25만 대로 추정되었다. 이 방법은 두 가지 목적을 동시에 달성했다. 발신자의 주소를 걸러낼 수 없도록 하는 동시에 추가 비용을 전혀 들이지 않고 보낼 수 있었다.

두 번째 방어 전략은 통계적으로 스팸임을 시사하는 단어를 찾아내는 것인데, 이 방어벽은 사진에 단어를 넣음으로써 회피할 수 있었다. 물론 추가로 드는 비용은 탈취한 컴퓨터를 이용하는 첫 번째 수단을 통해 상쇄시킬 수 있었다. 그러자 화상을 검출하고 분석하는 방안이 개발되었다. 그러자 화상에 '얼룩'을 삽입하고 배경의 색깔을 얼룩덜룩하게 함으로써 컴퓨터의 검색 기술을 방해하는 수단이 등장해 그 방안을 무력화했다. 똑같은 메시지가 중복해 오는 것을 막는 기술에 맞서서, 사진의 화소를 몇 개씩만 자동적으로 바꾸는 프로그램도 개발되었다. 그것은 발각되지 않을 정도로만 조금씩 사람의 지문을 바꿀 수 있는 것과 비슷하다. 표적이 되는 것을 피하고자 몸의 무늬를 무작위적으로 계속 빠르게 바꾸는 문어의 능력을 떠올리게 한다(2장 참조). HIV 바이러스도 같은 비법을 쓴다. 면역계가 자신에게 집중하지 못하도록 빠른 속도로 표피 단백질에 돌연변이를 일으킨다. 연결 사이트를 검색해 차단하는 전략에 맞서기 위해, 일부 스팸은 아예 연결 사이트가 없다. 이른바 깡통 주식(별 볼 일 없는 기업의 휴지조각이나 다름없는 주식)에 투자하면 며칠 사이에 5퍼센트 수익을 올릴 수 있다고 과대광고하는 스팸이 그렇다. 거기에 혹해서 투자자들이 몰려들어 주가가 상승하면 스팸 발신자는 재빨리 주식을 팔아 수익을 올리고 주가는 폭락한다.

요점은 한쪽이 수를 두면 상대방은 맞수를 두며, 매번 새로운 수가 언제든 나올 수 있으므로 기만하는 자가 수를 두고 기만당하는 자가 대응하는 일이 반복되면서 양편 모두 비용은 해마다 느는 반면 순익은 전혀 없어진다는 것이다. 양편 모두 프로그래머의 지적 능력을 점점 더 요구하게 될 것이다. 이 맥락에서 불가피하게 치러야 할 한 가지 비용은 스팸 검출기가 너무 엄격할 때 일부 진짜 정보를 배제시킴으로써 진짜 정보를 잃는다는 것이다. 2장에서 살펴보았듯이 이것은 동물의 식별력에 내재된 보편적인 문제다. 식별력이 커질수록 불가피하게 이른바 부정 오류 false negative 비율이 증가할 것이다. 즉 사실은 참임에도 거짓이라고 판단해 거부하는 사례를 말한다. 따라서 스팸을 더 많이 걸러내는 쪽으로 나아갈수록, 불가피하게 진정한 메시지도 더 많이 걸러진다. 그리고 지금은 훨씬 더 위험한 멀웨어malware도 있다. 남의 컴퓨터에서 핵심 정보를 내려 받아 경쟁 상대에게 전달하는 악성 코드를 말한다. 자연에서 새로 출현하는 기생생물(바이러스 같은)과 마찬가지로, 멀웨어는 그것을 방어하는 수단보다 훨씬 더 빠르게 증가하고 있다.

유머, 웃음, 자기기만[28]

한 가지 놀라운 발견은 유머와 웃음이 면역계에 긍정적인 혜택을 주는 듯하다는 것이다. 유머는 반자기기만이라고 주장할 수도 있다. 유머는 기만과 자기기만이 감출지 모를 모순에 주의를 향하게 하고는 한다. 그런 것들은 익살스럽게 비친다. 과시—대개 자기기만을 수반한—에서 비롯되는 운명의 역전은 구경꾼에게 웃음을 안겨주고는 한다. 무성영화에 으레 나오는 주요 장면 중 하나는 멋지게 쫙 빼입은 남자가 고개를 빳빳이 세운 채 으스대면서 거리를 걷는 광경이다. 고개를 치켜든 까닭에 그는 발밑에 놓인 바나나 껍질을 보지 못한다. 자기기만의 거의 완벽한 시각적 비유라 할 수 있다. 그의 행동은 남들을 향한다. 그는 위쪽을 응시하고 있기 때문에 자신이 실제로 걷고 있는 바닥에 전혀 주의를 기울이지 못한다. 그 결과 나뒹굴면서 으스대는 걸음걸이, 꼿꼿이 치켜든 머리, 잘 차려 입은 옷, 몸의 통제력은 완전히 엉망이 된다. 그 모든 멋진 모습이 한 번의 모순으로 파괴된다.

자기기만 수준이 낮은 사람들(고전적인 설문지 검사를 통해 판단했을 때)은 높은 사람들보다 유머를 더 즐긴다(익살에 반응하는 실제 얼굴 움직임으로 측정했을 때). 동시에 흑인이나 전통적인 성 역할에 암묵적으로 더 큰 편견을 지닌 사람들은 그렇지 않은 사람들보다 인종차별적이거나 성차별적인 의미를 담은 유머에 더 잘 웃는다. 내면의 모순이 더 커서 그 주제를 다룬 적절한 유머에 해소되면서 더 큰 웃음이 나오는 것은 아닐까?

웃음은 쥐와 침팬지에게서도 발견되는 고대 포유동물의 형질이다. 쥐를 간질이면 웃음처럼 들리는 소리를 내며, 쥐는 간질임당하는 쾌감을 적극 추구할 것이다.[29] 침팬지는 추격당할 때 헐떡이는 듯한 웃음을 낼 것이다.[30] 그것은 그 추격이 공격적이거나 쫓기는 것이 아님을 말해주는 행동이다.

유머는 금기 주제와 권력을 빼앗긴 집단의 견해를 논의하도록 해준다. 또 사람들은 자기기만이 부정적이고 값비싸지만 필요하다는 것을 알며, 유머는 이 진실을 이끌어내어 즐기고 소비할 수 있게 해준다. 즉 우리 모두는 자기기만자이다. 유머는 아무도 위협받을 필요 없이 일종의 사회적 수준의 비판을 허용한다. 그저 농담일 뿐이니까.

마약과 자기기만

위락용 약물과 자기기만은 분명히 밀접한 관계가 있다. 우선 마약 이용은 정도의 차이는 있겠지만 적어도 해로울 때가 많으며, 마약 중독은 거의 예외 없이 그렇다. 여기서 마약이란 순한 정도에서 심각한 정도에 이르기까지 효과를 미치는 합법적이거나 불법적인 다양한 화학물질을 가리킨다. 마리화나, 알코올, 담배, 각성제, 진정제, 코카인, 헤로인 등등이다. 따라서 이 비용을 자신의 마음에, 그리고 마음을 통해 남들에게 합리화시킬 필요가 있다. 따라서 자기기만은 마약 이용의 사실상 필수 조건이다. 나는 처음 코카인을 흡입하려 시도할 때 내 자신에게 했던 말을 기억한다. "본전은 충분히 뽑을 거야! 머리가 훨씬 더 맑아질 것이고 일을 훨씬 더 많이 할 수 있겠지." 물론 사실 마약은 아주 비싸고 일을 할 때는 전적으로 역효과를 보인다. 휴이 뉴턴과 나는 자기기만 없이 마약 남용을 함으로써 비용을 줄이거나 없앨 수 있다고 농담을 하고는 했지만, 그것은 거짓말이었다. 유쾌한 농담조차도 문제를 최소화시키는 데 동원되었다.

　마약 이용의 두 번째 효과는 일상생활을 마약을 사용할 때의 고양된 시기와 회복될 때의 울적한 시기로 분리하고는 한다는 것이다. 이것은 우리의 인격을 둘로 나누는 경향이 있으며, 그러면 충돌이 빚어질 수도 있다.[31] 숙취에 시달리는 자아는 전날 밤의(그리고 더 전반적으로) 술 취한 자아를 비난할지 모르지만, 술 취한 자아는 대개 자신이 앞에 나올 때가 오자마자 이 모든 사실을 잊을 것이다. 우리는 두 자아 중에 숙취 상태의 자아가 더 의식이 있다고 상상하고 싶은 유혹을 느낀다. 취한 자아는 쾌락에 푹 잠기고 그것을 방해할지 모를 다른 자아로부터 오는 정보를 억누르고 싶을 것이다. 하지만 숙취 상태에서는 전날 밤에 벌어진 일을 아주 잘 기억한다. 아마 술에 취해 있을 때, 당신의 숙취 상태 자아는 낙담해 지켜보면서 소리치려 시도할 것이다. 때로는 (다행스럽게도) 일부 정보가 전달되기도 한다.

내가 숙취 상태의 자아가 둘 중 더 의식이 있다고 여기는 이유는 어느 정도는 분열 인격 연구에서 유추한 것이다. 드물게 이중인격을 지닌 사람들에게서 두 번째 인격이 대개 성년기 초에 출현하며 첫 번째 인격과 전혀 딴판일 수 있다는 연구가 오래전에 나와 있었다. 첫 번째 인격은 수줍어하고 사교성 없는 영국 신사이고, 두 번째 인격은 플라멩코를 즐기는 화려한 스페인 사람일 수 있었다. 대개 첫 번째 인격은 두 번째 인격이 있는지조차 모르는 반면, 두 번째 인격은 여러 해 동안 첫 번째 인격을 지켜봐왔다. 따라서 치료는 대개 두 번째 인격을 주된 인격으로 삼아 하나의 인격으로 통합하는 것이다. 따라서 여기에서 유추하자면, 취한 자아는 첫 번째 인격일 것 같다. 자신을 지켜보는 두 번째 인격이 있음을 모르니까 말이다.

어느 정도 중요성을 띤 세 번째 요소는 약물 이용/남용의 비용을 때로 생리적 고통으로 경험하기도 하며, 그러면 주어진 사회적 상호작용의 고통에 그것을 덧붙여서 자기 주변 사람들에게 투사한다는 것이다. 그러면 논쟁할 때의 고통이 훨씬 커지지만, 마약 이용으로 생기는 고통 부분의 자기 책임을 부정함으로써 자신의 분노를 온전히 남에게 투사할 수 있다. 알코올 중독자—설령 거울 앞에서 마주친 것은 아니라 할지라도 우리 모두는 분명히 한두 명쯤은 만났다—는 여기에 들어맞는다. 따라서 약물 중독자들은 짜증을 잘 내면서도 동시에 그것을 도덕적으로 옳다고 여기는 경향이 있다.

마지막으로 고양된 상태에서 —주변 사람들에게 부자연스러울 만큼 친밀감을 느끼고 장밋빛 가득한 미래가 펼쳐질 듯한 느낌일 때— 내린 결정은 종종 자신의 진정한 이익에 맞지 않는 쪽으로 편향될 수 있음을 잊지 말자. 마약이 자연적인 상태로부터 멀어지도록 우리를 고양시키는 것과 마찬가지다. 다음 질문의 답을 알면 좋을 것이다. 상대적으로 더 자기기만적인 사람이 약물 중독자가 될 가능성이 상대적으로 더 높을까? 답이 예라고 예상하겠지만, 나는 어떠한 증거도 알지 못한다. 분명히 사기꾼과 도둑이 결국 습관성이 강한 마약에 빠져들고 —나도 그런 사례를 몇 건 본 적이 있다— 나머지 우리들은 더 약한 마약에 약하게 중독된다는 주장이 흔히 들리지만, 나는 정말로 그러한지는 알지 못한다.

나를 당혹스럽게 하는 또 한 가지 문제는 쾌락 추구를 반대하는 편향이 어디에서 나오는가 하는 것이다. 식욕을 촉진하거나 통증을 억제하는 합법적 약물로 이미 쓰이고 있는 의료용 마리화나를 반대하는 이들은 종종 말하고는 한다. 왜 내친 김에 불법 약물들도 허용하지 그러냐고 말이다.

후자는 쾌락도 안겨주므로, 당신이 더 좋은 식욕과 더 좋은 기분으로 살아갈 수 있게 해주는데, 왜 후자는 미덕이 아니라 장애물이라는 것일까? 사실 현재 나는 치아 신경 치료에 이상적인 약은 통증을 못 느끼게 하지만 기분 좋게 해주지는 않는 화학적 유사체(프로카인)가 아니라 코카인이라고 믿는다.

남에게 조작당할 취약성

사회적으로 자기기만의 잠재적 비용은 남에게 조작(그리고 기만)당할 여지가 더 커진다는 것이다. 당신은 자신의 행동을 의식하지 못하지만 남들은 의식한다면, 그들은 당신이 모르는 사이에 당신의 행동을 조작할 수도 있다. "당신들은 도시인을 취하게 할 수 없어."라고 주장하는 사내의 이야기를 생각해보자. 이 일은 약 35년 전 자메이카의 한 시골에서 일어났다.

킹스턴('도시') 출신의 사내가 지나는 길에 술집에 들러 허풍을 떨고 있었다. 물론 우리 지역민들은 그의 견해에 반발했고, 잠시 열띤 논쟁이 벌어졌다. 그러다가 한 사람이 기발한 생각을 떠올렸다. 편을 바꾸기로 한 것이다. 그는 도시 사내의 견해에 맞장구를 치면서 —도시인을 취하게 할 수 없어— 그에게 한 잔 샀다. 곧 우리 모두 눈치를 채고, 편을 바꾸어서 사내에게 한 잔씩 샀다. 도시 사내는 이제 술꾼의 낙원에 와 있었다. 모두가 그의 견해에 동의했고 모두가 그에게 술을 샀다. 그는 점점 더 취했고, 마침내 의자에서 이리저리 기우뚱거리다가 바닥에 굴러 떨어졌다. 그는 토하기 시작했고, 그러다가 미끄러져서 자신의 토사물을 뒤집어썼다. 이 말을 한 것은 자랑하기 위해서가 아니라 진실을 기술하기 위해서다. 그가 점점 더 몸을 가누지 못할수록 우리는 점점 더 크게 웃어댔고, 신이 나서 환호성을 질러댔다. 휴이 뉴턴이 즐겨 쓰는 표현을 빌리자면, 우리는 그를 가졌다.

우리는 그의 주머니를 뒤질 수도 그를 죽일 수도 있었다. 그는 더 이상 자신의 운명을 통제할 수 없었다. 이것은 자기기만의 끔찍한 위험이다. 그가 킹스턴 사람을 취하게 할 수 없다고 정말로 믿었기 때문이 아니라, 그가 환상의 세계로 들어가서 자신의 환상을 팔았고 그 뒤에 남들이 산 그 환상을 믿었기 때문이다. 그는 무슨 일이 벌어지는지 전혀 몰랐고, 그 때문에 심장마비로 죽는 것처럼 확실하게 죽을 수도 있었다.

이것은 자기기만의 아주 일반적이고 중요한 비용임에 틀림없다. 당신은 사회적 현실의 중요한 부분을 알아차리지 못함으로써 남들을 사회적으로 속이려 애쓰고 있다. 당신이 의식하지 못하는 바로 그 부분을 남들이 의식한다면 어쩔 것인가? 당신의 주변 환경 전체가 당신에게 등을 돌릴지도 모른다. 모두 당신보다 더 잘 아는 반면, 당신은 자기기만에 사로잡혀 아무것도 모른 채 흘깃 둘러본다. 도시 사내의 사례에서, 그의 우월감은 주변 사람들이 채굴할 수 있는 자원이 되었다.

직업 사기꾼

버니 매도프Bernie Madoff를 찬미하라. 그는 폰지 사기Ponzi scheme라는 피라미드 방식으로 수천 명을 속여서 수십만 달러를 사취할 무렵에 대중의 이목을 다시 사기꾼에게 집중시켰고, 사기꾼이 받아 마땅한 시선을 받게 했다.[32] 피라미드 조직에 참여한 초기 투자자들은 높은 수익을 받는다. 실제로 일해서 얻는 소득이 아니라 그 계획에 참여한 남들의 돈에서 나온다. 높은 수익을 받는다는 소문이 퍼짐에 따라, 점점 더 많은 사람들이 수지맞는 일에 참여하기를 원한다. 하지만 정의상 그런 조작은 무한정 이어질 수 없다. 대개 일찍 투자한 이들은 일찍 많은 수익을 얻고 떠나며, 사기꾼 자신도 그렇다. 비록 그는 나중에 감옥에서 고생할 수도 있지만 말이다. 나머지 사람들은 잃는다. 대다수는 자신들이 투자한 모든 것을 잃는다.

매도프는 무려 500억 달러를 사취했다. 그는 고전적인 사기꾼이었다. 사근사근하고 매력적인 모습으로 누구든 만나면 혹해 넘어오게 만들었다. 그는 자신에게 투자할 "장부를 마감했다."라고 사람들에게 계속 말하고 다니다가, 나중에야 측은한 마음이 드는 양 다시 장부를 열어 사람들이 돈을 잃도록 허용했다. 늘 그렇듯이, 거기에 넘어가지 않는 이들도 있었고 사기임을 알아차린 이들도 소수 있었다. 그것은 우리가 줄곧 예상했던 바다. 다수의 행위자가 참가하는 진화 게임은 빈도 의존성 상호작용에 사로잡히게 된다. 그럴 때 행위자의 대다수는 곧바로 밀려나는 일 없이 계속 남아 있게 되며, 한편으로는 새로운 전략들이 계속 출현한다. 여담이지만 매도프의 희생자 중 한 명은 최근에 직접 당하면서 깨달은 속기 쉬운 성향을 다룬 책을 냈다.[33] 그가 손해 본 금액은 40만 달러였다. 그는 자기방어적 입장에서, 자신은 그저 가족을 위해 수익률이 적당한(연간 10퍼센트 이상) 안전 자산에 투자하려 했다고 말했다. 적당하다고? 대체 해마다 수익률이 10퍼센트 이상인 투자 자산이 어디 있단 말인가?

대다수의 사기꾼은 훨씬 적은 규모로 농락한다. 그들도 남들로 하여금 자발적으로 돈을 꺼내게 하는 기술을 지닌 직업적인 도둑이며, 규모만 훨씬 작을 뿐이다. 때로 그들도 매도프처럼 자기기만을 포함한 희생자들의 무의식을 기반으로 살아남고는 한다. 여기서 '장기 사기'와 '단기 사기'를 구분하는 편이 유용하다. 장기 사기는 며칠에 걸쳐 진행되면서 결국 수십만 달러의 손실을 보게 할 수도 있으며, 때로는 희생자의 자기기만 체계를 활성화해 이용한다. 반면에 단기 사기는 대개 몇 분 사이에 몇 달러를 사취하는 것이며, 흔히 희생자를 꾀어 핵심 변수를 일시적으로 의식하지 못하게 하는 방법이 쓰인다. 장기 사기 때 사기꾼은 대개 희생자의 약점 중 하나인 탐욕을 한껏 부풀림으로써 일종의 몰입경에 빠뜨린다. 원리상 동일한 불법적인 또는 '특수한 상황'이 무한정 반복될 수 있으므로 희생자의 환상에는 상한선이 없으며, 그것은 일어나게 마련인 모순을 외면하는 데 쉽게 활용할 수 있는 자원이 된다. 이 상태에 빠진 희생자는 '한껏 달아올라glow' 있기 때문에 다른 사기꾼들에게 찍히기도 쉽다. 희생자를 이 상태에 빠뜨리는 것을 영어로는 "에테르에 빠뜨리다putting him under the ether."라고 표현하는데, 아마 자기기만에 깊이 빠진 상태라고 할 수 있을 것이다.

희생자는 "'랄랄라, 온통 내 세상이 된 듯해'라고 노래를 부르며 말을 탄 기분을 만끽하고 있지만, 자신이 탄 말의 마구가 어떠한지는 전혀 알아차리지 못하는" 듯하다.[34] 사기꾼은 희생자가 마음속에서 아주 신나게 말을 타도록 유도하지만, 사실 그 말이 희생자를 어디로 데려가는지를 알기 위해 좌우를 살펴보기는 무척 어렵다. 어떤 활동의 실행 단계, 즉 과제를 수행하고 있는 단계에서 사람들이 으레 그렇듯이, 일단 미끼를 물면 우리는 더 이상 의문을 품지 않는다. 거리의 한 대단한 사기꾼은 기억에 남을 말을 남겼다. "나는 상대의 머릿속에서 그의 꿈을 꺼낸 뒤에 그것을 그에게 팝니다. 그것도 비싸게요!"

말이 난 김에 덧붙이자면, 사기꾼들은 빈도 의존성 효과가 중요함을 잘 보여준다. 그들은 빈도가 낮을 때에는 잘해내지만 빈도가 높으면 잘해내지 못한다. 상인은 거스름돈을 갖고 사기 치는 사람에게 한 번은 속을지 몰라도 대개 두 번째에는 넘어가지 않는다. 사기꾼은 늘 새 희생자를 찾아 옮겨가야 한다. 이 사례에서는 밀도 의존적 효과가 학습을 통해(또 이 정보를 남에게 전달함으로써) 직접적으로 일어나는 반면,

다른 체제들에서는 그것이 유전적이며 효과가 나타나려면 몇 세대에 걸친 선택이 이루어져야 할 수도 있다.

오래전 자메이카에서 나는 중기 사기(약 2시간에 걸쳐 40달러를 빼앗는)에 걸린 적이 있다. 어느 토요일 아침 킹스턴을 떠나다가 도중에 키 작고 강단 있어 보이는 남자를 차에 태웠다. 어디로 가는지 묻자, 그는 케이머너스 경마장에 간다고 했다. 그 지역에 있는 경마장이었다. 그는 기수라고 했다. 사실 그날 세 번째 경주에 나설 예정이었다. 그는 경마지에 실린 자기 이름을 가리키면서 증명했다. 처음에 차에 탈 때 그는 그 이름으로 자신을 소개했다. 그는 최근에 사고로 차를 날렸을 뿐 아니라 알거지가 되었다고 푸념했다. 더 이야기가 오고간 끝에 그는 나보고 경마에 투자하라고 제안했다. 그의 내부 정보를 토대로 그날의 경주에 돈을 걸라는 것이었는데, 완벽하게 합법적이라고 했다.

나는 머릿속에서 어떤 사고 과정이 진행되었는지 잘 기억하고 있다. 경험이 쌓여서 거의 자메이카 사람이 다 되어 있었기에, 나는 경마 결과가 전적으로 미리 정해져 있으며, 사람들은 경주마가 아니라 경주가 어떻게 펼쳐질지 예상하고서 돈을 건다는 사실을 알고 있었다. 이 사내가 그런 수지맞는 계획을 제안하고 있다는 사실 자체―내가 그의 특수한 정보를 토대로 걸 돈을 내고 수익은 균등하게 나누자는―는 내가 자메이카 문화를 잘 안다는 사실을 입증하는 사례이기도 했다. 전반적으로 호감이 가는 내 인상에다가 문화적 유능함까지 가미되었다고나 할까. 그렇지 않았다면 왜 우리가 그렇게 금방 죽이 맞았겠는가? 그리고 그것은 그가 내 돈을 슬쩍 하지 않을까 하는 우려가 전혀 없는 안전한 계획이었다. 우리는 똑같이 기입해 마권을 사기로 했으니까. 그러면 수익이 똑같을 터였다. 그리고 핵심 돌파구를 이미 마련했으므로, 계속 걸고 또 걸면 이번에는 2000달러, 다음번에는 2만 달러 등등으로 계속 딸 터였다.

그의 태도 중에 좀 불쾌한 특징이 하나 있었던 것으로 기억한다. 그는 여러 번 나를 '두목'이라고 불렀다. 나는 본래 그 말을 좋아하지 않았지만, 이 상황에서는 그 말이 자메이카인 동료라는 내 자아상을 망치고 있었다. 내가 이 기회를 잡을 수 있었던 것은 어느 정도는 내가 두목이 아닌 덕분이었으니까. 어느 시점에 나는 그에게 나를 '두목'이라고 부르지 말라고 부탁했다. 마치 "제발, 내 환상을 방해하지 마."라고 말하듯이.

우리는 똑같이 기입한 마권을 80달러어치 샀다. 복연승으로 여러 말이 걸리도록 서로 짝을 지어서 기입한 것도 많았다. 이기면 아주 큰돈을 따겠지만, 한 마리라도 등수에 못 들면 한 푼도 건지지 못할 터였다. "아무 문제도 없어. 내 평생 이처럼 확실한 경우는 거의 본 적이 없어. 최대한 벌자고!" 첫 번째 말이 들어왔다. 내 친구는 승리한 말에 올라탄 양 웅크린 채 채찍질하는 시늉을 했다. 우리는 한잔하기 위해 경마장 내 술집에 와 있었다. 그런데 그는 세 번째 경주에 말을 타야 하지 않았던가? 이 점은 명백히 모순이었기에 —그는 자신의 경주에 지각할 위험뿐 아니라 취한 채 탈 위험까지 무릅쓰고 있었으니까— 내 마음을 조금 불편하게 했지만, 나는 환상을 유지하기 위해 진실을 기꺼이 억누르고 있었다. 나는 의구심을 떨치고 하던 대로 계속하기로 했다.

경주가 네 번 이루어지는 동안 내 마권은 모두 휴지 조각이 되었다. 경마장을 떠난 뒤 나는 반쯤 취한 채 모퉁이를 너무 빨리 돌다가 그만 바위에 차를 들이박았고 타이어 하나를 갈아야 했다. 찌는 듯이 뜨거운 자메이카의 태양 아래에서 진실을 깨닫기까지 꽤 시간이 걸렸다. 그 사내는 내부 정보 따위는 전혀 몰랐고, 기수도 분명히 아니었으며, 결과 예측 능력도 나와 별 다를 바 없었다. 하지만 그는 전혀 낯선 사람이 자신을 위해 위험 부담이 큰 마권을 연달아 사주었기에 너무나 행복했다. 게다가 경마장까지 태워다주었지 않은가.

이 경험은 자기기만 자체의 은유처럼 보였다. 매끄럽고 순조로운 출발, 도취시키는 기분 고조, 간혹 들기는 하지만 쉽게 떨쳐낼 수 있는 의구심, 현실 인식과 점증하는 비용의 실감. 금전적인 손실만이 아니라 그때그때 현실에 제대로 대처하지 못했다는 무능력까지 보여준다. 기쁨은 일시적이고 심리적인 것인 반면, 슬픔은 현실이고 오래 간다.

거짓말 탐지 검사

의도를 지닌 '테러범'을 찾아내는 일처럼 기만을 간파하는 것이 중요하다는 점을 생각할 때, 거짓말을 과학적으로 밝혀낼 수 있는 사람을 원하는 수요는 많다. 따라서 과대 포장된 거짓말 탐지기와 우리 뇌의 더 깊은 영역들에 접근하는 새로운 장치들도 수요가 많다. 고전적인 검사는 세 가지 변수를 측정한다. 심장 박동, 호흡 변화, 생리적 흥분 정도를 측정하는 전기 피부 반응이다. 유죄를 판가름할 질문들 사이사이에 무해한 질문들을 섞어 하면서, 이 세 가지 기본 변수들의 편차를 체계적으로 기록한다. 당사자에게만 죄책감을 주는 핵심 거짓말들("당신이 베티 수를 죽였습니까?")과 아마도 대다수의 사람들에게 죄의식을 느끼게 할 더 사소한 범법 행위들("당신은 사무실에서 물건을 슬쩍한 적이 있습니까?") 사이의 대비가 특히 중요하다고 한다. 유죄인 사람은 주요 질문에 더 반응하고 무죄인 사람은 무해한 거짓말에 더 반응한다고 한다. 하지만 이런 엄격한 규칙들은 현실 세계에서는 거의 잘 들어맞지 않으며, 이런 질문들의 차이에 거의 전적으로 둔감한 듯한 이들도 있다.

진정으로 신뢰할 만한 결과를 내놓는 질문은 '유죄 지식 검사guilty knowledge test'뿐이다. 무해한 질문들 사이에 범인만이 알 수 있는 사실을 가리키는 질문을 하나 끼워 넣는다. 희생자는 죽기 전에 붉은 공단 이불보에 누워 있었나요? 배경 반응들에서 벗어나는 반응이 나타나면 기만의 증거가 된다. 당사자가 모르는 내용을 물었을 때의 반응보다 더 흥분하든 덜 흥분하든 간에 다른 반응이 보이기만 하면 된다.

예전에 나는 가벼운 절도 행위가 점점 확대되어 이웃의 자전거들을 훔치는 불행한 성향을 갖게 된 한 아이(13세)를 상담하던 중에 유죄 지식 검사의 혜택을 우연히 경험했다. 나는 아이에게 말했다. "훔치면 안 돼, 이웃의 도구를 훔치면 안 돼, 이웃의 장난감을 훔치면 안 돼." 처음에 훔친다는 말이 나오자 아이의 눈에 경계심이 엿보였지만, 지루하게 목록을 계속 읽어나가자 아이는 눈에 띄게 긴장을 풀고 내 눈을 쳐다보았다. 그러다가 나는 "이웃의 자전거를 훔치면 안 돼."라는 말을 끼워 넣었다. 갑자기 아이의 눈이 위아래, 좌우로 마구 움직였다. 내가 다시 단조롭게 목록을 계속 읽어나가자 아이는 다시 긴장을 풀었다. 이것이 바로 유죄 지식이다.

현재 신경생리학 분야에서 새로운 거짓말 탐지 검사법들이 쏟아지고 있으며, 미국 정부는 '테러 방지' 예산을 통해 이런 연구에 많은 지원을 하고 있다. 검사법마다 성공률이 높다고 주장하는 경향이 있지만, 성공률은 대개 연구 집단의 정직 반응과 기만 반응을 파악한 뒤에 거기에 잘 들어맞도록 만든 신경생리학 자료 모델에 좌우될 뿐이다.[35]

그렇게 잘 끼워 맞춘 자료들은 착각일 뿐이다. 당신의 방법을 새로운 대상자들에게 적용했을 때 들어맞느냐 여부부터 검증해야 한다.

이런 계통의 연구들이 지닌 또 한 가지 약점은 특정한 상황에서의 특정한 거짓말이 아니라, 거짓말을 한다는 것 자체가 어떤 단서를 드러낸다고 믿는 경향이 있다는 것이다. 두 종류의 거짓말을 비교해보자. 하나는 당신이 예상 질문을 기다리면서 대비한, 사소한 거짓말이다. 지난 2시간 동안 어디에 있었습니까? 이 거짓말은 무엇보다도 뇌의 기억 영역을 활성화할 것이다. 반면에 진실을 억누르고 거짓을 주장하는 단순한 부정은 인지 통제를 담당하는 영역을 활성화해야 한다.

다른 거짓말 탐지법들도 다 마찬가지다. 신경학적으로 타당한 거짓말 탐지 검사법을 고안하려면 아직 멀었다.

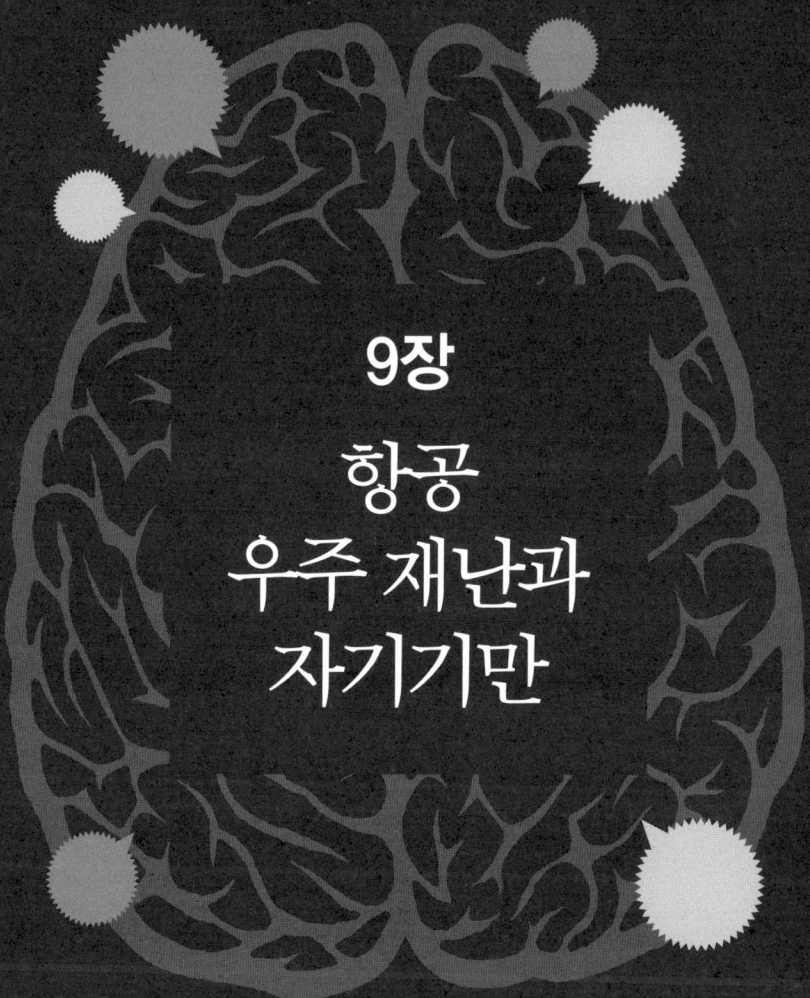

9장
항공 우주 재난과 자기기만

1986년 1월 28일, 플로리다의 케네디 우주 센터에서 우주 왕복선 챌린저호가 이륙했다. 73초 뒤 챌린저호는 대서양 상공에서 폭발했고, 우주 비행사 7명 전원이 사망했다. 물리학자 리처드 파인만은 이 참사를 탁월하게 분석했다. 그가 결함 있는 부품(로켓의 단순한 부품인 원형 고리)을 찾아내는 데는 일주일밖에 걸리지 않았다. 그는 나머지 조사 기간에는 나사처럼 규모가 크고 예산이 풍부하고 (겉보기에) 정교한 기관이 어떻게 그런 조악한 제품을 만들 수 있었는지를 파악하려 애썼다. 파인만은 나사가 미국 전체를 향해 기만적인 태도를 보인다는 점이 핵심이라고 결론지었다. 그것이 기관 내에서 자기기만을 낳았다는 것이다.

재난은 늘 일어난 뒤에야 연구가 이루어진다. 그 주제를 다루는 실험 과학이 조만간 등장할 것 같지는 않다. 재난은 개인적인 것—아내가 바람이 나서 떠나겠다고 말한다—에서 세계적인 것—당신의 나라가 엉뚱한 나라를 침략해 전면적인 재앙이 빚어진다—에 이르기까지 다양하다. 물론 재난은 자기기만과 밀접한 관계가 있다고 예상할 수 있다. 현실을 외면하는 태도만큼 예기치 않게 고통스러운 방식으로 당신의 삶에 재난을 일으키는 것은 또 없다. 이 장에서는 한 가지 재난, 즉 항공 우주 사고에만 초점을 맞출 것이다. 대개 그런 사고는 일어나자마자 원인을 조사해 재발을 막고자 하는 집중적인 조사의 대상이 되기 때문이다. 우리 목적상 이런 사고는 고도로 통제된 상황에서 자기기만이 어떤 비용을 치르는지를 깊이 연구하도록 돕는다. 이런 재난에는 원인을 아주 상세하게 잘 분석한 자료가 따르며, 그 자료들은 잘 정의된 한 범주를 이룬다. 뒤에서 살펴보겠지만 그런 재난은 개인, 개인의 쌍(조종사와 부조종사), 기관(NASA), 심지어 국가(이집트)에 이르기까지 다양한 수준에서 이루어지는 자기기만과 긴밀한 관계에 있음이 반복하여 드러난다.

하지만 우주 재난과 항공 재난 사이에는 한 가지 놀라운 차이가 있다. 미국에서 항공 재난이 일어나면 외부의 간섭이 배제된 독립 기관인 국가 교통안전위원회NTSB, National Transportation Safety Board에서 24시간 내내 사고가 일어나는지 여부를 주시하고 있던 전문가들이 즉시 출동해 집중적인 조사를 한다.[1] 교통안전위원회는 대개 조사 능력이 뛰어나며 조사 결과를 신속히 공개한다. 거의 언제나 주된 원인을 파악해 적절한 권고 사항을 제시한다. 지난 약 30년 동안 사고율이 꾸준히 낮아진 데는 그런 조치가 도움이 된 듯하며, 덕분에 비행은 가장 안전한 이동 수단이 되었다. 내가 아는 한 조사 결과 발표가 지연된 사례는 단 한 번뿐이며(약 3년 동안 지연되었다) 그것은 국제적인 수준에서 방해가 있었기 때문이다. 이집트가 끝까지 진실을 밝히지 못하게 싸웠다.

대조적으로 나사NASA의 사고는 그 사건만을 다루는 위원회가 조직되어 조사를 하는데, 전문성이라고는 전혀 없으며 때로는 나사에게 면죄부를 준다는 미리 정해진 명확한 목표를 지니기도 한다. 한 재난을 연구한다고 해서 다음 번 재난이 예방되지도 않는다. 첫 사고에서 파악된 원인 중 상당수를 공통적으로 지닐 때에도 그렇다. 물론 많은 항공사 직원들을 포함해 많은 인원이 타는 대신에, 몇 명 안 되는 우주 비행사의 목숨만이 위험할 때는 안전 관련 예산을 더 쉽게 줄일 수 있다.

항공 재난은 대개 다수의 원인으로 생기며, 주요 인물 중 한 명 이상이 저지르는 자기기만도 그중 하나일 수 있다. 당사자가 두 명 이상일 때에는 집단 자기기만의 과정도 연구할 수 있다. 1982년 에어플로리다 항공 90편의 추락 사고는 이 과정의 비교적 단순한 사례다. 조종사와 부조종사가 둘 다 무의식적으로 재난을 일으키는 데 '공모한' 듯이 보이기 때문이다.

자기기만이 빚어낸 사고, 에어플로리다 항공 90편[2]

1982년 1월 13일 오후, 에어플로리다 항공 90편이 앞이 안 보이는 눈보라 속에 플로리타 탬파로 가기 위해 수도 워싱턴의 국립공항을 이륙했다. 비행기는 워싱턴을 떠나지 못했다. 대신 포토맥 강에 놓인 다리에 충돌해 강으로 떨어졌다. 74명이 사망했다. 비행기 뒤쪽에 탄 사람 5명만이 가까스로 구조되었다. 아마 사망자 중에 하버드 시절부터 알던 내 오랜 친구가 있었기에(로버트 실버글리드), 이륙하는 동안 조종석에서 이루어진 대화를 녹음한 내용이 사건 직후 저녁 뉴스에서 흘러나올 때 내가 유달리 귀 기울여 들었을 것이다. 비행기를 몰고 있던 사람은 부조종사였는데 조종사가 맡아야 할 일을, 즉 계기판을 읽는 역할을 대신하고 있던 부조종사의 목소리에서 두려워하는 기색을 엿볼 수 있었다. 이런 식이었다.

활주로를 달리기 시작한 지 10초 뒤, 부조종사는 비행기가 예정보다 더 빨리 달리고 있다고 말하는 계기판에 반응을 보인다. "이런, 저것 좀 봐요!" 4초 뒤. "정상 같지가 않은데요, 그렇죠?" 3초 뒤. "어, 정상이 아니에요." 2초 뒤, "음……."

그러자 조종사가 확신에 찬 어조로 계기판이 잘못되었다고 합리화한다. "그러네, 정말 80이군." 비행기의 속도가 80노트라는 것이었다. 부조종사는 그 말에 만족하지 못한다. "아니, 제 속도가 아닌 것 같다고요." 9초 뒤, 그는 망설인다. "음, 정상일 수도 있겠네요." 대화는 여기서 끊겼다가 추락하기 1초 전에 부종사의 말이 들린다. "래리, 떨어지고 있어요, 래리." 래리가 말한다. "나도 알아."

그런데 래리는 그동안 뭘 하고 있었을까? 위에 언급한 합리화하는 말을 제외하면, 그는 실수가 이루어지고 비행기가 돌아올 길을 지난 뒤에야, 즉 멈추라는 경보 소리가 울리기 시작할 때에야 말하기 시작했다. 그는 비행기와 대화를 하는 듯했다. ("앞으로, 앞으로라고." 3초 뒤. "500미터만 가면 돼." 2초 뒤. "제발, 앞으로 가라고." 3초 뒤. "앞으로." 2초 뒤. "거의 날 뻔했는데."). 3초가 더 가기 전에, 둘 다 사망했다.

여기서 놀라운 점은 두 주역들을 포함해 74명의 목숨을 앗아갈 인적 재난이 일어나기 직전에, 주요 인물 한 명(조종사)은 뚜렷한 현실 회피 양상을 보이고 또 한 명은 우물쭈물 저항하는 모습을 보인다는 것이다. 게다가 전형적인 역할이 뒤집혀 있었다. 서로 상대방의 역할을 맡고 있었다. 즉 조종사는 (겉보기에) 부조종사 역할을 하고, 부조종사는 조종사 역할을 했다. 왜 부조종사는 모순되는 계기판을 읽고 있는 반면, 조종사는 합리화를 제시하고만 있었던 것일까? 왜 문제가 생겼을 때 부조종사는 말하고, 조종사는 이미 늦은 뒤에야 말을 하기 시작한 것일까?

첫 번째로 밝혀내야 할 것은 이런 차이가 최종 순간에만 나타나는 것인지, 아니면 과거 사례에서도 비슷한 행동이 일어났다는 증거가 있는지 여부다. 답은 명확하다. 두 사람이 이륙하기 전 45분간 나눈 대화를 보면 뚜렷한 분화가 드러난다. 부조종사는 현실 지향적인 반면, 조종사는 그렇지 않다. 비행의 중요한 변수인 날개에 쌓인 눈을 이야기하는 대목을 보자. 조종사는 말한다. "내 쪽에는 조금 쌓였어." 부조종사가 말한다. "이쪽에는 0.5에서 1.3센티미터쯤 죽 쌓였어요." 양쪽 날개에 쌓인 눈의 양은 똑같았지만, 조종사는 부정확하고 축소하여 추정한 반면, 부조종사는 정확하게 묘사했다.

아마 가장 중요한 대화는 이륙 7분 전에 있었던 다음과 같은 내용일 것이다.

> 부조종사: 제빙하려고 애써봤자 별 소용이 없네요. 그저 제빙이 되고 있다고 거짓으로 안전하다는 느낌만 받을 뿐이라고요. (!!)
> 조종사: 뭐, 이러면 연방 요원들은 만족하겠지.
> 부조종사: 그렇죠. 공기가 맑고 상쾌하고 가벼우니까, 나는…….

이때가 바로 부조종사가 자신의 이륙 전략을 소심하게 내놓으려한 중요한 순간이다. 아마 전속력으로 달리겠다는 것이었으리라. 올바른 전략이었다. 하지만 조종사가 그의 말을 끊고는 말했다. "저기 오른쪽에 제빙 트럭이 있네. 두 대가 있을 거야. 오른쪽으로 당겨." 그 뒤에 조종사와 부조종사는 이륙 직전에 어떻게 비행기 제빙을 해야 할지를 놓고 이런저런 상상의 날개를 펼쳤다.

부조종사가 진실한 말로 시작했다는 점을 유념하자. 효과가 없는 제빙 작업을 토대로 거짓으로 안전하다는 느낌을 받는다고 했다. 조종사는 그것이 고위층을 흡족하게 한다고 말했다가 이어서 제빙 트럭을 써야 한다는 쪽으로 말을 돌렸다. 비록 길게 볼 때 무의미한 일이라고는 말할 수 없지만, 그 방향 전환은 당면한 문제가 아닌 다른 곳으로 주의를 돌리게 한다. 그것도 부조종사가 다른 방안을 제시하려는 바로 그 순간에 말이다. 하지만 부조종사는 다시 시도했다.

부조종사: 활주로가 질척거려요. 여기서 특별한 조치를 취하는 게 좋을까요, 아니면 이대로 계속 갈까요?
조종사: 특별히 취할 조치가 없다면, 하고 싶은 대로 해.

아무런 도움이 안 된다.
이 녹음 내용은 재난을 아주 쉽게 피할 수 있었음을 시사한다. 날개에 쌓인 눈과 질척거리는 활주로에 관한 대화가 두 사람에게 경계심을 일으켰다고 상상해보라. 전력을 다해 나아가야 하지만 속도가 충분하지 않다고 느끼면 중지할 준비를 하라고 조종사가 말하기가 그렇게 어려운 일이었을까?
한 저명한 지질학자는 이 이야기를 조사한 뒤 이렇게 평했다. "그 사고를 조종사 탓으로 돌리는 것은 옳지만, 이 모든 문제의 근원이 부조종사의 의구심과 도와달라는 그의 모호하고 소심한 간청을 조종사가 전혀 알아차리지 못한 둔감함 때문이었다는 점은 명확히 들어오지 않을 수도 있다. 조종사는 경험이 훨씬 더 많음에도, 부조종사가 친절한 조언과 전문적인 도움을 절실히 요청하고 있다는 점을 전혀 알아차리지도 못하고 아예 관심도 두지 않은 채 그냥 앉아만 있었다. 퉁명스럽게 '못하겠다면 이리 넘겨'라고 내뱉기만 했어도, 아마 부조종사는 아드레날린이

솟구쳐서 이륙 임무를 성공적으로 해내거나 사고 없이 비행기를 멈췄을 것이다." 바로 이 지독하고 모호한 우유부단이 재난을 확정짓는 듯하다. 마땅히 질문을 해야 했지만 그것을 숨기려 함으로써 포토맥 강으로 추락시킨 주저하고 자신이 없는 부조종사의 태도가 말이다.

그 지질학자는 더 나아가 자신이 겪은 산악 구조 작업과 폐광에서의 얼마 안 되는 경험을 토대로 남을 궁지로 내모는 사람들이 과시하기를 좋아하는 활기차고 꿋꿋하며 둔감한 이들이라고 말했다. "그들은 앞서 가던 동료가 낭떠러지와 마주쳐서 너무 겁이 나서 '얼어붙기' 직전이라는 것, 그리고 그럴 만한 이유가 있다는 점을 알아차리지 못한다!" 당연히 그들도 곧 얼어붙으며, 그들은 구조하기가 가장 어려운 부류에 속할 때가 종종 있다. 90편의 사례에서는 날개만이 아니라 부조종사도 얼어붙은 상태였고, 그 뒤에 조종사도 얼어붙어서 결국 비행기와 대화를 나눌 지경이 되었다.

그들이 더 앞서 내린 결정들도 비슷한 효과를 일으킴으로써 재난에 기여했다. 조종사는 출발 지점에서 비행기의 동력을 켤 때 '역추진'을 하라고 지시했다. 물론 역추진은 출발시키는 데는 효과가 없지만, 가장 피해를 입힐 수 있는 날개 앞쪽 끝의 얼음과 눈을 떨구는 효과가 있었다. 하지만 떨어진 눈이 주요 필터 중 하나를 막음으로써, 계기판에 대지 속도가 실제 속도보다 높게 표시되기 시작했다. 이 조종사는 원래 안전 문제들에 둔감하고 과신하는 인물이라는 평판이 있었다. 그의 태도는 아마 일상생활에서는 자신감이 넘치는 모습으로 비치고 그 결과 남들과 관계를 맺을 때 종종 성공을 안겨주는 혜택을 주었을 것이다.

90편의 조종사/부조종사 배치(부조종사가 조종간을 잡고 있었다)가 실제로는 더 안전한 쪽이었다는 점은 흥미롭다. 조종사가 평균적으로 비행시간의 약 절반을 맡고 있음에도, 사고 중 80퍼센트 이상은 조종사가 몰고 있을 때 일어났다(1978~1990년 미국 통계)[3]. 마찬가지로 조종사와 부조종사가 처음에 함께 조종하고 있을 때 사고가 훨씬 더 많이 일어난다(총 사고의 45퍼센트. 반면에 안전한 비행에서는 비행시간 중 이 어색한 배치가 일어난 시간이 5퍼센트밖에 안 된다). 이럴 때 사고가 많은 이유는 조종사가 부조종사의 실수를 지적하는 것보다 부조종사가 조종사의 실수를 지적하고 나설 가능성이 적고, 특히 두 사람이 친숙하지 않을 때 더 그렇기 때문이다. 우리 사례에서, 조종사는 아예 무심하기 때문에 부조종사에게 지적 따위는 하지 않고 있었다. 부조종사는 사실상 의구심을 품고 있었지만 조종사로부터 아무런 격려도 받지 못하자 다시 무기력한 태도로 회귀했다.

이번에는 다른 문화에서 나온 흥미로운 사례를 하나 살펴보자. 1988~1998년 동안 대한항공의 사망 사고 비율은 전형적인 미국 항공사보다 약 17배나 높았다.[4] 너무나 높았기에 델타와 에어프랑스 항공사는 대한항공과의 협력 관계를 중단했고, 미군은 부대원에게 대한항공 이용을 금지했으며, 캐나다는 아예 착륙권을 내주지 않을 것을 고려했다. 문제를 살펴보기 위해 외부 자문단이 왔다. 자문단은 여러 요인이 있지만 그중에서도 위계질서와 권위 의식이 상대적으로 강한 사회인 한국이라 부조종사가 자기주장을 단호하게 펼칠 자세가 되어 있지 않다고 결론을 내렸다. 상대적으로 문제점을 더 의식하고 있던 부조종사가, 조종사와 더 효과적으로 의사소통을 함으로써 조종사의 잘못을 바로잡을 수 있다고 느꼈다면 피할 수 있었던 사고도 몇 건 있었다. 아마 사소한 실수를 했다고 조종사가 부조종사를 대놓고 비난하는 광경이 조종석의 문화를 상징하고 있었을 것이다. 그런 분위기에서는 부조종사가 조종사의 실수를 강력하게 지적하고 나서기가 쉽지 않다. 자문단은 부조종사의 독립성과 주장을 강화하라고 했다. 심지어 영어를 더 공부할 것을 요구하기도 했다. 영어는 지상 관제소와 통신할 때도 중요하지만, 한국인들이 한국말로 말할 때 쉽게 나오곤 하는 내재된 위계적인 편향이 영어에는 없으므로, 조종실에서의 관계를 더 평등하게 만드는 데 기여하기 때문이다. 아무튼 이런 자문 이후에 대한항공은 오점 없는 안전 기록을 내왔다. 요지는 위계질서가 정보 흐름을 방해할 수 있다는 것이다. 조종실에는 두 명이 있지만, 지배 관계가 확고해지면 사실상 한 명이 있는 것이나 다름없다.

환자들이 수술 때 새로운 병원체에 감염되던 병원들에서도 비슷한 문제가 드러났다. 감염 중 상당수는 치명적이었고 그저 의사에게 손을 씻으라고 주장하기만 해도 막을 수 있었던 것으로 드러났다. 꼭대기에 있는 외과의사에게 아무도 뭐라고 하지 못하고, 간호사는 밑에서 오로지 지시만을 수행하는 지나친 위계질서가 핵심 요인이었음이 드러났다. 외과의사는 손을 씻지 않으면 위험하다는 사실을 부정함으로써 자기기만을 저질렀고, 선임자의 특권을 동원해 항의하는 목소리들을 잠재웠다. 해결책은 아주 단순했다. 의사가 제대로 손을 씻지 않으면 수술을 중단시킬 권한을 간호사에게 주는 것이다(당시까지 외과의사의 65퍼센트가 손을 씻지 않았다). 이 조치가 시행된 곳마다 새로운 감염으로 일어나는 사망률이 급감했다.[5]

아마존 1만 1000미터 상공의 재난[6]

조종사 잘못으로 빚어진 또 하나의 충격적인 사고가 2006년 9월 26일 오후 5시 1분, 브라질의 아마존 상공에서 일어났다. 잘못된 고도로 날던 작은 민간 제트기가 보잉 737기(골 1907편)의 밑을 찢어놓는 바람에 보잉 항공기는 42초 동안 정글로 급강하했고 탑승자 154명 전원이 사망했다. 그 작은 미국 자가용 비행기는 손상되긴 했지만 근처 공항에 안전하게 착륙했고 탑승자 9명 모두 무사했다. 이번에도 소형 제트기의 조종사는 재난이 임박했을 때 부조종사보다 상황을 알아차리지 못한 듯했지만, 어쨌거나 두 명 다 치명적인 착오가 일어났을 때도, 그로부터 한참 시간이 흐른 뒤에도 전혀 주의를 기울이지 않았다.

주요 사실들은 명백하다. 대형 여객기는 예정대로 순항 중이었다. 제 고도와 방향으로 날고 있었다(자동항법장치를 통해). 그 비행기의 브라질 조종사들은 깨어 있었고 주의를 기울였으며 관제사와 정기적으로 통신을 했다. 게다가 그들은 자신이 몰고 있는 비행기에 아주 익숙했고, 브라질어로 대화를 나누었다. 그들의 유일한 실수는 그날 아침에 멀쩡히 일어났다는 것뿐이었다. 대조적으로 미국인 조종사들은 소형 자가용 비행기를 모는 것이 처음이었다. 그들은 직접 비행을 하면서 시행착오를 통해 그 항공기의 조종법을 익히는 중이었다. 비록 이런 종류의 항공기를 조종하는 모의 훈련을 얼마간 받긴 했지만 계기판을 읽는 법을 몰랐으며, 비행 관리 시스템을 다루는 법을 놓고 비행 중에 한 대화에 따르면 "골칫덩어리를 아직 파악하는 중"이었다. 그 일에 정신이 팔려 있느라 그들은 도착 시간을 계산하지도 못했고 전방의 날씨가 어떠한지도 파악할 수 없었다. 트랜스폰더가 꺼져 있다는 것조차 알아차리지 못했다. 꺼지자마자 알아차려야 했음에도 말이다. 그들은 항공기 계기판을 읽는 법을 터득하려고 애썼고, 새 디지털 카메라를 만지작거렸고, 다음날 비행 일정을 짰다. 또 조종실을 들락거리는 승객들과 잡담도 했다. 그들은 당면한 과제, 즉 다른 항공기들이 지나다니는 하늘을 안전하게 비행하는 일에 주의를 기울이는 것을 빼고 온갖 일을 다 했다.

사실 그들은 엉뚱한 고도를 날고 있었다. 정상적인 비행 규정(그쪽 방향은 짝수 고도 구간을 날아야 했다)에도 어긋났고 그들이 제출한 비행 계획(브라질리아-마나우라스 구간은 고도 3만 6000피트, 즉 1만 973미터)과도 맞지 않는 고도였다. 설상가상으로 브라질리아의 관제사가 그들이 제시한 잘못된 방향을 승인하는 바람에 상황이 더 복잡해졌다. 그들은 이것저것 만지다가 트랜스폰더를 껐고(아니면 저절로 꺼졌거나), 그래서 다른 비행기들에게 알려지지 않은 채, 또 자신들도 다른 비행기를 알아차리지 못한 채 날고 있었다. 트랜스폰더는 다가오는 항공기에 자신이 여기 있다고 알리는 역할을 한다. 하지만 조종사들은 그것이 꺼져 있다는 사실을 전혀 모른 채였다. 또 그들은 관제사와 거의 통신을 하지 않았으며, 통신을 할 때에도 브라질어를 알아듣는다는 증거도, 관제사가 하는 말이 무슨 뜻인지 확인하고자 하는 노력도 거의 보이지 않았다("도대체 뭐라고 하는지 전혀 모르겠어."). 그들은 브라질인들과 마나우스에 착륙할 때의 규정 등등 자신들에게 요구하는 업무를 비아냥거렸다.

그들의 비행 계획 자체는 단순했다. 그들은 근처 상파울루에서 이륙해 1만 1278미터(3만 7000피트) 상공으로 브라질리아까지 직행했다가, 북서쪽으로 돌아 고도 1만 973미터로 마나우스로 갈 예정이었다. 마나

우스까지는 반대 방향으로 오는 항공기들이 1만 1278미터로 날기 때문이었다. 그런 뒤 마나우스에 착륙하면 되었다. 자동항법장치가 모든 것을 맡을 터였으며, 전체 과정에서 한 가지 주요 조치만 취하면 되었다. 브라질리아 상공에서 선회할 때 고도를 305미터 낮추는 것이었다. 그들이 제출한 비행 계획에 바로 그렇게 적혀 있었고, 그것은 그 방향으로 비행할 때 보편적으로 적용되는 규정이었으며, 마나우스에서 오는 비행기들도 마주 오는 비행기가 낮게 올 것이라고 여겼다.

하지만 실제로는 그렇지가 않았다. 조종사들은 선회하는 바로 그 순간에, 마나우스에서의 착륙 거리를 계산하고 다음날 이륙 계획을 짜는 등등 더 나중에 다룰 문제들을 살펴보느라 바빴다. 새 비행기와 관련 기술을 익힌다는 차원에서였다. 그 뒤로 20분 동안 조종사들도, 비행 고도를 승인한 브라질 관제사도 그 실수를 알아차리지 못했다. 그때쯤 비행기의 트랜스폰더는 꺼져 있었고, 지상 관제소에서는 그들이 누구이며 어디에 있는지를 더 이상 알 수 없었다. 기만이 이루어졌다는 증거는 전혀 없으며 당면한 현실 문제를 전혀 모른 채 마치 누가 주도권을 차지하려는 듯이 서로 농담만 주고받았다. 이것은 자기기만과 인위적 재난에서 으레 반복되는 주제다. 과신과 그것의 동료인 무감각 말이다. 여기서도 무슨 일이 벌어질지 모른다는 것을 먼저 깨달은 듯한 사람은 부조종사였다. 그래서 그는 조종간을 잡았고 나중에 이렇게 주제넘게 나선 데 대해 조종사에게 계속 사과를 했다. 또 착륙한 뒤에 먼저 나서서 사고의 원인을 부인하고 은폐하려 한 사람도 그였다.

에어플로리다 90편의 사례에서는 조종사의 자기기만―그리고 거기에 제대로 맞서지 못한 부조종사의 우유부단―이 탑승자들의 목숨을 앗아갔다. 골 1907편에서는 참사를 일으킨 조종사 둘 다 살아남았고 대신 그들의 총체적인 부주의로 무고한 사람 156명이 희생되었다. 이것은 자기기만과 큰 규모의 재난에서 더 일반적으로 볼 수 있는 심란한 특징이다. 즉 일을 저지른 자들은 그 불행한 재앙으로 심한 피해를 입기는커녕 사실상 빠져나갈 수 있다는 것이다.

뒤에서 살펴보겠지만, 챌린저호와 컬럼비아호 참사를 일으킨 것은 우주 비행사의 실수나 그들의 자기기만이 아니라, 자기 자신의 생존과는 직접적인 관련이 없는 결정을 내리는 자리에 있는 사람들이 저지른 자기기만과 실수였다. 어떤 결과가 나오든 간에 심지어 자신의 행동이 갖가지 예측 불가능한 방향으로 1000배 더 강하게 확산되면서 수많은 사망자를 낳는다 할지라도, 자신의 당장의 포괄 적응도에 아무런 피해를 입지 않는(장기적인 포괄 적응도는 다른 문제일 수 있다) 이들이 시작한 전쟁에도 같은 말을 할 수 있다.

10대 소년의 비행, 에어로플로트 593편[7]

1994년 모스크바에서 한국의 서울로 향하던 에어로플로트 593편의 추락 사고는 러시아가 여러 달 동안 너무나 터무니없이 진실을 은폐했기 때문에 어떻게 분류해야 할지 판단하기가 어렵다. 조종사는 자신의 아이들에게 조종실을 보여주고 있었는데, 규정을 어기고 아이들이 조종석에 앉아서 비행기를 조종하는 흉내를 내도록 놔두었다. 실제로는 자동항법장치로 조종되고 있었다. 11세인 딸은 그저 조종한다는 환상을 즐겼지만, 16세인 아들 엘다가 조종간을 쥐자 상황이 달라졌다.

  10대인 소년은 조종간을 힘으로 움직여서 자동항법장치의 기능 대부분을 즉각 해제시켰다. 이제 비행기는 그가 이리저리 움직일 때마다 좌우로 마구 움직였다. 자동항법장치가 해제되자 조종실에 불이 켜졌지만(조종사들은 그 점을 놓쳤다), 더 중요한 점은 조종사가 아이들에게 조종간을 이리저리 돌려보면서 비행기가 따라서 움직인다고 믿어보라고 격려하다가 일종의 환상 세계에 빠지고 말았다는 것이다. 비행기가 요동치고 있었음에도 조종사는 여전히 자동항법장치가 작동하고 있다고 생각했다. 그러다가 아들이 실제로 비행기를 조종하고 있는 중에야 조종사는 결코 환상이 아니라는 사실을 서서히 깨달았다. 사실 아들이 먼저 자신이 조종간을 돌릴 때 비행기가 정말로 선회한다고 말했지만(엘다가 돌릴 때 가한 힘 때문에), 그 순간 모두가 좌석과 벽에 확 밀쳐질 정도의 각도로 비행기가 빠르게 기울어지면서 선회를 했기에 조종사는 아들로부터 조종간을 빼앗을 수가 없었다. 한 차례 홱 수직으로 상승한 뒤에 부조종사와 엘다는 겨우 비행기를 급강하 상태로 돌릴 수 있었다. 원래 그렇게 하면 다시 제어를 할 수 있었겠지만 안타깝게도 이미 너무 늦고 말았다. 비행기는 땅에 충돌했고 탑승자 75명 전원이 사망했다. 조종사는 조종석의 모든 행동 수칙을 어겼을 뿐 아니라, 높은 상공에서 그런 짓을 하고 있으며, 아이들을 위해 꾸며낸 바로 그 환상에 자신이 빠져 들었다는 점을 전혀 알아차리지 못한 듯했다. 물론 어른들은 아이들이 전자기계를 다루는 특별한 능력을 지니고 있다는 점을 과소평가하기 십상이다.

조종사의 단순한 과실일까, 피로 때문일까

이제 항공 안전을 방해하는 더 높은 조직화 수준에서—기업이나 사회 전체—의 자기기만을 살펴보기로 하자. 즉 조종사 과실은 더 높은 수준에서 일어나는 과실이 겹치면서 복잡해진다. 예를 들어 치명적인 항공 사고의 주요 원인은 조종사 과실이라고 한다. 2004년과 2005년에 사고의 약 80퍼센트가 그러했다고 한다.[8] 이것은 과대평가된 것이 분명하다. 그 비율이 높으면 항공사들은 혜택을 볼 테니까. 그렇긴 해도 조종사 과실의 증거는 충분히 많으며, 대개 사고의 몇 가지 요인 중 하나다. 우리는 이런 과실 중에 자기기만을 수반하는 것이 얼마나 될지 알지 못하지만, 조종사 과실의 한 가지 흔한 요인을 우리는 이미 파악한 바 있다. 당면한 위험에 대한 무감각과 과신의 조합이 바로 그렇다. 존 F. 케네디 주니어(그리고 동료 두 명)의 목숨을 앗아간 것도 이 조합임이 분명해 보인다.[9] 그가 비행에 나서려 할 때, 경험 많은 부조종사는 이륙을 꺼렸다. 조종사가 방향 감각을 쉽사리 잃고 아래를 위로 알고 나아가다가 조종 능력을 상실해 추락하게 만들 수 있는 짙고 위험한 북동부의 안개 속으로 들어가겠다고 했으니 말이다.

비행 기록 장치를 통해 규명된 여객기의 사례를 살펴보자. 2004년 10월의 어느 흐린 날 저녁 7시 37분, 미주리 컥스빌 공항을 향해 한 쌍발 프로펠러기가 너무 낮게 또 너무 빠른 속도로 다가오고 있었다.[10] 하지만 조종사들이 활주로 불빛을 볼 수 있었던 것은 고도 90미터 이하로 내려온 뒤였고, 그 직후 비행기는 나무 꼭대기에 충돌했다. 두 조종사와 승객 13명 중 11명이 사망했다. 미국 연방항공청은 고도 3000미터 아래에서는 이른바 조종실 무소음 규칙을 준수할 것을 요구한다. 즉 비행에 필요한 말만 하라는 것이다. 하지만 두 조종사는 이 고도 아래에서도 서로 농담과 험담을 뻔질나게 하고 있었다. 그들은 마음에 안 드는 동료들을 씹어댔고 필리 치즈 스테이크를 먹고 싶다는 등등의 이야기를 했지만, 하강의 속도와 시각에 관한 통상적인 규정들이나 땅이 빠르게 다가오고 있다고 경고하는 경보 시스템에는 주의를 기울이지 않았다.

물론 자기강화를 향한 인간의 통상적인 편향은 이 부주의함을 빚어낼 가능성을 높인다. "평범한 조종사에게 적용되는 규정들은 나처럼 뛰어난 조종사에게는 적용되지 않아." 이 상황에서 계기판을 지켜봐야 하는 임무를 맡은 조종사는 순조롭게 하강 중이라고 말했다. 자신은 땅을 볼 수 있었으니까. 활주로를 찾는 일을 맡은 부조종사는 아무것도 볼 수 없다고 말했지만, 규정에 하도록 되어 있었음에도 조종사의 견해에 이의를 제기하지 않았다. 조종사는 아무것도 보이지 않는데도 마치 활주로가 보이는 양 하강을 계속했다. 이윽고 착륙등이 눈에 들어왔지만 곧이어 나무 꼭대기가 눈앞에 다가왔다. 여기서 우리는 에어플로리다 90편의 사고에서 본 익숙한 주제들과 마주친다. 그 사례에서는 이륙할 때 비행과 무관한 산만하게 만드는 대화가 오갔는데 이번에는 그런 대화가 착륙할 때 오갔고, 더 현실 지향적이지만 공경하는 부조종사를 조종사의 과신이 압도했으며, 조종사는 자신의 의무였음에도 계기판을 제대로 읽지 않았다. 하강할 때 조종사들이 하품하는 소리도 들렸는데 그들이 적당히 잠을 잔 뒤에 14시간 동안 비행기를 몰고 있었다는 점도 언급해야겠다. 이번이 그날 그들의 6번째 착륙 임무였다. 그들이 적절한 절차를 따랐다면 여전히 안전하게 착륙할 수 있었을 테지만, 누적된

피로 때문에 맞닥뜨리고 있던 위험에 무감각해지고 소홀해지고 절차를 제대로 따르지 못하게 했다는 점도 분명하다.

이쯤에서 다른 수준의 자기기만이 개입한다. 이 사고에 대응해 교통안전위원회는 연방항공청에 휴식 시간을 더 늘리도록 요구함으로써 조종사들의 업무 규정을 더 깐깐하게 했다. 12년 만에 두 번째로 이루어진 권고였다. 연방항공청이 첫 번째 권고 때 이행하지 않았기 때문이다. 이 사고에 대응해 항공 산업은 자신의 이익을 대변하는 항공운송협회를 통해 이 사건이 일회적인 것이기에 연방항공청 규정을 개정할 필요가 없다고 주장했다. (그렇지만 사고가 일회성 사건이 아니라면, 우리는 항공기를 타지 않을 것이다.) "현행 연방항공청 규정은 …… 우리 승무원들과 승객들에게 안전한 환경을 보장하고 있다."[11] 물론 결코 그렇지 않다. 그 규정은 승무원의 수를 줄이라고 요구함으로써 항공사의 돈을 절약한다. 그리고 '우리 승무원'이라는 약삭빠른 표현이 먼저 나오고 —우리는 자신의 사람들을 위험에 빠뜨릴 일이 거의 없을 것이다— 나머지 사람들을 '승객'으로 축소시키는 말이 따라 나온다. 하지만 관리자도 이익 단체도 승무원이 아니었다. 예상할 수 있듯이 항공조종사협회는 규정 개정을 지지했다. 으레 하듯이, 2009년 3월에 7개 항공사는 20시간 비행(예를 들어 뉴어크에서 홍콩까지)을 하기 전후로 48시간 휴식을 취하도록 한 연방항공청 규정을 뒤집기 위해 연방 법원에 소송을 제기했다.[12] 델타 항공사가 그 규정을 이행해 거의 하루 종일 걸리는 비행을 한 조종사들에게 적절히 수면을 취할 숙소를 제공하기로 한 선구적인 노력이 있은 뒤의 결정이었다. 여기서 허구적인 부분은 연방항공청이 이른바 승객을 대변한다는 주장이다. 사실 그 기관은 항공사의 경제적 이익을 대변하며, 반복되는 사고에 대처하기 위해 마지못해 일반 대중을 대변할 뿐이다.

얼음은 조종사들을 압도하고, 항공사는 연방항공청을 압도한다

얼음은 비행기에 특수한 문제를 야기한다. 날개에 쌓인 얼음은 비행기의 무게를 증가시키고 양쪽 주익과 작은 꼬리날개의 공기 흐름을 변화시킨다. 그러면 양력이 약해지고 때로는 갑자기 동체가 기울면서 한쪽으로 뒤집히는 급격한 통제 불능 상태에 빠질 수도 있다. 바로 잡으려고 조종사가 아무리 애써도 통제할 수 없이 비행기가 제멋대로 움직이기도 한다. 통근용 비행기는 대개 고도 3000미터 같은 낮은 고도에서 날기 때문에 특히 취약하다. 이슬비에 얼음이 조금씩 계속 달라붙는 일이 더 흔하기 때문이다. 얼음 때문에 통제력을 상실하면 비행기는 뒤집혀서 곧장 땅으로 추락한다.

1994년 10월 31일, 인디애나폴리스에서 이륙한 아메리칸이글 4184편의 사고가 그런 사례다. 비행기는 3000미터 상공에서 제빙 부트deicing boot, 압축 공기를 이용해 부풀려서 얼음을 깨는 장치_옮긴이를 부풀린 채(위에 덮인 얼음을 깨기 위해) 차가운 이슬비 속을 32분 동안 날았다. 이윽고 시카고 항공 관제소에서 착륙 준비를 위해 2400미터로 하강하라는 연락이 왔다. 조종사들은 모르고 있었지만 비행기 양쪽 날개에는 얼음이 위험할 정도로 불룩하게 쌓여 있었다. 제빙 부트 바로 뒤쪽이었다. 그래서 조종사들이 기수를 내리는 순간, 비행기가 제멋대로 움직이기 시작했다. 오른쪽 날개가 제멋대로 움직이면서 비행기가 거의 수직으로 땅을 향해 기울어졌다. 조종사들이 (위쪽이 더 무거운) 비행기가 완전히 뒤집히는 것을 어느 정도 막긴 했지만 비행기는 45도 각도로 땅에 격렬하게 충돌하면서 산산조각이 났다. 형체를 알아볼 수 있는 것은 거의 남지 않았고, 탑승객 68명의 시신도 마찬가지였다.

이 사고는 대비만 잘 했으면 일어날 필요가 없었다. 이런 종류의 비행기(ATR 42 또는 72 터보프로펠러기)는 얼음이 달라붙는 조건에서는 위태로운 움직임을 보인다는 것이 오래전부터 알려져 있었다.[13] 그런 조건에서 통제력이 상실되어 치명적인 사고가 일어날 뻔한 사례가 20건이나 되었고, 1987년 알프스산맥에서는 추락 사고가 일어나서 37명이 사망했다. 하지만 안전 권고안들이 항공사들의 강력한 반발에 부딪혔고 —항공사들은 설계 변경에 따른 비용을 부담해야 할 테니까— 연방항공청이 한쪽을 편드는 중재자처럼 행동한 탓에 같은 문제가 계속 재발했다. 연방항공청은 사고 발생 확률을 아마 줄일 수 있겠지만(적어도 조금) 그 문제에 직접 대처하는 것은 아닌, 상대적으로 저렴한 방안들을 승인해주었다. 한 전문가는 이렇게 혹평했다. "피가 철철 쏟아지기 전까지는 문제를 외면하거나 그냥 안고 살아가려는 경향이 있다." 추락 사고가 일어나야 겨우 미흡하게라도 이루어지는 안전 개선 조치를 묘비 기술tombstone technology이라고 한다. 사실상 규제 당국자들과 항공사 경영진은 사적인 비용—시정 명령에 따른 개선 조치를 취할 때 항공사들이 지불하는 직접적인 비용과 항공사에게 밉보인 당국자가 관료 체제하에서 치를 비용—을 의식할 뿐, 승객이 치를 비용은 도외시한다.

미국에서 교통안전위원회는 조종실과 비행 기록, 항공기 손상 정도 등등 객관적인 자료들을 토대로 사고의 원인을 분석해 파악한 뒤에 명료

한 권고안을 내놓는다. 이론상 상대적으로 미흡한 수준이라고 해도 안전에 투자를 하면 미래의 항공기 설계와 조종사 훈련 과정에 반영이 되어 사고가 최소한으로 줄어들 것이다. 하지만 현실에서는 권고안이 나오기 전까지는 만사가 순조롭게 진행되다가, 막상 권고안이 나오면 경제적 이해관계가 개입하면서 진행이 난관에 처한다. 소형 통근용 항공기에 쌓이는 얼음 문제에 적절히 대처하지 못하는 연방항공청의 무능한 태도는 이 점을 잘 보여준다. 이 문제는 20년 넘게 줄곧 제기되어 왔고 거의 8년마다 추락 사고를 일으켜서 많은 목숨을 앗아갔다. 가장 최근에는 2009년 2월 13일 뉴욕의 버펄로에서 이 문제로 50명이 목숨을 잃었다.[14]

더 심각한 문제는 연방항공청이 얼음이 쌓이는 기상 조건에서의 비행 규정을 개정할 의지를 전혀 보이지 않는다는 것이다. 조종사 노조가 줄기차게 요구해왔음에도 말이다. 연방항공청은 주된 문제가 얼어붙는 비(더 큰 물방울)가 아니라 작은 물방울이라는 1940년대에 이루어진 연구 결과를 근거로 들이대면서 고집을 부린다. 하지만 1940년대 이후로도 과학은 발전을 거듭했으며 현재는 얼어붙는 비가 심각한 문제를 일으킬 수 있다는 증거가 많이 나와 있다. 물론 이 점은 고치기가 가장 어려운 종류에 속한다. 분석과 논리의 기본 틀을 바꾼다는 것 말이다. 그것을 바꾸면 상당한 비용을 들여서 통째로 재설계를 해야 하는 일이 벌어질 수도 있다. 누구의 비용? 바로 항공사다. 그렇기에 지금까지 줄곧 땜질하는 식의 처방만이 이루어졌다. 이런 논리는 개인에게도 똑같이 적용된다. 더 깊은 차원의 변화일수록 비용이 더 많이 들기 때문에 더 위협적이다. 우리의 내면 구조, 행동, 논리에 더 많은 변화가 필요할 것이고, 거기에는 더 많은 자원이 동원될 것이 확실하기에 고통스럽게 느겨질 수도 있고 희생이 따른다.

안전 문제에 땜질식으로 접근하는 관점을 가장 상징적으로 보여준 것은, 연방항공청이 달라붙는 얼음 때문에 이런 항공기가 뒤집힌다는 잘 알려진 행동에 대해 승인한 대책이다. 대책이란 몇 톤에 달하는 항공기(승객이나 얼음의 무게를 제외한)의 양쪽 날개에 신용카드만 한 금속 조각을 붙이는 것이었다. 이 작은 금속 조각이 날개의 공기 흐름을 바꾸어서 안정성을 더 강화한다는 것이었다. 조종사 노조(가장 큰 위험을 안고 있는 이들을 대변하는)가 이것을 반창고 대책이라고 비꼬면서 "항공기가 모든 조건에서 안전하게 운항될 수 있도록 충분한 대책을 수립하지 못했다."라고 (올바로) 지적한 것도 놀랄 일은 아니다. 노조는 더 나아가 ATR 기종의 제빙 시스템이 "비정통적이고 엉성하게 고안되고 미흡하게 설계된" 것이라고 말했다.[15] 하지만 연방항공청은 이 주장을 외면했다. 그리고 6년이 흐른 뒤, 연방항공청의 승인을 받은 신용카드만 한 안정판을 제대로 붙인 항공기가 인디애나에서 추락했다.

여담이지만 인디애나 참사 이전에 미국의 모든 통근용 터보프로펠러기들에 기존 것보다 두 배나 더 큰 제빙 부트를 장착하고자 했다면 비용이 약 200만 달러가 들었을 것이다. 얼마나 쥐꼬리만 한 비용인지 이해하기 위해 이렇게 상상해보자. 그 비용을 인디애나폴리스에서 시카고로 향하던 그 불행한 항공기에 탄 유료 승객들의 수로 나누면 5만 달러가 된다. 승객 각자에게 이렇게 묻는다면? "미국의 비슷한 항공기 기종 전체에 지금보다 더 큰 제빙 부츠를 장착하는 데 5만 달러를 내겠습니까, 아니면 한 시간 안에 죽는 쪽을 택하시겠습니까?" 하지만 공공재 게임은 그런 식으로 이루어지는 것이 아니다. 시카고행 비행기의 승객들은 10만 번의 비행 중에서 한 번꼴로 추락하는 비행기가 자신이 탄 것임을 알지 못한다. 오히려 승객들은 아무런 행동을 하지 않아도 자신이 완벽하게 안전할 확률이 0.99999퍼센트라고 여긴다. 그러니 비용은 다른 누군가가 내도록 하자. 설령 그렇다고 해도, 나는 모든 승객이 그 돈을 어떻게 모을까 머리를 굴리느라 바쁠 것이라고 장담한다. 나라면 분명히 그랬을 테니까. 물론 승객 각자가 자신이 탄 비행기에만 제빙 부츠를 장착하는 데 도움을 주기로 한다면 1인당 약 300달러면 충분할 것이다. 요점은 항공사들이 쥐꼬리만 한 비용을 모으기가 싫어서 승객들을 으레 위험에 빠뜨린다는 것이다. 물론 그렇다고는 말할 수 없으므로, 항공사들은 만사가 순조롭고 사실상 모든 합리적인 안전 예방 조치가 취해지고 있다는 주장을 내세우면서 산더미 같은 '증거'도 더불어 내놓는다. 이 사고가 일어나기 6년 전, 영국의 과학자들은 얼음이 쌓인 날개의 공기 흐름을 측정해 얼음 때문에 비행이 위험해지는 경향이 나타난다고 경고했지만, 그 연구 결과는 전혀 비과학적이라고 맹렬한 비난과 조소의 대상이 되었다. 하지만 교통안전위원회가 인디애나폴리스-시카고 추락 사고를 분석한 결과는 바로 그 연구가 옳았음을 입증했다.

마지막으로 조종사의 행동을 규제하는 새로운 절차들이 마련되고 조종실에 몇 가지 사소한 장치들이 설치되어 있다. 예를 들어 얼음이 쌓일 때 더 일찍 경고를 보내는 장치와 이 경고등이 들어오면 조종사에게 자동항법장치를 쓰지 말라는 규정이 그렇다. 자동항법장치가 풀리면서 갑자기 한쪽으로 빙 돌 때 놀라는 일이 없도록 하기 위해서다. 하지만 물론 이것은 얼음 때문에 조종 능력을 상실하는 문제를 해결하는 것이 아니다. 조종사 한 명이 아무리 용을 써도, 듣지 않는 조종 장치를 걷어차면서 설계자와 그 선조들에게 저주를 퍼붓더라도, 이 기종 최초의 추락 사례인 알프스산맥의 이탈리아 항공기 사고에서부터 지금까지, 이런 상황에서는 조종을 하려고 아무리 노력해도 제대로 먹히지 않는다고 알려져왔다. 그리고 물론 안 좋은 상황에서는 조종사 자신이 일을 더 악화시킬 수도 있다. 버펄로 사고 때에는 조종사들이 착륙 기어를 내리고 고양력 장치를 펼쳐 양력을 증가시킬 때 자동항법장치를 켜두는 두 가지 실수를 저질렀다. 그때 갑자기 심하게 동체가 흔들리면서 옆으로 회전했다. 얼음이 쌓였음을 시사했다. 사실 얼음은 날개뿐 아니라 유리창에도 쌓여서 시야를 막고 있었다. 비록 교통안전위원회는 사고가 조종사 과실 때문이라고 했지만, 얼음이 쌓였고 그 뒤에 잘 알려진 상하좌우의 흔들림이 일어났다는 것은 항공기 설계에도 문제가 있었음을 시사한다.

요약하자면 조종사가 어떤 실수도 저지르지 않게 만들 수 있는 시스템이 개발되어왔음에도 비행기는 여전히 조종 불능 상태에 빠질 수 있다. 조종사로부터 비행기의 조종권을 앗아가는 설계의 기본적인 문제점을, 이 치명적인 설계 결함에 대처하는 조종사의 행동을 반복 훈련을 통해 조정함으로써 해결하고 있다니 아무리 좋게 보아도 역설적이다. 예를 들어 조종사가 자동항법장치를 해제하는 데 필요한 조치들 중 어느 것을 하지 못했다면, 조종사가 사고의 원인이라고 말할 것이다. 비행기는 아무 문제가 없었다. 조종사가 문제였다! 하지만 이것이 자기기만을 가리키는 일반적인 특징이 아니고 무엇이란 말인가! 연방항공청은 부정과 최소화라는 길을 추구하다가 실제 항공기 설계 변경보다는 점점 더 조종사 행동에 중점을 두는 권고안들을 잇달아 내놓는 자기기만의 세계에 갇히고 말았다. 그렇게 자기기만은 재난의 토대를 쌓는다.

이제 국제적인 사례를 살펴보자.

안전을 대하는 미국의 태도도 9/11에 한몫했다

9/11 비극에 기여한 이들은 많다. 하지만 항공사 자신들만큼 이 역할에 충실했던 이들은 거의 없다. 적어도 참사의 토대가 된 실제 항공기 탈취를 예방하는 측면에서 말이다. 미국 산업 정책상의 전형적인 현상이 하나 있다. 안전을 향상시키자는 제안이 나오기만 하면 즉각 파산을 들먹거리며 위협하는 것이다. 자동차 산업은 안전띠 의무화가 자신들을 파산시킬 것이라고 주장했고, 그 다음에는 에어백, 이어서 아동 안전 문 래치 등등 안전 규정이 강화될 때마다 같은 주장을 반복했다.

항공사들의 압력 단체인 항공운송협회는 안전에 관한 거의 모든 개선 조치에 반대한 길고도 유별난 기록을 지니고 있다. 항공사가 비용을 치러야 하는 조치들에는 더욱 그랬다. 1996~2000년만 해도 협회는 승객과 짐을 대조하거나 (당시 유럽에서는 으레 하던) 항공사 직원들의 보안 점검을 개선하는 것 같은 다양한 합리적인 (그리고 비용이 들지 않는) 조치들에 반대하느라 7000만 달러를 썼다. 그들은 객실 문을 강화하는 데 반대했고, 연방 보안관이 이따금 탑승하는 것조차 반대했다(연방 보안관은 무료로 좌석을 쓴다는 이유로). 공항 검색이라는 핵심적인 임무를 맥도널드 시급 수준의 임금을 받는 ―훈련은 거의 받지 않은― 이들이 맡고 있다는 사실은 널리 알려져 있었지만, 항공사들은 보안 수준을 강화하려는 모든 시도에 맞서 싸우느라 수백만 달러를 뿌려댔다. 물론 9/11 같은 참사는 명백히 위험한 여행 수단을 사람들이 아예 회피하도록 함으로써 심각한 경제적 타격을 입힐 수 있었지만, 항공사들은 그저 안면을 싹 바꾸고 정부에 긴급 지원을 간청했고 결국은 얻어냈다. 이런 일들 중 상당수는 '양심에 따라' 이루어진 듯이 보인다. 즉 로비스트와 항공사 경영진은 안전이 절대 타협할 수 있는 것이 아니라고 스스로를 쉽사리 납득시킨 듯하다. 그렇지 않았다가는 자신들이 이익을 추구하기 위해 사람들을 기꺼이 죽음으로 내몰고 있었다는 것을 알고 살아가야 할 테니까. 물론 외부에서 보면 그들이 하는 짓이 바로 그러하다. 여기서 핵심이 되는 사실은 남들로부터 −동시에 자기 자신으로부터− 진실을 숨길 경제적 동기가 있다는 것이다.

9/11로부터 겨우 4년이 지났을 때, 항공사들은 연방 보안 요금을 2.5달러에서 5.5달러로 올리려는 법안에 소리 높여 반대하고 있었다. 사람들이 보안 강화를 위해 기꺼이 3달러를 더 지불할 의향이 있음을 많은 여론 조사들이 보여주고 있었음에도 말이다. 이 비용을 직접 내는 것이 아니었음에도, 항공사들은 이 적은 요금 증가가 간접적으로 끼칠 악영향만을 두려워했다. 재계의 거물들이 재산을 조금 더 늘리겠다고 자신의 사망 확률을 조금 더 높이는 형국이다. 하지만 자가용 비행기 이용률이 증가하는 상황을 볼 때, 그런다고 돈을 더 모을 수 있는지조차 불분명하다.

여기서도 우리는 제도 및 집단 수준의 기만과 자기기만 양상을 보며, 거기에는 집단 내 개인의 자기기만이 수반될 수도 있다. 강력한 경제적 이해관계−항공사의−는 더 큰 경제적 단위, 즉 '승객들'에게 대단히 중요한 안전 개선을 방해하지만, 승객들은 하나의 단위로서 행동하는 것이 아니다. 조종사들은 자신들의 단체가 있으며, 물론 (각각의) 유력한 항공사들도 그렇지만, 승객은 선택한 항공사, 여행 등급, 목적지 등등에 따라 개별적으로 영향을 미친다. 비행편의 상대적인 안전에 따라서가 아니다. 승객들은 대개 그 점에 관해서는 전혀 모른다. 이론적으로 정부는 자신의 이익을 위해 행동할 것이다. 물론 앞서 살펴보았듯이, 실제로는 그렇지 않다. 두 집단 내의 개인들은 자기기만의 유혹에 빠지기 마련이다. 항공사에 속한 이들은 결함 있는 제품을 존속시키자고 끈질기게 주장하고 연방항공청에 속한 이들은 직접적인 경제적 사리사욕을 취하려는 동기는 없지만 항공사라는 거대 권력에 휘둘려서 그들을 합리화하는 대리인 역할을 한다. 나사의 사례에서 대중과 자기 동료들에게 우주 캡슐을 파는 이들은 사실 결코 그 안에 타지 않는다.

비록 미국이 일반적으로 안전에 부주의한 역사를 지니고 있지만 9/11이라는 특수한 사건에서, 조지 W. 부시 행정부는 9/11로 이어지기까지 몇 달에 걸쳐 반복해 극적으로 실수를 저질렀다.[16] 먼저 가능한 테러 공격, 특히 오사마 빈 라덴의 테러 공격의 내부 소식통인 리처드 클라크를 좌천시켰다. 정부는 그저 '파리채를 휘두르기'보다는 더 공격적인 접근법에 관심이 있다고 공표했다(내 생각에 여기서 파리는 빈 라덴이다). 부시 자신은 2001년 8월 메모에서 빈 라덴이 미국 내에서 공격을 계획하고 있다고 농담했다. 사실 그는 대통령의 텍사스 자택에서 요약 보고를 하겠다고 무대포로 밀어붙인(1급 테러범 이야기를 하면서) 중앙정보국CIA 요원을 모독했다. 그가 보고를 끝내자 부시는 이렇게 말했다. "좋아요, 면피 대책으로 당신의 치부는 이제 다 가렸군요." 사실 그 말이 맞긴 했지만 부시 자신의 치부는 그대로 노출된 채였다. 그래서 그의 행정부는 놓친 신호가 있는지 살펴보지도 적절한 주의도 기울이지 않은 채, 오로지 그 적에게 집중하는 데만 관심을 기울였다. 자기비판이 없으면 방어에서 공격으로 주의가 옮겨진다.

챌린저호 참사

1986년 1월 28일, 플로리다의 케네디 우주 센터에서 우주 왕복선 챌린저호가 이륙했다. 73초 뒤 챌린저호는 대서양 상공에서 폭발했고, 우주 비행사 7명 전원이 사망했다. 참사를 조사하고 보고할 위원회에 위원으로 임용된 유명한 물리학자 리처드 파인만은 이 참사를 탁월하게 분석했다. 그는 모든 것을 스스로 생각하려는 성향이 있다고 잘 알려져 있었고, 따라서 비교적 상식에 구애받지 않았다. 그가 결함 있는 부품(로켓의 단순한 부품인 원형 고리)을 찾아내는 데는 일주일밖에 걸리지 않았다(한 공군 장성의 도움을 받았다). 그는 나머지 조사 기간에는 나사처럼 규모가 크고 예산이 풍부하고 (겉보기에) 정교한 기관이 어떻게 그런 조악한 제품을 만들 수 있었는지를 파악하려 애썼다.

파인만은 나사가 미국 전체를 향해 기만적인 태도를 보인다는 점이 핵심이라고 결론지었다.[17] 그것이 기관 내에서 자기기만을 낳았다는 것이다. 1960년대에 나사가 달 여행 임무와 예산을 받았을 때, 좋든 나쁘든 간에 사회는 그 목표를 전폭적으로 지원했다. 달 여행에서는 러시아를 이기자는 목표 말이다. 우주선이 개발될 때에는 이런저런 문제들이 생기기 마련이므로, 나사는 상향식 접근법을 취해서 각 단계마다 다양한 대안들을 시도하면서 융통성이 최대한 발휘될 수 있도록 합리적인 방식으로 우주선을 설계할 수 있었다. 미국이 달 착륙에 성공했을 때, 나사는 많은 일자리를 유지해야 하는 50억 달러의 예산을 쓰는 관료 조직이 되어 있었다. 파인만은 그 뒤로 계속 일자리를 창출해야 할 필요성이 나사의 발전 방향을 규정했으며, 그에 따라 우주여행을 정당화할 인위적인 체제가 생겨났다고 했다. 이 체제는 안전 문제와 불가피하게 타협할 수밖에 없었다. 더 일반적인 관점에서 말하자면, 어떤 조직이 더 큰 사회를 향해 기만행위를 할 때, 그 행위는 조직 내의 자기기만을 유도할 수 있다. 개인 사이의 기만이 자기기만을 유도하는 것과 마찬가지다.

파인만은 우주 계획이 주로 예산을 딸 필요성에 따라 좌우되며, 유인 비행 대 무인 비행 같은 설계상의 중요한 특징들이 바로 예산이 많이 든다는 점 때문에 선택되었다고 주장했다. 이른바 우주왕복선이라는 재사용 가능한 우주선이라는 개념 자체는 저렴해 보이도록 설계되었지만, 사실은 정반대였다(매번 새 우주선을 만들어 쓰는 것보다 비용이 더 든다는 사실이 드러났다). 게다가 유인 비행은 엄청난 호소력을 지녔기 때문에 많은 비용을 쏟아부어서 실행시키려는 열정을 빚어낼 수도 있었다. 하지만 우주에서 할 과학적 연구란 것이 거의 없었기 때문에(기계로 하거나 지구에서 하는 것보다 더 낫다고 할 수 없었다), 중력이 없을 때 식물이 어떻게 자라는지를 보여주는 것(지구에서도 그보다 훨씬 적은 비용으로 무중력 상태를 조성할 수 있다) 같은 임시방편으로 만들어내는 연구들이 대부분이었다. 이것은 불행히도 점점 더 가라앉기만 하는 작은 자가 추진 열기구나 다를 바 없었다. 그들은 우주 계획을 받아들이도록 의회와 미국 시민들을 설득할 필요가 있었기에, 정직하지 못한 태도를 취할 수밖에 없었고 그것은 필연적으로 내부의 자기기만을 낳았다. 예산이 잘 굴러 들어오게끔 하는 수단과 개념이 선택되었고, 그에 따라 장치들은 하향식으로 설계되었다. 그 결과 약한 원형 고리처럼 문제가 드러났을 때, 문제를 해결할 지식도 유사한 상황을 상정할 능력도 거의 없는 불행한 효과가 나타났다. 그래서 나사는 문제를 최소화하는 쪽을 택했고, 안전을 담당해야 할 부서는 안전율을 꼼꼼히 살펴보는 대신에 합리화하고 아니라고 부정하는 데 앞장서게 되었다. 아마 그 부서는 남들과 내부자들에게 선전 활동을 하는 데 필요한 요점들을 고위층에 제공하는 역할을 했을 것이다.

조직의 자기기만에 봉사하는 가장 유별난 심리적 왜곡 현상 중 몇 가지가 안전부서 내에서 일어났다. 챌린저호가 스물세 차례 비행을 할 때 원형 고리가 손상된 사례는 7회였다. 손상 가능성을 이륙할 당시 기온의 함수로 나타내기만 하면, 유의미한 부정적인 관계가 드러난다. 즉 기온이 낮을수록 고리 손상 가능성은 높아졌다. 이를테면 기온이 섭씨 18도 이하일 때 비행이 이루어진 네 차례 모두 고리가 일부 손상되었다. 스스로가 –혹은 남들이– 이 점을 알아차리지 못하도록, 안전부서는 다음과 같은 심리적 조작을 했다. 그들은 열여섯 차례의 비행에서는 아무런 손상이 없었으니 관련성도 없으며, 따라서 후속 분석 대상에서 제외시켜도 된다고 말했다. 이 점은 그 자체로도 유별나다. 본래 자료를 내버리고 싶어 하는 사람은 아무도 없기 때문이다. 아주 어렵게 획득한 자료라면 더욱 그렇다. 높은 기온에서 이륙할 때에도 손상이 일어난 사례가 있으므로, 이륙할 때의 온도는 원인이 아니라고 배제시킬 수 있다는 것이었다. 이 사례는 현재 통계학 원론 교과서들에 통계를 이렇게 써먹으면 안 된다는 사례로 실려 있다. 또 최적(또는 준최적) 자료 제시 수업에서도 사례로 가르치고 있다.[18] 고리를 만든 티오콜이라는 회사의 기술자들이 비행에 반대한다고 주장하면서도, 반론을 부추기는 방식으로 증거를 제시했기 때문이다.[19] 그 문제가 관련이 있다는 점은 챌린저호 사고로 가장 명확히 드러났다. 챌린저호는 기존 이륙 때의 가장 낮은 기온보다 무려 20도 이상 낮은 영하의 기온에서 이륙했기 때문이다.

이전에 가장 낮은 기온(선선한 섭씨 12도)에서 비행했을 때는 원형 고리 테두리의 3분의 1이 닳아 있었다. 전부 다 닳아버렸다면, 챌린저호 사고 때처럼 폭발이 일어났을 것이다. 하지만 나사는 3분의 1이 손상된 이 사례를 '세 배 안전율'을 고려해 만들어졌다고 주장하면서 오히려 미덕이라고 말했다. 가장 특이한 언어 오용 사례다. 법률에 따라 승강기에 설치될 케이블은 최대 하중을 지탱하면서 많은 횟수를 아무 손상 없이 위아래로 운행할 수 있을 만큼 튼튼해야 한다. 그런 다음 그것을 11배 더 강하게 만들어야 한다. 이것을 11배 안전율이라고 한다. 나사는 가느다란 실 한 가닥에 승강기를 매달고 그것을 미덕이라고 부른다. 더 나아가 그들은 놀라울 정도로 반지름이 짧은 순환논법을 구사했다. 유인 비행은 무인 비행보다 훨씬 안전해야 했기에, 어거지로라도 더 안전해 보이게 만들었다. 즉 자신이 속한 조직의 기만과 자기기만에 봉사하기 위해 안전부서는 철저히 타락해 선전 목적에 동원되었다. 즉 전혀 안전하지 않았음에도 안전한 척 보이게 함으로써 말이다. 이것은 최고 관리자들의 자기기만을 도왔을 것이 분명하다. 안전 문제를 덜 의식할

수록, 그 이야기를 선전할 때 내면의 갈등을 덜 느낄 테니까.

따라서 개인 내면의 자기기만과 조직 내의 자기기만 사이에는 한 가지 매우 유사한 점이 있다. 둘 다 남을 기만하는 데 쓰인다는 것이다. 어느 쪽에서든 정보가 철저히 삭제되는 법은 없다(티오콜 기술자들은 열두 명 전원이 그날 아침 비행을 반대하는 쪽에 투표를 했고, 한 명은 이륙 직전에 겁이 나서 화장실에서 토하기까지 했다). 진실은 그저 개인이나 조직의 의식이 접근할 수 없는 영역으로 추방된다(우리는 나사를 운영하는 이들을 그 조직의 의식 영역이라고 생각할 수 있다). 개인이든 조직이든 남들의 관계에 따라 내부의 정보 구조가 결정된다. 비기만적인 관계에서는 정보를 논리적이고 일관적으로 저장할 수 있다. 기만적인 관계에서는 정보가 남들을 더 잘 속일 수 있는 ─하지만 잠재적으로 심각한 비용을 안고 있는─ 편향된 방식으로 저장될 것이다. 하지만 여기서 궁극적인 희생을 치르는 이들은 우주비행사들인 반면, 나사의 고위층─사실상 사망한 이들을 제외한 조직 전체─은 안전을 대하는 이 제멋대로이고 자기기만적인 접근법으로부터 순이익(예를 들어 고용에서)을 얻을 수도 있음을 유념하자.

파인만은 적절한 방향으로 정보 흐름을 편향시키는 유형의 조직 내 대화를 상상했다. 작업 기술자로서 당신이 안전이 걱정되어 상관에서 이야기를 하면 두 가지 반응 중 하나가 나올 것이다. "더 말해보세요."라거나 "이렇게 저렇게는 해봤나요?"라는 반응이 나올 수도 있다. 하지만 "그래서 어쩌겠다는 거죠."라는 대답이 한두 번 나오면, 당신은 "그래, 어떤 꼴 나나 보자고." 하고 결심할지 모른다. 이런 것들이 바로 부서 내의 자기기만을 낳을 수 있는 상호작용의 유형들─개인이 개인에게(혹은 이 사무실이 저 사무실에) 하는— 이다. 걱정 말라, 상부의 압력은 든든한 배경 하에 이루어지며, 일탈자는 처벌되고 실직 위험에 처할 테니까. 기술자들의 대표가 고위 경영자에게 비행에 반대하는 투표를 하고 있다고 전달했을 때, 경영자로부터 "기술자 이름표를 떼고 당신이 경영자가 되지 그래?"라는 말을 들어야 했다. 이름표를 뗄 필요도 없이 그는 알아들었고, 비행 찬성으로 돌아섰다.

    안전부서는 한 가지 놀라운 성공을 거두었다. 참사가 일어날 확률을 추정해보라고 하자, 그들은 70번에 한 번꼴이라고 추정했다. 그 뒤에 새로 추정값을 내놓으라고 하자, 이번에는 90번에 한 번이라고 답했다. 그러자 고위 관리자들은 이 추정값을 임의로 200번에 한 번이라고 수정했고, 두 차례 추가 비행이 더 이루어진 뒤에는 1만 번에 한 번이라고 다시 고쳤다. 새 비행 한 번이 사고의 전반적인 확률을 용인되는 범위로 낮춘다고 가정하고서 말이다. 파인만이 지적했듯이, 이것은 러시아 룰렛 게임을 하면서 매번 방아쇠가 당겨질 때마다 자신이 더 안전해진다고 느끼는 것이나 다름없다. 어쨌거나 이 논리를 통해 나온 수는 환상적이기 그지없다. 매일 이런 우주선을 300년 동안 타도 사고가 단 한 번밖에 안 난다니? 실제로는 원래의 추정값이 현실에 거의 정확히 들어맞는다고 드러났다. 컬럼비아호 사고가 일어날 무렵에는 126회 비행에 사고가 2회 일어나서 확률이 63번 비행에 1번꼴이 되었다. 여객기에서 이 정도 수준의 사고를 용인한다면 매일 미국에서만 300대의 비행기가 추락할 것이다. 우주비행사들이 진정한 확률을 실제로 이해했다면 탑승하기 위해 과연 그렇게 애쓸지 의심스럽다. 안전부서의 추론이 종종 그렇게 문제가 많았음에도, 전반적인 추정값은 딱 들어맞았다니 흥미롭다. 이것은 '추론'의 상당수가 안전부서가 제대로 추정한 뒤에 위에서 압력을 받아 임시변통으로 수정하여 내놓은 것임을 시사한다. 여기에 개인의 자기기만과 상통하는 점이 하나 있다. 처음의 자발적인 평가(예를 들어 공정성)는 편향되지 않았지만, 그 뒤에 더 고등한 심리 과정이 편향을 끼워 넣는다.

챌린저호 사고에는 역설적인 점이 한 가지 더 있다. 그 우주선에는 각양각색의 미국인이 고루 타고 있었다. 아프리카계 미국인 한 명, 일본계 미국인 한 명, 여성 두 명이었다. 여성 중 한 명은 초등학교 교사로서 우주에서 전국의 5학년 학생들에게 수업을 할 예정이었다. 엄청난 교육적 효과를 염두에 둔 공개 행사를 말이다. 하지만 그 공개 행사는 비행을 강행하는 결정에 한몫을 했다. 비행이 연기되면 여름에야 발사가 가능해질 텐데, 그때는 방학이라 수업을 받을 아이들이 학교에 없을 것이기 때문이다. 그리하여 나사는 자승자박 상태에 빠졌다. 혹은 앞서 말했듯이, 우주 계획은 다른 유용한 목적은 전혀 없이 오로지 뻐기기 위해 중력을 거스르도록 설계되었다는 점에서 고딕 대성당과 공통점을 지닌다. 비록 많은 이들이 대성당의 주된 목적이 신을 찬미하는 것이라고 말하겠지만, 그런 이들 중 상당수는 종종 자화자찬을 한다. 우주 비행 기계를 만드는 것보다 대성당을 짓는 데 죽은 이들이 얼마나 더 많았던가.

컬럼비아호 참사[20]

놀랍게도 챌린저호 참사에서 드러난 많은 요소들이 17년 뒤에 변함

없이 컬럼비아호 참사에서 되풀이되었다. '원형 고리'를 '거품foam'으로 바꾸었다는 점을 빼면 대체로 똑같다. 양쪽 사례에서 나사는 문제가 없다고 부정했지만, 치명적인 문제가 있었음이 드러났다. 또 양쪽 사례에서 비행 자체는 홍보 목적 외에 다른 유용한 목적을 거의 지니고 있지 않았다. 오로지 예산을 따내고 의회가 요구한 비행 목표를 채우기 위해서였다. 앞서의 참사와 마찬가지로 승무원들의 구성은 다문화적인 이상을 반영했다. 아프리카계 미국인 한 명, 여성 두 명(한 명은 인디언이었다), 중동 상공을 날 때(달리 어디겠는가?) 먼지를 모으는 일을 할 이스라엘인 한 명이었다. 6개국의 어린이들이 고안한 거미, 누에, 무중력에 관한 실험들도 적절히 수행될 예정이었다. 즉 챌린저호 때와 마찬가지로 비행을 할 진지한 목표는 전혀 없었다. 한마디로 일종의 홍보용 공개 행사였다.

컬럼비아호는 2003년 1월 15일에(이번에도 비교적 추운 날에), 17일간의 우주 임무를 띠고서 이륙했다. 82초 뒤, 770그램의 단열 거품 조각이 로켓에서 떨어져 나와서 우주왕복선의 왼쪽 날개 앞쪽 가장자리를 강타해 (나중에 밝혀낸 것인데) 지름 약 30센티미터의 구멍을 뚫어놓았다. 단열 거품은 이륙 때 추위로부터 로켓을 보호하기 위해 붙인 것인데, 비행 때 조각이 떨어져 나와서 왕복선에 부딪히는 사례가 오래 전부터 있어왔다. 사실 비행 때마다 평균 30개의 작은 조각이 충돌했다. 그런데 이번에 처음으로 전에 보던 것보다 100배나 더 큰 덩어리가 떨어져 나왔다. 1988년 12월 아틀란티스호 비행 때는 작은 거품 조각 707개가 왕복선에 충돌했고, 나중에 궤도상에서 로봇 팔에 부착한 카메라로 선체를 조사했더니 마치 산탄총에 맞은 듯했다. 열 보호 타일

하나가 떨어져나갔지만 다행히 그 안쪽의 알루미늄 판 덕분에 무사했다. 하지만 나사는 예전에 그랬듯이, 이 정도의 손상을 경고로 받아들이지 않았다. 오히려 왕복선이 재진입 때 무사했다는 사실을 거품이 안전 문제와 무관하다는 증거라고 간주했다. 그뿐만이 아니었다. 컬럼비아호에 앞서 일어난 두 번의 비행 사고 때에도 거품 조각이 2각 연결대에서 떨어져 나와 로켓 하나에 움푹 자국을 남겼지만, 왕복선 관리자들은 그것을 '비행 중 이상' 사례로 분류하지 않았다. 2각 연결대에 일어난 비슷한 사고들은 모두 비행 중 이상으로 분류해왔음에도 말이다. 이렇게 분류 방식을 바꾼 이유는 다음 비행이 지체되지 않도록 하기 위해서였고, 나사는 새 책임자로부터 비행을 상시적으로 하라는 특수한 압력을 받고 있었다. 이것은 대외적인 일정에 맞추어 비행하라는 인위적인 압력을 받고 있던 챌린저호와 비슷한 상황이다.

이륙 다음날, 발사 장면을 찍은 영상을 검토하는 일을 맡은 하위직 기술자들은 왕복선에 충돌한 거품의 크기와 속도를 보고 경악했다.[21] 그들은 해당 영상을 편집해 왕복선 운영 계획 자체를 책임지고 있는 여러 고위 인사, 기술자, 관리자에게 전자우편으로 보냈다. 흐릿한 영상 대신에 훨씬 더 선명한 고화질 영상이 필요해질 것이라고 예상한 그들은 나름대로 국방부와 접촉해 궤도에 있는 왕복선의 사진을 찍기 위해 인공위성이나 지상의 고해상도 카메라를 이용할 수 있게 해달라고 요청했다.

며칠 지나지 않아 공군에서 기꺼이 응하겠다는 답변과 함께 요청을 충족시키기 위한 첫 조치를 취하려는 움직임을 보였다. 그때 별난 일이 벌어졌다. 공군에 그런 요청을 할 때 보통은 승인을 하던 한 중간 관리자에게 그 소식이 들어갔다. 그녀는 즉시 자신의 상관들에게 기술자들이 요구한 정보를 알고 싶은지 물었다. 알고 싶지 않다는 답변이 돌아왔다. 이 답변을 들이대면서 그녀는 정보를 더 제공할 필요가 없으며 이유는 부하 직원들이 적절한 계통을 밟지 않았기 때문이라고 공군에 말했다. 어처구니가 없다. 그런 짓에 생사를 가르는 결정이 뒤바뀔 수도 있다.

이것은 구태의연한 자기기만이다. 장기적으로 문제에 대처하지 못해 왔고, 사고로 우주선이 작동 불능이 되어 우주비행사들이 지구로 돌아오지 못하는 상황에 아무런 대비도 하지 않았기에, 나사의 고위층은 시선을 피하면서 그저 잘 되겠지 되뇌기만 할 뿐 아무 일도 하지 않기로 결정한다. 면밀하게 검토해 신속한 행동을 취한다면 산소가 떨어지기 전에 우주비행사들에게 도달할 우주선을 간신히 발사할 수 있을 것이다. 하지만 그것은 초읽기 때 중단되는 일이 거의 또는 전혀 없는 많은 행운을 요할 것이므로, 실현 가능성이 적었다. 한 가지 대안은 우주비행사들이 직접 손상된 날개에 엉성한 땜질을 시도하는 것이었다. 하지만 굳이 이 시점에서 현실을 직시할 필요가 있을까? 그들은 이런 사고에 대비가 전혀 안 되어 있었다. 그런데 전 세계가 지켜보는 가운데 생사를 가르는 결정을 내리라는 말인가? 자신들까지 포함해 아무도 지켜보지 않는 가운데, 어떻게든 저절로 일이 풀리도록 놔두는 편이 낫지 않을까? 그냥 행운이나 빌면서 잘되기를 기도하는 편이 낫지 않을까? 문제가 있음을 부정하고 또 부정하면서 여기까지 왔으니, 그냥 그렇게 죽 나아가는 편이 낫지 않을까?

먼저 계기가 고장 난 뒤에 파손되고 난파가 일어나는 양상 자체를 생각할 때, 이륙 때 찍은 영상에 나타난 거품 덩어리 충돌이 컬럼비아호를 고장 냈으리라는 것이 너무나 명백했지만, 나사 직원들은 거품 충돌이 그런 손상을 입혔을 가능성조차 거부하고 그런 가능성을 생각하는 사람들을 '거품학자'라고 조롱하면서 여전히 부정했다. 이 때문에 조사위원회는 그 문제를 직접 실험하기로 결정했다. 그들은 똑같은 무게의 거품 조각을 우주왕복선 모형의 왼쪽에 각도를 달리하면서 발사했다. 여기서도 나사는 자신들이 모형 제작한 작은 거품 조각만을 써서 실험하라고 고집을 부리면서 저항했다! 실제 충돌을 가장 가깝게 모사한 타격이 결정적이었다. 모형 우주선에 머리가 들어갈 만큼 커다란 구멍이 뚫렸다. 그것이 끝이었다. 나사조차도 입장을 꺾었다. 하지만 부정(앞서 나타난 문제의)은 부정(진행 중인 문제의)을 낳고, 후자는 다시 부정(사후의)을 낳는다는 점을 유념하자. 앞서 다른 맥락에서 말했듯이 이것은 부정의 한 가지 특징이다. 자기강화 말이다.

챌린저호 폭발에 대응해 설치된 새 안전부서도 사기였다.[22] 나중에 컬럼비아호 참사를 조사한 위원회의 책임자가 한 말에 따르면, 그 부서는 "인력도 예산도 기술 경험도 분석도" 전무한 곳이었다. 컬럼비아호 사고 2년 뒤에도 나사의 이른바 무너진 안전 문화broken safety culture(20년 이상 된)는 여전히 변하지 않았다. 적어도 안전 전문가이자 전직 우주비행사인 제임스 웨더비James Wetherbee가 보기에는 그러했다. 예산과 비행 일정을 지키라는 압력 때문에 관리자들은 실상을 잘 아는 기술자들을 비롯한 이들이 제기하는 안전 문제를 계속 억누르고 있다. 행정관들은 어느 정도의 위험이 용인되는지, 언제 어느 정도를 용인해야 하며 불필요할 때는 어떻게 제거하는지를 묻는다. 최근의 한 여론 조사는 으레 그렇듯이 의견이 갈린다는 것을 보여주었다. 안전부서의 관리자 중 40퍼센트는 안전 문화가 개선되고 있다고 생각한 반면,

일반 직원들은 8퍼센트만 그렇다고 여겼다. 나사가 안전을 위해 가장 최근에 기여한 부분은 회의실의 직사각형 탁자를 원탁으로 교체하고, 회의 시간이 30분을 넘을 수 있도록 허용하고, 무기명 건의함을 설치한 것이다.[23] 이런 조치들은 문제의 핵심에 전혀 다가가지 못하는 듯하다.

안전부서가 조직 내에서 그렇게 힘이 약했다는 것은 조직의 자기비판 기능 결핍이라는 더 큰 문제의 일부다.[24] 조직이 내부 평가부서를 안 좋게 보고 공격하거나 파괴하거나 포섭하기 때문에 조직 자신의 행동과 믿음을 제대로 평가하지 못할 때가 많다는 주장이 있어왔다. 변화를 촉진하면 일자리와 지위가 위협을 받을 수 있으며, 위협받는 이들은 평가자들보다 권한이 더 클 때가 많으므로, 자기비판을 위축시키고 무력화하고 조직을 타성에 젖게 할 수 있다. 앞서 살펴보았듯이 나사의 안전평가부서는 그런 압력에 짓눌려 20년 동안 유명무실했다. 참사가 잇달았음에도 말이다. 기업이 상당한 비용을 들여서 외부 인사를 고용해 평가를 해달라고 맡기고는 하는 이유도 이 때문이다. 아마 개인이 상당한 비용을 들여서 심리치료사 같은 이들에게 상담을 받는 이유도 비슷할 것이다. 국가 차원에서도 자기비판에 실패함으로써 더 총체적이고 더 값비싼 대가를 치르는 일이 벌어지며, 뒤에서 전쟁을 이야기할 때 이 점도 일부 다룰 것이다(11장 참조).

이집트와 이집트항공은 모든 것을 부정한다[25]

1999년 10월 31일, 카이로행 이집트항공 990편이 뉴욕의 JFK 공항에서 이륙했을 때 가장 특이한 사고가 일어났다. 비행기는 1만 미터 상공까지 올라가서 약 1시간 반 동안 고요한 밤하늘을 정상적으로 운항하다가, 갑자기(약 2분 사이에) 바다로 곤두박질쳐서 탑승자 217명 전원이 사망했다. 조사에 나선 미국 교통안전위원회는 제2부조종사가 고의로 비행기를 추락시켰다는 것을 합리적으로 의심의 여지가 없이 입증했다. (장거리 비행에는 부조종사가 두 명이 탄다. 한 명은 이륙과 착륙을 담당하고 한 명은 그 중간의 운항 중 일부를 담당한다.) 그 부조종사는 목표를 달성하기 위해 조금 기만행위를 했지만, 그 참사에 자기기만이 수반되었다는 증거는 전혀 없다(자살한 부조종사의 머릿속에서 무슨 일이 벌어졌는지는 알 수 없지만). 하지만 그 뒤에 이집트항공과 이집트 정부는 사고의 원인을 부정하기 위해 오랫동안 심하게 노력했다. 바로 거기에 자기기만이 수반되었고 그들은 지금까지도 계속 부인하고 있다. 조종실 근처나 뒤쪽에 소형 폭탄이 있었다거나, 이스라엘 요원들이 탑승한 이집트 장교 34명을 노린 것이라는 등등 상상할 수 있는 거의 모든 반론이 제시되었다. 이것은 자신을 보호하기 위해 사후에 거짓 서사를 꾸며내려는 시도이며, 우리는 이집트 쪽이 민감하게 반응하는 이유를 쉽게 납득할 수 있다. 부조종사가 비행기를 급강하시키기 전에 무슬림의 일반적인 기도문을 읊조렸다고(아랍어로!) 곧 발표가 나왔기에, 이집트항공은 내부 테러 때문에 '어떤 속도에서도 안전하지 않은' 항공사라는 최악의 평판을 얻기 직전이었다. 승무원이 승객의 안전을 도모하려 한다는 점을 믿을 수가 없다면, 누가 그 비행기를 믿고 탈 수 있겠는가?

  잘 훈련된 항공공학자들이 1년 넘게 조사한 끝에 나온 교통안전위원회의 결과에 이집트 쪽에서 거의 매일 같이 반박하고, 이집트 정부가 때로는 아주 정교한 대안까지 포함해 수많은 주장을 내놓았기 때문에 이 사고는 유달리 연구가 많이 이루어졌다. 하지만 기본적인 사실들은 처음부터 명확했다. 앞쪽이든 뒤쪽이든 어디든 간에 폭탄이 있었다는 증거는 전혀 없었다. 폭탄은 대개 적어도 세 가지 증거를 남긴다. 비행 기록 장치로 판독될 수 있는 흔적, 조종실 녹음 장치에 기록된 목소리와 소리, 해저에 파편이 흩어진 양상이 그렇다. 이륙한 지 20분이 지나자 제2부조종사(59세)는 제1부조종사(36세)에게 험악하게 굴어서 조종실 밖으로 내보냈다. 처음에는 비행기를 조종하고 있던 제1부조종사에게 잠시 쉬다가 오라고 말했다. 제1부조종사가 그런 일은 비행을 시작할 때 미리 동의를 구했어야 한다고 퉁명스럽게 답하자, 제2부조종사는 목소리를 높였다. "그래서 일어나지 않겠다는 거야? 일어나. 가서 휴식을 취한 다음에 와." 잠시 뒤 제1부조종사는 일어나서 조종실 밖으로 나갔다. 그러자 제2부조종사는 조종사(57세) 옆 좌석에 앉았다. 두 오랜 친구는 즐겁게 수다를 떨었고, 8분이 지났을 때 제2부조종사는 제1부조종사의 펜을 발견했다. 아니 발견한 척했을 가능성이 높다. 그는 기장에게 말했다. "어? 신참 부조종사의 펜이 떨어져 있네. 갖다줄래? 잃어버릴지 모르니까." 조종사가 답했다. "그럼 실례 좀 할까. 화장실에 금방 다녀오면서 전해주지." 부조종사가 말했다. "그래." 조종사는 나가면서 말했다. "승객들이 식사 중이니까 화장실이 붐비지 않을 거야. 갖다올게." 그렇게 수월하게 제2부조종사는 비행기를 손에 넣었다.

약 20초 뒤 부조종사는 (모국어인 아랍어로) "신을 믿습니다."라고 말하면서 자동항법장치를 해제했다. 다시 4초 뒤 그는 "신을 믿습니다."라고 되뇌었고, 두 가지 일이 일어났다. 고속으로 돌아가던 엔진이 최소 공회전 상태로 바뀌었고, 꼬리날개의 육중한 승강타가 내려져서 비행기 꼬리가 위로 들리고 기수가 아래로 향했다. 부조종사가 출력을 줄이고 조종간을 앞으로 민 것이 명백했다. 비행기는 급강하했고, 부조종사는 빠르게 연달아 6번이나 차분하게 "신을 믿습니다."라고 읊었다. 비행기가 계속 빠르게 하강하면서 내부는 무중력 상태에서 음의 중력 상태로 변해서 물건들이 천장에 부딪혔다.

급강하를 시작한 지 16초 뒤, 조종사가 간신히 조종실로 돌아와서 소리쳤다. "무슨 일이야? 대체 무슨 일이야?" 대답은 없었다. "신을 믿습니다."라는 말만 들려올 뿐이었다. 그 뒤에 둘은 조종간을 두고 싸운 것이 분명하다. 조종사는 기수를 위로 올리려 했고 부조종사는 계속 아래로 향하도록 애썼다. 그러다 보니 승강타는 하나는 위로, 또 하나는 아래로 향함으로써 가장 특이한 배치가 되었다. (좌우의 승강타가 다르게 움직일 수 있는 것은 기계적인 고장이 생겼을 때 조종사가 한쪽 승강타만으로 비행할 수 있도록 하기 위한 설계 특징이다.) 비행기는 초속 192미터의 최대 속도로 거의 40도 각도로 하강했다. 도중에 부조종사는 엔진을 껐고, 조종사는 경악하여 고함을 질렀다. 비행기는 고도 4900미터에서 속도가 시속 약 900킬로미터에 이르렀고, 그때 조종사가 애를 써서 기수를 위로 올린 듯하다. 비행기는 고도 7300미터까지 다시 급상승했다가 왼쪽 엔진을 잃고 빠르게 바다로 추락했다. 승객들은 2분 동안 끔찍한 롤러코스터를 탄 기분이었을 것이 틀림없다.

미국 교통안전위원회의 음성 스트레스 분석 결과는 제2부조종사와 조종사가 조종간을 놓고 싸울 때 둘의 음성이 극적인 대조를 이룬다는 것을 보여주었다. 조종사의 목소리는 점점 심해지는 스트레스와 공포를 겪는 사람에게서 예상할 수 있는 그대로 높낮이와 세기가 계속 증가했다. 하지만 부조종사의 목소리에는 전혀 변화가 없었다. "신을 믿습니다."라는 말을 총 열두 번 하면서도 그의 목소리에는 스트레스나 두려움의 기미가 전혀 없었다. 그는 의도한 대로 행동했으며, 의도를 갖고 있었기에 차분했다.

이 이야기에서 우리가 모르는 부분은 오로지 제2부조종사가 왜 비행기를 추락시켰나 하는 것이다. 장교 34명이 타고 있어서? 그는 정치적인 인물이 아니었다. 사고 며칠 전에 한 선배 조종사(마침 그 비행기에 승객으로 타고 있었다)로부터 경고를 들은 데 앙심을 품고 이런 심각한 사건을 저지르게 되었다는 것이 사실일까? 사실 그는 항공사 직원들이 체류하는 뉴욕의 한 호텔에서 부적절한 행동을 했다고 평판이 나 있었다. 예를 들어 여성들을 방까지 쫓아가는(초대하지 않았음에도) 등등의 행동을 했다. 결코 위험한 행동은 아니었고, 아마 처량해 보이는 쪽이었을 것이다. 그는 이집트로 돌아갔을 때 쓸 물건들을 갖고 탔다. 자동차 부품 등등이었는데, 따라서 아마 그는 일을 저지르기 직전에야 결심을 한 듯하다. 그가 이집트항공에 복수를 하려고 한 것이라면, 장교들이 탑승했기 때문에 그의 자살로 항공사는 더 극적이고 더 심한 대가를 치르게 된 셈이었다. 하지만 우리는 결코 알지 못할 것이다. 부정하는 이집트 쪽은 부조종사의 동기를 조사하는 일도 결코 하지 않았고, 자신들이 찾아내는 것은 다 감추었으니까. 미국에서 교통안전위원회의 조사가 으레 그런 식으로 진행된다면, 우리는 항공기 사고의 원인을 객관적으로 조사한 자료를 아예 접할 수가 없을 것이다. 이것은 더 상위 차원─국제적인 차원─에서 개입해 국제적인 비용을 치르면서 진실 규명을 방해하는 자기기만의 사례다. 여객기 사고를 줄임으로써 우리 모두가 혜택을 본다는 것이 분명한데도 말이다.

물론 이집트만 그런 것이 아니다. 예를 들어 미국의 경제적 금수 조치로 이란이 노후 항공기의 교체 부품을 직접 구할 수 없다는 점을 아는 −걱정하기는커녕− 미국인은 거의 없다. 금수 조치를 내린 나라는 그 비행기들을 판 나라이기도 하므로, 그 나라는 교체 부품을 제공할 법적 의무(서명한 원래 계약서에 따라)를 지니고 있음에도 사소한 이유들 때문에 국제적인 공공의 안전에 총체적으로 위배되는 행동을 하고 있다. 이것은 경제 전쟁의 일종으로서, 아마도 이런 메타 메시지를 담고 있을 것이다. "꺼져, 그리고 비행기도 추락해버려라."

자기기만이 없었기에 살아남다[26]

우리는 지금까지 서술한 내용과 정반대되는 긍정적인 사례로 이 장을 끝낼 수도 있을 것 같다. 2009년 1월 17일 뉴욕의 라과디아 공항에서 이륙한 직후에 허드슨 강에 안전하게 착륙함으로써 탑승자 155명 전원이 무사했던, 유명한 사고 사례가 그렇다. 비행기는 노스캐롤라이나의 샬로트로 향하고 있었는데, 약 9000미터 상공에서 기러기 떼와 충돌하면서 양쪽 엔진이 동시에 고장 났다. 기장(58세)−당시 조종하고 있지 않았다−은 즉시 일련의 결정을 내렸다. 그중 어느 것도 탁월하거나 비범하지는 않았지만, 모두 조종사가 오랫동안 대비해왔던 심각한 위험에 맞서 즉시즉시 이루어진 합리적인 대응 조치였다. 그가 내린 첫 조치는 조종을 맡는 것이었다. "내가 맡지." 그는 권한을 넘겨받는 표준 절차에 따라 제1부조종사에게 말했다. 부조종사(49세)는 응답했다. "그러십시오."

조종사는 먼저 착륙 가능한 두 공항에 내리기는 어렵다고 판단하고 넓은 허드슨 만에 착륙하기로 결정했다. 그는 날개 고양력 장치를 낮추어서 속도를 떨어뜨린 뒤, 착륙할 때 기수가 위로 향하도록 조치했다. 그 결과 비행기 뒤쪽에 있던 승무원들은 갖가지 물품들이 붕 뜨는 '경착륙'을 느꼈지만, 승무원 한 명이 다리가 부러진 것 외에 객실에 있던 사람들은 아무도 다치지 않았다. 기장 자신의 말을 들어보자.

양쪽 엔진에서 추진력이 사라지고 있었지요. 지구에서 가장 인구 밀도가 높은 곳 중 한 군데를 낮은 고도에서 낮은 속도로 날고 있는 상황에서요. 맞습니다. 매우 어려운 상황이라는 것을 잘 알고 있었어요. 양쪽 날개의 평형을 정확히 유지하면서…… 기수를 약간 위로 들어 올린 채…… 생존 가능한…… 최소 비행 속도보다 낮게가 아니라 조금 높게 유지하면서 착륙해야 했지요. 그리고 이 모든 일을 동시에 해내야 했습니다.

조종사에게는 몇 가지 장점이 있었다. 그는 경험이 아주 많고 유능했고, 공군 사관학교 후보생 시절에 반에서 최고의 비행 실력을 보였으며, 군용 제트기를 몰다가 여객기 조종사가 된 인물이었다. 또 양쪽 날개를 수면 위로 유지한 채 물 위에 착륙하는 것이 핵심인, 바로 이런 상황에서 필요한 기술을 가르치는 글라이더 조종사 훈련도 받았다. 그리고 위험 관리와 재난 대처 교육도 받았다. 그는 물 위에 착륙해야 하는 상황에서 훈련 받은 내용을 떠올렸다. 주변에 배가 있는 곳에 착륙해야 한다는 것을 말이다. 착륙하자마자 몇 분 사이에 근처에 있던 크고 작은 배들이 많이 몰려들었다. 빠르게 가라앉고 있던 비행기에 휩쓸려 가라앉을 위험을 무릅쓰고서. 8개월 된 아기와 18개월 된 아기도 구조되었다. 두 여성은 얼어붙을 듯한 물에 빠졌지만 빠르게 구조되었다.

이 놀라운 광경에 며칠 동안 미국은 흥분에 휩싸였다. 여기서 핵심은 기장이 내내 상황을 아주 잘 파악하고 있었고, 대비가 잘 되어 있었으며, 모든 일을 올바로 해냈다는 것이다. 기도를 했냐는 물음에 그는 상황에만 몰두하고 있었다고 답했다. "내가 비행기를 모는 동안 누군가가 나를 위해 기도를 했을 것이라고 생각합니다."

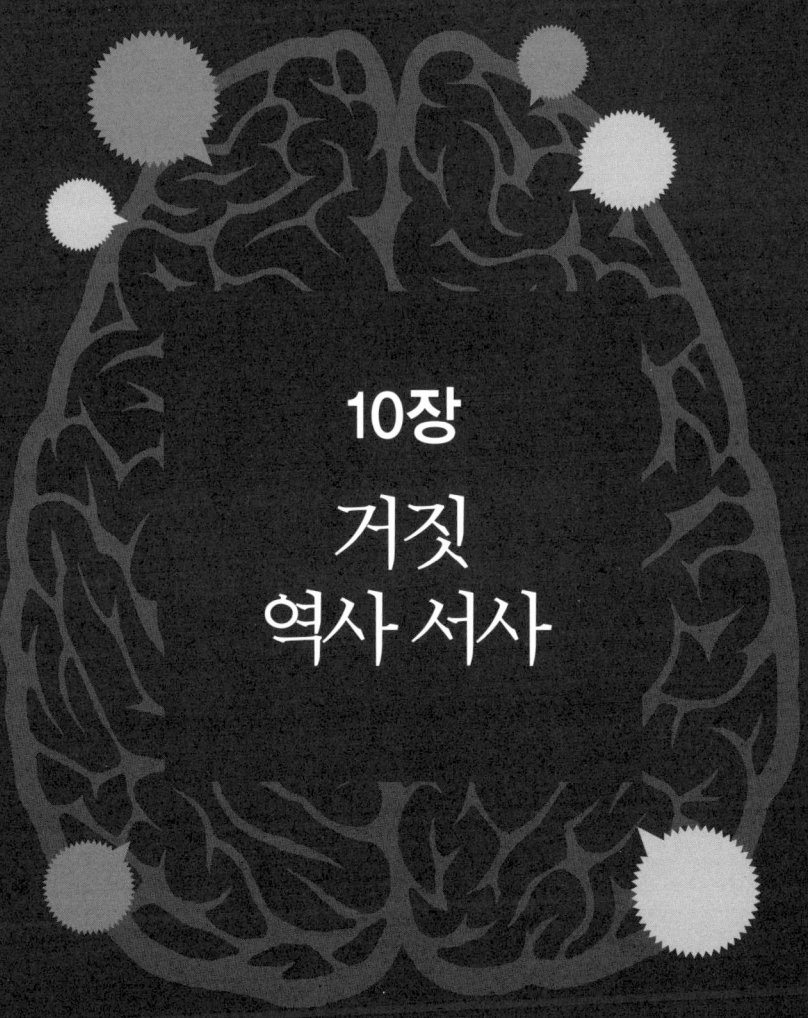

10장

거짓 역사 서사

1993년 일본 정부는 마침내 '위안소'를 운영했음을 인정했지만 여전히 배상은 거부했다. 최근의 한 수상은 군대가 여성을 강제로 모집했다는 것을 부정하고 대신에 '중개인'을 통해 '고용'이 이루어졌다고 말함으로써, 이 미진한 진전조차 반박했다. 이 사건과 난징 대학살, 전쟁 포로 학대 같은 범죄들을 부정하는 태도는 일본의 거짓 역사 서사를 보여주는 몇 가지 사례일 뿐이다. 1930~1940년대에 2000만 명이 넘는 중국인을 살해한 일은 말할 것도 없다. 중국과 한국을 제외하고 전 세계는 이 일을 까마득히 잊었다.

거짓 역사 서사는 우리가 자신의 과거에 관해 서로 나누는 거짓말이다. 통상적인 목표는 자화자찬과 자기정당화다. 우리는 특별할 뿐 아니라, 우리의 행동과 우리 조상들의 행동도 그렇다는 것이다. 우리는 비도덕적으로 행동하지 않으므로 어느 누구에게도 전혀 빚이 없다. 거짓 역사 서사는 집단 수준에서의 자기기만처럼 행동한다. 많은 사람들이 같은 거짓말을 믿는 한 그렇다. 집단의 대다수가 똑같은 거짓 서사를 들으며 자랄 수 있다면 집단의 통일성을 이룩하는 데 쓸 강력한 힘을 지니게 된다. 물론 지도자들은 행군 명령을 적절한 환각과 결부시킴으로써 이 자원을 쉽게 활용할 수 있다. 독일인들은 오랫동안 자신들의 정당한 공간을 거부당해왔다. 따라서 독일인들은 생활 공간을 가져야 한다Dass Deutsche Volk muss Lebensraum haben! 그러니 이웃들이여 조심하라. 유대인은 약 3000년 전에 쓰인 책에 조상들이 살았다고 적혀 있으므로 팔레스타인에 대한 신성한 권리를 지닌다. 그러니 비유대인 점유자들과 이웃들은 조심하는 편이 낫다. 대부분의 사람들은 자신들이 현재 진리라고 받아들이는 서사가 구축될 때 기만이 개입되었다는 점을 의식하지 못한다. 게다가 그런 서사가 정서적 힘을 지닌다는 것도 장기적인 효과를 미칠 수 있다는 것도 대개 깨닫지 못한다.

역사학에는 과거에 관한 진실을 찾으려는 노력과 거짓 역사 서사를 구축하려는 노력이라는 뿌리 깊은 모순이 담겨 있다. 이 책에서 보았듯이 우리는 자신의 행동, 자신의 관계, 자신이 속한 집단에 관한 거짓 서사를 줄곧 꾸며낸다. 자신이 속한 종교나 국가를 위한 거짓 서사의 창작은 그 범위를 확대한 것에 불과하다. 대개 모든 사회에는 과거에 관한 진실을 말하고자 애쓰는 극소수의 용감한 역사가들이 있다. 일본군이 제2차 세계대전 때 강압적인 대규모 성 노예제를 운영했다거나, 미국이 한국전쟁 때 한국인을 대량 학살했고 베트남 전쟁 때 베트남인과 캄보디아인과 라오스인을 대규모 살육했다거나, 터키 정부가 잘 살던 하위 집단인 아르마니아인들을 대학살했다거나, 팔레스타인을 정복한 시오니스트들이 인종 청소를 통해 약 70만 명의 팔레스타인인을 살상했다거나, 미국이 건국 때부터 아메리칸 인디언을 살육하고 대학살하는 기나긴 군사 행동을 벌였고 1980년대만 해도 대리인을 내세워 50만 명이 넘는 아메리칸 인디언을 살육했으며 한 세기 넘게 군사적 수단을 써서 신대륙 전체의 운명을 결정하려고 노력해왔다는 것 등등을 말이다. 하지만 대다수 역사가들은 기존의 자화자찬하는 이야기의 특정한 판본만을 말할 것이고, 관련된 나라들의 국민들은 대부분 내가 방금 말한 사실에 입각한 주장들을 듣지 못할(혹은 믿지 않을) 것이다.

한 가지 주목할 만한 사실은 지식을 전수받는 사람이 어릴수록 거짓 이야기를 들려주라는 압력을 더 강하게 받는다는 것이다. 그래서 우리는 아이들에게는 찬미하는 형태의 역사를 들려주고, 더 미묘한 견해가 담긴 역사는 남겨두었다가 대학생들에게 들려주기 쉽다. 물론 이 방식은 편향을 강화한다. 일찍 배운 관점은 특별한 힘을 발휘하고, 모든 사람이 대학에 가는 것도 아니고 대학에 간다고 다 역사를 배우는 것도 아니기 때문이다. 다행히 청소년은 부모와 어른의 허튼소리에 거부감을 보이는 경향이 으레 나타나므로, 배우는 관점을 거부하고 수정하려는 성향이 적어도 어느 정도는 있다. 그런 한편으로 역사학을 직업으로 삼는 이들은 더 널리 학습되고 있는 관점을 어느 정도 뒷받침하는 긍정적인 이야기를 내놓으라는 압력을 강하게 받고 있다.

여기서 확실히 해둘 것이 있다. 사람들은 이런 문제들에 감정적으로 강하게 반응한다. 한 사람의 거짓 역사 서사는 다른 사람에게는 집단 정체성에 관한 문제가 된다. 그리고 애당초 당신에게 나의 정체성을 왈가왈부할 권리가 과연 있는가? 많은 터키인들은 내가 아르메니아인 대학살을 말함으로써 자국을 비방한다고 느낄 수 있지만, 나는 내가 그저 진실을 말했다고 믿는다. 제2차 세계대전 때 자국이 성 노예제를 운영했다는 이야기에도 일부 일본인들은 똑같이 느낄 수도 있다(덜 감정적이긴 해도). 대다수의 미국인들도 덜하지 않을 것이다. 그래, 우리는 아메리칸 인디언들을 몰살시켰다. 그래서 어떻다고? 그리하여 우리는 멕시코를 상대로 반복하여 공격전을 펼쳤고 그 나라의 거의 절반을 빼앗았다. 그들에게는 당할 만한 이유가 있었을 것이다. 그렇다, 그 뒤로도 우리는 스스로 또는 대리자를 통해 엄청나게 많은 전쟁을 벌였다. 심지어 최근까지도 중앙아메리카, 베트남, 캄보디아, 심지어 동티모르에 이르기까지 다양한 지역에서 대학살을 지원했고, 르완다에서는 대학살을 막으려는 국제기구의 활동을 방해하기도 했다. 그래서 뭐가 어떻다는 것인가? 그런 사소한 문제들을 물고 늘어지는 것은 좌익 꼴통밖에 없지 않은가? 강대국이 하는 일이 다 그렇지 않나? 그리고 우리는 세계 최고의 강대국이고.

이스라엘도 나름의 거짓 역사 서사를 지닌다는 점에서 다른 여느 나라나 집단과 전혀 다르지 않다. 그리고 이스라엘의 거짓 역사 서사는 불안한 국가 간 및 집단 간 관계를 악화시키므로 더욱 중요하다. 또 그 서사는 세계에서 가장 강한 군사 국가인 미국에서 거의 통째로 받아들여진다. 이런 오래된 농담이 하나 있다. 이스라엘은 왜 미국의 51번째 주가 되지 않나? 주가 되면 이스라엘에 할당될 상원의원은 두 명밖에 안 될 테니까. 다시금 감정이 격해진다. 일부에서는 이스라엘의 행동(혹은 바탕이 되는 서사)을 공격하기만 하면 반유대주의자라고 간주한다. 나는 헛소리라고 보며, 대신에 국가 테러리즘을 주요 무기로 삼는 한편으로는 테러리즘에 맞서 싸운다는 미명하에 정기적으로 전쟁을 벌여서 이웃의 땅과 물을 차지하면서(거의 언제나 미국의 지원을 받아) 이스라엘을 확장하는 데 거짓 역사 서사가 쓰인다고 말하는 최고의 이스라엘(그리고 아랍) 역사가들―그리고 그들에 상응하는 (대체로 유대계인) 미국인들―이라고 내가 보는 이들의 견해를 따른다. 이스라엘의 거짓 서사는 현실을 뒤집는다. 즉 그 서사는 이스라엘은 아랍 이웃들과 오로지 평화만을 원하는(1928년부터 죽) 반면에, 아랍 이웃들은 지금 이 순간까지도 매번 평화를 거부하고 이스라엘과 그곳의 유대인 집단을 전면적으로 파괴하려고 애쓴다고 말한다.

그렇다면 우리는 어찌해야 하는가? 그렇다, 감정이 격해지지만, 거짓 역사 서사는 집단 수준에서 벌어지는 자기기만의 핵심 부분이며, 때로 남들에게 끔찍한 영향을 미친다. 자기기만을 실행하는 당사자들에게는 아니라고 할지라도 말이다. 그 주제를 논의하려면 사례가 필요하다. 어느 사례든 간에 감정이 쉽사리 상하고 논란이 분분하기 때문에 이 중요한 주제를 제외시켜야 할까? 나는 결코 그렇지 않다고 본다. 자기기만의 이론은 실제로 사람들에게 중요한 사례들에 적용될 수 없다면 별 쓸모가 없다. 물론 내가 개인적으로, 이를테면 자기기만의 면역학보다는 이런 주제들에 더 편향되어 있을 가능성이 더 높지만, 나로서는 어떤 입장도 취하지 않는 겁쟁이보다는 바보처럼 보일, 사실상 자기기만적으로 보일 위험을 무릅쓰는 쪽을 선호한다.

이 장의 목적은 우리가 자신의 역사에 관해 하는 거짓말 중 일부를 명확히 알 수 있을 만큼 상세히 몇 가지 거짓 역사 서사를 살펴보는 것이다. 그것이 어떻게 구축되고 유지되는지, 어떤 목적에 봉사하는지를 말이다. 또 비용도 살펴볼 것이다. 역사를 모르는 사람은 그것을 되풀이할 운명이라는 유명한 말이 있다. 해리 트루먼Harry Truman의 말도 있다. "태양 아래 새로운 것은 우리가 모르는 역사뿐이다."

미국의 거짓 역사 서사

미국의 거짓 서사는 몇 가지 핵심 사실, 그것들의 합리화, 그 합리화의 기능으로 요약될 수 있다. 핵심 사실은 유럽인들(그리고 그들의 아프리카 노예들)을 위한 공간을 마련하기 위해 전체 집단(혹은 부족들)을 살육하고 내쫓았다는 것이며, 그 성과는 지켜지지 않은 조약을 통해 이루어졌다.[1] 아메리칸 인디언이 백인과의 조약에 결코 서명하지 말아야 한다는 사실을 깨달았을 때는 이미 너무 늦었다. 백인들에게 조약은, 단지 파기하는 것이 유리하다는 판단이 서기만 하면 즉시 파기할 수 있는 일시적인 협정에 불과했다.

크리스토퍼 콜럼버스가 아메리카를 발견했다면 역사적 인물로 승격되는 것도 지극히 당연하다. 하지만 그는 그런 일을 하지 않았다. 그가 아메리카에 도착했을 때 그곳에는 1억 명이 넘는 사람들이 살고 있었다. 또 그보다 좀 더 앞서 아프리카, 폴리네시아, 페니키아, 심지어 유럽 국가들에서도 배가 온 적이 있었다. 반면에 콜럼버스는 지역 주민들을 복종시키고 그들의 부와 노동력을 착취하려는 확실한 계획과 탐험을 결합시켰다는 점에서 독특했다. 물론 그가 유명한 것은 이 점 때문이 아니다.

1492년 처음 들렀을 때 그는 단지 둘러보기만 했을 뿐이고, 역사적 기억으로 남아 있는 것은 이 사건이다. 그의 작은 배 세 척—니나호, 핀타호, 산타마리아호—의 도착은 새로운 땅을 '발견하기' 위한 소박하고 평화로운 도래를 의미했다. 그는 두 번째(1493년)에는 더 완벽한 준비를 갖추고 왔다. 열일곱 척의 배에 적어도 1200명의 인원과 대포, 철궁, 총, 기병대, 사람의 살을 물어뜯도록 훈련된 개를 실었다. 하지만 이 두 번째 방문은 역사적 기억에서 완전히 사라졌다. 핵심 방문은 그쪽이었는데 아무도 언급하지 않는다.

히스파니올라 섬에서 그와 부하들은 즉시 식량, 황금, 무명실, 여자를 원했다. 원주민들은 광산에 동원되고, 스페인 식품을 재배하고, 심지어 스페인인들이 다니는 곳마다 떠메고 다녀야 했다. 원주민들이 저지르는 사소한 위반 행위는 절단으로 처벌받았다. 귀, 코, 양손이 잘려 나갔다. 금을 찾지 못하자, 콜럼버스는 대규모로 노예를 잡아들이기 시작했다. 스페인으로 귀국할 때 원주민 500명을 배에 태웠고(거의 절반이 도중에 사망했다) 500명은 뒤에 남겼다. 그는 가학적인 공포로 통치했다. 신생아는 개에게 먹이로 주거나 울부짖는 엄마 앞에서 바위에 패대기쳐 죽였다. 히스파니올라에서만 2만 명이 살해당했고, 인근 섬들에서는 더 많았다. 원주민들은 자신들이 겪는 공포에 반응해 흔히 대량 자살과 유아 살해를 저지르고는 했다. 긴 이야기를 짧게 줄이자면, 콜럼버스와 그의 후계자들이 히스파니올라 섬을 점령한 지 겨우 25년 사이에, 약 500만으로 추정되던 원주민 인구는 5만 명 이하로 급감했다.[2] 이런 일이 북아메리카, 중앙아메리카, 남아메리카에서 되풀이되었다. 남아메리카 본토의 열대림 깊숙이 혹은 고지대에 사는, 어느 누구도 박멸할 수 없는 부족들만 제외하고 말이다. 배나 항해술이 발명되지 않았더라면 이 정복과 대량 학살은 일어나지 않았을 것이다. 튼튼한 배에 장착할 수 있는 대포, 다양한 총과 공격 무기도 마찬가지다. 대양 너머에서 식민지 건설과 대학살이라는 새로운 물결을 일으킨 것은 고도 기술을 이용하는 전쟁의 발명이었다.

요지는 우리가 '아메리카의 창설'을 소급해 재창조함으로써 초기에 만연했던 살인, 노예제, 성적 착취 같은 지저분한 타락 행위들의 기억을 최소화한다는 것이다. 대신에 단순한 탐험과 발견을 찬미하는 형태가 된다. 그리하여 우리는 영토 정복이라는 현실과 동기를 부정한다.

그러면 자신을 미화하고 같은 행동을 계속할 수 있는 이점이 있다. 대가는 훨씬 더 나중에야 치르게 될 것이고, 그것도 생존자들이 그런 행동에 어떤 반응을 보이냐에 따라 어느 정도 달라진다.

대학살은 아메리카에서 계속해서 일어났다. 한편으로는 지역 주민들이 면역력을 거의 또는 전혀 갖추지 못한 질병을 들여옴으로써, 다른 한편으로는 남녀노소 할 것 없이 마을 주민들을 잇달아 잔인하게 살해함으로써였다. 세계에서 가장 오래 지속된 대학살이라고 말해진다. 미국에서는 이미 오래전에 아메리칸 인디언들이 전멸하고 극소수만이 '보호 구역'에 남아 있기에 더 이상 학살이 벌어지지 않지만, 중앙아메리카와 남아메리카 전역에서는 원주민 학살이 여전히 기세를 올리고 있다. 과테말라에서는 1953년에 미국의 지원을 받아 쿠데타가 성공하면서 동시에 원주민 학살이 재개되었다. 그 뒤로 50년 동안 아메리칸 인디언 수십만 명이 반공 전쟁이라는 미명하에 살해되었다. 1500년대와 그 다음 세기에 스페인이 일으킨 대학살 때 지역 인구는 대규모 학살 행동뿐 아니라 그들이 들여온 질병으로 거의 전멸하다시피 했다(원래 인구의 5퍼센트 이하로 줄었다).

나중에 미국이 된 지역과 그 남북에 있는 나라들이 된 지역의 한 가지 중요한 차이점은 전자가 주로 온대에 속해 있다는 것이다. 즉 북극권의 추위도 열대의 극심한 생물학적 경쟁도 없는 곳이었다. 열대의 경쟁은 주로 인류와 작물 양쪽에 질병을 안겨주는 적대적인 생물들과의 경쟁을 말한다. 온대 지역에서 원주민들을 제거함으로써 미국은 유럽의 새로운 강력한 산업 체제를 급속히 성장시킬 수 있는 엄청난 기회를 얻었다. 멕시코의 거의 절반을 강탈한 것도 가용 공간을 크게 늘렸다. 그렇다면 이런 대학살의 이론적 근거는 무엇일까? 명백한 운명 Manifest destiny이었다. 아주 단순하다. 그것은 종교적이고 인종차별적인 개념이다. 당신이 한 바로 그 행동은 신이 당신에게 하라고 운명지운 행동이라는 것이다. '힘이 곧 정의'라는 말에 좀 더 고상한 분위기를 덧씌운 것이다. 그렇다면 그렇게 근거를 마련하는 것이 어떤 가치가 있을까? 당신이 하고 있는 일을 계속하게 해준다. 오늘날 미국의 비행을 이런 연장선상에서 합리화하는 지식인들은 '미국 예외주의American exceptionalism'를 들먹거린다. 미국은 역사와 현실의 통상적인 법칙들에서 예외라는 것이다. 우리는 예외 사례이며, 알아서 적절히 행동하는 것이 허용된다(아니, 요구된다). 우리는 성경에 따른 새로운 선택된 사람들이다. 200년 넘게 우리 자신을 그렇게 생각해왔으니까.

미국인이 존경하는 건국의 아버지들이 테러, 굶기기, 만취, 의도적인 천연두 감염, 노골적인 살육 등등 필요한 모든 수단을 동원해 아메리칸 인디언을 근절시키라고 —대학살— 노골적으로 촉구했다는 사실을 아는 미국인이 과연 얼마나 될까?[3]

- 조지 워싱턴 대통령(공개 전투가 벌어질 때 한 말): 당면 목표는 그들의 정착촌을 철저히 파괴하고 폐허로 만드는 것이다. 땅에 자라는 작물들을 없애고 더 이상 심지 못하게 만드는 것이 핵심일 것이다.
- 토머스 제퍼슨 대통령: 우리가 구하고 개화시키기 위해 그토록 수고를 아끼지 않은 이 불행한 인종은 예기치 않은 탈주와 잔혹한 야만 행위를 저지름으로써 박멸을 자초하고 있으며, 지금 자신들의

운명을 정할 우리의 결정을 기다리고 있다.

• 앤드루 잭슨 대통령: 그들은 지성도 산업도 도덕 관습도 없을뿐더러, 자신들의 삶의 조건을 긍정적으로 변화시키는 데 핵심이 되는 개선 욕구조차 지니고 있지 않다. 다른 더 우월한 인종과 함께 있으면서 자신이 열등한 원인을 이해하지 못하거나 스스로를 다스릴 노력을 하지 않는다면, 그들은 필연적으로 주변 상황에 따라 이리저리 휘둘리다가 영구히 사라질 것이 분명하다.

• 존 마셜 대법원장: 이 나라에 사는 인디언 부족들은 야만족이었다……. 발견(유럽인의 아메리카 발견)함으로써 우리는 구입이나 정복을 통해 인디언 점유자들을 전멸시킬 배타적 권리를 얻었다.

• 윌리엄 헨리 해리슨 대통령: 더 많은 인구를 부양하고 문명이 들어설 자리라고 창조주가 지정해준 듯한 이때, 세계에서 가장 좋은 지역 중 한 곳을 자연 상태로, 극소수의 야만인들이 출몰하는 곳으로 방치하겠는가?

• 시어도어 루스벨트 대통령: 이주자와 개척자는 사실 나름의 정의를 지니고 있었다. 이 드넓은 대륙을 더러운 야만족을 위한 사냥 구역으로 놔둘 수는 없지 않은가.[4]

노골적인 인종차별주의, 신의 계획이라는 주장, 인구 전체를 '박멸'하라는 요구가 서로 관련이 있다는 점을 조금이라도 의식한 사람은 아무도 없는 듯하다. 모두 자기 집단의 이익을 위한 것이라는 사실을 말이다.

소규모 전쟁과 대리인을 통한 통치

　대다수의 미국인은 미국이 얼마나 자주 전쟁을 벌여왔는지, 즉 군대를 동원해 이웃 나라를 침략한 사례가 얼마나 많은지 전혀 모르고 있다.[5] 주변 국가들은 으레 그런 침략을 받고 있다. 제1차 세계대전 때만 해도 그렇다. 유럽에서 독일과 그 동맹국들을 상대로 큰 전쟁을 벌이고 있을 때, 미국은 도미니카공화국, 아이티, 쿠바, 파나마, 멕시코(여러 차례)를 침략했고 니카라과에는 영구 주둔 기지를 세웠다. 이것은 분명 탄복할 만한 업적이다. 으레 대는 침략의 이유는 그 나라의 불안이 미국인과 미국인의 재산을 위협한다는 것이었지만, 실제로는 대개 미국 기업들의 이익을 위해 그 나라의 민주주의를 뒤엎는 것이 목적이었다. 대통령을 교체하고 의회를 해산하고, 엉망진창인 국민투표를 통해 서둘러 편향된 새 헌법을 제정하는 것이었다.

　제1차 세계대전 이후에 미국은 과테말라, 엘살바도르, 콜롬비아, 니카라과, 쿠바, 브라질, 아르헨티나, 칠레, 파나마에서 군대의 침입, 지역 민병대, 내부 전복을 통해 먼로 독트린—미국이 신대륙을 통치한다는 개념—을 강요했다. 침략한 뒤에는 대개 미국의 이익에 봉사하는 독재자들을 내세웠다. 바티스타, 트루히요, 두발리에, 소모사 등등. 프랭클린 루스벨트는 소모사에 관한 유명한 말을 남겼다. "그가 개새끼일지 몰라도, 우리의 개새끼다." 물론 당신에게는 그런 사람이 자기 자신의 이익에 몰두하려는 사람보다 훨씬 더 쓸모가 있다(단기적으로는). 장기적으로 어떠할지는 다른 문제다. 1953년 이란의 민족주의자인 모사데크를 꼭두각시인 왕shah으로 대체함으로써 미국은 일시적으로 경제적 이득을 얻었을지 모르지만, 장기적으로는 재앙을 일으키는 데 기여한 것이 분명하다.

미국은 1980년대에 니카라과 국민들이 투표를 통해 사회주의를 채택하고 잔혹한 콘트라 반군에게 등을 돌리기 전까지, 20세기에 니카라과를 열세 차례나 침략했다. 니카라과는 아메리카에서 아이티 다음으로 가장 가난한 국가로 남아 있다. 아이티도 미국의 침략을 자주 받았다(21년 동안 점령당한 것을 포함하여). 브라질에서도 전형적인 일이 벌어졌다. 1965년 미국의 지원을 받은 군사 쿠데타로 민주적으로 선출된 온건한 사회주의 정부가 전복되었고, 공포 통치가 시작되었다. 아르헨티나와 칠레에서도 비슷한 쿠데타를 벌이기 위한 물밑 작업이 진행되었으며, 그 과정에서 수십만 명이 사망했다. 당시 주 브라질 미국 대사는 거짓 역사 서사 전통에 지극히 충실하게, 그 문제를 짧게 평했다. 쿠데타는 "20세기 중반에 자유가 승리한 가장 결정적인 사건이었다". 지금 권력을 잡은 "민주 세력"은 "민간 투자를 위한 분위기를 크게 개선하고 있다". 거짓 역사 서사는 그렇게 유지되고 윤색된다. 우리는 처음부터 이웃들의 내부 사정에 개입하는 것이 우리의 권리―아니, 우리의 의무―라는 개념을 갖고 있다. 그럼으로써 자유, 민주주의, (가장 중요한) 우리 자신을 위한 투자 기회 확대를 가져올 수 있으며, 그러면 브라질 국민들에게도 덩달아 혜택이 돌아갈 것이라고 상상하기 때문이다. 하지만 사실 브라질은 오랜 군사 독재 체제가 무너지고 철저히 민주적인(그리고 온건한 사회주의적인) 정부가 들어선 지금에야 급속히 경제 발전을 이루고 있다. 미국보다 더 빠른 속도로 말이다.

훨씬 더 최근에 조지 W. 부시 대통령은 미국이 이라크와 전쟁을 할 예정이라고 말했다. 의회는 이라크가 위협이 된다는 증거를 원했다. CIA는 증거를 제공했다. 의회는 표결로 전쟁을 승인했다. 내 생각에 현재 대다수의 미국인들은 그것이 다음과 같은 순서로 진행되었다고 기억하고 있을 법하다. CIA는 이라크가 위협이 된다는 증거를 제공했고, 이 증거를 토대로 부시와 의회는 전쟁을 하기로 결정했다고 말이다. 그렇다면 거짓 역사 서사가 탄생한 것이다. 또 하나의 공격전을 방어전이라고 말함으로써 말이다.

미국이 국제적 개입과 전쟁에 집착함으로써 치르는 한 가지 대가는 군사-산업 복합체의 성장이다. 50년 전 드와이트 아이젠하워 대통령은 그것을 경계하는 유명한 말을 한 바 있다. 처음에 그는 군사-산업-의회 복합체라고 했다. 그 복합체의 탐식은 끝이 없는 듯하다. 미국 혼자서 나머지 세계에서 벌어지는 전쟁들을 다 합친 것만큼의 전쟁('방어전')을 치르고 있으니까.[6] 미국의 주요 수출품 중 상당수는 군수품이기도 하다. 전투기, 헬리콥터, 총, 총알 등등. 우리는 북반구의 갱단에서 세계 곳곳의 국가 전체에 이르기까지 모든 수준에서 세계를 무장시킨다. 소련 체제의 붕괴는 이런 힘들로부터 그저 일시적으로 벗어나게 했을 뿐이며, 미국은 현재 상대적으로 전보다 더 많은 전쟁을 벌이고 있다. 동시에 거대하고 아주 값비싼 정보 체계가 형성되고 있다.

소련이 탐욕스러운 자본주의에 대한 평형추 역할을 했다는 점을 유념하자. 소련이 붕괴한 뒤, 지난 20년 동안 세계는 이미 부유한 곳으로 부를 이전하는 속도를 더 높이는(이 추세는 몇 년 더 앞서 시작되었다) 미국 주도의 격렬한 전쟁과, 부자와 그들의 대리인들이 벌이는 총체적인 금융 도둑질로 경제가 거의 붕괴할 지경까지 이르는 현상을 목격해왔다.

미국의 역사 교과서[7]

학교에서 거짓 역사 서사를 주입하기 위해 어떤 노력이 이루어지고 있는지를 살펴보면 그 서사를 이해하는 데 어느 정도 도움이 되기에, 각 사례에서 이 점을 살펴보려 한다. 미국에서는 1900년 경에 고등학교에서 미국 역사를 필수 과목으로 삼자는 열풍이 전국적으로 일었다. 비록 논리적으로 볼 때는 자국의 역사를 가르치는 것이 미래를 위해 배우고 준비하는 것이라고 상상하기가 쉽겠지만, 그것이 국가주의적 또는 민족주의적 관점에서 기원했다는 사실은 각 나라에서 작용하는 더 깊은 힘을 드러낸다. 긍정적이고 애국적인 이야기, 집단의 단결과 자화자찬, 남들보다 우월하다는 인식을 부추기는 이야기, 다시 말해 모든 행동을 합리화하는 데 이용될 자기 위주의 거짓 역사 서사를 구축하도록 하는 힘을 말이다.

현재 미국의 상황을 보면 도움이 된다. 몇 권의 두꺼운 역사책들이 아주 큰 시장을 놓고 경쟁하고 있다. 각 책은 평균 무게가 2.7킬로그램을 넘으며, 1000쪽을 넘기 일쑤다. 이것은 어느 정도는 모든 주와 모든 대통령, 크고 작은 모든 사건을 다 다루라는 압력 때문이고, 그럼으로써 역사의 더 큰 패턴과 사건을 살펴볼 수 없게 만든다. 학생들에게 이 두꺼운 책을 읽게 할 교사들을 돕기 위해 다양한 기관들에서 무료로 다양한 보조 교재들을 제공한다. 한 책에는 '본문 내에 주요 개념'이 840개, '심화 학습' 310가지, '비판적 사고' 함양 문제 466가지가 담겨 있다. 인간의 그 어떤 사유 체계도 이렇게 많은 변수들을 갖고 일관성 있는 패턴을 빚어낼 수는 없다. 학생들은 각 장에서 이런저런 내용을 암기한 뒤에, 다음 장에 필요한 뇌 공간을 비워두기 위해 다 잊어버린다.

한마디로 미국 역사는 갈피를 잡기 어려울 정도로 중구난방이다. 주된 주제와 논지가 무엇인지 맥락을 잊기 일쑤다. 한 책은 노예제 전체를 한 문단으로 기술했다. 갈등이나 미해결된 쟁점 같은 것은 무엇이든 빼버리는 경향이 있다. 모든 문제가 해결되었거나 곧 해결될 것이라는 내용만 담긴다. 현재는 과거를 조명하는 데 거의 쓰이지 않고, 과거로부터 미래에 도움이 될 만한 것은 전혀 배우지 않으며, 교훈이 될 만한 내용도 거의 없다. 따라서 미국 역사라는 과목은 관련된 학습이 거의 전혀 이루어지지 않는 단순한 암기와 자화자찬 연습으로 변질되어 왔다. 학생들이 역사가 영어와 화학보다 훨씬 더 가장 지루한 과목이라고 으레 말하지만, 교양서, 박물관, 영화 등등을 비롯한 다른 맥락에서는 역사에 대한 관심이 여전히 높다는 것도 놀랄 일이 아니다.

내가 1960년대 초 하버드에서 미국사를 전공하는 대학생이었을 때, 교과서의 제목은 의도를 고스란히 드러내고 있었다. 『미국 민주주의의 정신The Genius of American Democracy』을 말이다. 그런 책은 굳이 읽을 필요가 없었다. 제목에 내용이 고스란히 나와 있으니까. 미국 역사학에서 주된 쟁점이 바로 그것이었다. 우리가 지금까지 건립된 가장 위대한 국가이자 지구를 활보한 가장 위대한 국민인 이유는? 경쟁하듯이 나온 답들은 멀어지는 변경(영토 확장을 뜻하는 온건한 은유), 사회를 설계한 영국 상류 계급, 영속하는 이민을 토대로 한 국가 건설 등등의 가치를 역설했다. 그 질문의 답은 미리 전제되어 있었고, 물론 고등학교 역사 교과서들은 그 점을 충실하게 반영한다. 『미국 국가의 승리』『약속의 땅』『위대한 공화국』. 그것들은 메타 메시지meta-message를 담고 있다. 너에게는 자랑스러운 유산이 있고, 부끄러워 할 것이 전혀 없으며, 미국이 무엇을 이룩했는지를 보고 앞으로 무엇을 이룩할지를 상상해보라고 말이다. 훌륭한 시민이 되어라. 하면 된다.

더 넓게 본 미국 역사

위의 내용이 미국의 역사를 대표한다는 뜻은 아니다. 미국 역사는 많은 가치를 지니며, 그중 하나는 전 세계로부터 오는 이민자들을 통해 세대마다 미국 인구의 약 10퍼센트가 뒤섞여 재구성된다는 사실이다. 비록 역사적으로 이민 법규는 몇몇 집단에게 더 호의적이었지만 모든 집단에게 어느 정도 기회가 주어진다. 그리고 불법 이민이 곁들여지면 그런 기회가 때로 크게 늘기도 한다. 생물학적 관점에서 보면, 그 결과로 빚어지는 외교배(그것은 일어날 기회가 있는 한, 불가피하게 일어난다)는 유전적 혜택을 주는 경향이 있다. 미국 집단은 전 세계에서 오는 10퍼센트 이상의 유전자들과 뒤섞이면서 계속 이질적인 양상을 띤다. 이 지속적인 이민, 외교배, 문화 다양성은 다른 대부분의 나라에서는 찾아보기 어렵다.

또 미국 역사에는 매우 유별나면서 대체로 긍정적인 특징이 하나 있다. 남북전쟁은 당시 인구 약 1800만 명 중에서 70만 명이 사망한, 미국 내에서 가장 큰 대가를 치른 전쟁이었다.[8] 그것은 한쪽 편이 자신들과 더 가까운 노예 주인의 편을 들지 않고 그들의 노예를 해방시키고자 한 가장 역설적인 전쟁이었다. 노예 주인들은 주로 자신의 재산인 노예를 지키는 데(때로는 자기 자식보다) 몰두했고, 때로는 자신의 살과 피를 내주면서까지 이 재산권을 지키려고 싸웠다. 한마디로 남북전쟁은 도덕적 악이라고 여기는 것을 종식시키기 위해 대체로 도덕적 십자군이 되어 싸운 전쟁이었다. 사망자는 대부분 유럽계 미국인들이었고, 사망자 수도 양쪽이 대체로 비슷했다. 양쪽 다 정의를 위해서 혹은 정의에 맞서 싸웠다. 아프리카계 미국인들의 그 뒤 역사는 노예로 있을 때보다 어떤 면에서는 더 끔찍했다.[9] 재산으로 여겨지지 않았기 때문에 일종의 사회적 제제인 '린치'를 당하거나 목을 매달릴 수 있었으니까. 수천 명이 그렇게 살해당했다. 그럼에도 그 하위 집단은 점점 세를 불려나갔고 20세기 중반이 되자 정치적 및 사회적 운동을 벌일 수 있을 만큼 성장했다. 그 운동은 이윽고 법적인 평등을 이끌어냈고, 그 멍에가 제거되자 강한 선택압과 결부된 강한 외교배의 혜택을 입어 활기차고 강력한 하위 집단이 형성되었다. 아프리카계 미국인은 미국에서 훨씬 우수한 용광로 집단이다. 유전적인 기원을 따지면 유럽 계통이 약 25퍼센트, 아프리카 계통이 70퍼센트이고, 나머지는 아메리칸 인디언과 중국인 계통이 섞여 있다. 그런 한편으로 하층 계급 아프리카계 미국인을 향한 전쟁이라고 할 마약과의 전쟁 같은 사회 정책은 구금자의 비율을 크게 높였고, 그들의 공동체를 파괴하는 효과를 가져왔다. 그렇게 인종차별주의적 공격은 계속되고 있지만 장기적으로 보면 그 공격은 표적의 생물학적 힘을 강화할 수 있다.

일본의 역사 고쳐 쓰기[10]

지난 10년 사이에 일본이 자신의 과거를 대하는 방식에서 아주 흥미로운 퇴행 현상이 나타났다. 이전에는 이따금 인정하고는 했던 중요한 역사적 사건들을 이제는 부정하고 있다. 산더미 같은 증거들을 외면한 채 말이다. 정반대의 증거가 폭로될 때마다 부정하는 자들은 꼬리를 좀 내리지만, 역사적 범죄에 공식적으로 연루되었다는 평가를 최소화하려는 의도를 늘 드러내고 있다.

일본 정부가 제2차 세계대전 때 주로 군대를 동원해 아시아의 점령지 전체에서 지역 여성들을 성 노예로 부린 방대한 강압적인 체제를 운영했다는 것은 상세히 기록되어 있다. 중국, 한국, 필리핀, 인도네시아 등등의 여성들을 말이다. 여성들은 강제로, 때로는 총검 앞에서 침략한 일본 병사의 성적 욕구를 채워야 했다(하루에 50명 이상을 상대하기도 했다). 그들은 완곡어법을 써서 그 여성들을 '위안부'라고 했다. 제2차 세계대전이 끝난 직후에 위안부 문제는 상세히 조사되었다. 전쟁 범죄와 어떻게 연루되었는지 알아내기 위해 일본 포로들을 심문한 자료들도 어느 정도 근거가 되었다. 네덜란드 조사관들은 인도네시아 여성들이 강제로 끌려가서 매 맞고 벌거벗겨져서 매일 수많은 일본 군인들의 성 노리개가 되었다고 기술했다. 일부 여성들은 수치심 때문에 자신이 당한 일을 오랫동안 숨겼다가 1990년대 초에 진실을 생생하게 털어놓았다. 일본 정부는 배상은커녕 처음에는 그 범죄를 인정하려고 하지 않았다. 그리고 물론 그것이 바로 부정의 혜택 중 하나다. 부정하면 배상할 필요가 없어진다.

처음에 일본 정부는 1951년 연합군 측과 평화 조약에 서명할 때 조약에 이 결론이 포함되어 있었기에 받아들일 수밖에 없었다. 그래서 나중에 그것을 부인하기가 더 어려워졌지만, 보수주의자들(민족주의자들)은 그 조사위원회의 결론을 '승자의 정의'라고 하면서 부정한다. 그들은 역사 교육의 역할이 어둡고 '피학적인' 측면을 파고드는 것이 아니라 설령 거짓이라고 한들 일본인이 자긍심을 느낄 수 있는 역사를 가르치는 것이라고 주장한다. 거짓 역사 서사가 하는 일이 바로 그것이다. 부정적일 수 있는 개인의 자아상을 긍정적인 것으로 대체하는 것, 더 정확히 말하자면 자기 조상의 부정적인 이미지를 긍정적인 것으로 교체하는 것이다. 물론 여기에는 개인의 자아상과 조상의 이미지가 같다는 단순한 (대체로 틀린) 유전적 가정이 전제되어 있다.

1993년 일본 정부는 마침내 '위안소'를 운영했음을 인정했지만 여전히 배상은 거부했다. 최근의 한 수상은 군대가 여성을 강제로 모집했다는 것을 부정하고 대신에 '중개인'을 통해 '고용'이 이루어졌다고 말함으로써, 이 미진한 진전조차 반박했다. 한 저명한 일본 역사학자는 2007년에 위안부 체제가 성 노예제임이 분명하지만 "정부와 각계각층에서 그것을 공개적으로 부정하려는 움직임이 점점 강해지고 있다."는 말로 현재 상황을 요약했다. 이 사건과 난징 대학살, 전쟁 포로 학대 같은 범죄들을 부정하는 태도는 일본의 거짓 역사 서사를 보여주는 몇 가지 사례일 뿐이다. 1930~1940년대에 2000만 명이 넘는 중국인을 살해한 일은 말할 것도 없다. 중국과 한국을 제외하고 전 세계는 이 일을 까마득히 잊었다.

물론 여기에는 한 가지 역설적인 점이 있다. 거짓 역사를 가르친다는 것은 그저 새로운 수치심, 새로운 어두운 역사를 낳는 근원일 뿐이므로 속죄는 없고 도덕적 문제만 심화시킨다. 대조적으로 독일은 오래전에 자신들의 범죄를 고백했고, 그 결과 이웃 나라들을 비롯해 외부와 관계가 개선됨으로써 무수한 혜택을 보았다. 이스라엘을 지나치게 배려한다는 점만이 흠이 될 수 있겠지만, 적어도 자신들의 과거 범죄를 생각하면 이해할 수 있는 반응이다. 여기서 다시 진실을 말하는 정직하면서 때로 용감하기도 한 역사가의 역할을 주목하자. 거짓 역사 서사의 모든 사례에서 우리가 거짓임을 아는 이유는 그 사회에서 때로 소수에 불과한 역사학자들이 자신의 직장과 심할 때는 생명의 위험까지 무릅쓰고서 진실을 밝혔기 때문이다.

일본에서 벌어지는 논쟁은 역사 교육의 더 큰 문제를 조명한다. 역사는 특히 청소년에게 애국심(자신과 자신이 속한 집단을 사랑하는 마음)을 함양하는 데 어느 정도까지 기여해야 하며, 과거를 나쁜 점까지 모두 포함해 객관적으로 보도록 하는 데는 얼마큼 기여를 해야 할까? 이 문제는 영국 언론에서도 주기적으로 터져 나온다. 예를 들어 일부에서는 올리버 크롬웰을 가장 남성다운 영국 남성의 모범 사례라고 가르쳐야 애국심이 고취될 것이라고 주장하는 반면, 한편에서는 그가 신과 제국의 이름으로 아일랜드인들을 대학살한 전쟁광이자 대량 학살자였음을 강조하는 편이 더 낫다고 말한다.[11]

혹은 일본 내의 흥미로운 사례를 살펴보자. 가장 남쪽에 있는 섬인 오키나와는 가장 나중에 일본에 병합된 곳이며(19세기 말에) 오키나와인들은 일본 내에서 오랜 세월 멸시를 받아왔다. 대규모 미군 기지조차도(환영받지 못하지만) 더 큰 나라에서 주는 시혜로 간주된다. 최근에 떠오른 한 가지 사소한 문제는 제2차 세계대전의 종식을 일본 아이들에게 어떻게 가르칠 것인가와 관련이 있다. 미국은 먼저 오키나와에서 상륙 작전을 펼쳤고 주민 중 4분의 1이 사망했다. 일본 제국군은 지역

주민들을 야만적으로 다루었다. 주민들의 안전은 도외시한 채 그들을 인간 방패로 삼았다. 이윽고 1945년 3월에 미군이 본섬으로 상륙하기 직전에 주민들을 대량 자살하도록 내몰았다. 그러면 미국인들에게 당할 공포와 굴욕을, 즉 강간, 고문, 살인 같은 것들을 피할 수 있으니 오키나와인들에게 혜택을 베푸는 것이라고 말하면서 말이다. 이른바 일본 제국에 돌아가는 혜택(열등하다고 간주하는 하위 민족을 전멸시키는 것 외에)은 오키나와인이 연합군을 적극적으로 돕는 것을 막는 것이었다. 이것은 적의를 품은 투사이자 죄책감이 담긴 행위였다. 오키나와인이 오랫동안 학대당하지 않았다면, 그렇게 쉽사리 그들의 충성심을 의심했을까? 일부 오키나와인들은 명령에 따라서 자살했고, 심지어 자신의 형제자매, 어머니까지 죽인 이들도 있었다. 그 외의 사람들은 정중하게 거부했다.

일본에서 가장 최근에 일어난 변화는 일본 국회가 다시 관여해 2007년에 학교에서 애국심 교육을 장려하는 법을 제정한 것이었다. 그 직후에 새로운 교과서 편수 지침이 발표되었는데, 거기에는 일본 제국군이 오키나와인들의 대규모 자살을 유도했다는 내용을 모두 삭제하라는 지침도 들어 있었다.[12] 그러자 오키나와에서 이 개정을 반대하는 시위가 잇따랐다. 그것은 일본군이 몹시 가슴 아픈 부당 행위를 저질렀음을 부정하는 짓이었다. 2007년 9월에는 10만 명이 넘는 시민들이 모였다. 1972년 미국이 오키나와를 일본에 반환한 이래로 오키나와에서 벌어진 최대 규모의 집회였다. 두 가지 핵심 증거는 ①대량 자살이 일본군 부대가 주둔한 곳에서만 일어났으며, ②미군에 써야 할 귀중한 무기인 수류탄이 집단 자살을 촉구하기 위해 오키나와인들을 향해 투척되었다는 것이다. 그러자 교과서 발행사들은 정부에 규정을 원상회복시켜달라고 청원했고 곧 승인이 이루어졌다. 이것은 일본에서 벌어진 세 번의 주요 '교과서 논쟁'의 일반적인(그리고 바람직한) 특징이다. 거짓 역사 서사로 개정하라고 주장하는 민족주의자와 우익 세력은 이렇게 때로 사회의 다른 세력들에게 밀리고는 한다. 하지만 터키에서는 그렇지 않았다.

터키의 대량 학살 부인

터키는 어떨까? 거의 100년 전에 있었던 역사적 범죄를 시인하는 것이 이 나라에 뭐가 문제가 되는 것일까? 물론 아르메니아인 하위 집단 거의 전체를 몰살시킨 사건을 가리킨다.[13] 현재 주민들의 조상 중 일부는 상대적으로 성공한 중산층 민족 집단인 (기독교계) 아르메니아인들을 상대로 야만적인 대량 학살 전쟁을 펼쳤다. 1년 반 사이에 약 150만 명이 죽었다. 다시 말해 매달 10만 명의 아르메니아인이 살해당했다. 이 결정은 터키 정부의 최고위층에서 이루어졌으며, 핵심 인물은 자신이 맡은 역할 때문에 나중에 암살당했다. 하지만 지금도 이 극악한 범죄의 실상을 말하려는 사람은 거리에서 암살당하거나 "터키 정신을 모욕했다."고 투옥될 위험을 무릅써야 한다. '아르메니아 대학살 인정'을 요구하는 법(터키 형법 305조)에 명백히 반하는 일이다. 일본에서와 마찬가지로 학교의 공식 교과과정에는 아이들에게 아르메니아인에 관한 '근거 없는 주장'을 비난하라는 교수 지침이 실려 있다(2004년 초 기준).

즉 진실을 공개적으로 공격하는 짓이다. 이런 유형의 역사적 기억 상실증과 강요된 거짓이 가득하니, 터키인의 대다수가 아르메니아인 대학살이라는 개념 자체에 거부감을 보이는 것도 놀랄 일은 아니다.

일반적으로 배우는 아이가 어릴수록 가르치는 거짓말은 더 강한 힘을 발휘한다. 자신의 나라가 대학살을 토대로 건설되었고 인간의 존엄성을 극심하게 훼손시키는 노예제가 운영되었다는 사실을 대학생이 되어서 배우도록 하고 아이들에게는 그런 부정적인 자아상을 가르치지 않는 것도 좋을 수 있다. 하지만 최근에 터키 전역의 초등학교에서는 학생들에게 아르메니아인들을 제1차 세계대전 때 (비아르마니아계) 터키인 수천 명을 대량 학살하고 아기를 산 채로 요리하고 민간인을 땔감으로 삼음으로써 조국의 등에 비수를 꽂은 자들로 묘사한 영화를 단체 관람시켰다.[14] 물론 이것은 유대인이 기독교인 아기를 죽여서 얻은 피로 무교병(유대인이 유월절 무렵에 먹는 누룩을 넣지 않고 만든 빵_옮긴이)을 구웠다는 옛 주장을 상기시키는 가장 잔혹한 형태의 선전이지만, 이 새 터키 영화는 교육부 장관이 모든 아이들에게 보여주라고 지시한 공식 자료였다.

대학살이 결코 상기시키기에 좋은 일은 아니겠지만 우리가 아는 사실을 왜곡시키는 태도도 마찬가지다.[15] 아마 터키군은 한 소도시에 진군해 아르메니아인 주민들을 모두 중앙으로 불러 모았을 것이다. 남자 어른들은 즉시 골라내어 따로 죽였을 것이다. 아기와 어린이는 엄마가 울부짖는 가운데 도로에 머리를 찧어 으깼을 것이다. 예쁜 젊은 여자들은 나중에 강간하고 자식을 얻기 위해 골라내고, 나머지 여자들은 죽이거나 식량과 물, 변변한 옷가지 같은 것도 없이 먼 길을 끌고 갔을 것이다. 때로 터키군은 돌봐줄 테니 아이들을 달라고 해서는 마구 쌓아놓고 불을 지르기도 했다. 대학살은 때로 무자비하게 효율적인 학살 방식을 고안하도록 부추긴다. 80명의 목을 죽 밧줄로 함께 묶은 뒤 한 명을 쏴 죽여서 낭떠러지 위에서 밀어뜨림으로써, 죽은 사람의 무게로 모두가 까마득히 아래쪽의 강으로 떨어져 죽도록 한 방법도 쓰였다. 당시의 외교관들을 비롯한 많은 이들은 이런 사실들을 구체적으로 적어서 외부로 보냈다. 또 생존자들은 목격한 잔학 행위를 생생하게 기억하고 있었다. 1990년대까지 생존한 이들도 있었다. 당시에 하루에 3000명씩 살해당했다는 사실을 기억하자. 터키군은 심지어 원시적인 가스실도 고안했다. 수많은 아르메니아인들을 천정 낮은 커다란 동굴에 몰아넣은 뒤, 입구에 불을 질러서 동굴 안의 산소를 없애 질식시켰다.

아마 터키가 대학살을 부정한다는 사실보다 더 기이한 일은 세계 각국이 터키의 압력으로 집단 학살을 집단 학살이라고 부르지 않는다는 사실일 것이다. 대신에 그 사건은 전쟁 중에 일어난 '비극'이 되었고, 그럼으로써 터키는 세계 무대에서 자신의 거짓말을 계속할 수 있었다. 터키의 대변인들은 흔히 아르메니아인들이 전시에 굶주려 사망한 것이라는 식으로 말을 한다. 아르메니아인들의 재산을 빼앗고 집에서 내쫓아 식량과 물도 주지 않고 장거리 행군을 시켰다는 말은 전혀 하지 않는다. 당연히 탈수로 죽지 않았다면 굶주려 죽었을 것이다. 미국의 역대 대통령들(버락 오바마도 포함하여)은 4월 공식 추모일에 '집단 학살'이라는 용어를 쓰겠다고 약속했지만, 막상 그 날이 오면 꽁무니를 빼고는 했다. 전직 국무장관 여덟 명은 미국 의회가 그 끔찍한 용어를 쓴 성명서를 발표하는 것을 반대했다(성명서는 통과되지 못했다).

터키는 그렇게 진실을 알리면 좋지 않은 결과가 빚어질 것이라고 위협할 뿐 아니라 실제로 행동으로 보이기도 한다. 2000년 프랑스 상원이 아르메니아인 집단 학살을 인정하는 법을 통과시키자 터키는 70억 달러가 넘는 군사 계약을 취소시켰다. 2010년에 터키는 저임금 불법 노동자 생활을 하는 아르메니아인 20만 명을 추방하겠다고 위협했다. 그렇게 터키는 자국민에게 거짓 역사 서사를 제시하고 외부인들도 따르라고 고집한다. 터키는 이 부분에서 일본보다 더 성공을 거두어왔다. 일본의 역사 고쳐 쓰기는 가까운 이웃인 한국과 중국으로부터 즉시 적대감을 불러일으킨다. 하지만 터키의 사례에서는 일부 유대계 미국인조차 아르메니아인 대학살을 부정하는 대열에 합류해왔다. 이 점은 유대인 대학살과 아르메니아인 대학살이 경제적으로 성공한 다른 민족/종파를 제거하는 것을 포함해 많은 공통점이 있다는 점에서 더욱 놀랍다(아르메니아인/기독교인은 터키 무슬림이 학살했고, 유대인은 유럽 기독교인이 학살했다). 히틀러는 터키의 사례를 의도적으로 따랐다. 그의 가스실도 아마 거기에서 착안했을 것이다. 그는 유대인에게 전면 공격을 가하기 전에 이렇게 말했다고 한다. "아르메니아인들을 누가 기억하겠는가?" 다행히 사람들은 아직 그의 희생자들을 기억하고 있다. 하지만 이스라엘은 아르메니아인 집단 학살을 부정하는 데 합류했다. 어느 정도는 터키(긴밀한 우방)의 압력 때문이기도 하고 어느 정도는 아르메니아인 집단 학살이 자신들의 홀로코스트가 유일하다는 상징성을 훼손할 것이라고 여기기 때문이기도 하다. 하지만 독일이 저지른 유대인 홀로코스트 그 자체는 유일무이한 사례가 아니다. 그것은 같은 세기에 콩고, 터키, 캄보디아, 르완다, 수단에서 벌어진 사건들과 다를 바 없다. 유일한 홀로코스트라는 개념은 오래전에 있었던 이 사건의 비용을 회수하려고자 하는 산업의 성장을 부추겨왔다. 회수한 비용은 수용소 생존자들이 아니라 대개 수용소 근처에도 간 적이 없는 먼 사촌들에게로 흘러들며, 한편으로 그 산업은 이스라엘의 잦은 이웃 아랍국가 공격을 정당화하는 데 기여한다.

하지만 터키의 집단 학살은 원리상 나머지 집단에 큰 간접적 혜택을 제공해왔을 것이 분명하다. 그리고 나는 이 점이 바로 핵심이라고 믿는다. 숙련된 사람들을 한 순간에 없애면 당신은 이웃 집단과의 경쟁에서 불리한 처지에 놓이지만, 아르메니아인들이 이미 차지하고 있었기에 진입할 수 없었던 자리를 차지할 수 있게 된다. 전자는 일시적인 것인 반면 후자는 영구적이다. 즉 얼마간은 다른 집단들보다 불리한 입장에 놓일 수 있겠지만 곧 당신이 없앤 이들이 하던 역할들은 채워질 것이다. 상대편이 역으로 집단 학살을 일으키지 못한다면 당신의 새 지위는 거의 확정된다.

비非 아르메니아계 터키인 전체는 예전의 동료가 사라진 덕을 매일 보고 있으며, 집단 학살을 시인하면 특히 이 점이 위험해질 것이 분명하다. 사회에서의 자기 위치가 정당함을 주장하는 이들이 말이다. 그 지역의 아르메니아인들이 제거된 뒤에 거의 모든 이들은 생활이 나아졌을 것이 확실하다. 한편 현재 그 옆에는 커다란 아르메니아 국가가 있다.

땅 없는 사람을 위한 사람 없는 땅

시오니스트 거짓말의 기원이 된 핵심 주장 중 하나는 팔레스타인이 '땅 없는 사람을 위한 사람 없는 땅'이기 때문에 유대인이 거기에 정착할 필요가 있다는, 1880년대에 널리 퍼뜨려진 표어였다. 안타깝게도 사실 당시 팔레스타인에는 많은 사람들이 살고 있었다. 유대인 이주의 물결이 한 차례 일어난 뒤인 1920년에도 팔레스타인에는 유대인이 약 8만 명이었던 반면, 아랍인은 70만 명을 넘었다.[16] 이 유대인들의 대부분은 대대로 그래왔듯이 아랍인 이웃들과 함께 살아가는 데 만족한 듯했지만, 시오니스트들의 생각은 달랐다. 시오니스트들은 자기 종교에 중요한 지역을 차지한다('되찾는다')는 단순한 식민 계획을 품고 있었다. 시오니스트 계획은 처음부터 있었던 듯하다.[17] 영국 식민 권력과 전 세계 유대인의 지원을 받아 팔레스타인으로 유대인을 충분히 많이 끌어들여서 이스라엘 땅을 차지할 만큼의 세력을 확보하겠다는 것이었다. 차지하고 나자 그들은 수많은 아랍인을 추방하고, 그들의 재산을 파괴하거나 압류하고, 그들이 돌아올 권리나 배상을 받을 권리를 전면 부정했다. 그리하여 수천 년 전 그들의 선조들이 차지했던 땅 중 일부에는 (현재) 유대인의 비율이 80퍼센트에 달하는 동질적인 국가가 세워졌다. 시오니스트들은 대단히 일관적이었다. 1920년대에 미래의 국가를 그린 지도들은 나중에 이스라엘이 왜 전쟁을 벌이고는 했는지를 잘 보여준다. 지도에는 서안지구와 가자뿐 아니라 레바논 남부도 이스라엘 영토로 표시되어 있다. 이스라엘은 1982년부터 2000년에 헤즈볼라에게 마침내 밀려날 때까지 실제로 레바논 남부를 점령했다.

사람 없는 땅을 차지한 땅 없는 사람이라는 개념은 그 뒤로 되풀이되면서 보강되어왔다. 1984년에 출간되어 미국에서 널리 찬사를 받은 한 책은 특히 언급할 가치가 있다. 그 책은 미국에서 출간된 해에만 7쇄를 찍었다. 이유는 무엇보다도 "미래의 역사에 영향을 미칠 수 있기" 때문이었고, 물론 그것이 바로 그런 서사의 목적이다.[18] 『태곳적부터From Time Immemorial』라는 이 책에서 새로 나온 원대한 주장은 부지런하고 지적인 유대인 이민자들이 꽃피운 경제에 이끌려서 영국 위임통치 기간(1920~1947)에 아랍인 약 30만 명이 팔레스타인으로 대규모로 ―하지만 지금까지 들키지 않은 채― 불법 이주를 했다는 것이다.[19] 그것이 아랍인 인구의 약 절반을 설명한다는 것이다.

이 책은 유대인 이민자들의 타고난 우수성에 이끌려 경제적 기회를 노리는 아랍인들이 들어왔고, 마땅히 유대인 이민자들에게 돌아가야 할 공간을 그들이 불법 점유한 것이라고 주장했다. 게다가 ―자신의 땅을 차지하고 있는 팔레스타인인들의 역사를 빠뜨린 채― 현재 난민 문제나 배상 문제 따위는 전혀 없다고 했다. 아랍인들은 애초에 왔던 곳으로 그저 돌아가야 한다는 것이었다. 미국의 시오니스트들이 이 선구적이고 놀라운 책을 칭찬하느라 기를 썼고 지금도 그러고 있다고 해도 놀랄 일이 아니다. 하지만 이스라엘에서는 찬사가 다소 수그러들었다. 저자가 새로운 결과를 만들어내기 위해 인구학적 사실들을 철저히 꾸며냈다는 것을 많은 이들이 알고 있기 때문이다. 그 책은 사실 사기다. 입수할 수 있는 모든 증거들은 아랍인 인구의 증가가 연간 약 2.5퍼센트라는 자연적인 증가율과 소수의 이주(총 약 7퍼센트이며 주로 합법적으로)로 설명됨을 보여준다. 다시 말해 이스라엘이 형성될 때 팔레스타인에 살던 아랍인들은 대부분 '태곳적부터'는 아닐지라도 적어도 수세기 동안, 조상들이 살던 그대로 그곳에서 죽 살아온 이들이었다.[20]

팔레스타인인의 역사를 부정하는 입장도 이스라엘의 학교 교과과정에 반영되었다.[21] 그 결과 한 이스라엘 역사가가 지적해왔듯이, 이스라엘이 된 땅은 제2성전이 파괴된 뒤부터 시오니스트 정착이 시작될 때까지 아무런 역사도 없는 셈이 되었다. 그것은 성서시대부터 존속한 종교적 이미지에 불과하다. 이따금 십자군이 왔을 때를 제외하고 아무도 살지 않는 시오니스트들의 갈망의 대상으로서다. 그리하여 팔레스타인인들은 20세기 초에 시오니스트 이주가 이루어질 때 처음 출현하게 된다. 그것도 시오니스트 계획의 외부 장애물로서 말이다. 가장 최근의 교과서들(이전 교과서들의 노골적인 인종차별주의적 내용 중 일부를 삭제한)조차도 시오니스트 이주 시기에 모든 주거지가 나와 있는 지도는 단 한 장도 싣고 있지 않다. 유대인 부락(그리고 때로 아랍인과 유대인이 섞여 사는 부락)만이 나와 있을 뿐이다. 팔레스타인인 소도시나 마을도, 자신의 욕망과 목표와 갈등을 안고 살아가는 그곳의 사람들도 전혀 언급되어 있지 않다. 대신에 팔레스타인인들은 1920년대 말에 탈고용에 반대하는 목소리를 낼 때 처음 등장했지만, 역사는 취업이 금지된 노동자들의 운명에 전혀 주의를 기울이지 않는다(당시도 그랬듯이). 그 뒤에 팔레스타인인들은 시오니스트 계획에 반대할 때에만 다시 등장하며, 그 반대는 인종차별주의적 용어로 묘사되어 있다.

이스라엘의 건국[22]

일단 국제연합UN이 1947년 팔레스타인 지역의 일부에 유대인 국가를 세울 수 있도록 동의하자, 시오니스트들은 주변의 아랍 군대에 맞서 표면상으로는 방어전을 시작했다. 원래 UN은 이스라엘의 크기를 팔레스타인 지역의 56퍼센트로 승인했지만, 이 충돌은 그 면적을 78퍼센트로 확대하면서 끝났다. 이스라엘의 그 뒤 역사는 쫓겨난 불행한 팔레스타인인들과 인근의 레바논인들을 무자비하게 공격하면서 영토를 확대한 역사다. 모두 땅과 물을 더 확보하고 아랍인들을 공포에 질리게 하여 굴복시키기 위해 벌어진 일이다. 그 정책은 오늘날까지 계속되고 있다. 2006년 여름 레바논에 5주간 폭격을 퍼붓고(레바논인은 적어도 1300명이 사망한 반면, 이스라엘인은 약 160명이 사망했고 주로 군인이었다), 2008년 말에서 2009년 초에 가자에서 다시금 1300명을 살육하는(이스라엘 사망자는 11명에 불과했다) 등등 정기적으로 전쟁을 벌인다. 그런데 사망자 비가 100:1일 때는 성공한 전쟁인 반면 10:1은 실패라고 간주되며, 3:1일 때는 이스라엘이 점령한 영토에서 밀려난다(1990년대 말 레바논 남부). 미국도 비슷하게 미국인 사망자를 전투원에 한정시키면서 사망률의 큰 격차를 기꺼이 묵인한다. 미국이 하루에 민간인 3000명을 잃는다면 전 세계는 전율한다. 9/11 희생자 한 명 당 현재 여러 나라에서 100명 이상이 목숨으로 대가를 치러왔다.

물론 이스라엘이 들려주는 −자기 국민들이나 더 넓은 세계에− 이야기는 이것과 다르다. 이스라엘 판본에서는 용감한 이들이 자신들의 생득권, 즉 그 땅 전체, 먼 조상들이 한때 점유했을지 모를 지역의 일부를 되찾자고 나선다.[23] 그들은 그 조상들이 숭배하는 신으로부터 그 땅을 영구히 받았다는 내용을 적었다고 하는 책을 지녔다. 이 터무니없는 규칙을 일반적으로 적용한다면, 시간의 지평선을 되돌리면서 전 세계의 사람들을 대규모로 재정착시키고, 다시 재정착시킬 필요가 있을 것이다. 유럽계 미국인들은 아메리카를 정당한 소유자인 아메리칸 인디언들에게 돌려줄 수 있도록 유럽의 '고향'으로 돌아가야 할 것이다. 아메리카는 아주 최근에 대규모의 살육과 거짓말을 통해 빼앗긴 것이 확실하니까 말이다. 하지만 유대인 시오니스트의 꿈은 기독교 시오니즘이라고 할 수 있는 것과 공명하는 부분들이 있었다. 특히 미국에서 그랬다. 이것이 최근에 유럽 유대인 600만 명이 집단 학살당한 공포와 결합됨으로써, 고대의 연관성을 주장할 수 있는 땅으로 '돌아갈 권리'라는 규칙을 이 특정한 사례에서 강요할 수 있도록 허용되었다. 하지만 실제로 중동에 비집고 들어선 것은 인종구별주의 (이어서 인종차별주의) 국가였다. 그럼으로써 전 세계로부터 유대인(절반과 4분의 1이 유대인인 사람들도)이 즉시 이 땅의 시민임을 주장할 수 있지만, 최근에 그 땅에서 추방된 사람들은 어느 누구도 그럴 수 없었다. 이렇게 인종적으로 정의된 이스라엘은 오로지 팽창 압력만을 가할 수 있었다.

이 신화의 한 가지 일관적인 특징은 시오니스트들이 오로지 그 땅을 공평하게 공유하기만을 원하면서 늘 아랍 이웃들과 평화롭게 지내고자 손을 뻗었는데, 상대가 늘 적의를 보이면서 거부하고 나섰다는 것이다. 아바 에반Abba Eban, 이스라엘의 정치가이자 외교관_옮긴이은 기억에 남을 말을 남겼다. "팔레스타인인들은 기회를 놓칠 기회를 결코 놓치지 않는다." 첫 번째 사례는 1928년, 영국이 아랍인과 유대인의 의회를 설립하자고 제안했을 때 나타났다. 시오니스트들은 제안을 받아들였다. 아랍인은 거부했고 점점 더 강경해졌다.[24] 그랬다, 하지만 사실 그 의회는 아랍인 45퍼센트, 유대인 45퍼센트, 통치자인 영국인 10퍼센트로 구성될 예정이었다. 영국인은 이미 유대인 편임이 알려져 있었고 유대인의 이주를 장려하느라 열심이었다(성지로). 아랍인들은 유대인보다 인구가 약 10배 더 많았으므로, 그들은 모든 통치권을 넘겨주는 동시에 선출권의 90퍼센트를 빼앗기는 셈이 되었다. 이것은 전형적인 사례다. 즉 팔레스타인인에게 부당하기 그지없는 제안을 하고, 그들이 그것을 거부하면, 평화를 거부했다고 주장한다.

그 이야기에 따르면, 이스라엘은 1947년 11월 UN 분할안을 받아들이는 원대한 타협을 함으로써 팔레스타인인들이 자신들의 국가를 세울 권리를 인정했다. 오로지 팔레스타인인과 평화를 이룬다는 희망을 품고서 말이다. 하지만 팔레스타인인들은 분할을 전면 거부했고 새로운 유대 국가와 전쟁을 벌이기로 결정했다. 그래서 이스라엘은 출범하기도 전에 죽음을 당하지 않기 위해 어쩔 수 없이 방어전을 치러야 했다는 것이다. 하지만 사실 그 전쟁은 UN 결의를 시오니스트들이 팽창과 강탈이라는 더 큰 전략에 따른 전술의 일부로서 위반함으로써 시작된 것이다.[25] 주된 목적은 이스라엘의 면적을 늘리는 한편으로 팔레스타인 국가의 형성을 막는 것이었다. 후자는 트란스요르단의 압둘라 국왕과 한 비밀 협정의 도움을 받았다.[26] 그는 팔레스타인 국가가 들어설 영토를 합병함으로써 영토를 확장하겠다는 꿈을 품고 있었다.

비록 1947~1948년의 전쟁을 종종 이스라엘이 새로운 홀로코스트를 가까스로 피한 사건으로 기술하지만, 사실은 시오니스트 쪽이 주변의 아랍 군대들보다 화력이 더 뛰어났고 편제도 잘되어 있었고 싸울 준비와 동기도 더 갖추고 있었으며, 그 사실을 모두가 알고 있었다. 아랍군은 이스라엘 본토를 거의 공격조차 하지 않았고, 진행되는 인종 청소에 개입하려 하지 않았다. 안전한 거리에서 직접 지켜보면서도 그랬다. 그들은 그저 시오니스트가 자기 국경을 침범하지 못하게 막는 일만 했다. 이스라엘의 정책은 그 뒤로도 거의 변하지 않은 듯하다. 이스라엘은 공개적으로는 평화와 공정한 정착에 관심이 있는 척하지만 그것은 정반대의 의도를 위장하려는 지연 전술처럼 보인다. 팔레스타인인들을 완전히 몰아내고 가치 있는 모든 것, 특히 땅과 물을 계속 강탈하려는 의도 말이다.

자발적인 탈출인가 인종 청소인가?[27]

원래의 신화는 이스라엘 국가의 탄생 전후에 주변 아랍군의 요청에 응답해 아랍인들이 탈주했으며, 유대인 지도자들이 남아 달라고 지속적으로 설득을 기울였음에도 그런 일이 일어났다고 주장한다. 그것은 헛소리에 불과하다. 고국에서 멀리까지 진격한 침략군은 심각한 보급 문제에 시달리기 마련이며, 그들에게 필요한 것은 환영하는 지역민들이다. 요점을 더 명확히 하자면 제2차 세계대전 직후에 시오니스트들은 무력, 테러, 포위, 기아, 살인 등등을 통해 팔레스타인을 인종 청소한다는 비밀 계획을 채택한 듯하다. 그들은 결코 팔레스타인인들에게 남아 달라고 애원하지 않았다. 때가 이르자, 그들은 팔레스타인인들을 추방한 뒤, 아예 다시 돌아오지 못하도록 빈 마을을 철저히 파괴했다. 파괴할 직접적인 경제적 동기도 있었다. 막 '청소된' 땅에 비해 그렇지 않은 땅에 새로 유대인이 들어와 정착하려면 비용이 거의 5배나 더 들었다.

그 뒤에 이스라엘은 팔레스타인인들이 돌아오지 못하게 막을 특수 부대인 소수민족 부대Minority Unit를 설립했다. 자신의 물건을 회수하거나 심은 작물이나 익은 과일을 수확하기 위해 오는 이들까지 막았다. 그들은 '밀입자'로 간주되어 보이는 즉시 사살되었다. 공식 보고서에는 '사격 성공'이라고 적혔다. 이 완곡어법은 현재 특수 훈련을 받은 암살 부대가 팔레스타인 지도자나 직급이 낮은 '전투원'(훨씬 더 많이 살해당하고 있다)을 암살하면서, 그저 '표적 사살targeted killing'을 할 뿐이라고 말하는 이스라엘의 정책과 일맥상통한다(최근에 미국도 이 정책과 용어를 채택했다). 사실 팔레스타인인 암살 정책은 이스라엘의 건국 훨씬 이전에 시작되었다. 1920년대 말부터 시작된, 엉성한 유전학을 토대로 한 시오니스트의 계획이었다. 사회의 상위층을 계속 제거하면 집단 전체가 나약해진다는 것이었다.[28]

규모가 큰 도시 중 상당수에서는 아랍인 주민들을 직접 제거했다('탈아랍화'). 그중 하이파에서 벌어진 일이 특히 심했다. 데이르 야신이라는 마을 전체에서 대학살이 자행되었다. 유대 군대에 내린 명령은 단순하고 직설적이었다. "마주치는 아랍인은 모두 죽여라. 태울 수 있는 것은 모조리 불태우고 문마다 열어서 폭탄을 던져라." 1948년 4월 22일, 떠나라는 명령을 받은 아랍인들은 시장과 항구로 몰려 나왔다. 사람들에게 이쪽이 맞겠지 하는 생각을 심어주고 그쪽으로 가도록 유도하기 위해, 시오니스트들은 시장과 항구가 내려다보이는 산비탈에 76밀리미터 박격포를 죽 설치했다. 아랍인들을 바다 쪽으로 내몰기 위함이었다. 시장에 다시 폭격이 시작되자, 군중은 공포에 질려서 다급히 항구를 향해 달아났다. 살기 위해 필사적으로 애쓰는 와중에 밟혀 죽는 이들도 생겨났고, 배마다 서로 올라타려고 하다가, 너무 많이 타는 바람에 곧 많은 배들이 가라앉았다. 이스라엘은 아랍인들의 목표가 자신들을 바다 쪽으로 내모는 것이었다는 주장을 종종 펼치는데 궤변이 아닐 수 없다. 역사적으로 보면 정반대 방향으로 움직임이 일어났는데 말이다.

최근에 지독한 정신적 외상을 입은 사람들이 자신의 안전이라는 목표를 위해서라면 어떤 수단도 정당화된다고 믿는다고 해도 이해할 만하다. 하지만 지금의 사람들은 어떻게 생각할까? 이런 범죄를 정말로 되풀이하고 싶어 할까? 현재의 과제는 이 모든 사건들에 관해 솔직하게 대화를 하는 것이다. 현재까지 이스라엘은 팔레스타인인의 '돌아갈 권리'도 금전적 배상을 받을 권리도 전혀 인정하지 않고 있다. 사실 이스라엘은 원칙적으로 팔레스타인 전 지역에 대한 신성한 권리를 갖고 있다는 주장을 계속하면서 그런 요구를 노골적으로 외면해왔다. 유대인들은 약 60년이 지난 지금도 나치가(아니, 정확히 말하면 그들의 스위스 은행가들이) 훔쳐간 재산을 열심히 찾고 배상을 받아왔음에도, 팔레스타인 정책과 자신이 남의 발에 신긴 신발을 되찾을 때 내세우는 주장 사이의 모순을 결코 인정하지 않는다. 그들은 자신들이 고대의 땅으로 돌아갈 권리가 있고 1946년 직전에 빼앗긴 것들을 배상받을 권리가 있다고 주장하면서도, 팔레스타인인들이 1948년에 빼앗긴 땅으로, 즉 수세기 전부터 조상 대대로 살아온 땅으로 돌아갈 권리는 결코 인정하지 않는다.[29] 게다가 배상을 받을 권리조차도 외면한다. 두 주장을 뒷받침하기 위해, 이스라엘은 역사를 조작해 팔레스타인인들이 자기 땅을 소유할 권리가 없었다고 주장한다. 앞서 살펴보았듯이, 팔레스타인의 역사를 부정하고 거짓 역사를 꾸며냄으로써 말이다.

아랍의 기만과 자기기만

여기서 이야기하는 원칙들은 보편적이다. 분명히 팔레스타인의 유대인들이 기만과 자기기만을 한다면 아랍인들도 마찬가지이며, 시오니스트들이 오늘날 그렇게 한다면 시오니스트 반대 진영도 마찬가지다. 하지만 여기에는 위험을 무릅쓰고 살펴보아야 할 중요한 변수가 두 가지 있다. 상대적인 힘과 상대적인 정의다. 힘의 차이가 점점 커지고 있다면, 더 강한 쪽이 자기기만을, 은폐하고 합리화할 필요가 있는 부당한 행동을 저지르기가 더 쉬우며, 따라서 힘, 부당한 행동, 자기기만의 수준 사이에는 긍정적인 관계가 있을 것이다. 당신이 부당한 행동의 희생자라면, 단순히 그 일의 진실을 알리는 것 자체가 최선의 방안일 수도 있다.

아랍어의 나크바Nakba, 즉 재앙이라는 단어는 1948년에 일어난 일을 가리키며, 이스라엘의 일부 우익 정치가들이 아르메니아 대학살을 언급조차 말라는 터키의 일부 정치인들과 마찬가지로 그 단어의 사용 자체를 불법화하라고 요구하는 것도 결코 우연이 아니다.

그렇긴 해도 나는 아랍 쪽에서도 몇몇 계통의 자기기만이 일어남을 본다. 팔레스타인인들이 직면한 위험을 알아차리는 데 느렸고 대응 조치를 취하는 데에도 느렸다는 것은 분명하다. 아마 그들이 둔 최악의 수는 이웃 아랍 국가들을 믿고는 했다는 점일 것이다. 그 이웃 나라의 지도자들은 너무나 부패하여 적극적으로 행동하지 않았을 뿐 아니라, 오히려 겉으로는 행동할 자세를 취하고 약속을 하면서도 뒤로는 방해 공작을 펼쳤다. 트란스요르단의 압둘라 왕이 이전 사례라고 한다면, 이집트의 호스니 무바라크는 더 최근의 사례다. 이런 식의 겉과 속이 다른 행태는 지금도 이어지고 있다. 한 예로 아랍 지도자들은 겉으로는 공정한 입장을 유지하는 척하면서 은밀하게 미국에 이란을 공격해달라고 간청한다.

이스라엘이 가자 주민들에게 생필품이 공급되지 못하게 막은 것은 사실이지만, 무바라크 치하의 이집트도 마찬가지였다. 이집트는 가자와 국경을 마주하고 있지만, 아랍인 동포의 복지에 티끌만큼도 관심을 보이지 않았다. 사실 이집트는 미국에 넘어간 지 오래며, 미국의 대규모 연간 지원금은 이집트 '정실 자본주의'를 유지하는 역할을 한다. 이 자본주의는 많은 국민의 희생을 대가로 소수를 더 부유하게 만드는 경향이 있다. 게다가 이집트의 부유층은 자신들보다 훨씬 더 진지하고 원리주의적인 집단인 무슬림 형제단과 대립했다. 무슬림 형제단은 역대 이집트 통치자들의 불안 요소라는 점에서는 하마스와 그리 다르지 않았다. 그러니 차라리 가자에 있는 아랍 '형제들'을 굶기는 편이 나았다. 똑같은 양상이 아랍 세계의 많은 지역에서 나타난다. 국민의 이익보다는 미국과 유럽의 이해관계에 발맞추어 때로는 노골적으로 반이슬람적 견해를 표방하는 엘리트층의 이해가 우선시되었다. 이따금 일어나는 이스라엘과의 충돌도 자국민 억압을 합리화하는 데 쓰인다. 시리아는 49년째 비상사태를 유지하면서, 이스라엘과 전쟁중이라는 미명하에 온갖 체포, 고문, 살인을 자행하고 있다. 그렇다, 이스라엘은 시리아의 골란고원을 아직 점령하고 있으며(그리고 '정착촌 건설'에 바쁘다), 시리아가 유일하게 성공한 이스라엘 반대 세력인 레바논의 헤즈볼라를 지원하고 무장시키는 데 큰 기여를 해온 것은 분명하다. 하지만 왜 그것을 빌미로 자국민을 억압한단 말인가? 헤즈볼라를 무장시키는 데 비상사태는 왜 필요한 것일까? 그리고 골란고원은 왜 마냥 놔두고 있는 것일까?

아마 팔레스타인인의 가장 큰 백일몽은 이스라엘이 실제로 협정을 준수하지 않을까 하는 믿음이었을 것이다. 1994년 오슬로에서 팔레스타인인들은 이스라엘의 약속을 대가로 큰 양보를 했다. 하지만 이스라엘은 약속을 지키지 않았고, 팔레스타인인들은 막을 수단이 없었다. 이스라엘은 겉으로는 아닌 척하면서, 실제로는 점령지에 정착촌 건설을 계속했고, 이스라엘인만이 쓸 수 있는 도로를 건설했고, 서안 지역의 곳곳에 이스라엘 안전지대를 구축하는 등등의 행태를 보였다.

기독교 시오니즘

누구나 알고 있지만 금기시하는 것이 있는데, 바로 이스라엘의 행동 뒤에는 미국이 있다는 사실이다.[30] 세계 최강대국의 적극적인 대규모 지원이 없다면, 이스라엘은 결코 이웃들에게 그런 행동을 하지 않을 것이다. 당신이 이웃과 말다툼을 하고 있는데, 당신의 뒤에는 사납고 커다란 개가 든든히 버티고 있는 반면 이웃은 혼자라면, 당신은 허풍을 떨고 싶은 유혹을 느낄 수 있다. 그런 의미에서 이스라엘은 미국이 암암리에 혹은 전면적으로 지원을 했기 때문에 연간 국방 예산을 10억 달러 이하로 유지하면서 훨씬 더 공격적인 행동을 되풀이할 수 있었다. 이 지원은 어디에서 나오는 것일까?

1880년대에 유대인 시오니즘이 등장하기 오래전에 기독교 시오니즘이라는 것이 있었다는 사실을 아는 이는 거의 없다.[31] 그 운동은 1810년에 미국에서 널리 활기를 띠었고, 그 뒤로 강력한 힘을 발휘해왔다. 그것의 뿌리는 16세기 유럽으로 거슬러 올라간다. 그 운동은 다양한 형태로 분화해왔지만, 성서에 토대를 두며 영토 확장과 인종 청소를 신의 의지로 찬미한다는 공통점이 있었다. 미국 작가 허먼 멜빌 Herman Melville은 감격해서 이렇게 외쳤다. "우리 미국인은 특별한 선택된 사람들이다. 우리는 이 시대의 이스라엘인이다. 우리는 세계의 자유라는 방주에 타고 있다."

이것은 선택된 사람들로부터 선택된 사람들이라는 의미를 빼앗는 교묘한 책략이었으며, 탈취 방식은 이러했다. 자칭 선택된 사람들이란 사실 구세주인 예수(하나님의 화신)를 등장시키기 위해 선택되었기 때문에 선택된 사람들이었다. 하지만 유대인들이 예수를 거부했을 때, 그들은 선택되지 않은 민족이 되었고, 대신에 예수를 받아들인 이들이 새롭게 선택된 사람들이 되었다. 새로이 선택된 사람들은 예전의 선택된 민족과 애증의 관계에 있었다. 여기에 추가해 통상적인 외집단 멸시와 인종차별주의("예수를 죽인 자들!")가 나타났다. 그런 반면에 양쪽은 같은 경전을 썼다. 유대 민족은 비록 거부하긴 했지만 예수를 낳았을 뿐 아니라, 기독교인이 원하는 구약성서도 낳았다. 역사적인 공통점들도 둘의 갈등을 더욱 심화시켰다. 성서를 앞세워 주변 민족을 집단 학살하고, 새로운 땅에 이주하고, 인종적 우수성을 내세우고, 신의 말씀을 토대로 같은 신앙을 지니고 있다는 점이 그러했다.

1891년 오토만 제국에 팔레스타인을 유대인에게 넘겨주도록 설득해달라고 요청하는 400명의 서명이 담긴 청원서가 미국 대통령 벤저민 해리슨에게 전달되었다.³² 서명자의 대부분은 유대인이 아니라 각 분야의 엘리트들이었다. 대법원장, 백악관 대변인, 의회 주요 위원회의 위원장들, 미래의 대통령 한 명, 주요 도시의 시장들, 주요 신문의 소유주와 편집장, 주요 경영인, 모든 종파의 최고 기독교 목사들이었다. 이것은 어떤 유대인 하위 집단이 꾸민 음모가 결코 아니었다. 미국 기독교계는 이 청원으로 자신들의 도덕적 지위를 최고봉으로 끌어올렸고, 이스라엘을 선택되지 않은 사람들을 위한 선택된 땅으로 만들었다. 그리고 이 양면적인 태도는 지속되었다. 유대인을 이스라엘로 돌려보냄으로써 기독교인이 얻는 한 가지 이점은 주변에 그들이 더 적어진다는 것이었다.

해리 트루먼은 제2차 세계대전 이후에 자기 정부의 국무부와 대영제국(애초에 혼란을 빚어낸 식민권력)에 맞서 이스라엘 국가를 설립하기 위해 끈기 있게 노력했다.³³ 그는 성서 직해주의자이자 기독교 시오니스트였다. 또 그는 미국에 아랍인 유권자가(부자도) 거의 없다는 점에 주목했다. 구약성서에는 유대인이 이스라엘에 속한다고 써 있었다. 그 점과 유대인 홀로코스트 및 전후 유대인 처리 과정을 보며 느낀 끔찍한 감정에 휩쓸려 그는 UN의 계획과 반대 방향으로 나아갔다. 이스라엘은 즉각 스스로 국가임을 선포하고, 전쟁에 나서서 인종 청소를 통해 UN이 계획한 것보다 50퍼센트 이상 넓은 상당히 균질적인 국가를 이룩함으로써 UN의 계획을 우회했다.

미국 기독교 시오니즘 쪽에서 최근에 나온 더 기이한 일화 중 하나로 보아야 할 것이 있다. 2003년 4월과 5월에 국방장관 도널드 럼스펠드는 부시 대통령에게 이라크 전쟁에 관한 일일 첩보 보고를 하면서, 사막을 진군하는 미국 탱크인 극적인 전시 장면을 구약성서의 훈계와 병치시켰다. "그러므로 악의 날에 맞설 수 있도록, 그리고 모든 준비를 갖추고서 맞설 수 있도록 신의 갑옷으로 무장하라." 몹시 오만한 자세를 취한 사담 후세인의 사진과 함께 성경을 인용하기도 했다. "선행으로 어리석은 이들의 무지한 말을 막는 것이 신의 의지다." 국방부의 일부 인사들은 이런 말들이 언론에 새어나가면, 무슬림(을 비롯한 이들)이 성경의 예언을 등에 업고 또 다시 십자군 전쟁을 벌이고자 한다는 증거로 해석할지 모른다고 여겼다. 럼스펠드는 부시를 조종하려는 의도를 지녔던 듯하다. 부시는 성서를 자주 인용한다고 알려져 있었다(럼스펠드는 아니었다).[34]

방어의 최전선: "반유대주의자"라고 외쳐라

순진한 독자는 이스라엘이 아랍인에게 인종차별주의적이면서 (또는) 부당한 정책을 펼친다고 비판하면 그 즉시 반유대주의자라고 찍힐 위험에 처한다는 점을 명심해야 한다. 즉 유대인에게 (인종차별주의적인) 편견을 지닌 사람(유대인이라면 '자기혐오적인 유대인'이 된다)이라고 말이다. 이 용어는 부당함에 맞서 방어하는 데 너무나 자주 사용되는 바람에 퇴색되어 지금은 실제 의미가 뒤집혀졌다. 즉 대체로 지금은 인종차별주의 정책을 지지하는 사람들이 그렇지 않은 사람들을 상대로 써먹는 인종차별주의 용어가 되었다. 더 정확히 말하자면, '반유대주의자'는 유대인을 증오하는 누군가를 가리키는 의미로 쓰였다가, 지금은 유대인을 증오하는 모든 이를 가리키는 의미가 되었다. 그것은 부정과 투사의 단순한 사례다.

반유대주의자임을 보여주기 위해서는 유대인이 저지른 부당 행위에 반대하는 말을 한다는 것 이상을 보여주어야 한다. 그는 그저 부당함에 반대하는 것일 수도 있다. 하지만 반유대주의의 반대자는 이 문제의 답을 지니고 있다. 그들은 묻는다. 대체 왜 우리를 괴롭히는 거냐고. 세상에는 더 나쁜 사람도 있지 않나? 이 견해에 따르면, 당신은 세계의 부당한 사례들을 가장 심한 것부터 가장 사소한 것까지 등급을 매겨야 하며, 이스라엘보다 상위에 있는 모든 이를 비판한 다음에야 이스라엘을 비판할 수 있다. 하지만 마침내 이스라엘까지 이르면, 새로운 규칙이 부과된다. 균형을 유지해야 한다는 것이다. 이스라엘의 명백한 부당함에만 초점을 맞춘다면 — 말하자면 북부 이웃인 레바논에 가하는 정기적인 공격(1976년, 1982년, 1996년, 2006년)이나 오로지 테러와 정복을 토대로 팔레스타인 땅, 물, 사실상 생명 자체를 무자비하게 약탈한다는— 당신은 균형을 잃고 있는 것이다. 당신은 편견이 없음을 보여주기 위해 이스라엘의 침해 행위 하나 당 팔레스타인의 침해 행위 하나를 보여주어야 한다. 하지만 이것은 물론 불가능하다(현실을 고려할 때). 당신이 제시할 수 있는 가장 나은 사례는 자살 공격과 같은 기간에 이스라엘이 살해한 인명의 30분의 1보다 적은 사망자를 낳은 엉성하게 조준되는 미사일뿐이다. 어디에서 균형을 찾으라는 말인가. 마지막으로 논리와 내용 면에서 강력한 주장을 내놓는다면, 당신은 이스라엘에 반대하는 '편파적인' 진술을 한다는 말을 듣게 된다. 이것은 위악어법 트레드밀의 가능성이 있는 사례다(8장 참조).

수학, 과학, 기타 여러 지적 분야에서 최고 수준의 학자 중에는 유대인(혹은 유대인의 피가 섞인)이 많다. 하지만 이 지성에는 단점이 하나 있을 수 있다. 지성이 뛰어날수록 기만과 자기기만을 더 저지를 수가 있다(2장과 4장 참조). 그래서 이스라엘의 악행을 고발하면, 그 옹호할 수 없는 행위를 옹호하기 위해 각계각층에서 엄청난 말들이 쏟아지는 불행한 효과가 나타난다. 지극히 독불장군식이고 인종차별주의적인 —온갖 과장과 미사여구를 동원한— 견해부터 작은 핵심적인 오류를 잘 숨긴 훨씬 더 미묘한 주장에 이르기까지 다양하다.[35] UN 결의안 242호는 이스라엘에게 1967년에 점령한 땅에서 철수할 것을 요구하고 있다. 하지만 '그$_{the}$' 땅이라고 콕 찍어서 적시하지 않았다.[36] 결의안의 프랑스어 판본에는 '그'라는 단어가 나오며 UN의 의도를 잘못 해석할 여지가 전혀 없음에도, 이 단어가 누락된 문서는 UN이 의도적으로 이스라엘에게 점령지의 전부가 아니라 일부에서만 철수할 것을 요구했다는 주장을 펼치는 데 종종 이용된다. 그리고 UN이 어느 땅에서 철수해야 한다고 구체적으로 적시하지 않았기 때문에, 어쨌거나 철수하기만 하면 UN의 요구를 충족시키는 셈이 된다는 것이다. 시험 삼아 몇 제곱미터만 철수해도 말이다. 궤변을 하나 더 살펴보자. 이스라엘은 외교 관계를 수립하려면 먼저 이스라엘이 '존재할 권리'가 있음을 이웃 나라들이 인정해야 한다고 선포했다. 세계 어디에서도 찾아볼 수 없는 전제 조건이다. 외교 관계는 정부가 존재한다는 것을 인정하고 수립하는 것이다. 정부가 존재할 권리가 있다는 주장을 할 이유가 아예 없는 것이다. 게다가 이스라엘은 유별나게도 자신의 국경이 어디라고 콕 찍어 말하지 않으려 하므로, 존재할 권리를 인정하라는 주장에는 미래의 영토 소유권에 관한 숨은 의도가 있을지 모른다. 한 예로 이스라엘은 보안 장벽 중 약 85퍼센트를 이스라엘 바깥에 설치해왔다. 새 국경선과 더 큰 나라를 만들면서 말이다.

따라서 이스라엘을 화제에 올리면, 그 문제를 꼼꼼히 살펴볼 기회가 없었던(혹은 기회를 놓쳤던) 사람들에게 편향된 주장들이 거대한 파도처럼 밀려든다. 이 주장들의 핵심은 현실을 근본적으로 뒤집는다는 것이다. 즉 팔레스타인인들은 집과 땅을 빼앗긴 채 쫓겨난 뒤로 계속 박해를 받고 있는 이들이 아니라, 어떤 일이든 해도 허용되는 민족에 맞서는 악성 반유대주의자인 테러리스트라는 것이다(그들뿐 아니라 일반적으로 아랍인들이). 이스라엘의 테러 및 땅과 물의 무자비한 약탈처럼 보이는 것은 사실 또 다른 홀로코스트를 막기 위한 선제 조치일 따름이라는 것이다(따지자면 홀로코스트를 야기할 감정 자체를 도발함으로써 말이다).

1967년 이래로 이스라엘이 '정착촌 건설'을 통해 아랍의 땅과 물을 약탈했다는 진실은 두 이스라엘 역사가가 잘 보여준다.

> 기만, 치욕, 은닉, 부인, 억압은 정착촌 건설에 투입되는 자금 흐름과 관련된 국가의 행동을 특징짓는 단어들이다. 이것은 1967년 이래로 이스라엘의 모든 역대 정부들이 공모해온 표리부동한 행위라고 말할 수 있다. 언젠가는 이 대규모의 자기기만을 전면적으로 폭로할 연구가 이루어질 것이다.[37]

종종 그렇듯이, 같은 문제를 이야기할 때 대개 미국에서보다 이스라엘에서 더 솔직하고 구체적으로 말을 할 수 있다.[38]

거짓 역사 서사를 꾸며내는 이유는?

거짓 역사 서사는 모든 나라가 지니고 있으며, 때로 격렬하게 옹호하며(정기적으로 갱신하면서), 사회적 및 역사적 추세와 진실을 해석하는 강력한 기본 논리 체계(편향되기 쉬운)를 제공하기 때문에 중요하다. 한마디로 그것은 심사숙고 중이거나 진행 중이거나 이룩한 모든 행동을 정당화하는 데 이용할 수 있다. 기만은 거짓 서사를 구축하는 데 종종 활용된다. 즉 사람들은 그것을 꾸며내기 위해 의식적으로 거짓말을 하지만, 거짓 역사 서사는 일단 만들어지면 집단 수준에서의 자기기만으로 작용한다. 대부분의 사람들은 자신이 진실이라고 받아들이는 그 서사를 구축할 때 기만이 동원되었음을 알지 못한다.

진실한 역사 서사는 우리에게 과거의 범죄를 배상하고 현재까지 지속되는 영향을 더 직시하라고 요구한다. 거짓 역사 서사는 부인, 역공, 남을 희생시키면서 벌이는 영토 확장 정책을 계속하게끔 허용한다. 우리는 왜 아랍 이웃들을 계속 공격할까? 그들이 성경에서 정해놓은 우리의 계획에 오래전부터 인종차별적인 악의를 품어왔기 때문이다. 우리는 왜 이라크를 공격할까? 그것이 우리의 신성한 임무, 즉 세계의 선을 위해 개입하고 희생할 것을 요구하는 우리의 '미국 예외주의'의 일부이기 때문이다.

거짓 역사 서사는 불가피하게 종교와 가장 깊은 수준에서 관계를 맺게 된다. 우리는 어디에서 왔으며 어떤 사명을 띠고 있는 것일까? 그 주제를 살펴보기 전에, 먼저 자기기만과 전쟁의 관계를 들여다보기로 하자. 거짓 역사 서사가 어떤 기여를 하는지를 알 수 있다.

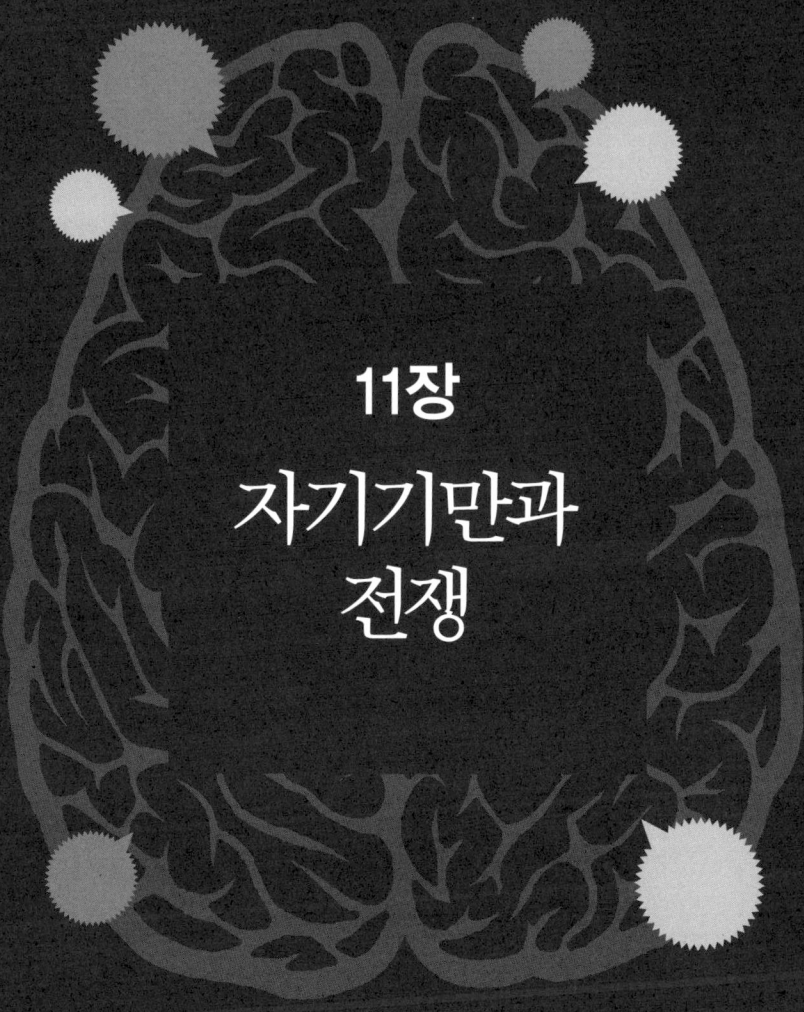

11장
자기기만과 전쟁

2003년에 미국이 이라크에서 벌인 전쟁은 처음부터 기만과 자기기만에 빠져 있었다. 9/11 사건이라는 가짜 구실을 내세운 그 전쟁은 석유 및 관련된 경제적 자산의 통제권을 확보하는 동시에 주둔 기지를 건설하고 맹방인 이스라엘을 지원하기 위해 고안된, 의도적인 선택에 따른 전쟁이자 공격전이었다. 흔히 말하듯이, 이라크의 주요 수출품이 아보카도와 토마토였다면, 미국은 그 나라 근처에도 가지 않았을 것이다.

진리는 전쟁의 첫 번째 사상자라는 말이 있다. 사실 진리는 전쟁이 시작되기 오래전에 죽고는 한다. 자기기만의 과정들은 전쟁에 유달리 큰 기여를 한다. 특히 공격전을 개시하겠다는 결정을 내릴 때 그렇다. 이것은 중요한 만큼 우리를 침울하게 한다. 때로 폭넓게 엄청난 비용을 치르게 하는, 우리의 가장 중요한 행동 중 하나인 전쟁이 자기기만의 힘에 강하게 지배되는 듯하다는 것을 말이다. 사실 군사학에는 군사적 무능함을 연구하는 하위 분야가 있으며, 대체로 그것은 계산 오류를 일컫는 것이 아니다. 그것은 편향되고 자기기만적인 심리 과정들을 가리킨다. 커스터의 마지막 저항Custer's Last Stand, 1876년 미국에서 인디언과의 전쟁이 막바지에 이르렀을 때 커스터 장군이 이끄는 기병대가 인디언에게 포위되어 몰살된 사건_옮긴이을 생각해보라.

잘못된 결정은 네 가지 주요 원인에서 비롯된다고 한다.[1] 과신하고,

상대를 과소평가하고, 자기편의 첩보를 무시하고, 인력을 낭비함으로써다. 모두 자기기만과 연관이 있다. 과신과 상대의 과소평가는 나란히 나아가며, 일단 자기기만이 수반되면 의식적인 마음은 반대 증거를 듣고 싶어 하지 않는다. 설령 자신의 정보원이 제공했을 때조차도. 정보원의 명시적인 목적이 그런 정보를 제공하는 것인데 말이다. 사실 오래된 규칙은 그 정보를 갖고 온 자를 쏘아 죽이는 것이었다. 마찬가지로 자기기만은 인력을 과소평가하거나(2003년 미군의 이라크 침략을 보라) 공격 전선을 따라 전개될 가능성이 높다. 군대에는 이런 말이 있다. "아마추어는 전략을 떠들어대고, 전문가는 병참을 이야기한다." 잘못된 병참은 쉽사리 과신을 부추기고, 그 역도 마찬가지다.

나폴레옹의 러시아 침략은 잘못된 병참(그리고 다른 자기기만 행위들)의 고전적인 사례다.[2] 극도의 자기기만 행위를 하면서 그는 적, 러시아의 혹독한 겨울, 가장 중요한 보급 문제를 철저히 과소평가했다. 모스크바에 도착했을 때, 그는 고국에서 1600킬로미터 이상 떨어져 있었고, 그의 병사와 말을 먹이는 데만 하루에 짐마차 850대 분량의 식량이 필요했다. 무기, 의약품, 부상자 등등을 운반하는 데 추가로 짐마차가 얼마나 필요했겠는가. 점령 상태를 지속할 수 있는 방법이 전혀 없었기에, 프랑스군은 살기 위해서 그 땅을 떠나야 했지만, 물론 러시아군은 최선을 다해 회군을 방해했다. 자원도 없이 고국에서 멀리 떨어진 채 모스코바를 점령하고 있을 능력도 없는(아니 점령해야 할 뚜렷할 이점이 없는) 상황에서 혹독한 겨울이 들이닥쳤기에, 나폴레옹은 철수할 수밖에 없었다. 그는 45만 명을 이끌고 갔지만, 돌아왔을 때 남은 병사는 6000명뿐이었다. 게다가 말도 17만 5000마리를 잃었다. 군인

이야 다시 충원할 수 있었지만, 말은 그럴 수 없었다. 나폴레옹이 러시아 원정에 실패한 지 1년 뒤, 러시아 군대가 파리 외곽까지 들이닥쳤다. 그 과신하는 전쟁광의 허를 찌른 것은 보급 문제였다. 나폴레옹은 러시아 원정에 실패하기 전까지는 승승장구했다. 이것은 자기기만의 심오한 특징 중 하나다. 성공은 자신감을 수반하지만 과신도 불러일으킨다. 우리가 성공에 취해 너무 멀리 나가는 일이 얼마나 많을까?(빌 클린턴과 그의 여자들?)

이 장에서는 인류의 전쟁이 진화한 과정을 개괄하고 거기에서 자기기만이 어떤 역할을 했는지 살펴볼 것이다. 제1차 세계대전 같은 고전적인 사례 외에, 나는 관련 사실들이 잘 알려져 있는 최근의 전쟁들에 특히 초점을 맞출 것이다. 2003년에 미군이 이라크에서 벌인 전쟁과 2008년 미국의 지원을 받은 이스라엘이 가자지구를 공격한 사건이 그렇다. 콩고에서 벌어지는 전쟁은 아마 현재 벌어지고 있는 다른 모든 전쟁들을 합친 것보다 더 끔찍할 것이며, 기만과 자기기만의 관점에서 더욱 분석을 받아 마땅하겠지만, 최근의 미국과 이스라엘 전쟁에 비해 관련 자료가 훨씬 빈약하다.

침팬지의 습격 ➡ 인류의 전쟁[3]

침팬지는 인류의 전쟁으로 이어졌을 가능성이 높은 경로를 보여준다. 침팬지는 다른 집단을 습격한다. 아니 더 정확히 말하자면, 대개 세 마리 이상의 침팬지 수컷이 협력해 이웃 집단을 감시하다가, 기회를 포착하면 홀로 떨어진 수컷(때로는 둘 이상)에게 번개 같은 속도로 달려들어 죽인다. 일을 끝내면 습격자들은 재빨리 비교적 안전한 자신의 세력권으로 돌아온다. 어느 정도 기간에 걸쳐 충분한 수의 수컷을 살해하면, 살해자들은 그 이웃 집단의 세력권과 살아남은 암컷들을 차지할 수 있을 것이다. 하지만 경쟁 집단의 수컷을 한 마리만 죽여도, 살해자들은 세력권을 좀 더 넓힘으로써 먹이를 더 확보한다고 예상할 수 있다. 1970년대에 탄자니아의 곰베 보호구역에서는 한 무리의 침팬지들이 이웃 집단의 수컷이 홀로 떨어질 때를 포작하여 잡아 죽이고는 했다. 4년이 지나자 이웃 집단의 수컷 일곱 마리가 모두 사라졌다. 탄자니아의 다른 지역에서는 전성기에 있는 어른 수컷 다섯 마리가 비슷한 상황에서 사라졌고, 10년 뒤에는 그 집단 전체가 사라졌다. 암컷들의 대부분과 세력권은 더 큰(살해하던) 집단에 흡수되었다. 습격은 세심하게 계획되는 듯하다. 즉 습격은 성공 가능성이 뚜렷이 보일 때 이루어진다. 우세한 세력이 소리 없이 달려들어 재빨리 홀로 있는 수컷을 죽일 수 있을 때다.

    침팬지와 우리 인류 계통 양쪽에서 원시적인 전쟁—혹은 습격—은, 수컷들이 협력하여 이웃 수컷(남성)을 살해하는 행동에 토대를 둔 영토 확보 전략이었다. 그 결과 수컷(남성)은 자원을 더 많이 확보하는 혜택을 얻었고, 때로는 어른 암컷(여성)도 얻었다. 어느 쪽이든 간에 번식률이 순증하는 효과가 있었다. 공격자의 기만은 주로 숨어 있다가 놀라게 해, 상대를 반대쪽에 설치한 전혀 있을 것 같지 않은 함정에 빠뜨리는 것이었다. 최근에는 침팬지 수컷 10~12마리가 이웃 집단과 정규전을 벌인다는 놀라운 증거가 나오고 있다.[4] 약 2주마다 수컷들은 우리가 모르는 어떤 신호를 따라 아주 조용히 일렬종대로 이웃 세력권으로 슬

그머니 들어가서 취약한 수컷을 공격한다. 유아 살해는 동물들에게서 더 일반적이므로, 새끼들도 종종 살해당하며, 그 결과 어미가 다시 새끼를 밸 수 있게 된다. 마찬가지로 어른 암컷도 때로 살해당하긴 하지만, 주된 표적은 수컷이다.

살해와 뒤이은 영토 확장으로 이어지는 수컷들의 이웃 집단 습격 양상은 우리 인류 계통에서도 수백만 년 동안 지속되면서, 꾸준히 미묘하고 정교하게 다듬어졌을 것이 분명하다. 현대 수렵채집인들을 상세히 조사한 연구들은 집단 간 전쟁이 널리 퍼져 있으며 위험하다는 것을 시사한다. 고고학 유적지와 현대 수렵채집인들로부터 얻은 최상의 자료들은 놀랍게도 세대마다 인류의 사망자 중 14퍼센트는 전쟁 때문에 죽었음을 시사한다(다행히도 원시시대 이래로 그 비율은 꾸준히 줄어들었다).[5] 살인자는 거의 언제나 남성이었고, 희생자도 대개 그러했다. 우연히 마주친 취약한 이방인들을 대량 학살하는 것에서 희생자를 찾아 먼 집단을 의도적으로 습격하는 것에 이르기까지 상황은 다양했다. 대개 예기치 않은 기습과 수, 기술 측면에서 압도적인 우위를 확보하는 것이 성공의 열쇠다. 기습은 평화로운 잔치를 열자고 사람들을 초대했다가 살육하는 방식으로도 이루어지고는 했다. 화전 농사를 짓는 부족들(남아메리카의 야노마뫼족이나 뉴기니의 두군다니족 같은)에서 얻은 증거들은 습격을 통해 상대를 죽이는 일은 종종 있지만, 규모가 있는 전투는 드물며 대체로 의식 행사를 거쳐 이루어지고, 과시하고 나선 한쪽 집단이 상대 집단의 수가 훨씬 더 많다는 것을 알아차리고 당황할 때만 끔찍한 결과가 빚어짐을 시사한다. 양쪽의 전력이 크게 벌어진다는 사실을 알아차리면 대량 학살이 일어날 수 있다. 공격자들은 전쟁에 자발적으로 참가하지만, 공격자가 죽는 일은 거의 없기 때문에 그다지 위험하지 않았다.

전투−양쪽의 전사 집단끼리 싸우는 것−는 훨씬 더 최근에 출현한 현상이며, 약 1만 년 전 농경과 가축의 도입으로 인류 사회의 규모가 크게 증가한 시점과 관련이 있을 것이 거의 확실하다. 많은 병사들을 수반하는 이런 전투가 출현하자, 몇 가지 새로운 요소가 작용하기 시작했다. 대체로 적절한 정보를 입수하기가 훨씬 더 힘들어졌고, 결과를 예측하기가 더 어려워졌으며, 상대를 속일 기회가 더 많아졌다. 이 모든 것은 자기기만과 더 잘 들어맞았다. 과신은 핵심 변수로서, 그 자체가 전면적인 살육을 일으킬 수 있는 요인으로서 등장한다. 양편이 다 살육 능력을 지닐 때 더욱 그렇다(제1차 세계대전에서 보았듯이).

아마 이 모든 것 중 최악−진화 관점에서−은 이제 나쁜 결정을 내리는 이들에게 향하는 부정적인 생물학적 되먹임이 더 줄어들었다는 것이다. 당신이 결정하면, 수백 명이 죽는다. 하지만 당신은 죽지, 아니 다치지도 않는다. 그렇지 않은가? 당신이 이웃 집단의 홀로 떨어진 듯이 보이는 수컷 침팬지를 공격하기로 결정했다가 오판을 했음이 드러나면, 당신은 목숨을 잃을 수 있다. 즉 자연선택은 그 실수를 저지르는 데 기여한 자기기만에 곧바로 되갚는다. 원시적인 전쟁에서도 아마 종종 똑같은 결과가 빚어졌을 것이다. 물론 대규모 전쟁을 시작하는 이들도 때로 그럴 수 있다. 자신의 나라가 침략당하고 친척들이 살해되거나 억압당할 뿐 아니라, 당신 자신도 죽을 수 있다. 아돌프 히틀러를 보라. 그의 천년왕국인 제3제국은 그가 끔찍한 전쟁을 벌인 지 겨우 6년 만에 끝장났고 그와 함께 그는 콘크리트 벙커에서 자살로 애처롭게 삶을 마감했다. 하지만 자연선택의 관점에서 보면, 그것은 6000만 명이 넘는 목숨을 희생시킨 엄청난 비용을 치른 전쟁을 개시한 당사자 한 사람 혹은 몇 사람이 그 대가를 치른 것일 뿐이다.

지도자에게 최소한의 진화적 되먹임조차 일어나지 않는 사례도 있다. 베트남 전쟁은 미군의 기본 원칙, 즉 아시아에서는 육상전을 결코 하지 않는다는 것을 위반한 끔찍한 오판 사례였다. 그 전쟁으로 5만 명이 넘는 미국인과 100만 명이 넘는 베트남인이 목숨을 잃었고, 캄보디아와 라오스에서도 100만 명이 희생당했다. 그리고 그 전쟁은 캄보디아에서 크메르루즈의 집권을 불러와서 다시 100만 이상이 살육되는 결과가 빚어졌다. 또 끔찍한 기형아를 비롯해 많은 후유증을 일으키면서 오늘날까지도 계속되고 있는 생태적 재앙을 남겼다. '전략적' 이익이라고는 전혀 없었다. 하지만 미국에서 그 전쟁을 기획하고 부추긴 이들은 그런 악영향을 전혀 받지 않았다. 케네디 대통령의 자문가들—'최고이자 가장 명석한' 이들—도 존슨 대통령과 그의 자문가들도, 닉슨과 키신저도 우리가 아는 한, 그들의 포괄 적응도에 전혀 악영향을 받지 않았다. 다시 말해 의사 결정자가 그 결정의 생물학적 결과로부터 훨씬 거리를 두고 있는 우리 자신보다 침팬지에게서 호전적인 어리석음과 자기기만에 맞서는 선택압이 더 강했을 것이다. 허버트 스펜서는 이 일반적인 효과를 이렇게 요약했다. "자신의 어리석음이 빚어낸 결과가 자신에게 미치지 못하게 막는다면 궁극적으로 세계가 바보로 가득찰 것이다."

여러 주, 더 나아가 몇 년 동안 지속되기도 하는 대규모 전투와 전쟁으로의 전환은 자기기만에 몇 가지 중요한 결과를 낳았다. 한 차례 경계선을 넘는 침팬지의 습격에 비해 미래를 예측하기가 훨씬 더 어려워졌고, 대규모로 허세를 부릴 기회가 생겼다. 나쁜 믿음에 의지할 수도 있다. 또 전쟁을 벌이거나 지원할 ―아무튼 반대하지 않을― 가치가 있다고 자국민이나 방관자들을 확신시킬 필요도 있을 것이다. 이런 상황 변화는 기만과 자기기만을 위한 수많은 새로운 기회를 낳는다. 예를 들어 2003년 미국의 이라크 전쟁 같은 최근의 전쟁에서는 다음과 같은 유형의 기만도 더 많이 일어난다. 상대방이 아니라 자국민, 가능하다면 더 넓은 세계까지도 속이는 일이 말이다.

자기기만은 전쟁을 부추긴다[6]

진화 논리는 자기기만이 다른 집단의 구성원들과 상호작용을 할 때 특히 일어날 가능성이 높음을(비용도 수반할 뿐 아니라) 시사한다. 자기 집단 구성원들과 상호작용을 할 때, 자기기만은 두 가지 힘에 억제된다. 이해관계가 일부 겹치기 때문에 남들의 견해를 좀 더 중시하게 되고, 집단 내의 되먹임은 개인의 자기기만을 부분적으로 교정하는 수단을 제공한다. 집단 사이의 상호작용에서는 남들로부터 오는 음의 되먹임이나 그들의 복지에 대한 우려 때문에 일상적인 자기강화 과정들이 억제되는 일이 없는 반면, 외부인의 도덕 가치, 체력, 용기를 훼손하는 행위가 직접적인 되먹임이나 공통의 이해관계 때문에 억제될 가능성도 적다. 이런 요인들은 체계적인 그릇된 평가 메커니즘을 빚어내며, 그 메커니즘은 공격 가능성을 더 높이고 경쟁의 비용을 더 높인다(평균적으로 더 얻는 것 없이). 집단 자기기만 과정들은 상황을 더 악화시킬 뿐이다. 각 집단 내에서 개인들은 때로 서로를 쉽사리 강화하면서 같은 방향으로 잘못 나아가며, 반대 견해가 없다는 것을 확인하는 증거로 받아들인다(침묵조차도 지지로 오해한다).

당신과 상대방이 꽤 대등하게 겨루면서 점점 싸움의 강도가 세질 때, 각자는 언제까지 할지를 결정해야 한다. 어차피 한쪽이 질 것이라는 점을 생각하면, 일찍 짐으로써 비용을 줄이는 편이 더 낫다. 서로 대등할 때 자신의 경쟁 능력과 우세할 가능성을 과대평가하는 긍정적인 착각이, 질 가능성을 (싸움의 비용도 함께) 줄여줄 만한 몇 가지 이유가 있는 듯하다. 긍정적인 착각은 자신감을 증가시키며, 따라서 겉으로 드러나는 경쟁력과 동기도 강화한다. 그런 한편으로 효과를 떨어뜨릴 만한 두려움 같은 감정을 암시하는 신호들을 줄인다. 그럼으로써 상대가 당신을 이길 수 없다고 보고 무조건 항복할(혹은 겁을 먹고 제대로 싸우지 못할) 가능성을 높인다. 긍정적인 착각은 사실상 당신의 마음을 더 효과적으로 준비시킬 수도 있다. 모든 전략들을 살펴보는 대신에 들어맞을 수 있을 만한 긍정적인 전략들에 초점을 맞추게 함으로써 인지 부하를 줄이기 때문이다(물론 불리한 측면에 부주의할 위험도 있긴 하지만). 즉 긍정적인 착각은 더 많은 자원을 싸움에 동원시키기 때문에 싸움에 중요할 수 있다. 그런 반면 상대의 심중을 읽는 능력이 떨어지고 부정적인 정보에 적절히 반응하지 못할 것이다.

스포츠는 유용한 유사 사례를 제공하겠지만, 스포츠에서 자기기만을 살펴본 쓸 만한 연구는 거의 없다. 스포츠로부터 자료를 얻는다면 흥미로울 것이다. 경기를 잘하게 되면 자신이 이길 것이라는 생각이 더 강해지고 그럼으로써 지지나 않을까 하는 두려움을 줄이기도 더 쉬워지므로, 두려워하는 사람일수록 스포츠에서 더 성적이 나쁘지 않겠는가? 내가 아는 유일한 증거는 수영에서 나온 것이다.[7] 선택해야 하는 상황에서, 중립적인 자극보다 부정적인 자극에 더 집중할 가능성이 더 높은 사람은 성적이 나쁘고, 중립적인 자극보다 긍정적인 자극에 집중하는 사람은 최고의 성적을 거둔다고 한다.

놀라운 점은 이 책에서 기술한 자기기만의 범주들이 거의 다 공격전에 기여한다는 사실이다. 현대 전쟁은 자기 자신과 자신의 도덕성을 과대평가하고, 과신하며, 때로 통제 착각을 하고, 위험을 무릅쓰는 것을 즐기며, 거의 언제나 남성인 권력자들이 외집단에 맞서 수행하는 것이다. 이런 편향들을 간략하게 살펴보기로 하자.

자신이 남들보다 우월하다고 생각하는 일반적인 편향은 분명히 전쟁을 벌이는 데 이바지하고, 전쟁에서는 강함, 인내심, 싸우는 능력 등등이 긍정적인 형질에 포함된다. 이 편향은 남녀 모두에게서 나타난다. 남을 폄하하는 편향은 그것이 당신의 공격성을 자극하는 한편으로 당신의 공격성이 불러일으키기 쉬운 저항의 세기와 완강함을 보지 못하게 할 때 특히 위험하다. 자신의 도덕성을 과대평가하는 것은 자연히 자신의 입장이 지닌 힘을 과대평가하고 상대의 힘을 과소평가하도록 유도하기 때문에 중요한 편향이다. 아무튼 이웃 나라를 침략할 때, 이 점은 이미 이웃에게 유리한 기정사실이 되며, 또 이웃에게는 '홈구장' 이점도 있다고 예상할 수 있다(다음 절 참조).

이 모든 사항들은 치명적인 공격성이 수반되는 영역에서 우리의 더 뿌리 깊고 더 위험천만한 망상 중 하나인 과신을 부추긴다. 금융 거래에서 이미 살펴보았듯이, 남성이 특히 더 과신에 빠지기 쉬운 듯하다.

남성은 여성에 비해 거래를 너무 자주 하고 돈을 더 많이 잃는다(8장 참조). 남성/남성 상호작용과 여성에게 하는 구혼이라는, 역사적으로 훨씬 더 오래 전부터 서로의 확신이 어느 수준인지를 평가하는 작업이 이루어져온 영역에서는, 자기기만의 더 심오한 구조들의 지원을 받아 과신의 수준도 더 높아져왔을 가능성이 높다.

그와 관련 있는 한 변수는 스릴 추구 성향이다. 스릴 추구 성향은 위험한 운전, 위험한 스포츠, 마약, 도박을 택하는지 여부로 측정할 수 있다. 이런 식으로 측정했을 때, 남성이 여성보다 스릴 추구 성향이 훨씬 더 강하다. 물론 전쟁은 대단한 전율을 맛볼 수 있다. 적어도 시작할 때는 그렇다. 또 통제 착각이 전쟁을 향한 더 큰 추진력을 제공한다는 것도 쉽게 상상이 간다. 이웃에 대한 공격을 (때로는 예기치 못한 기습을) 개시한 뒤 사건들을 유리한 쪽으로 통제할 수 있다고 생각한다면, 실제로 그렇게 할 가능성이 더 높다.

전쟁은 권력자들이 일으킨다. 그들은 결정을 내리고 대개 죽을 자리에는 다른 사람들을 보낸다. 권력을 쥐고 나면 ─권력을 맛보면─ 남의 관점, 남의 복지, 남의 감정을 헤아리려는 노력이 줄어든다(1장 참조). 따라서 호전적인 결정은 권력이 빚어내는 편향의 도움을 받을 것이다. 일부 내전을 제외하고, 전쟁은 으레 내집단이 외집단에 맞서 벌이는 것이다. (내전에서도 내집단과 외집단이 있을 수 있으며, 금세 형성될 수도 있다.) 앞서 살펴보았듯이, 우리 심리 생활에서 내집단과 외집단의 구분만큼 강력한 구분은 거의 없으며, 외집단은 폄하, 비인간화, 노골적인 공격을 불러일으키기가 쉽고, 제거나 정복의 대상이 된다. 이 구분은 인류의 전쟁보다 훨씬 이전에, 침팬지와 더 이전의 우리의 유인원 조상에게서 집단 간 폭력이 벌어지던 시기에 시작되었을 것이다. 하지만 외집단의 일원이 된다는 것의 부정적인 결과와 함축된 의미를 강화한 것은 아마 전쟁일 것이다.

성차도 관련이 깊다. 남성이 여성보다 남들에게 연민을 덜 느낄 가능성이 높음을 시사하는 몇몇 계통의 증거들이 있다. 남성은 얼굴 표정에서 감정을 제대로 읽어낼 가능성이 더 낮다(성차는 얼굴 표정을 0.2초 동안 아주 짧게 보여주었을 때에도 나타난다).[8] 남성은 감정 정보를 기억하고 그것을 남들의 감정 반응과 연관 지을 가능성이 더 적다.[9] 그리고 남성이 여성보다, 자신에게 부당하게 행동했다고 인식한 사람을 향해 연민을 보여줄 가능성이 훨씬 적다는 증거가 있다.[10] 예를 들어 인위적인 경제 게임에서 상대로부터 공정하게 또는 부당하게 대우받은 여성은 그 상대가 전기 충격을 받는 모습을 볼 때 자신에게 부당하게 대했든 공정하게 대했든 간에 비슷하게 연민을 느낀다는 증거가 있다. 대조적으로 남성은 전기 충격을 받는 사람이 자신을 부당하게 대했던 상대라면 연민을 느낀다는 신경생리학적 증거를 전혀 보이지 않는다. 사실 남성은 고통을 가하면서 즐거워한다는 것을 보여준다. 따라서 인지한 부당함을 토대로 삼을 수 있을 때마다 남성은 자기기만 편향을 드러낸다고 예측할 수 있다. 남성의 도덕적 분노는 특히 무정하고 조작하기가 쉽다고 예상할 수 있다. 예를 들어 전쟁을 향하도록 말이다.

거짓 역사 서사도 한몫을 한다. 정직한 서사는 사람들에게 과거의 범죄에 배상을 하고 그 범죄의 후속 영향을 더 직시하도록 압박할 수 있다. 거짓 역사 서사는 부정, 역공, 남들을 희생시키면서 확장을 도모하는 정책을 지속하도록 허용한다.

남 폄하 ➡ 치명적인 과신

전쟁을 고심하고 있을 때, 남의 능력 ─ 도덕 가치는 고사하고 ─ 을 폄하하다가는 즉각적이고 위험한 결과를 빚어낼 수 있다. 남들에게 전투력이나 동기가 부족하다고 가정한다면 더욱 그렇다. 한 예로 상식과 정반대로 1960년대에 미국의 베트남 전쟁 계획은 합리적이고 거의 모든 측면에서 검토하고 보완한 것이었다고 밝혀졌다. 한 가지만 제외하고 말이다. 즉 미국은 상대방의 군기와 때리면 얼마든지 맞겠다는 의지를 과소평가했다.

이 실수는 특히 놀랍다. 동물의 행동(인간의 행동도 포함한)에는 '홈구장' 이점이라는 거의 보편적인 규칙이 있기 때문이다. 즉 도마뱀은 자신의 세력권에서는 상대에게 이기지만, 상대의 세력권으로 가면 상대에게 진다는 것이다. 동기 부여 의지는 자신에게 없는 것을 손에 넣으려 할 때보다 자신이 지닌 것을 지키고자 할 때 더 강하다. 그런데 왜 우리는 침략하려는 자가 해당 지역의 주민들을 더 철저히 파악하고, 지역 주민들은 자신들의 땅을 침략하려는 자에게 관심을 덜 기울인다고 생각하는 것일까? 민족주의와 (또는) 인종차별주의 개념은 우리를 바로 그 입장에 서도록 유혹한다. 홈구장 이점은 자신들을 응원하는 팬들 앞에서 뛰는 운동 팀에게는 들어맞는다.[11] 그들은 다른 지역에서 경기를 할 때는 맛보지 못할 테스토스테론 분출을 경험하며 이길 기회도 더 높음을 보여준다.[12] 팬 효과를 증대시키는 경향이 있는 것(돔구장 같은)은 모두 홈구장 이점을 증대시키는 경향이 있다. 하지만 그 효과의 상당 부분은 공통 요소를 지닌 홈 팀을 향한 편향을 점점 더 보여주는 심판 때문일 수도 있다. 우연인지 야구에는 '홈구장 클러치home-field clutch'라는 것이 있다. 월드시리즈에서 홈 팀은 처음 6경기 동안은 이기는 일이 더 많지만, 플레이오프가 승패를 가르는 마지막 7번째 경기에 이르면, 홈 팀이 지는 일이 더 많다. 이겨야 한다는 중압감이 너무 강해서다.

자기기만과 전쟁이라는 문제로 돌아가서, 꼬박 4년 동안 지속되면서 전쟁터에서만 200만 명의 목숨을 앗아간 제1차 세계대전 같은 인류 대학살이 처음에는 상대방을 향한 민족주의적이고 인종차별주의적 견해에 어느 정도 토대를 둔 흥겨운 축제 분위기로 시작되었다는 사실을 잊기 쉽다.[13] 양측은 전쟁이 빨리 끝날 것이고, 자신들이 이길 것이며, 승리하면 혜택이 따라올 것이라고 확신했지만, 전부 다 틀렸다(승리했을 때 쥐꼬리만 한 이득이 있었다는 것을 빼고). 전쟁이 시작되자 유럽 전역에서 사람들이 거리로 뛰쳐나와 춤을 추었고, 남자들은 앞다투어 군대에 지원했다. 전쟁이 끝나기 전에 전투의 재미를 맛보기 위해서 말이다. 1914년 8월 파리와 베를린에 수십만 명이 모인 가운데 개전 축하 행사가 열렸다. 그로부터 단 3개월 사이에 프랑스인과 독일인 30만 명이 사망했고, 60만 명이 다쳤으며, 전쟁은 무려 4년을 끌게 된다. 10월에 영국의 첫(열의가 넘치는) 보병대가 프랑스에 상륙했다. 도착한 날부터 그들은 하루에 500명씩 죽어나가기 시작했고 3주가 지나자 남은 군인은 8분의 1도 채 되지 않았다. 그렇게 환상과 현실은 충돌하기 마련이다.

각자는 저마다 상대를 이길 것이라고 예상했다. 독일군은 프랑스군이 싸울 준비가 되지 않았다고 믿었고, 프랑스군은 금방 승리를 거둘 것이라고 예상했으며, 한 영국 장교는 독일군이 영국군과 프랑스군의 '손쉬운 먹잇감'이라고 예측했다. 오스트리아와 러시아는 각자 서로에게 이길 것이라고 예상했다. 러시아 장교들은 2개월 안에 베를린을 점령할 것이라고 믿었다. 터키군은 열광의 도가니에 사로잡혔고 카프카스산맥에서 승리를 거두고 나면 아프가니스탄을 가로질러 인도까지 진격할 수 있을 것이라고 상상했다. 물론 예외도 있었다. 독일의 중간급 장교들은 전쟁이 빨리 끝난다는 것, 아니 이긴다는 것조차 확신하지 못했지만, 아무도 그들의 생각에 주의를 기울이지 않았다.

과신의 한 고전적인 사례는 영국이 터키인 전체와 특히 터키군을 대하는 뿌리 깊은 인종차별주의적 태도에 상당 부분 토대를 두고 있었다. 영국의 어떤 부대를 내보내든 간에 터키군보다 우수하다는 생각이 영국 사회의 각계각층에 널리 퍼져 있었고, 재앙이 된 수블라 만 침공 작전을 지휘한 사령관은 영국군이 터키군보다 '군인 정신'과 '전투를 즐기는 태도' 같은 잘 정의된 품성들에서 더 우수하므로 싸울 때마다 틀림없이 이길 것이라고 믿었다. 그는 영국 군인이 터키 군인 수십 명분의 가치가 있다고 선언했다. 하지만 그 전투의 실제 통계 자료는 정반대였음을 시사한다. 터키 땅에서 싸울 때 터키 군인 1명은 영국 군인 약 10명분의 가치가 있었다.[14]

2003년 미국의 이라크 전쟁

2003년에 미국이 이라크에서 벌인 전쟁은 처음부터 기만과 자기기만에 빠져 있었다. 9/11 사건이라는 가짜 구실을 내세운 그 전쟁은 석유 및 관련된 경제적 자산의 통제권을 확보하는 동시에 주둔 기지를 건설하고 맹방인 이스라엘을 지원하기 위해 고안된, 의도적인 선택에 따른 전쟁이자 공격전이었다. 물론 뻔한 거짓 평계를 내세웠다. 훗날 이 전쟁은 기만과 자기기만을 수반한 어마어마한 군사적 실책의 교과서적인 사례라고 학교에서 가르치게 될 것이 확실하다.

한 가지 좋은 점은 내부에서 이루어진 논의 중 많은 것이 이미 알려져 있기에 우리가 그 근본 과정들을 상세히 연구할 수 있다는 것이다. 비록 으레 그렇듯이, 여기서도 과신이 핵심 요인이었지만, 앞서 NASA의 사례에서 생생하게 살펴본 요인(9장 참조)도 깊이 관여했다. 거짓으로 그럴듯한 구실을 붙여서 질 나쁜 제품을 팔 때 당신은 제품의 단점을 언급하는 이야기는 듣고 싶어 하지 않는다. 이것은 적을 속일 필요가 있는, 즉 수도를 점령하고 적을 공격한다는 사실에 의구심을 갖도록 만들어야 하는 전쟁이 아니었다. 따라서 여기에는 적을 속이기 위한 자기기만은 거의 또는 전혀 없었다. 모든 자기기만은 내부와 국제 사회를 향한 것이었고, 이 행동의 여파 및 유익한 결과와 관련이 있었다. 필요하다거나 바람직하다고 비치는 합리적인 계획이 전혀 없으면, 실책은 파국으로 치달을 테니까.[15]

흔히 말하듯이, 이라크의 주요 수출품이 아보카도와 토마토였다면, 미국은 그 나라 근처에도 가지 않았을 것이다.[16] 물론 틀림없이 아니라고 말하겠지만, 두 가지 사소한 사실만으로도 그것이 진실임을 보여줄 수 있다. 미국이 바그다드를 점령한 지 며칠 지나지 않아 무법자들의 약탈이 자행되었지만, 미국은 위대한 문명의 보고이자 엄청난 가치를 지닌 도서관과 박물관을 지키려는 노력을 전혀 하지 않았다(이라크인 관계자들로부터 계속 요청이 들어왔음에도). 대신 그들은 석유 장관의 관저 앞에 경비를 배치했다(석유 산업에조차 그다지 중요하지 않음에도). 마찬가지로 이라크가 아수라장으로 변하기 전에, 미국은 침략에 참여하지 않은 나라는 석유 산업 재건과 재개발 계획에 입찰하지 못하게 하겠다고 선포했다. 아보카도 산업에 관해서는 아무 말도 없었다.

미국이 그 전쟁을 한 이유라고 댄 것은 두 가지 있을 법하지 않은 거짓말을 토대로 했다. 사담 후세인이 핵탄두를 비롯한 대량 살상 무기를 지녔으며, 9/11 사건에 어떤 식으로든 관여했다는 것이었다. 정부는 당시 진실이라고 널리 선전되던 두 주장을 뒷받침하기 위해 근거가 빈약하든지 말든지 가리지 않고 모든 증거를 수집했다. 정부는 거짓말을 한 것일까 아니면 그저 착오였을까? 한 탁월한 언어학적 분석은 정부가 거짓말을 했음을 시사한다. 대량 살상 무기(사실상 없는)나 빈 라덴과 관계(사실상 없는)가 있다는 발표를 할 때, 문장에 우리가 1장에서 살펴본 기만의 고전적인 징후들이 들어 있었다(그들이 중립적인 주제를 발표할 때 쓴 문장과 비교했을 때). 즉 일인칭 대명사('나', '우리')의 사용이 급격히 줄었다. 개인적인 책임을 줄일 수 있기 때문이다. 한정하는 단어('비록 비가 내리고 있었지만')도 줄었다. 복잡성, 인지 부하, 기억할 필요성을 줄이는 데 더 좋기 때문이다. 부정적인 단어는 늘었다. 자신이 말하는 내용을 부정하거나 더 나아가 무의식적으로 죄책감을 느끼기 때문일 것이다. 예기치 않은 방식으로 전개된 유일한 변수는 행동 단어들이었다. 행동 단어들은 줄어들었는데, 아마 계획된 행동을 그 당시에는 하지 않을 것이라고 부정하고 있었기 때문일 것이다. 이 언어학적 특징들이 연구실에서보다 실생활에서 거짓말을 더 잘 예측했다는 점도 주목할 만하다. 예상할 수 있겠지만, 연구실에서 하는 거짓말은 국제무대에서 하는 거짓말에 비해 대개 미치는 영향이 미미하기 때문이다.

이런 거짓말과 전쟁의 기본적인 공격 논리에도 몹시 불행한 결과를 빚어낼 일련의 자기기만이 수반되었다. 이 자기기만 중 최고봉은 진행 중인 계획이 엄청난 규모라는 점과 훨씬 더 많은 지상군을 파견하는 등등 꼼꼼하고 충분한 사전 준비를 거쳐야 한다는 점을 부정한 것이었다. 핵심 사건들을 개괄하면 다음과 같다.

전쟁을 한다는 결정은 최소한의 검토만을 거친 채 아주 빠르게 이루어졌다. 비록 이라크의 '정권 교체'가 1998년에 미국의 공식 외교 정책으로 선언되긴 했지만, 9/11이 일어나기 전까지 이라크를 침략하겠다는 계획은 전혀 없었던 듯하다. 그리고 이라크는 그 사건과 무관했다. 사실 미국보다 사담 후세인이 더 빈 라덴과 대립하고 있었다. 그럼에도 미국 정부는 즉각 이라크로 시선을 돌렸다. 부시는 리처드 클라크를 비롯한 이들에게 이라크가 연루되었다는 증거를 어떤 것이든 가져오라고 했고, 다음날(9월 12일) 럼스펠드 국방장관은 속내를 드러내는 말을 했다. "아프가니스탄에는 폭격을 할 만한 표적이 전혀 없지만, 이라크에는 많다." 그 말은 이렇게 번역할 수 있다. 아프가니스탄에는 탐낼 만한 자원이 전혀 없지만, 이라크에는 많다. 몇 주 지나지 않아 국방부의 하급 장군들은 미국이 이라크를 공격하려 한다는 것과 이라크에 이어 시리아, 레바논, 리비아, 소말리아, 수단, 마지막으로 (최종 목표인) 이란까지 차례로 공격한다는 야심 찬 5개년 계획이 세워졌음을 알아차렸다.[17] 한 인기 있는 신보수주의판 계획은 이라크 해방이 자극이 되어 베를린 장벽이 무너진 것과 유사하게 도미노 효과가 일어날 것이라고 보았다. 위의 나라들 중 여럿이 민주주의를 받아들이고 미국이 침략할 필요가 없어짐으로써 말이다. 이 모든 생각을 직접적으로 자극한 것은 아프가니스탄에서 벌어지는 미국에 대한 공격이었다.

이것은 미국 예외주의와 명백한 운명의 장엄함에 걸맞은 제국주의 환상이었다. 단극화한 세계에서 미국은 현재 역사상 가장 큰 제국이다. '현실에 기반을 둔' 세계의 사람들이 이해하지 못하는 자기 나름의 현실을 창조하는 제국이다. 앞으로 미국은 9/11을 구실로 삼아서 자국민과 침략당하는 이들을 비롯해 남들에게 더 혜택을 주겠다고 나서서, 일련의 상호 연결된 공격전을 번개 같은 속도로 펼칠 것이다. 여기서 자기기만은 자국민과 세계를 향한다. 제국주의 행동이라는 환상에 더 설득당할수록, 우리가 이 환상을 추구하는 일에 우리 자신과 남들을 동참시키기가 더 수월해진다. 하지만 앞서 살펴보았듯이, 환상은 본질적으로 위험하다. 우리는 아무리 중요하고 옳은 것이라고 하더라도 그 환상을 방해하는 정보는 듣고 싶어 하지 않기 때문이다.

아프가니스탄으로부터 공격을 받은 지 6주 뒤인 2001년 11월 중순에 부시 대통령은 국방장관에게 이라크 침략의 구체적인 계획을 세우라는 공식 명령을 비밀리에 내렸다. 몇 달 사이에 자원과 인력이 아프가니스탄을 빠져나와 이라크 외곽으로 향했다. 미국은 아주 빨리 전쟁을 치르기로 결정했지만, 그러면서도 공식적으로는 전쟁이 최후의 수단이라는 입장을 오랫동안(그리고 설득력 없이) 유지했다. 알다시피 이 결정은 아프가니스탄의 미래에 재앙을 빚어냈다. 20년만에 두 번째로 미국이 포기하고 떠난 영향이 지금까지도 미치고 있다. 오래전 심리학자들은 우리가 결정을 심사숙고할 때—누구와 혼인할지 혹은 어떤 직업을 택할지 같은—는 기꺼이 반대 증거를 고려하고 대안들을 합리적으로, 즉 비용과 편익을 따져서 평가한다는 것을 보여주었다. 하지만 일단 결정을 내리면 —수지와 혼인한다거나 베이루트에 직장을 얻기로 했다면— 우리는 택하지 않은 길이나 우리가 내린 결정의 안 좋을 수 있는 점에 관한 말은 더 이상 듣고 싶어 하지 않는다. 이제 우리는 중요한 단계에 있다. 우리는 자신의 결정을 이행하고 있다. 이라크 공격 결정을 전적으로 허구적인 근거 하에 단 몇 시간 만에 내리고 후속 평가도 거의 내리지 않음으로써, 합리적인 의사결정이 이루어질 시간은 아예 사라졌다. 일단 결정이 이루어지자, 대안들은 더 이상 수용 불가능해졌을 뿐 아니라, 정책 결정자들은 잠재적인 비용, 즉 이 계획 전체의 불리한 측면에 관한 증거는 전혀 들으려 하지 않았다. 정반대로 그런 증거가 있으면 적극적으로 회피했고, 유리한 측면을 과장하는 증거는 아무리 빈약한 것이라고 해도 찾아나섰다.[18]

그 과정에서 미국은 이라크 사람들도 침략을 좋게 여길 것이라고 제멋대로 상상했다. 미국은 자연히 이라크인의 이익을 위해 행동하는 것이며, 이라크인들은 이 사실을 이해할 것이므로, 미국은 점령자가 아니라 해방자로 비칠 것이라고 여겼다. '스크루볼'과 유명한 사기꾼 찰라비 같은 믿을 만한 정보원들도 그렇다고 보고했다. 여기서 미국 사상가들도 나름의 자기기만에 사로잡혔다. 이것이 아주 가치 있는 자원의 통제권을 차지하기 위한 공격전임을 부정함으로써, 그들은 다른 모든 사람들의 이익을 위해 이 전쟁을 하고 있다는 상쇄 오류를 받아들였다. 핵전쟁의 위협에서 세계를 해방시키고, 전 세계의 테러 세력을 약화시키고, (특히 그런 식의 합리화가 받아들이기 어려운 것이 되었을 때) 장기 압제자이자 예전의 좋은 동맹자였던 사담 후세인에게서 이라크 국민을 해방시키기 위함이라고 말이다. 미국 예외주의는 또 다른 예외를 이끌어냈다.

그 결정은 더 큰 나라인 미국 자체에도 먹혀야 했다.[19] 이때 목표가 중요하며 정당할 −임박한 테러 공격을 예방하는− 뿐 아니라 안전하고 비용이 적게 든다는 것을 역설하는 방법이 쓰였다. 부시는 공격 며칠 전에 백악관 방문객들에게 사상자는 전혀 없을(혹은 극소수에 불과할) 것이라고 주장했고, 국방부의 폴 울포위츠는 의회에서 전쟁의 비용이 수십억 달러 수준에 불과할 것이며, 재건 비용은 이라크 석유로 댈 것이고, 적당한 수의 군인으로 쉽게 일을 끝낼 수 있다고 장담했다. 하지만 그 전쟁으로 무려 4만 명이 넘는 미국인이 목숨을 잃었고, 2만 명이 넘는 중상을 입은 군인들을 평생 돌보는 비용을 포함해 미국은 직간접적으로 2조 달러의 비용을 써야 했으며 계속 늘어나는 중이다. 이라크로 안전하고 값싸게 소풍을 떠났다는 이야기는 이쯤하자. 대량 살상 무기로 넘어가서, 전쟁 이전에 UNSCOM(핵 활동을 조사하는 UN 기구)은 이라크에 그런 무기가 없다고 거의 입증했고, 점령군도 곧 확인했다. UN 수석 조사관 한스 블릭스는 나중에 이렇게 말했다. "대량 살상 무기가 존재한다고 100퍼센트 확신하면서 그것의 위치는 전혀 모른다는 것이 말이 되는가?"[20]

이라크에서 대량 살상 무기를 찾았지만 아무것도 발견하지 못한 지 약 6개월 뒤에 나온 2003~2004년에 걸친 여론 조사는 부정의 힘을 놀라울 만치 잘 보여주었다. 이라크에 그런 무기가 전혀 없다고, 대량 살상 무기는 명백히 미국/영국이 다른 나라를 침략하는 행위를 정당화하기 위해 쓴 환상에 다름 아니라는 이 새로운 −그리고 분명히 논란의 여지가 없는− 증거를 놓고 미국인들은 첨예하게 둘로 나뉜 듯했다. 민주당원들은 자신들이 속았다는 것을 상대적으로 더 쉽게 믿었고, 대다수는 그 새 증거에 관해 알았다. 놀라운 점은 공화당원(전쟁을 주도한 당)의 절반 이상은 새 증거의 소식을 듣지 못했거나 그것을 즉시 외면하고 대량 살상 무기가 발견되었다고 여전히 믿었다는 것이다. 확증 편향이 이렇게 강하기에, 당신은 거의 모든 이가 동참할 수 있도록 하려면 그저 자기 집단의 거짓말을 되뇌기만 하면 된다. 그러다 보면 반대 증거가 나중에 증거로 인용된다.

일부에서는 자기기만이 일어났는지를 추론할 수 없으며, 미국의 대변인들이 그저 철면피 거짓말쟁이일 수도 있고, 공식적 행동을 해석하려고 할 때는 그것이 사실상 일반적인 문제라고 주장해왔지만, 나는 여기서 그 주장이 설득력이 있다고 보지 않는다. 얼마간 과장했으리라는 점을 관계자들도 분명히 의식하고 있었겠지만, 그들 중 어느 누가 자신들이 일으키는 재앙의 규모를 과연 상상할 수 있었겠는가? 울포위츠는 의회에 출석하기 전에 전쟁 비용이 1조 달러를 훌쩍 넘어설 것이며, 경제적 혜택(아니 어떤 혜택이든 간에)이 전혀 없을 것이고, 이라크인 10만 명 이상이 사망하고 400만 명이 고향을 떠나게 되리라는 것을 과연 의식하고 있었을까? 그렇지는 않아 보인다. 물론 그의 증언이 그저 실수−계산 착오−였을 수도 있고, 혹은 드러나지 않은 정신병의 한 증상일 수도 있고, 다른 어떤 이유 때문이었을 수도 있다. 정의상 자기기만은 사람들의 행동만을 살펴보아서는 입증할 수 없다. 하지만 나는 단순하고 편향되지 않은 '착오'라는 개념이 순진하기 그지없다는 것을 안다. 울포위츠를 비롯한 고위직 인사들은 가장 초보적인 형태의 자기기만 중 하나를 저질렀다. 자신들의 낙관적 환상과 충돌하는 정보를 접하지 못했다고 확인해준 것이다.

의사 결정자들이 일단 침략이 성공한 뒤에 이라크를 통치하는 방법에 관한 정보를 배우려는 노력을 거의 하지 않았다는 점은 확실하다. 전시와 전후에 벌어질 것으로 예측되는 상황에 대한 국가 정보 평가서는 전혀 나오지 않았다. 볼리비아 침략 같은 덜 중요한(그리고 어떤 일이 벌어질지 확실한) 다양한 상황에 관한 정보 평가서는 정기적으로 나오고 있었음에도 말이다. CIA는 2002년 워게임war-game, 전쟁 상황을 모사한 게임_옮긴이 훈련과 바그다드가 함락된 뒤에 벌어질 일에 대한 대비책을 짜기 시작했고, 관련한 첫 대책회의에는 국방부 인사들도 참석했다. 하지만 그 사실을 보고받은 윗선에서 다시는 참석하지 말라는 지시가 내려왔다. 전후 계획이 전쟁 자체에 방해가 된다고 여긴 것이 분명하다. 근동과 극동에서 CIA 국가정보 담당관으로 일한 폴 필러는 그런 평가서를 보고 싶어 한 사람이 아무도 없었다고 지적하면서 두 가지 일반적인 이유를 든다.

첫 번째 이유는 그저 극도의 자만과 자기확신이었다. 자유 경제와 자유 정치의 힘, 그것이 세계 모든 사람들에게 지닌 매력, 그것이 모든 악을 일소할 능력을 진심으로 믿는다면, 정말로 그러한지 걱정하지 않으려는 경향이 있다. 또 한 가지 주된 이유는 공격전 같은 극단적인 일에는 대중의 지원을 끌어모으기가 어렵다는 점을 고려할 때, 잘못될 가능성이 있는 일을 놓고 정부 내에서 결과가 좋을지 나쁠지 심각하게 논의한다는 것 자체가 전쟁의 정당성을 알리는 일을 더욱 어렵게 하리라는 것이었다.

이 두 가지는 자기기만의 중요한 추진력이다. 과신과 자신이 한 결정의 불리할 수 있는 측면을 알고 싶지 않다는 적극적인 기피 말이다. 제2차 세계대전과 비교해보면 도움이 된다.[21] 미국이 참전하기 이전에도, 육군대학원에는 제1차 세계대전 이후에 독일을 점령했을 때 어떤 좋고 나쁜 상황이 벌어졌는지를 연구하는 집단들이 있었다. 진주만이 공격을 받은 지 몇 달 지나지 않아 버지니아 대학교에 군사학교가 설립되었다. 일본과 독일을 점령할 때를 대비한 계획을 세우는 것이 이 학교의 유일한 임무였다.

하지만 물론 이 세계대전은 계획되고 충분한 검토를 거친 것이었고, 자기기만을 유도할 가능성이 높은 거짓 핑계를 대면서 전쟁의 정당성을 선전할 필요가 없었던, 말 그대로 일반적인 전쟁에 더 가까웠다. 부정한 행위는 반드시 정당화와 특별한 변명을 필요로 하며, 정당한 행위는 덜 그러하다.

애써 지식을 얻지만 외면하다

최고 관리자들이 안전 문제는 아예 알고 싶어 하지 않았던 우주 왕복선 챌린저호와 컬럼비아호 폭발 사건처럼, 이라크 전쟁 때도 바그다드 점령 이틀째에 어떤 문제가 일어날지 듣고 싶어 한 이들은 아무도 없었다. 그런 지식은 선전 업무를 방해한다. NASA의 사례에서 안전부서는 그저 그런 일을 하는 부서가 있음을 보여주는 요식 행위로 전락해 있었다. 이라크 전쟁을 계획할 때에는 정말로 기이한 단절이 일어났다. 적절한 시기에 실무를 담당할 부서들이 설치되었지만, 그 부서들을 의사결정자들 및 다른 정부 기관들과 단절시킴으로써 무력화시켰다.[22] 각 실무단에는 미국 정부, 군대, CIA, 국방부, 국제개발처USAID 등등에서 식견이 있는 사람들이 파견되었다. 국무부 산하 '이라크의 미래' 계획은 9/11 한 달 뒤에 시작되었고, 2002년 3월에 공식적인 발표가 이루어졌다. 이윽고 계획에 참여한 실무단은 17개로 늘었고 상세한 내용이 담긴 14권의 보고서를 내놓았다. 계획의 책임자는 전쟁의 정당성에 회의적이었지만 전후 계획이 필요하다고 확신하는 인물이었다.

그 뒤에 벌어진 혼란을 생각할 때, 요약 보고서가 ①전력망과 상수도를 복구하고 가동할 필요성 ②일반 군인은 남긴 채 지휘자만 제거함으로써 이라크군을 변화시킬 세심한 계획의 필요성 ③강간, 살인, 약탈로 이어질 일반 범죄자에 대한 긴급 대책을 포함한 치안 유지 계획의 필요성을 강조했다는 점을 언급할 가치가 있다. 이 모든 일들은 보고서에 적힌 그대로 일어났지만, 보고서는 철저히 외면을 받았다. 2002년 9월 국제개발처도 곧 전후 점령 문제를 연구하는 이라크 워킹그룹으로 발전할 부서를 출범시켰다. 많은 비정부기구의 전문성에 깊이 의존한 그 부서도 이라크 점령군이 직면할 것이 명백한 문제들 중 몇 가지에 초점을 맞추었다.

이런 실무단들은 나머지 작전부서들, 특히 실제로 결정을 내리는 인사들과 단절되어 있었다. 양쪽 방향으로 정보 흐름은 막혀 있었다. 어느 정도 지위가 있는 사람은 두 실무단의 회의에 참석했다가는 질책을 받았고, 고위직 인사들은 그런 회의에 참석하지 말라는 명령을 받았다. 일부러 외면한 상세한 분석에는 관심을 두지 말라는 것이다. 이런 조치들은 유별나 보인다. 아마 책임자들은 그 내용이 비관적이라는 것을 알기에 세세한 내용을 듣고 싶지 않았거나, 애당초 진지하게 살펴볼 생각이 없으면서 진지하게 문제를 다루는 양 보이기 위해 이런 사기극을 벌인 것일 수도 있다.

정말로 희한한 점은 영국에서도 똑같은 일이 벌어졌다는 것이다.[23] 토니 블레어 영국 총리는 전쟁 관련 주요 결정 사항을 내각의 아주 극소수로(자기 마음에 맞는 이들로) 이루어진 집단에게만 알리겠다고 고집했다. 언론에 정보가 새나갈 위험이 있다는 것이다. 의심스럽거나 비윤리적인 결정을 할 때 바로 그런 문제점을 예상하게 된다. 그러니 내부 조사를 피하고 우리끼리 하자. 소규모 집단에만 정보를 한정시키려 노력할 때, 집단 내의 정보는 줄어든다.

어쨌든 시작했으니 끝은 봐야 했다. 새 이라크를 '통치하는' 일을 맡은 첫 번째 인물인 제이 가너는 '이라크의 미래' 연구단의 책임자를 보좌관으로 임용하겠다고 요청했을 때, 정부의 최고위층으로부터 거부당했다. 이것은 별난 자해 사례다. 누군가를 미리 배제시키면서 자신과 남들에게 그 일을 여전히 속이는 것과 그의 지식을 절실히 필요로 할 때 스스로 심술궂게 그것을 부정하는 것은 전혀 다른 문제다. 먼저 자신의 눈을 멀게 한 뒤에, 목을 베는 것과 같다. 자기기만은 마약과 같아 보인다. 일단 시작하면 중단하기가 어렵다.

미국 정부는 두 가지 거짓말로 전쟁의 정당성을 대중에게 홍보하면서, 이라크에서 존재하지도 않는 대량 살상 무기를 찾고 사담 후세인과 오사마 빈 라덴 사이의 존재하지도 않는 관련성을 털어놓으라고 포로들을 고문하면서 최소한 6개월이라는 시간을 낭비했다. 정보 당국과 심문자들은 "무슨 수를 써서라도" 억류자들로부터 정보를 짜내라는 말을 들었고, 그러고도 빈손으로 돌아오자 더 강하게 몰아치라는 지시를 받았다. 물론 고문의 한 가지 확실한 특징은 희생자에게 고문자가 듣고자 원하는 것은 무엇이든지 말하고 싶은 욕구를 불러일으킨다는 것이다. 많은 이라크인들은 그 상황을 초현실적으로 묘사했다. 그들이 받은 첫 질문은 이러했다. "오사마 빈 라덴은 어디 있지?" 답은 이러했다. "내가 어떻게 알아? 나는 이라크에 있다고." 그 뒤로 관계는 악화되었다. 처음의 단순한 거짓말로부터 그런 익살극이 펼쳐질 수 있다니 터무니없어 보인다. 침략한 지 몇 개월 뒤, 사람들은 그 거짓말을 뒷받침할 증거를 만들어내라고 고문을 당하고 있었다. 그 거짓말은 이미 제 역할을 다했는데도 말이다.

폭격으로 전쟁에 이길 수 있을까?

전쟁은 어느 정도는 지속적인 기술 발전을 통해 추진되는 급속히 변화하는 현상이다. 그리고 기술 발달은 잘못된 방향으로의 변화를 놀라울 만큼 잘 따른다. 예를 들어 갑옷을 입힌 말을 탄 갑옷을 입은 기사가 발명된 탓에 유럽은 수백 년 동안 어리석기 그지없는 전략에 몰두하게 되었다. 보병은 기사를 쉽사리 이겼으니까.

제1차 세계대전은 (대강 말해서) 군대가 민간인을 보호하기 위해 희생된 마지막 주요 전쟁이었고, 전쟁에서 직접적으로 죽어가는 사람들의 대다수는 군인이었다(독감 대유행을 제외했을 때, 사망자는 군인이 1800만명 이상, 민간인은 500만 명). 제2차 세계대전에서는 이 양상이 뒤집혔고, 그 뒤로 죽 그 상태가 유지되었다. 제2차 세계대전을 꼼꼼히 조사한 추정 자료에 따르면, 군인은 적어도 1500만 명, 민간인은 4500만 명 이상이 사망했다.

이 변화의 핵심 요인은 민간인을 향한 대규모 공중 폭격이었다. 비록 연합국 측은 전술 폭격―군사적 표적과 주요 산업 지역―을 내세우면서 시작했지만, 전쟁이 끝날 무렵에는 군사적 가치가 있든 없든 도시마다 대규모 폭격을 가했다. 독일에서는 함부르크, 쾰른, 드레스덴이, 일본에서는 도쿄를 비롯한 거의 모든 주요 도시들이 폭격당했다. 도쿄에서는 풍속이 시속 80킬로미터를 넘는 밤에 온도가 1000도에 달하는 대규모 지옥을 만들기 위해 목조 주택이 대부분인 도시에 일부러 소이탄을 투하했고, 그 하룻밤의 대화재로 10만 명이 넘는 사람이 타 죽었다. 집중 폭격으로 총 60곳이 넘는 일본 도시가 파괴되었고, 히로시마와 나가사키를 비롯해 도시라고 할 만한 것은 거의 남지 않았다.

끈덕지게 남아서 놀라운 힘을 발휘하는 한 가지 오류는 전쟁이 공군력, 즉 살해하는 자와 살해당하는 자가 접촉할 일이 없이 비교적 안전한 공중에서 폭격을 하는 능력을 통해 이길 수 있다는 생각이다. 공중 폭격의 장점으로 열거되는 것은 많은데, 시민이 지도자에게 등을 돌리게 할 수 있다는 주장도 그중 하나다. 왜 쓸데없는 짓을 해서 폭격을 자초하냐고 말하면서 말이다. 제2차 세계대전과 그 이후에 틀렸음이 계속 입증되었음에도(일본에 가해진 핵 공격이 유일한 예외다), 이 오류에 정면으로 맞설 수 있는 사람은 아무도 없는 모양이다. 최근인 2006년에 이스라엘과 미국은 레바논 전역에 압도적인 폭격을 가하면, 국민들이 폭격의 빌미를 제공했다고 헤즈볼라에게 등을 돌릴 것이라고 상상했다. 사실 그 폭격은 약 1년 전에 구상되어 6개월 동안 이스라엘과 미국에서 워게임 훈련을 거친 결과물이었다. 으레 그렇듯이, 폭격은 정반대 효과를 일으켰다. 국민들은 똘똘 뭉쳐서 헤즈볼라를 지지했고, 헤즈볼라는 폭격이 진행되는 동안 전반적으로 최고 수준의 지원을 받았다.

미국의 입장에서 레바논 전쟁은 똑같은 불합리한 논리를 토대로 이란에 더 대규모 폭격을 가하기 위한 전주곡에 의미했다. 미국이 자국민들에게 대규모 폭격을 가하게끔 도발했다고 이란 국민들이 지도자들에게 맞서 봉기할 것이라고 상상하면서 말이다. 오히려 이란 국민들이 미국을 대량 학살자로 여길 수도 있다는 개념이 이 의사 결정자들의 머릿속에는 거의 들어오지 않은 듯하다. 그런 착각은 계속된다. 아프가니스탄에서는 미국이 공중 폭격으로 민간인들을 살해하는 것이 그 살인자의 적에게 동참하려는 움직임을 불러일으키고 있는 것일 수도 있다. 어느 언론의 머리기사(2009. 5. 17.)는 제목을 이렇게 뽑았다. "죽음은 위로부터, 분노는 아래로부터." 2009년 미국은 아프가니스탄에서 알카에다 일원으로 추정되는 14명을 죽이는 과정에서 민간인 700명이 희생되었다고 인정했다. 사망자 중 98퍼센트가 아무 죄 없는 이들이었다.

대규모 공중 폭격의 가장 인상적인 실패 사례 중 하나는 미국이 베트남에서 벌인 전쟁이었다. 그 전쟁은 민간인 수십만 명이 직접 살해당한 것을 논외로 친다고 해도 진정으로 끔찍한 결과를 빚어냈다. 미국은 베트남을 공격할 때, 전혀 무관한 이웃 나라였던 캄보디아에만 해도 1966~1973년에 걸쳐 10만 곳이 넘는 지역에 25만 회에 걸쳐 폭격 임무에 나서서 275만 톤이 넘는 폭탄을 투하했다. 즉 제2차 세계대전의 전 기간에 걸쳐, 원자폭탄 2발을 포함해 연합군이 독일과 일본에 투하한 폭탄 전부보다 많은 양이었다. 달리 표현하자면 약 2900일 동안 하루도 빠짐없이, 매일 100회 공격을 하면서, 매회 평균 거의 1000톤의 폭탄을 캄보디아에 떨어뜨린 셈이다. 어느 누구에게도 공격이나 위협을 가하지 않았던 작은 농업 국가에 그런 짓을 저질렀다.

폭격 지점 중 표적으로 삼지도, 아예 언급되지도 않았다는 의미에서 무차별적으로 이루어진 곳이 10퍼센트를 넘었다. 이런 참화를 일으킨 공식 목적이 무엇이었을까? 베트남군의 대피소가 될 만한 캄보디아 숲을 없애겠다는 것이었다. 폭격의 생존자들은 지옥을 보았다고 묘사한다. 번갯불이 내리꽂히듯이 대량의 폭탄이 쏟아지면서 나무든 사람이든 갈기갈기 찢어버리는 끔찍한 폭발을 일으켰고, 깊은 웅덩이와 공포에 질린 채 멍하니 비틀거리는 희생자들만이 남았다고 말이다. 희생자들은 말을 잊은 채 며칠 동안 충격에 빠져 있다가 다시 공격을 받고는 했다. 이 공격의 전체 규모는 2000년 클린턴 대통령이, 여전히 목숨과 팔다리를 앗아갈 수 있는 불발탄을 찾아내는 베트남과 캄보디아를 돕기 위해 (화해의 몸짓으로) 폭탄 투하량 자료를 공개함으로써 일반에게 알려졌다.

그리고 이 폭격은 캄보디아의 사회와 정치에 어떤 영향을 미쳤을까? 미국의 융단 폭격 덕분에 겨우 5년이라는 짧은 기간에 시골의 한 소규모 비주류 과격파인 크메르루주가 5000명에 불과한 엉성한 세력에서 25만 명의 잘 편제된 군대로 성장했다. 수도를 장악하자, 그 집단은 리처드 닉슨 대통령이 캄보디아에 융단 폭격 명령을 내리라는 명령을 전달할 때 헨리 키신저가 쓴 대량 학살 문구를 자국민을 향해 사실상 실현했다. "날아다니는 것은 뭐든지 총동원하여 움직이는 것을 뭐든지 쓸어버리시오." 그 결과 크메르루주는 2년도 안 되는 짧은 기간에 100만 명이 넘는 캄보디아인을 살육했다.

요즘 전쟁은 캄보디아 사회를 전면 파괴한 것과 같은 방식의 내부로부터의 색출 같은 의도하지 않고 예측도 못한 온갖 결과들을 빚어낸다. 색출을 자행하는 사회는 대개 색출당할까봐 두려워하는 주민들의 공포를 의도적으로 드러나지 않게 숨긴다. 어느 누구도 그 공포를 말하지 않으며, 어쨌거나 '우리는 전쟁 중이다'라는 심리 상태가 그 사회를 지배하면서, 그런 '부작용'에 관심을 갖지 못하게 막는다. 외부 세계와 훗날의 역사적 기억으로부터 진실을 숨기려는 노력도 이루어진다. 그럴수록 자국의 과거를 긍정적으로 보는 집단적인 거짓 견해를 유지하기가 더 수월해지기 때문이다. 그러니 미국은 1960~1970년대에 아시아인들을 마구 학살한 것이 아니다. 그저 세계 공산주의와 맞서 싸우면서 부수적인 피해를 좀 입혔을 뿐이다.

역사를 삭제하거나 강화하기 위한 폭격

폭격은 역사를 바꾸거나 강제하기 위해서도 쓸 수 있다. 역사 삭제가 얼마나 중요한지는 2006년 이스라엘이 레바논을 공격할 때 이루어진 두 차례의 폭격 작전이 잘 보여준다. 첫 번째 폭격은 이스라엘 국경 근처의 키얌 감옥을 없앴다. 이 감옥은 군사적 가치가 전혀 없었고, 폭격 당시에 지상에서 로켓 한 발도 발사되지 않았으며, 그 안에 폭격으로 벌벌 떨 민간인도 전혀 없었다. 그렇다고 실수로 폭격한 것은 아니었다. 그것은 그 감옥을 세상에서 지워버리기 위해 철저히 계획된 공습이었고, 실제로 지워졌다.

그 감옥은 사실 박물관이었다. 1990년대에 이스라엘 점령군이 협조하지 않는 레바논 남부의 주민들을 가둔 곳이었다. 나는 전쟁이 일어나기 6개월 전에 그곳을 들른 적이 있다. 안내인 두 명이 있을 뿐, 텅 비어 있었다. 벽에 걸린 안내판에는 여성은 2주마다 한 차례 15분 동안 목욕이 허용되었고, 남성은 한 달에 한 번이었다고 적혀 있었다. 그리고 예전에 미국에서 전기를 이용해 사형을 집행하던 곳과 좀 비슷한 고문실이 있었다. 노암 촘스키는 그런 의자에 앉은 사진을 찍은 바 있다. 그리고 바로 그것이 핵심이다. 이스라엘은 그 감옥이 생생하게 기억을 환기시켰기에 파괴했다. 과거를 없애고 미래에 거짓 서사를 꾸며내기가 더 수월해지도록 말이다.

두 번째 공습은 1996년 카나 대학살이 일어난 곳에 세워진 또 다른 박물관을 표적으로 삼았다. 이 대학살은 이스라엘이 이웃한 레바논 북부에 주기적인 공격을 할 때 일어났다. 나중에 확실히 드러났다시피, 이스라엘이 쏜 포탄은 공중에 뜬 무인 정찰기로부터 핵심 정보를 받아서 의도한 표적인 UN 대피소를 타격했다.[24] 남자들은 대개 다른 곳에 있었지만, 대피소 안은 일반 폭격을 피해 피신한 여자와 아이로 가득 차 있었다. UN에 따르면 대피소 안에 있던 사람 중 106명이 몰살당했다. 여자와 아이가 대부분이었다. 희생자 중 상당수는 그곳에 묻혔고 그 끔찍한 사건을 말해주는 사진과 물품을 전시할 박물관이 세워졌다. 끔찍하게 탄 시신, 찢겨나간 몸, 사방에 널린 핏자국을 찍은 사진들은 보호를 해주겠다는 UN의 밑으로 들어가서 웅크리고 있던 사람들의 가여운 잔해들을 담고 있었다. (탁 트인 곳에서 널리 퍼져 있는 편이 더 나았을 것이다. 공격하기 쉬운 대상이 더 많았다면 살아남았을 것이다.) 하지만 이스라엘은 왜 굳이 그 박물관을 겨냥해, 죽은 사람들에게 다시 폭격을 가한 것일까? 희생자들을 영구히 살해하기 위해서다. 그들의 기억이 되살아나 시달림을 받거나 고발당하는 일이 없도록 말이다. 다시 폭격을 가해서 역사를 고쳐 쓰겠다는 것이다.

또 2006년에 집단 기억에 전혀 다른 효과를 미칠 의도로 유별난 ― 몹시 추한― 폭격이 이루어졌다. 이스라엘군이 다시 카나에서 잔학 행위를 자행한 것이다.[25] 이번에도 어린 생명들이 사라졌다. 이스라엘군은 공중에 띄운 무인 정찰기를 통해 카나 거주자들의 동태를 꼼꼼히 추적했다. 주민들은 고향이 연달아 파괴됨에 따라 점점 더 하나로 뭉칠 수밖에 없었다. 아이들은 낮에 밖에서 놀았기 때문에 무인 정찰기에 쉽게 발각되었다. 그러던 어느 날 밤, 이스라엘군이 마지막으로 남은 집을 공격했다. 안에 있던 아이 54명 중에 24명이 사망했다. 오래된 상처에 일부러 소금을 뿌리는 짓이나 다름없었다. 여기서 이스라엘은 1996년의 역사와 관련해 상반되는 행동을 했다. 외부 세계를 염두에 둘 때는 잔학 행위의 직접적인 물리적 증거를 파괴하고 싶어 하지만, 해당 지역의 아랍인들을 대할 때는 1996년의 끔찍한 기억을 강화하고자 한다. 마치 이렇게 말하듯이. "우리는 마음만 먹으면 너희를 처참하게 살해할 수 있다. 언제 어디에서든 간에. 그런 뒤에 모든 것을 부정하고 방금 너희에게 했던 짓을 외부인의 마음에서 지울 것이다."

가자의 대학살

단순한 방관자인 나로서는 경악할 만한 폭력 행위가 벌어졌다. 2008년 12월 27일 토요일 오전 11시, 거리가 사람들로 붐비고 경찰 간부 후보생 졸업식이 진행되고 있을 때, 이스라엘이 가자 사람들을 공격했다. 20분 사이에 거의 200명에 달하는 사람들이 목숨을 잃었다. 경관이 되고자 하는 젊은이도 많이 포함되어 있었다. 공격은 크리스마스 이틀 뒤, 봉헌절의 마지막 날, 새해가 오기 며칠 전에 이루어졌다는 의미에서 탁월한 계획이었다. 이스라엘이 오랫동안 계획한 야만적인 공격을 이 시점에 시작하리라는 것을 누가 과연 상상이라도 했겠는가? 이스라엘에서 최대 부수를 자랑하는 신문은 이 공격을 "천재의 타격"이라고 했다. "뜻밖의 기습이라는 요소가 사망자 수를 늘렸기" 때문이라는 것이다. 그저 시기를 잘 맞추었을 뿐인 악행에 '천재'라는 단어를 쓰다니 기묘해 보인다. 또 한 평론가는 앞서 미국이 이라크 전쟁을 두고 한 자화자찬을 떠올리게 했다. "우리는 그들을 충격과 두려움에 빠뜨렸다." 이런 표현도 있었다. "이스라엘은 하마스에게 통렬한 응징을 가할 수 있고 그래야 한다. 그들의 의식을 바짝 태워버리고(그렇다, 바짝 태운다) 그들이 다시 발포하기에 앞서 망설이게 만들어야 한다."[26]

미국의 논설위원들과 평론가들은 앞 다투어 이스라엘을 옹호했다.

단 하루 동안(2009. 1. 4.) 나온 논평들을 모아보자. 미국 텔레비전에서 유명 인사들이 이스라엘의 야만적인 공격을 정당화하면서 한 말이다. 주지사 세 명, 상원의원 한 명, 신문 칼럼니스트 한 명이 한 이야기다. "나는 먼저 미사일 공격을 받았기에 이스라엘이 적절한 반응을 한 것이라고 봅니다." "캐나다 밴쿠버에서 날아온 미사일이 시애틀에 떨어진다면 무엇을 해야 할지 미국인은 다 알 겁니다." "미사일이 쿠바에서 플로리다 남부로 날아오고 있다면 우리가 대응하지 않으리라고는 상상할 수도 없겠지요." "이스라엘은 군사 행동을 취하는 것밖에 선택의 여지가 없어요." "이스라엘은 자국민을 지키기 위해 유일하게 할 수 있는 행동을 하는 겁니다."[27] 하지만 이렇게 묻는 편이 훨씬 더 정확할 것이다. 밴쿠버가 시애틀에 경제적 제재를 가하고, 도시 지도자들을 정기적으로 암살하고 납치하며, 마음 내키는 대로 민간인을 살해한다면, 시애틀에서 원시적인 로켓이라도 —표적을 정확히 맞출 수 없는— 쏘는 것이 적절한 대응이라고 생각하지 않겠는가? 그리고 그런 엉성한 로켓에 대응한답시고, 밴쿠버가 시애틀을 폭격하고 침략하여 여성과 아이 할 것 없이 민간인 수백 명을 살해하는 끔찍한 일이 벌어진다면, 우리는 뭐라고 할까? 객관적인 관찰자라면 그 공격이 밴쿠버가 자신을 방어하기 위한 유일한 대안이었다는 주장에 신뢰를 보낼까?

당신이 현실과 반대되는 말을 한다면, 다른 많은 사람들이 반대되는 생각을 하도록 기여하게 된다. 그러면 다른 목소리들은 배제되고 같은 주장만이 되풀이됨으로써 그 말이 더 설득력 있게 들린다. 미국 언론의 평론가 대다수와 정치가들이 거의 의구동성으로 이스라엘의 대규모 테러를 지지한다는 것이 나는 기가 막힌다. 그것은 잘 만든 거짓 역사 서사가 한 집단 전체를 어떻게 옥죌 수 있는지를 보여주는 증거다. 어쨌거나 이스라엘이 동등한 조건이었다면 이웃에 결코 하지 못했을 짓을 저지를 수 있는 것은, 세계 최고의 군사력을 자랑하는 나라가 이스라엘을 전폭적으로 지원하고 있기 때문이다. 여기서 거짓 역사 서사는 이웃을 향한 가증스러운 공격을 도덕적이며 칭찬을 받을 일로 만들 만큼 강력한 힘을 발휘한다. 증오심으로 가득한 테러리스트인 팔레스타인인, 골수 반유대주의자들에게는 정기적으로 응징을 가할 필요가 있다고 말이다.

그 만행은 17일 동안 계속되었고, 유엔 사무소, 구급차, 모스크, 기반 시설, 건물을 비우라는 명령을 따르던 민간인, 청소년과 유아 등등에 이스라엘이 익히 저지른다고 알려진 온갖 공격이 이루어졌다.[28] 이스라엘은 으레 그렇듯이 부인했지만, 민간인을 향해 고의적으로 수많은 공격이 이루어졌음이 사찰을 통해 명백히 드러났다. 거짓말로 시작해 거짓말로 끝난 전쟁이었다. 사실 그것은 전쟁이 아니었다. 어느 모로 보나 대학살에 더 가까웠다. 한 관찰자가 적절히 표현했듯이 "통에 담긴 물고기를 쏘는 것"과 다름없었다.

그것이 이른바 테러 단체인 하마스를 정밀 타격하기 위한 것이었다면, 누군가가 군인들에게 그 말을 하는 것을 잊은 것이 분명하다.[29] 집에 들어가서 거주자와 이웃들을 죽이고 쑥대밭으로 만든 뒤에 떠나면서 군인들이 남긴 낙서는 이스라엘 정부 대변인들의 말보다 더 정직했다. "아랍 녀석들은 죽어야 해." "모조리 죽이자." "평화가 아니라 전쟁을." "1명 사살, 99만 9999명 남았음." 그리고 묘비를 그리고 그 위에 이렇게 쓴 글도 있었다. "아랍 1948~2009." 헤즈볼라와 마찬가지로 하마스도 가공의 적, 아니 적어도 악마화시킨 적이었다. 전반적인 목적은 겁을 주어서, 사실상 공포에 떨게 하여 적을 굴복시키는 것이다.

또 누군가 군인들에게 나중에 살육에 관한 진실을 떠들지 말라고 말하는 것을 잊은 모양이다. 이스라엘 쪽에서 나온 증언만으로도 우리는 진격을 엄호하기 위해 대규모 화력을 쏟아부었고, 건물에 사람이 사는지 여부에 상관없이 대규모로 화력을 퍼부어 계속 파괴하면서 거주 지역을 체계적으로 폐허로 만들었고, 팔레스타인인을 인간 방패로 삼았고, 치명적인 백린을 사용했고, "움직이는 것은 모조리 사격하라……. 거기에 쥐새끼 한 마리도 있어서는 안 된다. 뭐든지 움직이는 기미가 보이기만 하면 쏴라."라는 교전 수칙이 있었다는 사실을 안다. 이런 교전 규칙들은 전투원이 아니라 모든 사람을 대상으로 한 것이었다.

종군 랍비는 군대가 냉혹한 정신 상태를 유지하도록 격려하는 일에 몰두했다. "팔레스타인인은 옛날의 필리스틴 사람옛날에 팔레스타인 남부 지역에 살던. 유대인의 적_옮긴이과 같으며, 본래 그 땅에 속하지 않은 새로 들어온 자들이며, 우리에게 돌아와야 할 땅을 차지한 이방인들"이기 때문이라는 것이었다. 노예제를 둘러싸고 벌어진 미국의 남북전쟁 때 양편에서 열렬하게 외치던 성직자들, 그 밖의 수많은 전쟁들을 지원하기 위해 떨쳐 일어난 성직자들도 다르지 않았다. 여기서는 고대의 집단 학살 논리가 현재의 학살을 정당화하는 데 동원되고 있다. 물론 이스라엘 군부는 으레 쓰는 핑계를 대고 있었다. 자신들의 행동이 '타협할 수 없는 윤리적 가치'에서 우러나온 것이라는 주장이었다. 그 말은 분명히 옳지만, 그것이 과연 단순한 가치일까 아니면 전적으로 이스라엘을 위한 가치일까? 무고한 사람들을 마구 학살하면서도 이스라엘은 "무관한 민간인이 해를 입지 않도록 하면서 테러리스트에게만 발포하는 데 엄청난 노력을 쏟고 있다."라고 했다. 하지만 실상은 정반대였다.

공격은 뻔한 거짓 핑계를 대면서 이루어졌다.[30] 하마스와 이스라엘은 6개월 간 휴전을 하기로 합의한 바 있었다. 그 기간에 이스라엘을 향한 로켓 공격(유도 신호를 이용하지 않는 원시적인 무기로서 앞서 7년 동안 이 로켓 공격으로 사망한 이스라엘인은 총 17명이었다)은 97퍼센트가 줄었고, 나머지 극소수의 공격은 하마스의 통제 범위를 벗어난 것이었다. 협정을 깬 쪽은 이스라엘이었다. 처음에는 가자 진출입을 개방한다는 요구 조건을 받아들이지 않음으로써였다. 사실 이스라엘은 오히려 가자 봉쇄를 서서히 더 강화했다. 그러다가 11월 4일에 휴전 협정을 어기고 이스라엘군은 가자로 진격해 이른바 하마스 군인이라고 하면서 6명을 살해했다. 다음 날 이스라엘은 그나마 찔끔찔끔 이루어지던 가자로의 물품 반입량을 10분의 1로 줄였다. 하마스는 이 일방적인 '휴전'을 갱신하지 않음으로써 대응했다. 그러자 이스라엘은 오랫동안 계획한 기습을 감행해 3주 만에 팔레스타인인 약 1400명을 살해했다. 앞서 5년 동안 살해한 사람 수와 거의 맞먹었다. 사망자는 대부분 민간인이었고, 여성과 아이가 절반을 넘었다. 그 작전의 주된 역할이 이웃한 아랍인들을 공포에 질리게 하는 것이었음은 이번에도 의심할 여지가 없다. 이스라엘인은 13명만이 사망했다. 사망자 비율이 100:1이었다.

기습을 개시하면서 경찰 간부 후보생들을 야만적으로 공격한 것은 특히 역설적이었다. 하마스가 민주 선거를 통해 정권을 잡은 뒤 이룬 상징적인 성과 중 하나가 살인, 강도, 강간을 비롯한 만연했던 거리 범죄를 크게 줄인 것이기 때문이었다. 하지만 시오니스트들이 한껏 살육을 벌일 때, 아랍인들에게는 스스로를 보호할 경찰력조차 허용되지 않는다. 대신에 아랍인들은 무구한 감옥 교도관인 이스라엘인들을 괴롭힐 생각을 하는 구제 불능의 테러리스트로 비친다.

가자 공격의 놀라운 점은 세계의 대부분이 그 공격을 보는 관점이 — 내가 방금 공정하게 요약한 설명— 이스라엘과 미국이 믿는 판본과 전혀 다르다는 것이다. 미국은 자신의 보호국인 이스라엘이 저지르는 무도한 행위를 대체 왜 그렇게 철저히 못 본 척하고 있는 것일까? 나는 핵심 요소가 기독교, 유대교, 미국 예외주의를 연결하는 거짓 역사 서사, 즉 기독교 시오니즘이라고 믿는다(10장 참조). 다행히도 가자 작전의 지나친 행위들은 한 저명한 유대인계 미국인 비평가의 전반적인 혐오감을 불러일으키기에 충분했던 듯하다. 그는 이스라엘의 행동을 그 주제를 다룬 새 책의 제목으로 삼았다. 『이번에는 너무했다 This Time We Went Too Far』.

마찬가지로 미국 유대인 공동체에서도 그 서사의 한 가지 변화를 환영하는 징후가 보인다. 수도 워싱턴의 J 스트리트, 로스앤젤레스의 '평화를 위한 유대인들 Jews-4-Peace', 미국 대학들에 널리 퍼져 있는 '팔레스타인에서의 정의' 등등 수많은 단체들에서 기존 양식의 주장—이스라엘이 말하는 것은 뭐든 옳고 딴 말을 하는 사람은 모두 반유대주의자라는—에 혐오감을 드러내는 모습이 보인다. 비록 더 드물긴 하지만 이스라엘의 단체들에서도 비슷한 움직임이 있다.

자기기만과 전쟁의 역사

한 가지 의미에서, 이스라엘의 가자 공격은 충격적인 폭력 행위였다. 다른 의미에서 보면, 그것은 약 500만 년 전 침팬지와 마찬가지로 우리 조상들이 이웃 집단의 구성원을 주기적으로 살해하기 시작했던 시대까지 거슬러 올라가는 냉혹한 집단 간 살인과 전쟁의 최근 사례에 불과할 뿐이다. 즉 한 집단 내 행동의 기준에 따르면 그 공격은 충격적이고 냉혹하고 잔인했지만, 집단 사이의 행동 기준에 따르면 그것은 으레 있는 일이었다. 우리 모두 그렇게 해왔다. 기독교인, 유대인, 무슬림, 힌두교도, 물활론자, 무신론자 할 것 없이. 수단에서는 수천 명씩, 콩고에서는 수백만 명이 강간당하고 살해당한다.[31] 지구의 구석구석에서 모든 민족 집단들은 이 고대의 습성에 탐닉하는 듯하다.

물론 우리는 침팬지의 시대 이래로 엄청나게 발전했다. 기술 수준, 사건의 규모만이 아니라, 공격에 앞서(계획과 협력을 가능하게 하는) 그리고 이후에(합리화를 가능하게 하는) 언어를 사용한다는 점에서 말이다. 후자는 구경꾼, 즉 공격을 목격하거나 그 사실을 들어 알게 될지 모를 우리 종의 나머지 구성원들에게 특히 중요하지만, 최근 전쟁의 또 한 가지 새로운 특징인 자기기만도 언어에 의존한다.

침팬지는 언어 자기기만이라는 이 문제에 직면하지도 않으며, 침팬지 전쟁에는 언어라는 요소가 전혀 관여하지 않는 듯하다. 사실 의사소통 체계가 있는지조차 알기 어렵다. 비록 있다는 점은 확실하지만. 침팬지 수컷들이 전쟁을 하기 위해 어떤 신호를 주고받는지 검출한 사람은 아무도 없다. 우리가 아는 한, 그들은 전쟁을 벌이려 할 때 갑작스럽게 서로를 쳐다보기 시작하는 행동을 하는 것도 아니고, 이웃을 공격하기 전 일반적인 사전 행위에 해당하는 영토 순찰을 시작하기에 앞서 다른 어떤 의사소통을 하는 것도 아니다. 자발적으로 함께 행동에 나서거나 이웃 영토의 소리나 냄새에 반응해 그렇게 하는 것일 수도 있다. 경계 순찰을 할 때, 수컷들은 조용하다. 그들은 단체로 멈추고 냄새 맡고 귀를 기울이며, 계속 경계 상태를 유지한다. 때로 이웃 영토 깊숙이 들어가기도 하는데, 그럴 때 그들이 신호나 수단으로 무엇을 쓰는지 우리는 전혀 모른다. 사후에 단체 토론과 비슷한 무언가를 하는 모습을 본 사람도 전혀 없으므로 ― 외부 관찰자 앞에서 자신의 행동을 정당화할 필요가 전혀 없을 것이 분명하기에 ― 침팬지 전쟁에서는 시작할 때부터 끝날 때까지 언어 요소가 철저히 배제되어 있는 듯하며, 어떤 방식으로 서로 동조하여 협력하는지 우리는 전혀 모른다.

대조적으로 이스라엘이 가자를 공격한 뒤에 벌어진 상반되는 주장들을 생각해보라. 한쪽 극단에서는 공격이 테러 집단을 향한 것이고 그것을 비판하는 자들은 히틀러가 보인 유대인 혐오의 최신판이라고 철저히 자신을 정당화하며, 다른 쪽 극단에서는 공격이 이스라엘 자신이 저지른 인종 청소로부터 살아남은 이들을 향한 테러 공격이었다고 말한다. 따라서 과거를 생생하면서도 상세하게 표현하고 논의하고 기억하게 해주는 언어는 과거를 윤색하거나 부정할 엄청난 기회를 현재와 미래의 모두에게 추가로 제공한다. 아마 언어의 측면 중에 전쟁에 가장 강력한 힘을 발휘하는 것은 종교가 아닐까. 다음 장에서 다루기로 하자.

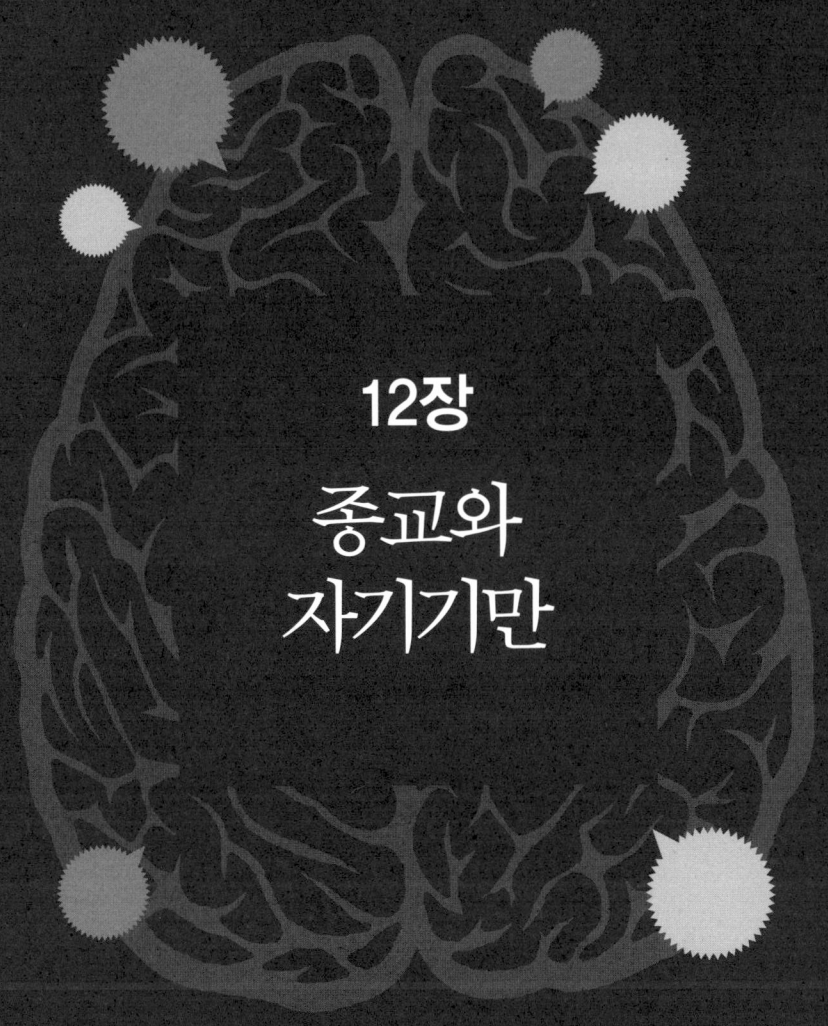

12장

종교와 자기기만

여기 모든 것을 포괄하는 결정적인 자기기만이 있다. 우리가 무엇이 선인지를 판단하는 척도이며, 우리가 최선을 대변하며, 우리의 것이 진정한 종교이며, 신자로서의 우리는 주위 사람들보다 우월하다. (우리는 '구원받은' 반면, 그들은 그렇지 못하다.) 우리 종교는 세계를 사랑하고 걱정하는 종교이며, 우리 신은 말 그대로 신이므로, 신의 이름으로 이루어지는 우리 행동은 결코 악할 수 없다.

이 주제를 책 한 권으로 쓸 수 있을까? 그렇지 않다. 12권짜리 논총이 필요하다. 종교는 심오하면서 복잡한 주제이며, 종교와 기만 및 자기기만의 상호작용도 그렇다. 종교는 물활론자에서 일신론자, 비신론자, 무신론자에 이르기까지, 그리고 기독교에서 힌두교, 불교, 무슬림, 유대교에 이르기까지 다양하며, 각각은 다시 여러 분파로 나뉜다. 여기서 나는 그저 종교를 선호하는 주요 생물학적 힘 중 몇 가지와 종교가 기만과 자기기만을 부추길 수 있는 중요한 방식 몇 가지를 개괄할 수 있기만을 바랄 뿐이다. 이 장의 내용은 매우 잠정적이며, 내 자신의 한정된 지식 쪽으로 심하게 편향되어 있다. 즉 다신론이나 동양의 위대한 종교들이 아니라 서양의 일신론적 종교, 주로 기독교에 말이다. 그렇긴 해도 나는 종교와 자기기만이 중요한 방식으로 상호작용을 하고 더 중요한 발전을 이루기 위해 상대를 유인할 수 있음을 보여주고 싶다.

일부 사람들은 종교 자체를 완전한 자기기만이라고 생각한다. 그 자체가 헛소리고, 사실에 반하며, 극단적으로 말해서 안 좋은 부작용 외에는 아무것도 없다는 것이다. 이 견해에 따르면 종교라는 것 전체가 애당초 자기기만이기에, 종교는 잘 발달한 자기기만 체계로서 연구해야 한다. 종교가 그런 체계라는 것은 분명하지만 과연 그렇기만 한 것일까? 그 말이 사실일 수도 있지만, 이 견해를 내세우는 이들은 이 병폐가 자기기만만으로 지금까지 어떻게 퍼질 수 있었는지 -모든 문화와 그 문화에 속한 거의 모든 인류에게로- 아무런 이론도 갖고 있지 않다.

또 일부에서는 종교가 하나의 비유라고 생각한다.[1] 종교는 바이러스성 밈meme이라는 것이다. 즉 한 집단을 쉽게 무릎 꿇릴 수 있는 진짜 바이러스는 아니지만, 바이러스처럼 전파되면서 그 신념 체계를 지닌 사람들에게 해를 입히는 사유 체계라고 본다. 그것이 부정적인 영향을 끼침에도, 이 공진화하지 않는 비생물체의 전파를 억제할 수 있을 만큼의 선택압은 일어나지 않는다. 이 견해는 종교의 진화론을 떠받칠 토대로 삼기에는 미진하며, 현재 종교들의 수명에 관해 지나친 낙관주의를 초래하기 쉽다. 예를 들어 밈 중심의 견해를 옹호하는 어떤 이가 한 말을 인용해보자. "나는 종교의 강력한 신비한 분위기가 사라지는 것을 내 생전에 보게 될 것이라고 예상한다. 25년쯤 지나면 거의 모든 종교가 전혀 다른 현상으로 진화할 것이며, 대부분의 영역에서 종교는 더 이상 지금과 같은 경외심을 불러일으키지 않을 것이다."[2] 그러나 나는 25년 뒤에도 진화생물학자들과 철학자들이 그 시기의 주류 종교 집단들을 피해 지낼 가능성이 더 높다고 본다(비록 가장 높다고는 보지 않지만). 50년 뒤에도 자기 발가락을 찧었을 때 "찰스 다윈, 찰스 H. 다윈,

너무 아파!"라고 말할 사람은 아무도 없겠지만, "하나님, 맙소사, 너무 아파!"라고 말할 사람은 여전히 있을 것이다.

그런 한편으로 많은 사람들은 종교가 전능한 신에게서 받은 진리, 아니 더 정확히 말하면 자신의 종교가 진리라고 믿는다. 일부는 경전―토라, 성경, 쿠란―에 실린 단어가 모두 진리라고 믿는다. 때로는 글자 그대로의 진리라고 보는 이들도 있다. 그들의 견해는 바이러스성 밈 이야기와 마찬가지로 거의 지지를 못 받고 있으며, 언뜻 볼 때 자기 정당화의 심한 형태나 다를 바 없다. 자신의 종교가 신의 진리라면, 경쟁 관계에 있는 종교들은 반진리, 즉 악마의 작품, 궁극적 표적이라고 여겨지고는 한다. 따라서 우리는 두 가지 아주 극단적인 종교관에서 시작한다. 진리는 아마 둘 사이의 어딘가에 있겠지만, 정확히 어디고 왜 거기일까?

우선 우리는 종교 진술의 진릿값을 그것을 믿음으로써 얻을 가능성이 있는 혜택과 구분할 필요가 있으며, 마찬가지로 종교 의식에 참가하는 행위를 그것에 갖다 붙이는 진릿값과 구분해야 한다. 그런 뒤에 특정한 믿음의 의미와 기능을 평가할 수 있도록 믿음과 행동을 더 세밀한 방법으로 분석해야 한다. 내가 보기에 종교 내에서는 일반적인 진리와 개인적 또는 집단적 거짓 사이에 내면의 투쟁이 종종 벌어지고 있다. 즉 자기기만은 종교의 핵심도 심오한 진리도 아니지만, 자기기만과 그 둘의 혼합물은 때로 진리를 압도한다.

종교는 외부인과의 협력을 줄이는 대가를 치르면서 종교 내의 협력을 증진시키는 경향이 있다.[3] 때로 여기에 거짓 역사 서사와 집단이 공유하는 자기기만이 동반되기도 한다. "우리는 선택된 사람들 혹은 창조 당시에 나온 원래의 사람들, 신의 편애[혹은 무엇이든 간에]를 이끌어내는 믿음[예수의 신성을 믿는 것 같은]을 지닌 사람들이다." 요컨대 종교는 내집단/외집단 편향의 주형 역할을 하고는 한다. 종교가 내집단 협력을 부추기는 한 많은 혜택이 따라올 수 있지만, 외집단을 공격할 때의 내집단 협력을 부추긴다면 협력을 대가로 남에게 해를 끼치고 실패하면(전쟁을 벌일 때 질 확률은 거의 절반이다) 자신에게 해를 끼친다.

그런 한편으로 종교는 합리적인 사고가 구축한 거의 모든 속박들을 제거함으로써 자기기만을 빚어내기에 알맞은 특징들도 지닌다. 종교가 내세우는 보편 진리 체계는 대개 그것을 믿는 신자를 특별한 지위에 올려놓는다. 온갖 기기묘묘한 것들을 쉽게 상상할 수 있게 하고, '믿음'이 이성을 대신하도록 허용한다.

종교는 건강 및 질병과 복잡한 관계를 맺고 있다. 한편으로는 건강이 종교적 행동과 믿음을 선호하는 주된 선택 요인일 수 있다. 종교는 종종 건강한 행동을 하라고 설교할 뿐 아니라, 종교 신앙과 모임이 개인의 생존, 면역 기능, 건강을 증진시킨다는 증거도 있다. 종교와 구애 때 흔히 듣는 음악도 면역계에 긍정적인 효과가 있다. 의술은 본래 종교에 속했고, 의술과 종교 모두 적어도 집단의 일부에게 강한 플라세보 효과를 제공한다.

지구 전체에서 종교 다양성의 수준(단위 면적당 종교의 수)을 기생생물 부하(대강 기생생물 감염에 따른 사망률)의 함수로서 살펴보면, 질병과 종교 사이에 전혀 예상하지 못했던 연관성이 있음이 드러난다. 기생생물이 많을 때 단위 면적당 종교(그리고 언어)의 수가 훨씬 더 많다. 종교의 분열은 자민족중심주의 및 민족의 분화와도 자연히 연관을 맺고 있기 때문에, 기생생물이 많을수록 시간이 흐르면서 인류 집단은 분화를 거듭하고, 그에 따라 종교도 분화하면서 종교의 보편적인 진리라고 여겨지던 것의 지위는 격하될 것이므로, 기생생물은 내집단 기만 및 자기기만과 긍정적인 관계에 있다고 예상할 수 있다. 이 말은 다신교에 특히 들어맞을지도 모르지만, 일신론에는 세계 정복 및 하나의 지배적인 신과 관련된 추가적인 자기기만의 힘들이 따라붙었다.

마지막으로 기도와 명상의 역할, 자기기만에 맞서는 특정한 가르침, 종교적 헌신의 사회적인 측면과 내면적인 측면의 차이를 살펴보기로 하자.

집단 내 협력

논리적으로 종교는 집단 구성원의 이타적이고 협력적인 행동—잠재적인 혜택이 명백한—을 증진시켜야 하지만, 그러면서 비구성원을 향해서는 그런 행동을 줄이고 더 나아가 노골적인 공격과 살인을 할 수도 있다. 즉 이웃 집단을 향한 적대감의 증가는 집단 내 편향을 강화할 수 있다(그 역도 마찬가지다). 이것은 안쪽과 바깥쪽을 향한 종교의 양날의 칼이다. 다시 말해, 종교는 구성원에게 자기 자신을 대하듯이 이웃을 대하라고 장려하면서도, 경전에서 명령하는 대로 모든 불신자와 외부인을 남녀노소 가릴 것 없이 마지막 한 사람까지 살육하라고 촉구한다. 극단적일 때 일부 종교는 내집단 사랑과 외집단 대량 학살적 증오를 부추긴다.

일부 종교의 신자들은 신이 자신의 모든 행동을 지켜보고 평가한다고 상상한다. 우리는 신의 평가에 대한 관심이 신자의 협력 성향에 뚜렷한 영향을 미칠 것이라고 예상할 수 있다. 한 연구는 컴퓨터 화면에 조그맣게 한 쌍의 눈처럼 생긴 것이 떠 있기만 해도, 익명의 경제 게임에서 무의식적으로 협력 행동이 조장될 수 있음을 보여준다.[4] 지켜보고 심판하는 신(신들)이 있음을 의식하는 것도 비슷한 효과를 빚어낼 수 있다. 실제로 문장 만들기 게임에서 '최고 신'이라는 단어를 숨겨두면, 세속적인 징벌의 최고 기관들을 가리키는 단어들(경찰, 법원 등등)이 하는 것과 거의 같은 수준으로 협력 성향이 증가한다.[5] 신의 심판에 대한 두려움이 남을 향한 도덕적 행동을 더 부추기는 한, 그것은 이따금 우리의 이기적 행동을 단념시키는 대신에 그런 이기적 행동이 간파당하고 역공을 받아서 더 큰 대가를 치르지 않도록 막는 장치로 볼 수 있다. 혹은 우리에게 겁을 주어 집단 지향적인 태도를 취하게 하는, 남들이 가하는 일종의 강요된 자기기만이라고 볼 수도 있다.[6]

자연에서 작용하는 힘을 찾아내는 경향은 자연의 통상적인 한계를 초월하는 초자연적인 행위자가 있다는 믿음을 뒷받침하는 인지 주형을 제공할 가능성이 높다. 이렇게 지켜보고 감시하고 인간의 행동에 반응하는 신은 일부 종교에서만 있으므로, 그런 종교가 무엇이며 그런 신을 상정하는 이유는 무엇인지를 아는 것이 가장 흥미로울 것이다. 이것이 어느 정도는 내집단 협력을 도모하는 수단이 아닐까?

비록 자주 기도를 하고 예배에 참석하는 기독교인들이 이타적 행동—기부와 자원 봉사 같은—을 더 많이 한다고 자신 있게 말하긴 하지만, 그런 행동 중 얼마만큼이 그 종교 집단 내에서만 적용되는지, 아니 실제로 그런 행동이 일어나는지조차 불확실하다. 이것은 종교성을 측정한 다양한 연구 결과들이 종교성이 강할수록 자기 자신에 대해 더 거짓말을 한다는 점을 반복해 보여주고, 그것은 종교가 명백히 자기기만적 효과를 일으킨다는 것을 시사하기 때문이다.[7] 즉 종교성이 강하면 그렇지 않을 때보다 자기 자신을 더 좋게 생각한다. 이슬람교에서는 가난한 자를 돕는 것이 의무지만 돕는 정도에 차이가 있는 것은 분명하고, 그런 차이가 무엇과 상관관계가 있는지를 알아내는 것은 가장 흥미로운 일이 될 것이다.

종교가 협력에 미치는 효과 중 한 가지 흥미로운 사실은 작은 종교 단체—'종파'—를 작은 비종교 공동체와 비교하면 알 수 있다. 종교 단체는 세속적인 단체보다 더 오래가는 놀라운 경향을 보인다(적어도 미국에서는).[8] 종파가 세속적인 단체보다 다음 해에 살아남을 가능성이 네 배 더 높다. 따라서 종교는 그것을 토대로 모인 단체를 비종교적인 주제를 토대로 뭉친 단체보다 존속시킬 가능성을 더 높이는 일종의 사회적 접착제를 제공한다. 단결력 있고 상호부조하는 단체에 소속되어 살면 면역계에도 혜택이 있을 것이라고 예상할 수 있다. 위기 상황에서 덜 고립되고 남들의 자원을 이용할 가능성이 더 높기 때문이다. 앞서 살펴보았듯이, 플라세보 효과는 어느 정도는 남들이 돌봐줄 것이라고 기대하는 데서 나온다.

두 공동체의 또 하나 흥미로운 차이점은 공동체 구성원에게 부과되는 요구 사항(음식, 담배, 의복, 머리 모양, 섹스, 외부인과의 의사소통, 단식, 상호 비판 등등)이 더 비용이 많이 드는 것일수록 종교 공동체의 존속 기간은 더 길어지는 반면, 비종교 단체에서는 비용과 존속 사이에 아무런 관계가 없다는 점이다. 이 점은 두 가지의 의문을 불러일으킨다. 비용이 왜 공동체 존속과 긍정적인 관계를 맺으며, 그것이 왜 종교 공동체에만 적용될까? 인지 부조화 이론에 따르면, 합리화하는 데 드는 비용이 더 많을수록 더 심한 자기기만을 빚어낸다고 한다.[9] 이 사례에서는 집단의 동질성과 유대감을 강화하는 방향으로 자기기만이 일어나는 것이다. 그런데 왜 종교가 세속적인 공동체보다 이 과정이 진행될 비옥한 토양을 제공하는 것일까? 아마 종교가 믿음과 행동을 정당화할 훨씬 더 포괄적인 논리를 제공하기 때문일 것이다. 종교 공동체에서 남성이 기도회에 참여하는 정도는 경제 게임 실험에서 얼마나 사회성을 보일지를 예측하는 지표가 된다.

종교: 자기기만의 비결

종교가 머리부터 발끝까지 철두철미하게 자기기만에 몰두한다는 것이 불가능해 보일지라도, 그것이 이론적으로 가능하다는 사실 자체만으로도 종교가 자기기만의 힘에 얼마나 감염되어왔을지 짐작할 수 있다. 대부분의 종교를 그저 훑어보기만 해도 참임이 드러난 것보다 무의미한 말이 훨씬 더 많다는 점을 짐작할 수 있다. 서양 종교(그리고 일부 동양 종교)의 핵심 특징을 몇 가지 들자면 이렇다.

자기 집단을 위해 우주가 존재한다는 통일적이고 특권적인 견해
대부분의 종교는 이 견해를 내세운다. 자신들이 맨 먼저 창조된 집단이고 다른 모든 집단은 타락한 개라고 여기든, 자기 집단이 인종(유대인)

이나 이런저런 예언자(예수, 무함마드)가 알려준 '선택된 사람들'이라고 여기든 간에 말이다. 물론 자신을 중심에 놓는 모든 일반 사유 체계는 남들과 상호작용을 할 때 당신에게 유용하다. 종교의 미비점을 옹호하자면, 수천 년 동안 종교 외에 다른 것은 없었다는 점을 기억해야 한다는 것이다. 체계를 갖춘 과학도, 뉴턴도 다윈도 분명히 없었지만, 그렇다고 그것만으로 종교의 강한 자기중심적 편향을 정당화할 수는 없다.

일련의 상호 연결된 기기묘묘한 것들이 있을 수 있다

이를테면 사후 세계, 거의 모든 것을 좌지우지할 능력을 갖고서도 가장 사소한 문제에서 사람의 설득에 쉽게 넘어가는 거대한 정령, 바다를 가르든 죽은 자를 부활시키든 대중이 먹을 엄청난 음식을 만들어 내든 간에 기적을 일으킬 수 있는 예언자가 있을 수 있다. 또 인간 아버지 없이 태어나서 스스로가 신인 예언자, 3일 동안 죽어 있다가 되살아난 예언자도 등장할 수 있다. 일단 이런 개념들 중 몇 가지를 받아들이고 나면, 그 어떠한 한계도 거의 남아 있지 않으며, 아주 사소한 세부 사항이 교리의 핵심 특징이라고 받아들일 수도 있다.

지고한 영(혹은 신)에는 대개 남성 이름이 붙는데, 생물학적 측면에서 가장 의구심을 불러일으키는 것은 그 부분인 듯하다. 신에게 공포스러운 독재자라는 이미지를 부여한다는 점을 논외로 치자면, 자연에 남성 혹은 수컷만으로 이루어진 종 같은 것은 결코 없다. 단 한 종도 말이다. 암컷만이 스스로 번식을 할 수 있고, 암컷이 수컷보다 먼저 진화했으며, 오늘날까지도 생물학적인 문제에 관한 한 핵심적인 지위를 차지하는 쪽은 암컷이다. 신은 대체로 여성으로 해석되어야 하며, 나는 계속 그렇게 생각할 것이다. 남성 신은 남성과 관련이 있는 냉혹함과 공격성, 번식과 단절됨으로써 일련의 공포를 일으키는 많은 불행한 특징들을 지닌다. '독신' 남성만으로 이루어진 계급에서 나타나는 소아성애, 여성의 관심사를 적대적으로 대하는 태도, 특히 여성의 번식과 성을 통제하려는 노력(성행위, 낙태, 인공수정 등등을 금하는), 명예 살인, 전쟁 때 집단 강간을 포함해 사실상 여성에게 저지르는 온갖 유형의 공포 행위들은 신의 이름으로 이루어진다.[10]

예언자의 신격화

예수의 신격화는 이슬람교나 유대교에서 예언자를 대하는 방식과 다르다. 그는 들어보지 못한 방법, 다시 말하면 기적을 통해 탄생했고, 물론 죽음은 아주 짧았다. 그리하여 지금 그는 성부, 성자, 성신이라는 삼위일체의 한 부분이 되어 있다. 이 기본 이야기 구조는 그의 사후에 기독교가 박해받는 소규모 종파일 때 엮인 것이다. 그의 신성을 믿느냐가 신자 여부를 판단하는 핵심 시험 절차였기에, 그 시험은 자동적으로 그 집단의 규모를 줄이는 한편으로 구성원들을 우쭐하게 했다. 예수를 더 위대한 존재로 만들수록, 당신은 하나님을 더 작은 존재로 만들게 된다. 다른 신들은 더 이상 실재하지 않게 되었을 뿐 아니라, 하나님 자신도 (사망한) 한 인간에게 자기 힘의 상당 부분을 잃었다.

예언자를 더 신격화할수록 그의 실제 가르침에 주의를 덜 기울이게 된다는 것도 역설적이다. 그의 가르침을 믿느냐 여부가 아니라, 그의 신성을 믿느냐 여부가 핵심 기준이 되기 때문이다. "믿습니다, 예수여. 당신이 나의 주이자, 내 개인의 구세주임을 믿습니다." 그렇다, 하지만 당신은 온유한 자가 땅을 얻고, 축복 받은 자가 평화를 가져오고, 남들이 나를 대하듯이 그들을 대해야 한다는 것 등등도 믿지 않는가? 나는 믿지 않는다. 예수의 신격화도 중보기도처럼 딱할 만치 불합리한 믿음에 더 가깝다. 예수는 이제 당신이 은혜를 간청할 수 있는 신이 되었기에(그리고 가톨릭은 예수의 어머니인 성모 마리아라는 또 한 층위를 추가한다) 그 과정에서 자연의 법칙들을 무수히 위반할 필요가 있기 때문이다. 예언자 중에 예수는 극단적인 사례지만 —십자가에 매달릴 때까지 삶을 포기하지 않았다— 같은 전통에 속한 더 앞선 예언자들이 환영을 받았다고 생각하지는 말라(이사야든 예레미야든 에제키엘이든 누구든 간에). 그들은 당대에는 박해받고 비난받고는 했으며, 나중에야 기억되어 예언자라는 지위를 회복했다.

신으로부터 직접 받은 지혜

때로 경전은 신으로부터 직접 받은 지혜를 담고 있다고 취급된다. 그럼으로써 해석의 여지를 많이 허용한다. 때로는 모든 단어가 글자 그대로 진리라고 해석된다. 설령 그 결과 더 넓은 바깥 세계는 말할 것도 없이 경전 자체에서도 수많은 모순이 일어난다고 하더라도 말이다. 때로는 비유가 허용되고 사실상 장려됨으로써, 신의 힘으로 만들어진 경전을 해석할 때 자유재량의 여지가 많아진다. 핵심은 당신—혹은 당신의 집단—이 경전과 해석을 통제한다는 것이다. 신이 글자 그대로 약 6000년 전에 7일에 걸쳐 세계를 창조했다면, 천문학, 지질학, 진화생물학은 모조리 헛소리일 것이 분명하다. 신이 정말로 수천 년 전에 자신이 '이스라엘 땅'을 주겠다고 한 말을 책에 옮겨 적은 민족에게 그 땅을 영구히 차지하라고 주었을까?

신앙이 이성을 대신하다

때로는 '믿으면 알게 될 것이다'라는 개념에서처럼, 종교는 반논리를 직접 들이밀기도 한다. 사실 이성에의 집착은 신성 모독의 증거일 수 있다. 이제 우리가 무언가를 얼마나 믿는가가 그것의 진릿값을 결정하는 결정 요인이 된다. 이 점도 종교적 사유로부터 모든 합리적인 경계를 제거하는 경향을 지닌 특징들의 긴 목록에 속한다. 온갖 기만적인 책략과 자기기만적인 개념을 허용하면서 말이다.

우리는 옳다

그리고 여기 모든 것을 포괄하는 결정적인 자기기만이 있다. 우리 자신이 무엇이 선인지를 판단하는 척도이며, 우리가 최선을 대변하며, 우리의 것이 진정한 종교이며, 신자로서의 우리는 주위 사람들보다 우월하다는 것이다. (우리는 '구원받은' 반면, 그들은 그렇지 못하다.) 우리 종교는 세계를 사랑하고 걱정하는 종교이며, 우리 신은 말 그대로 신이므로, 신의 이름으로 이루어지는 우리 행동은 결코 악할 수 없다.

종교가 자기기만을 향해 수월하게 미끄러져 나아간다는 점을 생각할 때, 종교를 다소 자기기만을 향해 밀어댈 만한 더 큰 힘들은 무엇이 있을까? 한 가지 중요한 요인은 종교가 사회의 권력층과 얼마나 강하게 결합되느냐다. 또 하나의 중요한 힘은 종교의 분열과 관련이 있다. 종교는 거의 언제나 종교 집단 구성원끼리 사귀라고 설교하기 때문에, 분열은 사소한 종교적 견해 차이를 두고 집단 내부의 갈등을 빚어낼 것이라고 예상할 수 있다. 나는 기생생물 부하—공진화하는 기생생물이 사회의 한 세대에 가하는 평균 압력—가 종교를 분열시키는, 따라서 편협한 자기기만을 부추기는 중요한 힘일 수도 있다고 주장할 것이다. 기생생물 부하가 종교와 연관이 있다는 증거는 강하지만, 자기기만과 관련이 있다는 증거는 그만큼 강하지 않다. 우선 종교와 건강 사이의 긍정적인 관계를 살펴보자.

종교와 건강[11]

종교적 행동과 관습은 건강과 양의 상관관계가 있는 듯하며, 그것은 아픈 사람뿐 아니라 건강한 사람을 대상으로 한 수십 건의 세심한 연구 결과들이 뒷받침하는 잘 확립된 사실이다. 종단 연구들은 종교 행사에 참석하는 정도 같은 변수들이 남은 생존 햇수와 양의 상관관계가 있음을 시사한다.

이 효과 중 일부는 종교가 건강과 관련된 규칙을 제정하려는 경향에서 비롯될 수도 있다. 술과 담배, 돼지고기, 상어와 사자 같은 최상위 포식자(먹이 사슬을 따라 올라갈수록 독소가 축적되는 경향이 있다), 도박 같은 대체로 위험하거나 현명하지 못한 행동을 피하라는 등등. 미국 기독교인들을 장기적으로 살펴본 한 연구는 1965년의 종교 행사 참석 정도가 30년 뒤에 건강 행동상의 긍정적인 변화를 예측하는 지표가 될 수 있음을 보여주었다.[12]

이슬람교는 금지하는 행동, 장려하는 행동, 의무적으로 해야 하는 행동을 규정하고 있다. 하람haram, 즉 금지된 행동은 건강과 직접적인 관련이 있는 것들이 많다.

- 도박
- 음주
- 돼지고기나 개고기를 먹는 것
- 죽은 고기를 먹는 것
- 이슬람교 방식(목의 대동맥을 베어 피를 흘리게 하는)으로 도축하지 않은 동물의 고기를 먹는 것
- 육식성 어류를 먹는 것
- 패류를 먹는 것
- 고리대금(이자놀이)
- 부모에게 오이프oiff라고 말하거나(짜증이나 불쾌감의 표현) 고함을 치는 것
- 자살

먹는 것과 관련된 금지는 모두 아마도 기생생물 감염을 줄여줄 것이다. 육식성 어류는 다른 종교들에서의 상어와 사자 같은 것들이다. 그런 최상위 포식자들은 독소를 강하게 농축하고 있어서 먹지 말라고 금지했을지 모른다. 피를 빼는 도축은 아마 혈액에 든 기생생물에 노출될 확률을 줄일 것이다. 고리대금과 오이프라고 말하지 못하게 금한 것만이 개인의 건강과 직접적인 관련이 없을 수 있다.

이슬람교에서 와제브wajib, 즉 의무 가운데 세 가지가 건강(다른 효과

들과 더불어)과 긍정적인 관계에 있다는 점도 들으면 흥미로울 것이다.

- 매일 기도(하루에 5회)
- 청결(기도하려면 깨끗이 치워야 한다: 흐르는 물이나 모래만을 사용한다)
- 금식
- 가난한 이에게 자선 베풀기
- 메카 순례(가능하다면)
- 증언("신은 한 분뿐이며 무함마드는 그의 예언자다.")

뒤쪽 세 가지는 사회적인 것이 분명하다. 둘은 남에게 보여주는 것이고, 하나는 집단 구성원을 돕는 것이며, 셋 다 면역계에 어떤 효과가 있는지는 알려져 있지 않다.

하지만 종교와 건강의 관계는 건강 관련 행동보다 더 깊이 들어간다. 종교의 아주 흔한 특징인 집단의식을 고취시키는 음악 지원 활동을 비롯해 서로 돕는 집단의 구성원이 됨으로써 얻는 혜택뿐 아니라, 면역 기능에 미치는 효과처럼 긍정적인 믿음 자체의 혜택에서 나올 수 있는 효과들도 있다. 6장에서 살펴보았듯이, 음악은 면역계에 긍정적인 효과를 미치는 반면 소음은 부정적인 효과를 미친다. 수많은 종교에 쓰이는 감정을 고조시키는 긍정적인 음악은 아마 가장 긍정적인 면역 효과를 일으키는 축에 들 것이다(이를테면 재즈나 랩에 비해). 심지어 신에게 죄를 고백하고 정신적 외상을 털어놓는 것도 면역계에 유익한 효과를 끼칠 수 있다. 가톨릭의 고해성사는 그런 고백을 하기 쉽도록 만들며, 아메리칸 인디언 종교에 흔한 수많은 공개 고백 의식 행사도 마찬가지다. 기도할 때 홀로 말하는 고백도 비슷한 면역 혜택을 지닐 가능성이 높아 보인다. 그것은 사회적 상호작용을 흉내 내기 때문에 사적인 종교 행동에 개인적인 혜택이 따라오는 사례다.

정확한 원인이 무엇이든 간에, 종교와 건강의 관계는 종교적 행동과 믿음을 스스로 직접 선택하게 할 만큼 충분히 강해 보인다. 생물학자로서 우리는 종교를 공포증에 걸린 듯한 관점에서 볼 필요는 없다. 바이러스처럼 우리를 휩쓰는 미지의 본성을 지닌 어떤 부정적이고 비생물적인 힘인 양 말이다. 현대 과학이 등장하기 전에는 거의 모든 의술이 종종 특정 계급, 의원, 신앙 치료사 등등을 통해 종교 내에서 펼쳐졌다는 것을 기억할지도 모르겠다. 진짜 화학적 효과를 지닌 약초를 씹으라는 등 실제 의학적 효과가 확실한 것도 있었다. 그런 씹는 행동은 먼 유인원 조상 때까지 거슬러 올라간다(비록 씹는 유인원은 대개 그 인과적 관계를 알지 못했겠지만). 단지 고마운 플라세보 효과에 불과한 것도 있었을 수 있다. 아마 서양 '의학'이 2000년 동안 준 주된 혜택은 플라세보 효과였을 것이다. 믿음은 사람을 죽이고 살린다.

종교의 한 가지 혜택은 우리가 세계 내에서 이해하고 행동하는 데 쓸 기본 틀을 제공한다는 것이다. 그 기본 틀이 어떤 심리적 및 정신적 혜택을 제공할 것이라고 예상할지도 모르겠다. 최근의 신경생리학 연구는 그런 혜택이 한 가지 있다고 시사한다. 과학자들은 앞쪽 띠이랑 겉질(전두대상피질) ACC, anterior cingulated cortex에 초점을 맞추었다. 자기 조절과 불안 경험을 비롯한 많은 과정들에 관여하는 영역이다. 사람들에게 스트룹 검사 Stroop test(색깔을 가리키는 단어를 다른 색깔로 써놓고 그 단어의 색깔을 말해보라는 검사)를 받도록 하면서 ACC의 뇌파를 검사한 연구가 있다. 종교적 열정이 강할수록(단일한 척도로 측정했을 때) 혹은 신을 믿는다고 더 자주 공언할수록, 그들의 ACC는 오류에 반응해 발화하는 횟수가 더 적었고 오류도 덜 저질렀다.[13] 마치 종교가 오류에 대한 완충제를 제공하고 있는 듯했다. 그런 가능성 있는 효과들이 많이 있을 것이 틀림없다.

기생생물과 종교 다양성[14]

종교는 종파로 갈라지고는 한다. 때로는 서로의 코앞에서 갈라서기도 한다. 이따금 합쳐지는 종교도 있지만, 그런 일은 분열보다 훨씬 덜 일어난다. 따라서 종교의 증식에는 한 가지 편향이 있다. 시간이 흐르면서 주요 신앙이 하위 집단으로 나뉘는 경향이 그것이다. 그 집단은 더 갈라질 수도 있다. 대개 의견이 다른 비교적 사소한 교리상의 차이를 강조함으로써 갈라진다. 널리 공유하던 보편적인 진리로부터 지적으로 볼 때 부당한 구분을 토대로 서로 전쟁을 벌이는, 더 소규모의 자체 증식하는 단위로 갈라진다. 이것이 종교 분열의 한 가지 중요한 특징—종교의 일반성 및 논리의 타락—이라면, 우리는 그것의 기원을 이해할 필요가 있다.

최근 연구는 기생생물, 특히 기생생물 부하parasite load가 종교의 분열을 일으킬 수 있음을 시사한다. 그리고 이 분열은 그것을 정당화할 교리 변화를 수반하며, 그에 따라 종교의 보편적인 진릿값은 대개 진정한 의미를 숨긴 편협한 논증들을 통해 깎아내려지는 경향이 있다. 기생생물 부하는 기생생물의 수와 그것이 한 지역 집단에 미치는 피해의 정도를 종합한 척도라고 이해할 수 있다. 기생생물 부하를 질병으로 생기는 전반적인 사망률(혹은 번식률 감소) 같은 것으로 측정하면 이상적이겠지만, 대개는 현재 있는 주요 질병의 수와 각각이 끼치는 부정적인 영향의 상대적인 세기로 측정한다.

논리는 이런 식이다. 기생생물 부하가 적은 곳에서는 내집단과 외집단의 구성원들이 새 전염병의 전파 위험에 노출되는 정도가 거의 같을 것이다. 즉 위험이 동등하게 낮다. 하지만 기생생물 부하가 많은 곳에서는 비대칭성이 나타난다. 내집단 구성원은 전반적으로 같은 집단의 구성원들과 똑같은 기생생물 집합에 노출되어왔을 것이고, 그 기생생물들 중 많은 종류에 적어도 어느 정도 내성을 부여하는 같은 유전자들을 어느 정도 지닐 것이다. 하지만 외집단 구성원은 조금 다른 기생생물 집합으로부터 선택을 받을 것이고, 그것들에게 어느 정도 내성을 부여하지만 내집단 구성원에게는 없는 유전자들을 지닐 것이다. 각 집단의 관점에서 보면, 타 집단은 위협하는 상대다. 기생생물은 그것에 맞서 몸을 지켜줄 유전자보다 훨씬 더 빨리 전파될 수 있으니까. 따라서 두 집단의 구성원들이 서로를 기피하도록 자연선택이 일어날 수 있다. 즉 다른 조건들이 같을 때, 기생생물 부하가 많으면 자민족중심주의, 집단 내의 연애, 이방인을 향한 적대감이 증가할 것이라고 예상할 수 있다. 이 논리에 따르면, 어떤 종교와 문화든 간에, 자기기만의 수준은 기생생물 부하와 양의 상관관계가 있다고 예상할 수 있다.

증거는 있나? 중요한 두 가지 포괄적인 요인이 있다. 종교와 언어의 다양성이다.[15] 다시 말해 단위 면적에 얼마나 많은 언어와 종교가 존재하느냐다. 기생생물 부하가 많으면 둘 다 다양성이 커질 것이라고 예상할 수 있다. 더 작은 집단으로 갈라짐으로써 언어 형성이 촉진될 테니까. 이 증거는 의심의 여지가 거의 없다. 전 세계에서 종교와 언어의 다양성은 기생생물 부하와 직접적인 대응 관계를 보인다. 민족의 다양성도 마찬가지다. 즉 기생생물의 압력이 클수록 면적당 종교, 언어, 민족 집단의 수는 더 많아진다. 종교와 언어의 다양성이 정확히 겹치는지는 연구되지 않았지만, 관련이 있을 만한 수많은 변수들을 고려해 수정되어왔어도, 이 관계는 여전히 강하고 뚜렷하다. 특히 언어는 5대 대륙 모두에서 유의미한 상관관계를 보여준다.

캐나다와 브라질은 면적이 거의 같지만, 캐나다에는 15개, 브라질에는 159개의 종교가 있다. 캐나다는 훨씬 북쪽에 있어서 기생생물 부하가 적다. 브라질은 열대 아메리카에 있어서 기생생물 부하가 많다. 마찬가지로 북극에 가까운 노르웨이에는 종교가 13개인 반면, 기생생물이 많은 아프리카 열대에 있는 같은 면적의 코트디부아르에는 종교가 76개 있다. 물론 상호작용이 언어와 종교가 같은 사람들 쪽으로 더 치우치는 편향이 있다면, 그것은 대개 내집단 연애와 혼인을 강화하고 그 결과 민족의 분화(그리고 적대감)를 빚어낼 것이다. 외집단을 매독에 걸린 자들이라고까지 말하지는 않더라도 벼룩이 득실거린다거나 종기로 가득하다는 식으로 치부하는 표현이 얼마나 많은지 알면 놀랄 것이다.[16]

이 논리가 종교의 대규모 분열에도 적용되는지는 알지 못한다. 시아파와 수니파는 정말로 기생생물에 대처하다가 갈라진 것일까? 로마가톨릭과 그리스정교회도? 다양한 프로테스탄트 종파들이 로마가톨릭에서 떨어져 나온 것은 성경이 현대 언어들로 출간되고 유럽이 바깥 세계로 전쟁, 약탈, 식민지 개척에 열을 올리던 상황과 관련이 있었다. 거기에 기생생물이 끼어들 곳이 있었을까? 새로 갈라진 집단들은 상호작용을 덜 했을까? 요약하자면, 일반적인 추세는 명확해 보이지만, 개별 주요 사례들은 적어도 우리의 현재 지식 수준에서는 이 법칙과 거의 또는 전혀 무관해 보일 수도 있다.

분석을 요하는 한 가지 주제는, 기생생물의 분포 경계선 내에서 도시 형성과 널리 퍼진 교역을 통해 덜 분열된 세계가 만들어질 때 일신교가 얼마나 기여를 했느냐 하는 것이다. 우리는 일신교의 창시와 전파에 앞서 농경이 출현하고 그에 따라 인구와 적응 진화의 속도가 폭발적으로 급증했음을 알지만, 그 양상이 기생생물 압력과 어떤 상호작용을 했는지는 거의 알지 못한다. 일반적으로 인구 밀도가 높아지면 기생생물 압력이 증가하며, 그 결과 중세에 유럽인의 3분의 1을 없앤 흑사병이나 제1차 세계대전 때 참호라는 온상에서 배양되어 전 세계로 퍼지면서 2000만 명을 몰살시켰던 독감 같은 공포가 빚어진다. 그런 한편으로 이 주제에는 우리가 이해하지 못한 더 미묘한 차원이 있다. 기생생물 부하와 함께 변한다는 것이 드러난 일련의 변수들이 있으므로, 그 변수들은 종교적 특징과도 함께 변할 가능성이 높다. 기생생물 부하가 많은 사회는 외국인혐오증, 내집단 지향성 및 동질성이 더 강하며, 여성에게 더 억압적이고 가벼운 성관계를 덜 허용하는 듯하다. 즉 적어도 논리적으로 기생생물 방어와 연관 지을 수 있는 일련의 특징들이 있다. 내가 아는 한 이런 변수들과 종교의 상호작용을 연구한 사람은 없지만, 분명히 많은 연관이 있을 것이라고 예상할 수 있다. 즉 종교의 수가 많은 지역에는 기생생물이 많고, 그 종교들은 외국인혐오증, 여성 학대, 복종 강요 등등을 더 드러낼 것이라고 예상할 수 있다.

이런 상황에서는 근원적인 상관관계가 무의식으로부터 솟구칠 것이라고 예상할 수 있다. 사후 정당화를 요구하면서 말이다. 아마 이런 식으로 말할 사람은 아무도 없지 않을까. "봐, 지난 10년 사이에 이 지역에 사는 우리들의 몸에서 벌레 밀도가 우려할 만큼 증가했어. 아마도 짝짓기를 포함해 내집단 상호작용에 더 초점을 맞추는 편이 현명할 거야. 인종차별주의 강도를 높이자고." 대신에 나는 종교가 비슷한 효과를 내는 대체 논리를 제공할 것이라고 본다. 사소한 교리 차이를 강조하자고 말이다. "우리는 오른손으로 엉덩이를 긁는데, 저들은 왼손으로 긁지[그 행동에 기생생물 감염 문제가 함축되어 있음을 유념하자], 그러니 왼손으로 긁어대는 저 역겨운 녀석들과는 상종을 말자고."

여성에 대한 편견은 왜 일어나는 것일까?

위의 설명에는 한 가지 중요한 문제가 숨겨져 있다. 내집단 짝짓기가 내집단 편애만큼 강한 선택압을 받을 것이라는 가정이다. 그것은 예상에 반한다. 우리는 유성생식─그리고 그것이 촉진하는 재조합─이 공진화하는 기생생물로부터 우리를 보호하는 일과 깊은 관련이 있음을 안다. 따라서 기생생물 부하는 내집단을 편애하는 충동과 동시에 외집단 구성원과의 성관계에 관심을 고조시킬 수 있다.

더 열대의 새와 인간에게서 더 높은 수준으로 나타난다고 잘 알려져 있으며, 자손의 유전적 자질을 증대시킴으로써 기생생물 부하에 적응 반응을 보이는 것이라고 가정되는 더 높은 수준의 성적 난잡함, 즉 짝짓기 상대의 다양성을 생각해보자. 기생생물이 풍부한 지역에서는 왜 이런 종류의 섹스를 더 금하는 것일까? 이런 상황에서 그런 행동을 통해 여성이 더 혜택을 보고(자손의 유전적 자질을 개선함으로써), 그럼으로써 남성이 더 심한 대항 수단을 쓰도록 자극을 받기 때문이다. 5장에서 생생하게 묘사한 행동들이 바로 그런 대항 수단들일까? 신체 절단, 매질, 테러, 살인 등등이? 종교는 논리와 구조가 압도적일 만치 가부장적임은 분명하며, 그에 따라 수많은 결과가 빚어진다.

그런 결과 중 하나는 성직자의 소아성애증을 일으키는 것이 남성의 독신주의가 아니라 동성애라는, 최근 로마가톨릭이 내놓은 기이한 주장이다. 동성애가 남자아이 성추행을 편견 어린 시선으로 보게 하는 것은 분명하지만, 어른 사이의 성관계를 전면 금지하는 것보다 아동과의 성관계를 부추기는 것이 또 어디 있겠는가? 그리고 남성을 좋아하는 남성을 끌어들일 남성만으로 이루어진 사제 집단보다 소년 학대에 더 기여하는 것이 또 어디 있겠는가? 그런 문제를 고심할 때마다 계속 내 머릿속에 맴도는 것은 이 모든 허튼짓이 어떤 기능을 하느냐다. 남성만으로 이루어진 사제 집단으로부터 혜택을 보는 이는 누구일까? 사제는 자식을 낳지 않으므로, 적어도 이 점에서 사제 집단은 원칙적으로 협소한 친족의 이익으로부터 자유롭다. 가톨릭에는 유전적 명문가라 할 것이 거의 없으므로(북한, 시리아, 이집트, 요르단, 인도, 아이티, 미국과 달리), 부패할 가능성은 있지만 정실주의적 부패는 아니다.

하지만 왜 모두 남성일까? 그것이 독신주의를 더 용이하게 한다는 점은 분명하지만, 이슬람교, 유대교, 많은 프로테스탄트 종파들을 비롯한 여러 종교는 남성만으로 이루어진 사제 집단이 있긴 해도 그들이 자식을 갖도록 허용한다. 그리고 왜 그것이 여성의 이해관계에 반하는 왜곡 행위와 관련을 맺을까? 집단의 이익이나 남성의 이익을 위해 남성의 이해관계에 따라 여성의 번식을 복속시키는 것일까? 여성이 어떤 희생을 치르든 간에 관계없이?

가톨릭은 여성이 가장 섹스를 갈망하는 바로 그 순간에 금욕을 택하는 것을 제외하고, 여성이 자신의 번식을 통제할 모든 권한을 불법화한다. 여성은 성관계를 가질 때 피임을 하는 것이 허용되지 않으며, 임신이 어떤 식으로 이루어졌든 간에(강간과 근친상간을 포함해) 낙태를 하는 것도 허용되지 않는다. 이것은 집단 번식을 최대화하는, 아니 적어도 남성 집단의 이익을 최대화하는 단순한 전략처럼 보인다. 여성의 이해관계는 거의 고려하지 않는 듯하다.

권력은 부패한다

앞서 살펴보았듯이, 권력은 부패한다. 권력자는 남에게 주의를 덜 기울이고, 남의 입장에서 세상을 보는 일이 줄어들고, 남에게 덜 공감한다. 반대로 권력이 없는 이들은 남의 입장에 서서 생각하고, 공정성 원리를 고수하고, 남과 자신을 동일시하기가 더 쉽다. 종교는 겸손, 공정, 관용, 이웃 사랑처럼 권력 없는 자들에게 설교하기가 더 쉬운 미덕들을 통해 영향을 미친다. 기독교와 이슬람교 양쪽에서 이 역학이 펼쳐져온 것도 결코 우연이 아니다. 기독교 복음서들은 모두 기독교가 지하 생활을 하는 작고 박해받는 종파였을 때 쓰인 것이다. 이슬람교의 더 평화로운 율법들은 이슬람교가 억압받는 소수파였을 때 등장했고, 이슬람교가 군사력을 갖추고 다시 출현했을 때는 율법도 더 단호해졌다.

콘스탄티노플에서 기독교가 국교로 승격된 지 3세기 뒤에, 그 박해받던 교회가 박해하는 교회로 탈바꿈하는 데는 채 1세기도 걸리지 않았다고 한다.[17] 이런 일은 일신교에서 반복되어 나타난다. 국가 권력을 짊어질 때 새로운 편향의 원천을 짊어지는 셈이다. 이전에는 억압받는 자와 다른 집단과의 동맹을 필요로 하는 자에게 특히 혜택을 줄 형제애라는 보편 원리를 역설했지만, 이제는 입장을 바꾸어 지배와 제국주의 원리를 강조한다. 종속된 하위 집단들은 그 상태로 남아 있어야 하며, 불신자와 이방인에게는 원할 때면 언제든 공격을 가할 수도 있다. 인종차별주의는 유용한 도구가 된다. 다른 집단들이 생물학적으로 열등하다면, 우월한 이들이 그들을 내모는 것이 신의 의지가 아니겠는가? 진화가 달리 어떻게 작동할 것이라고 생각하겠는가?

이슬람교는 이런 힘들이 어떻게 작용하는지를 보여주는 좋은 사례를 제공한다.[18] 쿠란의 각 장(수라)이 어떤 순서로 쓰였는지 알기 때문이다. 구절들—즉 예언자가 실제로 한 말—이 그가 생존해 있을 때 기록되었으니까. (대조적으로 예수의 가르침은 모두 그의 사후에 긴 시간이 흐른 뒤에 기록되었다.) 예수와 마찬가지로 무함마드도 처음에는 주변인들의 예언자로서 그 자신도 주변인이었지만, 예수와 달리 그는 독실한 신자들의 군대를 이끌고 고향으로 진격했다. 무함마드는 메카에서 성직자 생활을 시작해 작은 종파를 창시했다. 취약하고 종종 박해를 받았기에, 그는 평화, 타 집단 존중, 겸손, 보편적인 형제애라는 이념을 설파했다. 그 뒤에 그는 메디나로 옮겼다. 그곳에서도 처음에는 같은 상황에 처했고 같은 이념을 설교했지만, 이윽고 메디나에서 권력을 잡고 메카로 군대를 이끌고 진격할 수 있게 되었다. 그는 즉시 메카를 차지했다. 이 시기 내내 그의 권력이 강해질수록 그의 수라는 점점 자기주장이 강해졌고 덜 관용적이 되었으며, 때로는 신자들에게 불신자를 공격하라고 촉구하기도 했다. 마찬가지로 유대교 전통에서 일신교를 공고히 하고 그것을 수호하기 위해 최초로 유혈 전쟁을 벌인 인물은 요시야주변국들의 정세가 혼란한 상황을 틈타서 유다왕국이 독자성을 획득할 수 있던 시기의 왕_옮긴이이었다.

가톨릭의 훨씬 더 최근 사례를 살펴보자. 교황 바오로 23세와 바티칸 2차 공의회는 라틴아메리카 교회에서 1980년대에 새로 일어난 '해방신학'을 예수의 가르침이 실제로 기록되었을 당시의 초라한 박해받는 교회(콘스탄티누스가 공인하기 이전의)에 가깝게 몰락시키는 데 기여했다. 해방신학은 '가난한 자를 우선하는 대안'이라고 공공연히 설교했고 신자들에게 자족적인 공동체를 이루자고 촉구했다. 이 운동은 노골적으로 나선 미국 군대와, 늘 신학을 지역 권력에 복속시키려 애쓰는 가톨릭 교회의 공격에 무너졌다. 정통 교리를 강요하는 수단으로서는 암살이 선호되었다. 특히 엘살바도르에서는 그냥 길을 걷던 수녀들, 미사를 집전하고 있던 대주교(로메로), "곧 이 나라에서는 성서와 복음이 금지될 것이다. 그저 책 표지만 남을 것이다."라고 예언하던 용감한 예수회 사제가 암살당했다. 사제는 암살당하기 몇 주 전, 예수가 다시 나타나면 위험인물로 체포될 것이라고 말했다. 따라서 종교는 자신의 역행하는 힘에 의해 타락한다.

종교는 짝짓기 체계를 강요한다

종교는 나름의 짝짓기 체계를 강요하는 경향이 있으며, 그 체계는 종교 내부 및 종교 사이의 유연관계 수준에 영향을 미친다. 종교는 대개 신자들에게 자기 종교 또는 하위 종파에 속한 사람과 혼인하라고 요청(혹은 요구)한다. 가톨릭 신자끼리, 프로테스탄트 신자끼리, 시아파 신자끼리, 유대인끼리 등등.

집단 내에서 가정을 꾸리라는 압력은 어느 정도 근친교배로 이어진다. 즉 자신과 (적어도 조금은) 유연관계가 더 가까운 사람과 비무작위적인 짝짓기가 이루어진다. 여기서 말하는 것은 부모-자식, 형제-자매 사이의 가까운 근친교배가 아니라, 대개 거리가 더 먼 사촌과 재종 이상의 결합이다. 하지만 그런 일이 세대마다 되풀이되면, 근친교배를 통해 집단 구성원 사이의 유연관계는 더욱 가까워진다(즉 공통 조상을 지님으로써 유전적으로 더 비슷해진다). 동시에 다른 집단들과의 유연관계는 벌어진다. 즉 그렇지 않았을 때보다 유연관계가 더 적어진다.

여기서 두 가지 종류의 이주가 중요한 역할을 한다. 사람들은 외교배를, 즉 자기 집단 외부의 사람과 혼인을 할 수 있으며, 또 개종하거나 다른 집단에 합류할 수도 있다.

한 예로 남성이 외교배를 하고 태어난 아이들을 자신의 본래 집단이 아닌 곳에서 키울 때, 그의 바깥으로의 이주가 원래 집단에는 '선택적 사망selective death'이 된다. 그가 어떤 유전형질을 지녔든 간에 그것은 그 집단에서 사라진다. 외교배 성향까지도. 더 구체적으로 말하자면, 그가 원래 집단의 다른 구성원들보다 평균적으로 자민족중심주의와 자기애가 덜하고 관점이 덜 편협하다면, 그의 바깥 이주는 그 집단에서 그가 어려서 사망했다고 할 때와 마찬가지로 그런 형질의 빈도를 낮춘다.

반면에 그가 합류한 새 집단에는 반대 효과가 나타난다. 그것은 방금 묘사한 그 형질을 지닌 누군가가 그 집단에서 태어나는(자식을 낳을 수 있는 성인이면서) 선택적 출생selective birth과 같다.

원래 집단의 구성이라는 문제로 돌아가자면, 안으로의 이주가 어떤 조건에서 얼마나 많이 일어나느냐가 핵심 질문이 된다. 외부인 남성이 들어와서 혼인하고 그 아이들이 아내의 신앙을 받아들인다면, 바깥으로의 이주를 통해 잃었던 것과 같은 형질이 안으로의 이주를 통해 돌아오는 경향을 보일 것이다. 하지만 두 과정의 세기가 같을까? 들어오는 남성보다 떠나는 남성이 더 많다면, 이 집단은 점점 더 근친교배를 하게 될 것이다. 나는 이 주제를 더 상세히 연구할 기회가 없었지만, 종교 다양성의 유전학을 연구한다면 집단 사이의 이주에 어떤 편향이 나타나는지를 성별과 규모 면에서 살펴보겠다.

유전학에서는 근친교배가 어떤 결과를 낳는지 잘 알려져 있다. 근친교배는 외교배보다 집단 내 다양성이 더 적어지는 결과를 낳는다. 그렇게 유전적으로 비슷해지면 두 가지 치명적인 결과가 나타날 수 있다. 하나는 유전자가 쌍으로 있어야만 발현되는 상대적으로 드문 부정적인 형질(낫형적혈구빈혈증, 테이색스병 같은)이 더 흔해진다는 것이다. 또 하나는 유전적 다양성이 클수록 빠르게 공진화하는 병원체들에 맞서는 데 유리하다는 것이 잘 알려져 있으므로, 외교배는 유전적 방어 수단이 된다는 것이다.

안으로의 이주 중 두 번째 유형은 개종(처음에는 혼인과 관련이 없다)

이며, 이 문제에 대처하는 규정은 종교마다 다르다. 기독교는 대개 개종시키는 종교였다. 어디에서든 어떻게 해서든 간에 끊임없이 개종자를 끌어들여왔다. 이슬람교도 마찬가지다. 수니파와 시아파 무슬림은 세네갈에서 수단, 레바논, 파키스탄, 인도를 거쳐 인도네시아까지 퍼져 있으며, 각 종파 내에서는 그 분포 연속선상의 어디에 있는 누군가와도 혼인을 할 확률이 거의 비슷한 반면, 두 종파 사이의 혼인은 한정되어 있다. 유대교는 몇 가지 점에서 예외적이다. 유대교는 남을 개종시키려 애쓰는 종교가 아니었다. 유대인이 개종을 강요당하는 사례는 많았지만(예를 들어 16세기 스페인에서).[19]

종교는 자기기만에 반대하는 설교를 한다

많은 종교는 명시적으로 또는 암묵적으로 자기기만에 반대하는 가르침을 지닌다. 때로는 자기기만이 자신과 남뿐 아니라 신을 아는 능력에 방해가 된다고 주장하기도 한다. 우선 일반 원리의 효용과 타당성을 보여주는 가상의 사례를 하나 살펴보자. 여기에서 참인 것은 저기에서도 참이어야 한다. 당신에게 들어맞는 것은 내게도 들어맞아야 한다. 바로 이 보편성이 기만과 자기기만의 통상적인 편향에 맞서는 것이다. 자신이 대우받고 싶은 그대로 남을 대우하라는 말을 듣는다면 당신은 규칙을 하나 지니게 되고, 실제로 그 규칙을 따른다면 남보다 자기 자신을 편드는 무의식적인 자기기만 성향을 많이 거스르게 될 것이다. 비슷한 일반 규칙들은 자기기만을 더욱 줄일 수 있다. 물론 앞서 살펴보았듯이, 이 '일반' 원리들의 일반성은 분열시키는 세력, 내집단과 외집단의 형성, 권력자의 지배를 통해 쉽게 훼손된다.

또 종교는 명시적으로 자기기만을 반대한다고 설교한다. 남을 심판하지 말라는 예수의 유명한 가르침을 생각해보자.(「마태복음」 7:1~5)

남을 심판하지 마라. 그래야 너희도 심판받지 않는다. 너희가 심판하는 그대로 너희도 심판받고, 너희가 되질하는 바로 그 되로 너희도 받을 것이다. 너는 어찌하여 형제의 눈 속에 있는 티는 보면서, 네 눈 속에 있는 들보는 깨닫지 못하느냐? 네 눈 속에는 들보가 있는데, 어떻게 형제에게 "가만, 네 눈에서 티를 빼주겠다." 하고 말할 수 있느냐? 위선자야, 먼저 네 눈에서 들보를 빼내어라. 그래야 네가 뚜렷이 보고 형제의 눈에서 티를 빼낼 수 있을 것이다.

나는 이 대목을 그대로 자기기만에 관한 내용으로 옮긴다. 독선을 경계하라. 자기기만에 빠지기 쉽기 때문이다. 자신의 잘못을 남 탓으로 돌릴 수도 있다. 또 남에게 강요하는 바로 그 기준으로 자신이 평가를 받게 되지 않을까 경계하라. 이웃의 사소한 잘못은 보면서 왜 자신의 큰 잘못은 보지 못하는가? 자신의 잘못을 부정하고 남 탓으로 돌리지 말고, 자신의 잘못을 인정하면, 잘못이 누구에게 있는지를 더 잘 볼 수 있게 된다. 그렇지 않으면, 엉뚱한 사람을 엉뚱한 순서로 비판하는 위선자가 된다.

우리가 남을 심판하는 속도—그리고 부당함—를 경계하는 또 다른 논리는 불륜을 저질러서 돌에 맞아 죽을 상황에 처한 여성을 보고 예수가 한 말에서 나온다. 그는 어떻게 말했던가? "죄가 없는 이가 먼저 돌을 던져라." 그러자 나이의 역순으로 모두 자리를 피했다고 한다. 즉 가장 나이가 많은 사람—죄가 가장 많았다—이 먼저 떠났다. 이 두 사례에서 자기기만에 반대하는 논리를 추진하는 것은 내부 모순이다. 그것이 바로 보편적으로 타당한 원리들이 자연히 자기기만에 맞서 싸우는 이유다.

다른 가르침들은 자기기만에 덜 명시적으로 반대를 표하지만, 마찬가지로 비슷한 의미를 함축하고 있다. 내집단/외집단 편향에 반대하는 가르침을 하나 살펴보자. 착한 사마리아인(사실 착한 아랍인 또는 팔레스타인인) 우화에서 유대인들은 심하게 다친 동료 유대인을 보고도 그냥 지나친다. 다친 사람의 상처를 감싸고 물과 음식을 주고 안전하게 머물 곳을 마련한 것은 외부인, 아랍인, 사마리아인이다. 여기서 누가 훌륭한 사람일까? 무정한 내집단 구성원일까, 증오하던 외집단 구성원일까? 아니면 밤에 예수를 찾아온 남자, 니고데모는 어떤가? 남의 눈에 띄지 않게 밤에 예수를 만나려고 한 태도 자체가 그를 위선자로 만들었다. 결국 그는 예수에게 유죄를 내리는 쪽에 투표를 했지만, 예수의 시신을 매장하는 일을 도왔다.

주기도문의 구조도 한 예다. 주기도문은 자기기만과 관련된 흥미로운 특징을 지닌다. 첫째, 주기도문은 짧다. 그리고 세 부분으로 나뉜다. 첫 번째 부분은 겸손하라고 말한다. '이름이 거룩히 여김을 받으시오며'와 '당신의 뜻이 이루어지이다'가 그렇다. 내가 탄 비행기가 공항에 내릴 때, 나는 종종 '뜻이 이루어지이다'라고 기도를 한다. 거기에 착륙할 때 비행기를 뒤집는 것은 포함되지 않기를 바란다는 희망을 덧붙이지만, 뒤집는 것이 신의 뜻이라면 당신의 뜻이 이루어질 바란다고 말이다. 다시 말해, 우리 자신의 계획보다 더 큰 계획을 받아들이고 사적인 간청을 통해 계획을 바꿀 시도를 하지 말라는 것이다. 자신의 이기심을 겸허하게 더 큰 계획에 맞추어라. 어쨌든 뒤집어질 비행기는 뒤집어질 것이다. 기도는 그저 착륙할 때 우리의 마음을 차분히 가라앉히는 역할을 할 수 있을 뿐이다.

주기도문의 두 번째 부분은 한 가지 흥미로운 특징을 지닌다. 자신의 이익을 위해 두 가지만 간청하는 것이 허용되는데, 하나는 그때그때 상황에 따라 정해진다. 당신은 매일 구하는 것, 모든 생물이 필요로 하는 일상의 양식을 요청할 수 있다. 그런 뒤에 자신의 죄를 용서하기를 요청할 수 있지만, 그것은 당신이 남의 죄를 용서하는 한에서 가능하다. 이 점은 대단히 중요하다. 전면적인 사면 같은 것은 없다. 얻으려면 주어야 한다. 용서를 받으려면 용서를 해야 한다. 이것은 당신을 심리적 의무에 얽매이게 한다. 즉석에서 자기기만을 줄여야 하는 의무다.

이어서 마지막 부분이 나온다. 당신은 유혹에 빠지지 않게 —사실 유혹에 빠지도록 허용하는 것을 막는 금지 명령을— 하고 모든 악(자초한 것도 포함하여)으로부터 보호해달라고 요청한다. 여기에 중보기도 같은 것은 없다. 미국 교회에서 흔히 들을 수 있는 '그리고 대통령이 계속 현명한 결정을 내리고 신이 미국을 축복하시기를' 같은 말은 들어 있지 않다(마치 의무가 생겼다는 듯이 들리는 '신이 계속 미국을 축복하시기를'이라는 조지 부시 전 대통령이 남발하던 더욱 불합리한 말도 들어 있지 않다). 사실 일요일에 그토록 많은 기독교 목사들이 예수가 주기도문에서 말한 가르침들만을 잊고 있다니 대단한 능력이다. 그것이 기만과 자기기만의 힘이 아니라면 말이다.

자기기만에 맞서는 가르침이 단지 비유일 때도 있다. 「잠언」 27장에서 다윗은 말한다. "너희는 내 얼굴을 찾으라 하실 때에 내 마음이 주께 말하되 여호와여 내가 주의 얼굴을 찾으리이다 하였나이다." 신의 얼굴을 똑바로 보면서 거짓말을 한다―신이나 자신에게―는 것은 상상하기가 어렵다. 그와 비슷하게 이슬람교의 수피파는 바깥 세계와 맞서는 지하드(투쟁)와 자신과 맞서는 지하드를 구분한다. 전자를 소지하드small jihad, 후자를 대지하드the greater jihad라고 한다. 소지하드는 상대적으로 단순하다. 외집단에 맞서 그들을 개종시키는 단체 활동을 벌이면서 싸우는 것이다. 극단적일 때는 그들이 죽든지 당신이 죽든지 할 것이며, 후자라면 당신은 죽는 순간 천국에 들어간다. 별 문제 없다. 하지만 자신과의 싸움은 훨씬 더 어려우며, 신의 광명에 이르려면 자신의 몸을 다스리는 데 성공해야 한다. 이것은 영혼을 정화시키기 위해 신체적 욕망(돈, 쾌락, 만족)을 다스려야 하는 개인적 투쟁이다. 이 욕망들은 자기기만을 부추김으로써 우리의 논리 체계에서 자기 인식을 방해한다. 수피파 체계에서는 자신의 욕망을 예속시켜야 한다. 그렇지 않으면 욕망이 당신을 노예로 만든다는 것이다. 그리고 마지막으로 자아를 다스리는 것은 바깥 세계를 다스리는 데 유용한 도구이기도 하다. 중국의 한 현자는 그 일반론을 간결하게 설명한 바 있다. 제자가 그에게 물었다. "스승님, 가장 어려운 일이 무엇인가요?" 그는 답했다. "자신을 아는 것이다." "그러면 가장 쉬운 일은요?" "남에게 조언하는 것이지." 또 동양의 다양한 종교들은 극단적인 신체적 자기 부정 체계보다는 자기중심주의로부터 자신을 해방시키는 것이 중요하다고 말하고는 한다.

중보기도, 과연 작동할까?

많은 기독교 세계에 널리 퍼져 있는 한 가지 기이한 믿음은 중보기도가 효험이 있다는 것이다.[20] 즉 사람들이 한 방에 모여서 이마를 맞대고 멀리 떨어진 곳에서 수술을 받으려 하는 누군가를 위해 아주 집중해서 기도를 하면 결과에 긍정적인 영향을 미칠 수 있다고 믿는 이들이 많다. 그것이 정말로 효험이 있다면, 물리학 법칙들은 매일같이 어긋나야 하지 않을까? 신이 청원자들의 호소에 응답해 우리가 모르는 어떤 기준에 따라 현실을 분 단위로 바꿀 테니까 말이다. 그것은 현실 세계에 가장 있을 법하지 않은 일이다. 이 문제를 조사하기 위해 수많은 실험이 이루어져왔지만, 종종 실험이 엉성하거나 표본의 크기가 작거나 하여 긍정적인 자료와 부정적인 자료가 뒤섞인 혼란스러운 결과가 빚어지고는 했다. 그리고 그것은 정말로 무언가 이루어질 수도 있지 않을까 하는 착각에 불을 지폈다.

그러다가 이윽고 수백만 달러를 쏟아부은 연구가 이루어졌다. 6개 병원에서 환자들을 둘로 나누어서 한쪽은 수술에 들어가기 전날부터 2주 뒤까지 단체로 환자를 위해 기도를 했고, 대조군 환자들을 위해서는 기도를 전혀 하지 않았다. 또 기도를 받는 환자들을 둘로 나누어서 한쪽은 사람들이 기도를 해준다고 알려주었고, 다른 한쪽에게는 알리지 않았다. 연구진은 환자들을 수술 후 1개월 동안 추적했다. 결과는 명백했다. 그 어떤 중보기도도 결과에 아무런 영향도 끼치지 않았고, 혜택이 있다는 단서도 전혀 없었다. 따라서 첫 번째 질문은 답이 나왔다. 직접적인 효과가 전혀 없다는 것이다.

하지만 플라세보 효과는 지니고 있지 않을까? 환자가 중보기도의 효험을 믿으면 실제로 유익한 효과가 나타나지 않을까? 정반대였다. 자신을 위해 사람들이 기도한다는 사실을 몰랐던 환자보다 알았던 환자가 온갖 종류의 수술 후유증을 더 많이 앓았다. 이 이유를 설명하는 한 가지 가설은 사람들이 기도를 해준다는 말을 들은 환자가 실제보다 자신의 상태가 몹시 안 좋아서 그러는 모양이구나 하고 해석함으로써 스트레스를 더 받았다는 것이다. 환자는 아무 소용없는 기도만 해준다는 말을 들을 뿐이다. 집을 청소해준다거나 개에게 계속 밥을 준다거나 앞으로 투자를 해주겠다는 말 같은 것은 전혀 없이 말이다. 그저 자신이 빨리 낫도록 사람들이 집중해 기도한다는 말뿐이다.

물론 진정으로 독실한 신자는 이런 새로운 과학적 결과들에 전혀 개의치 않는다는 점을 유념하자. 신은 과학자들(그리고 더 넓게는 불신자들)이 계속 어둠 속에서 헤매게 놔두는 편이 더 낫다고 여겨서 이런 실험에는 중보기도의 통상적인 효험을 잠시 유보하는 반응을 보인 것일 뿐이다. 예수가 이렇게 말하지 않았던가. "현명한 자에게는 계속 숨길 것을 아기에게는 보여주겠노라."

종교와 자살 공격 지지[21]

적어도 지난 20년 동안 집계된 바에 따르면, 자살 공격은 전 세계에서 기하급수적으로 증가해왔다. 자살 공격은 한 집단의 구성원이 자신의 목숨을 희생하여 다른 집단의 수많은 혹은 대단히 중요한 구성원에게 피해(죽음 등등)를 주는 수단이다. 이 행동이 원리상 순교자의 많은 친족 집단에게 혜택이 돌아오는 효과적인 정치(그리고 번식) 전략일 수 있다는 데는 의문의 여지가 없지만, 그런 행동이 대규모 보복을 불러 일으키기 쉽다는 것도 분명하다. 아무튼 자살 폭탄 공격은 큰 개인적 희생을 감수하면서 외집단에 맞서 폭력을 휘두를 의지의 민감한 척도 역할을 할 수 있다.

여기에 종교가 어떤 역할을 하는지 알아보는 것도 흥미롭다. 찬성할지 반대할지 등등. 최근의 연구는 가장 흥미로운 답을 제공한다. 어느 한 방법으로 측정했을 때는 종교 활동이 자살 폭탄 공격에 참여할(그리고 그것을 지원할) 가능성을 가장 높이는 것으로 나타났다. 하지만 다른 방법으로 측정하자, 종교가 아무런 역할도 하지 않는 것으로 나타났다. 왜 이런 차이가 날까? 종교는 대외적, 사회적 측면과 내부적, 관조적 측면을 지닌다. 자살 충동을 일으키는 다양한 조건에서(이스라엘 정착민을 향한 적대감이 충만한 팔레스타인 지역처럼) 종교 참여도(사회적 측면)는 자살 폭탄 공격 지원과 양의 상관관계가 있지만, 기도(성찰적 측면)는 그렇지 않다. 이 점은 여러 연구에서 확인된다. 여러 나라에서 여섯 개 종교를 조사해보니, 종교 행사에 정기적으로 참석하는 정도를 통해 외집단 적대감과 일부 사례에서는 자살 순교자가 될 의향까지도 예측할 수 있음이 드러났다. 하지만 기도는 그렇지 않다. 수피파의 대외적 지하드는 사회적 상호작용을 통해 추진되지만, 더 큰 내면의 지하드는 기도를 통해 초연해짐으로써 이루어진다. 나는 이것이 종교의 양면성이라고 생각한다. 밖으로는 적의와 자기중심주의를 드러내고, 안으로는 관조적이고 아집을 떨쳐버리라고 말한다.

종교 ➡ 독선 ➡ 전쟁

종교는 몇 가지 방식으로 전쟁에 기여하는 경향이 있다. 종교는 집단 내 유연관계를 증가시키는(집단 사이의 유연관계는 감소시키면서) 번식 체계로 뒷받침되는 내집단 심리를 부추기며, 집단행동의 토대가 되는 공통의 자기기만을 쉽게 제공한다. 게다가 많은 종교가 지닌 한 가지 결정적인 능력이 있다. 바로 독선이다. 살인은 금지되지 않을 뿐 아니라 (집단 내에서도) 때로 요구되기도 한다. 이교도, 불신자, 타자를 죽이는 것은 도덕적 의무가 된다. 당신은 신의 일을 하고 있는 것이다. 자신만이 아니라 자신의 집단을 위해서 말이다. 당신은 자신의 명백한 운명 이상의 것을 이행하고 있다. 당신은 신의 집행자다. 당신은 예정된 길을 따라 자연선택이 이루어지도록 돕고 있다. 한편으로 성서는 그 길로 가지 말라고 경고도 한다. "복수는 나의 것이다."라고 신은 말한다.

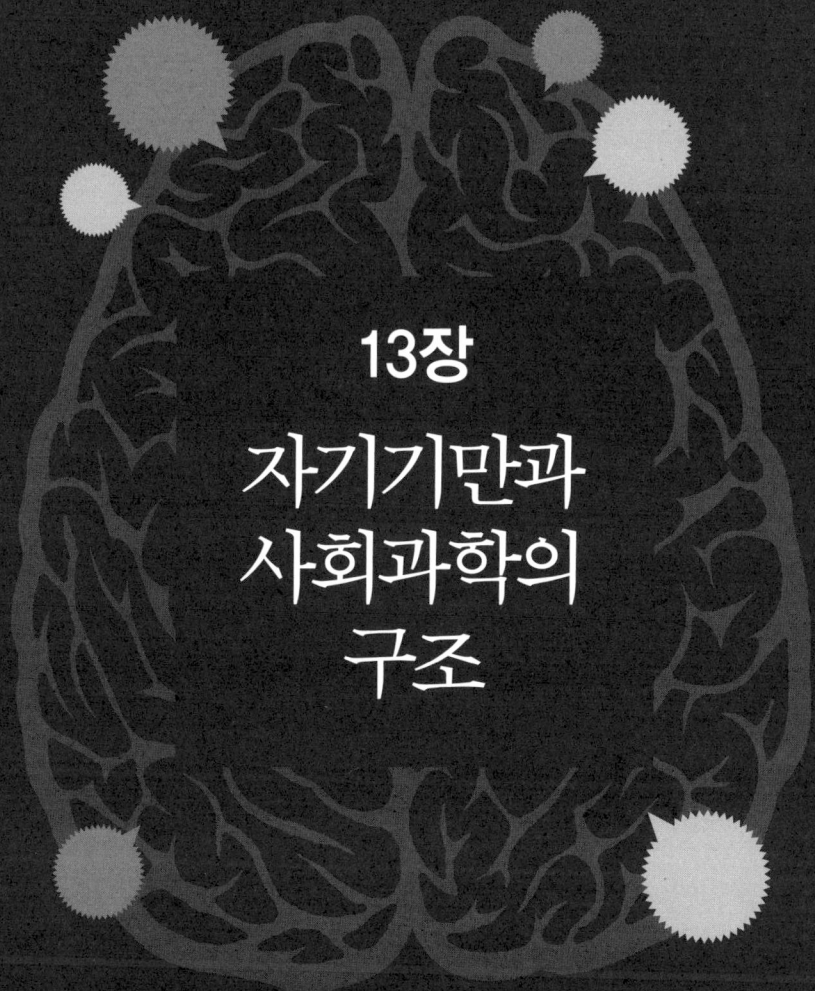

13장
자기기만과 사회과학의 구조

사회과학은 인간의 사회적 행동과 점점 더 관련이 깊어지는 반면에 발전 속도는 점점 느려지고 있다. 그것은 어느 정도는 그런 분야가 전공자에게 더욱 자기기만을 유도하기 때문이기도 하다. 한 가지 일반적인 편향은 생명이 더 고차원적인 기능을 돕도록 자연히 진화한다는 것이다. 유전자가 아니라 개체, 개체가 아니라 집단, 집단이 아니라 종, 종이 아니라 생태계, 그리고 약간의 추가 에너지를 들여서 생태계가 아니라 우주 전체를 향하면서 말이다.

우리 지식에는 구조가 있다. 예를 들면, 과학은 수학, 물리학, 화학, 생물학, 심리학 등등 다양한 하위 분야들로 이루어진다. 역사학, 철학, 문헌학은 어떤가. 문학, 전기, 시는? 자기기만의 과정들은 지식의 구조에 어떤 영향을 미칠까? 역사학은 이미 다룬 바 있다. 여기서는 사회생물학과 사회과학, 경제학, 문화인류학, 심리학에 초점을 맞추기로 하자. 지금까지 보고 또 보았듯이, 자기기만이 비행기 조종사, 공무원, 전쟁 기획자 등등 개인의 인지 기능을 왜곡시킨다고 믿는다면, 우리의 지식 체계 자체도 마찬가지로 체계적으로 왜곡되지 않는다고 어찌 장담할 수 있겠는가?

물론 나는 이 방대한 주제―모든 지식 자체―를 개괄하려는 척 따위는 결코 할 수 없지만, 내가 중요하다고 여기는 몇 가지 요점이 있다. 첫째, 우리는 지식이 더 왜곡될수록, 그것을 통제하는 이들로서는 왜곡을 하면 할수록 유리할 것이라고 예상할 수 있다. 당신이 미사일을 더 정확히 쏘거나 지식을 더 정확히 전달하려고 애쓰고 있다면, 당신은 과학 자체에 기댈 것이다. 과학은 일련의 점점 더 정교해지는 냉철한 기만과 자기기만 대항 메커니즘을 토대로 하기 때문이다. 과학이 대성공을 거둔 이유는 어느 정도는 이 특성에서 비롯되는 듯하다. 둘째, 한 학문 분야에 사회적 내용, 특히 인간에 관한 내용이 많을수록 자기기만의 힘 때문에 편향이 더 커질 것이고 덜 사회적인 분야들에 비해 발전이 더 지체되리라는 것이 명백해 보인다. 사회적 현상에 내재된 복잡성은 급속한 과학적 발전을 방해하는 듯하지만, 현대 물리학은 고도로 복잡하며, 물리학적 발견들은 자기기만에 비교적 방해를 받지 않는 과정들을 통해 이루어졌다. 한편 역사 연구는 집단 내에서 과거의 진정한 모습을 찾으려 애쓰는 소수의 정직한 역사가들과 집단의 과거를 긍정적이고 자긍심을 고양시키는 방향으로, 한마디로 거짓 역사 서사를 그려내는 데 주로 관심이 있는 훨씬 더 많은 역사가들 사이의 갈등처럼 보인다.

또 사회과학 분야들의 발달에 관한 또 한 가지 가능성은 어떤 주제에 대해 사전에 지닌 도덕적 입장이 그 주제의 이론과 지식의 발달에 영향을 끼칠 수도 있다는 것이다. 따라서 어떤 의미에서는 정의가 진리보다 우선할 수도 있다(그리고 거짓 정의가 거짓보다). 이 문제부터 살펴보기로 하자.

정의가 진실보다 우선한다?

학계는 통상적으로 우리가 진리에 관한 더 큰 이론으로부터 정의의 이론을 이끌어낼 것이라고 가정한다. 하지만 정의에 관해 우리가 미리 지니고 있는 입장이 진리 탐구를 방해한다면? 예를 들어 부당한 입장 쪽으로 치우친 무의식적 편향은 그 입장을 선호하는 인지 편향을 야기할 것이다. 어떤 상황의 정의를 토대로 산출하는 '진리'는 미리 지니고 있던 부당한 입장에 의해 왜곡될 것이다. 요컨대, 부정의는 자기기만, 무의식, 현실 인지 불능을 낳는 반면, 정의는 정반대 효과를 일으킨다. 이것은 삶에 폭넓게 영향을 미칠 수 있다. 즉 우리는 사회 이론―미시 수준에서는 혼인·가정·일, 거시수준에서는 사회·전쟁 등등―을 구축하고 우리가 진리를 객관적으로 추구하고 있다고 생각할 수 있지만, 그저 자신의 편향에 살을 붙이고만 있는 것인지도 모른다. 이것은 초기에 공정성이나 정의에 애착을 가지면 사회 현실 문제에서 진리를 식별하는 데 평생 도움이 될 수도 있음을 시사한다. 물론 사이비 정의에 애착을 갖게 되면 정반대 효과가 나타날 수도 있다. 이른바 정의에 대한 애착이 방어적으로 ―예를 들어 외부 지식이 자신의 학문 분야로 침입하는 것을 막는 쪽으로― 사용되어 진리로부터 멀어지게 할 수도 있다. 뒤에 문화인류학에서 그런 사례가 나온다. 행동은 믿음을 낳을 수도 있지만, 내가 주장해왔듯이, 애초에 그 행동을 일으키는 것이 무엇인가, 즉 정당한 입장인가 부당한 입장인가 하는 의문은 여전히 남는다.

과학의 성공은 반反자기기만 장치를 토대로 한다

과학의 성공은 매번 기만과 자기기만에 맞서 자신을 지키는 일련의 내재된 장치들에 크게 힘입은 듯하다. 우선 과학은 모든 것이 명백해야 한다고 여긴다. 한 유명한 수학 증명(괴델의 정리)은 사용되는 모든 기호들을 제시하고 그것이 어떤 의미인지 정의하면서 시작한다. (대조적으로 사회과학에서는 하위 분야 전체가 엉성하게 정의된 단어들의 틈새에서 번영을 누릴 수도 있다.) 과학 연구는 세세한 부분까지 명시적으로 기재되어야 한다고 여긴다. 남들이 연구 전체를 정확히 재연할 수 있도록 조건과 방법을 명확히 기술해야 한다. 이것이 바로 거짓에 맞서는 핵심 방어 장치다. 같은 결과가 나오는지를 알아보기 위해 연구를 재연할 수 있도록 하는 것이다. 흥미를 자극했다가 이 첫 번째 장애물을 통과하지 못해서 내쳐지는 사기의 수가 얼마나 많을지 생각해보라. 상온 핵융합을 통해 원자 에너지를 끌어낸다는 연구가 대표적이다. 물론 정신분석 같은 전면적인 사기는 아예 실험을 통한 검증이라는 것을 배제시킨다(술자리에서 주고받는 임상 사례 이야기를 기본 자료로 삼음으로써). 정확한 재연이 가능하도록 정확히 기재하라는 요구 조건은 실험 연구만이 아니라 자료를 수집해 흥미로운 패턴을 밝혀내는 모든 방식에 적용된다.

실험은 통제된 조건에서 이루어진다. 즉 핵심 변수들을 일정하게 유지하거나 논리적이고 체계적인 방식으로 변화시키면서 이루어진다. 그렇게 나온 결과는 지난 한 세기에 걸쳐 매우 정교하게 다듬어진 통계 수단의 분석을 거친다. 이제는 대단히 복잡한 자료 집합을 엄밀하게 검토해 통계적으로 유의미한 정보를 찾아낼 수 있다. 관습상 우연히 나타날 확률이 5퍼센트를 넘는 자료는 신뢰할 수 없다고 거부된다. 의학적 발견 같은 중요한 결과라면 대개 오차율을 1퍼센트 이하로 잡는다. 마지막으로 나온 모든 증거들을 토대로 통계적으로 타당한 일반화가 가능한지를 알아보기 위해 관련된 수많은 연구 결과들을 대상으로 메타분석을 수행할 수 있다. 이 단계들 하나하나는 기만과 자기기만의 기회를 최소화하는 경향이 있다. 또 신뢰도(통계적 유의성)와 효과 크기(약한지 강한지)에 따라 정보의 등급을 매길 수 있게 한다.

과학의 시금석은 미래를, 특히 여태껏 알려지지 않은 사실을 예측하는 능력이다. 그렇다, 빛은 정말로 중력에 휘어진다(아인슈타인이 예측한 대로). 일식 때 관찰하니, 태양 주위에서 보이는 별들의 겉보기 위치가 태양의 중력 때문에 정말로 달라졌다.[1] 규모가 훨씬 더 작은 연구에서도 똑같은 원리가 적용된다. 개미가 후손의 성비에 투자하는 비율이 1:3이라는(다른 거의 모든 동물들과 달리)라는 것은 처음에 친족 관계만을 토대로 예측한 사항이었고(그 비율로 자식을 낳는 여왕개미는 다른 거의 대부분의 종과 달리, 아들보다 딸과 근친도가 세 배 더 높다) 수십 건의 과학적 연구를 통해 나온 세부적인 증거들을 통해 확증되었다.[2] 물론 과학자들은 사실상 '사후추정'일 때에도 어떤 사전 지식이 없이 이루어지는 '예측'인 척할 것이다. 바로 그 점이 개미에 관한 예측에 비해서 아인슈타인의 예측이 대단한 이유다. 아인슈타인이 10년도 더 뒤에 일어날 일식 때 별들의 겉보기 위치에 관한 사전 정보를 어찌 지닐 수 있었겠는가? 대조적으로 개미의 성비는 예측을 하기 전에 쉽게 조사할 수 있다.

진정한 과학의 핵심 요구 조건이 하나 더 있다. 과학은 새 지식이 가능한 한 기존 지식을 토대로 구축되어야 한다고 요구한다. 핵심 가정들은 이미 기존 지식과 모순될(혹은 기존 지식의 뒷받침을 받을) 수도 있으며, 기존 지식이 없다면 과학은 그것을 생산할 가치가 있다고 주장한다. 이 과정에서 토대 자체에 오류가 있다면 —건축과 학문 양쪽에서— 가장 값비싼 대가를 치르게 된다. 하지만 사회과학의 많은 분야들에서는 진정한 과학이 지닌 이 특징을 채택하는 것조차 —환영하기는커녕— 놀라울 정도로 꺼려한다(뒤에서 나올 것이다).

자연과학은 다음과 같은 구조를 지닌다. 물리학은 수학에 의존하고, 화학은 물리학에, 생물학은 화학에, 원리상 사회과학은 생물학에 기댄다. 적어도 마지막 단계는 내가 절실히 바라는 것이며, 아마 머지않아 이루어지리라고 본다. 하지만 경제학에서 문화인류학에 이르기까지, 사회과학 분야들은 생물학이라는 토대와 연결되는 것을 계속 거부하고 있으며, 그리하여 참담한 결과가 빚어진다. 기초 지식에 들어맞는가라는 시험을 통과한 가정들만을 사용하는 대신에, 그 분야들에서는 뭐가 마음에 떠오르든 간에 자유롭게 자신의 논거로 삼아 그 방침을 끝까지 밀고나간다. 그것이 아무짝에도 쓸모없다는 점을 전혀 모른 채 말이다.

대조적으로 수학은 물리학에 엄밀함을 부여했고, 물리학은 화학에 정확한 원자 모형을 주었고, 화학은 생물학에 정확한 분자 모형을 제공했다. 그러면 생물학은? 줄 것이 훨씬 많으리라고 생각할 것이다. 가장 중요한 것은 명백하고 잘 검증된 이기심의 이론이지만, 생물학이 없었다면 모호한 채로 남아 있었을 수많은 기초 변수들(면역학, 내분비학, 유전학 측면의)을 상세하게 이해할 수 있게 해줄 뿐 아니라, 엄청난 양의 증거들도 제공한다.

학문 분야가 더 사회적일수록 발달은 더 지체된다

우리는 물리학에는 자기기만이 거의 없다고 상상한다. 뮤 중간자의 중력 효과가 음인지 양인지가 일상생활에 어떤 차이를 낳을까? 전혀. 따라서 그 분야는 기만과 자기기만의 힘에 비교적 방해를 받지 않고 발전할 것이라고 예상된다. 한 가지 예외가 있다. 물리학자들은 자신의 연구가 남들에게 얼마나 중요하고 가치가 있는지를 과장해서 말할 것이다. 그들은 '만물의 이론'을 구축하고 있다는 등 원대한 주장들을 떠들어대겠지만, 내가 보기에 그런 주장들의 사회적 효용은 주로 전쟁과 연결된다. 그런 원대한 주장들은 주로 더 멀리까지 날아가서 더 정확히 타격하는 더 강력한 폭탄을 만드는 쪽으로 기여해왔으며, 아마 연원을 따지자면 선사시대부터 그래왔다고 할 수 있을 것이다. 나는 작은 입자를 믿어지지 않을 만큼 가속시켜서 충돌시키는 초대형 입자가속기에 90억 유로를 썼다는 기사를 읽을 때, '폭탄'을 떠올렸다. 과대 주장이라는 이 요인이 객관적으로 사려 깊게 판단할 때보다 더 많은 자원을 물리학과 그 일부 하위 분야들에 투자하도록 유도할 수도 있지만, 이론을 구축하는 데 큰 효과가 있을 것 같지는 않다.

내가 보기에 대단히 확고하고 정교한 물리학을 발전시키는 데 핵심이 되는 요인은 연구 주제에서 사회적 상호작용과 사회적 내용을 철저히 배제시키는 것이다. 더 일반적으로 나는 한 분야의 사회적 내용이 더 많을수록, 그 분야는 발전을 가로막는 기만과 자기기만의 더 큰 힘에 직면하기 때문에 발전이 더 느려질 것이라고 본다. 따라서 심리학, 사회학, 인류학, 경제학은 우리가 자신과 남을 바라보는 관점과 직접적인 관련이 있기에, 자기기만에 쉽사리 왜곡되는 구조를 지니고 있을 것이라고 예상할 수 있다. 일부 생물학 분야들, 특히 사회 이론과 (별개로) 인간 유전학에도 같은 말을 할 수 있다. 이런 착각들 중 상당수는 정당한 수준보다 더 높은 수준에서(이를테면 개인이 아니라 사회 수준에서) 기능을 해석한다는 공통점을 지닌다.

생물학에서의 자기기만

약 1세기 동안 생물학자들은 사회 세계를 거의 거꾸로 분석해왔다. 그들은 자연선택이 집단이나 종에게 좋은 것을 선호한다고 주장했다. 다윈이 잘 알고 있었다시피, 사실은 개체에게 좋은 것(생존과 번식 측면에서)을 선호하는데 말이다. 더 정확히 말하면, 자연선택은 개체 내에서 자신의 생존과 번식을 도모하는 유전자에 작용한다. 유전자를 퍼뜨리는 개체에게 이로운 것은 대개 그 유전자들에게도 이롭다. 하지만 다윈의 이론이 발표된 거의 그 시점에, 그 분야의 과학자들은 더 상위 기능(종, 생태계 등등)에 봉사하는 것이 혜택이라는 기존 견해로 돌아서 있었다. 그리고 자신들의 믿음을 뒷받침하기 위해 다윈을 인용할 뿐이었다. 그리고 그 거짓 이론은, 구성원들이 서로의 집단 지향성을 점점 증가시키는 데 몰두하는 집단생활을 하는 종이 채택할 것이라고 사람들이 예상하는, 바로 그런 종류의 사회 이론이었다. 또 이 이론은 개인의 행동이 집단의 이익에 봉사한다고 주장함으로써(예를 들어 살인을 인구 조절용으로 정당화하는 식으로) 정당화하는 데 사용될 수 있고, 갈등 없는 세계라는 이상 세계를 꾸며내는 데도 쓰일 수 있다.

수컷의 유아 살해라는 고전적인 사례를 예로 들자. 인도의 랑구르원숭이에게서 처음 상세히 연구된 이 현상은 지금은 100여 종에서 일어난다는 것이 밝혀져 있다.³ 과학자들은 수컷이 새끼(이전 수컷의 자식)를 살해하는 행위가 개체수가 주체할 수 없이 늘어나는 것을 막아 종을 유지하는 개체군 조절 메커니즘이라고 합리화했다. 즉 수컷의 살해는 모두의 이익에 봉사한다는 것이다. 물론 유아 살해는 결코 그런 것이 아니었다. 새끼를 키우면 어미의 배란이 억제되므로, 새끼를 살해하면 어미가 더 빨리 번식할 수 있는 상태로 돌아간다. 그러면 수컷의 번식에 도움이 된다. 죽은 새끼와 그 어미의 희생을 대가로 말이다. 일부 집단에서는 새끼 중 무려 10퍼센트가 어른 수컷에게 살해당하기도 한다. 어미를 차지한 새 수컷이 기존 새끼를 살해함으로써 어미의 번식을 앞당기는 기간은 평균적으로 겨우 2개월에 불과했다. 이 살해는 개체군 밀도(그것이 개체군 조절 기능을 한다면 밀도가 조절될 것이라고 예상할 수 있다)와 무관하며, 수컷이 새 집단을 차지하는 빈도와 상관관계가 있다. 이 연구가 보여주는 것은 암컷이 잃는 것(12개월에 걸친 육아 노력)에 비해 수컷이 얻는 것(임신을 2개월 앞당기는 것)이 보잘것없을지라도, 자연선택은 세대마다 수컷들에게 엄청난 사회적 비용을 부과할 수 있다는 것이다.

수컷의 공격성이 본래 종에게 유익하다는 주장도 널리 퍼져 있었다.⁴ 두 수컷 중 더 강한 자가 원하던 암컷을 차지한다면 종에게도 언제나 더 낫기 때문이라는 것이다. 하지만 정말로 그러한지는 알려져 있지 않다. 공격에 성공한 수컷이 자식에게 이로운 유전자를 지니고 있는지 여부는 사례마다 개별적으로(특히 선택하는 암컷이) 답해야 하는 열린 질문이다. 아마 공격적인 수컷의 성공은 공격성을 맡은 유전자들만을 퍼뜨릴지 모른다. 종에게는(혹은 암컷의 딸에게는) 달리 소용없는 것이다. 어쨌든 번식하는 섬에 우글우글 모인 암컷들을 차지하기 위해 싸우는 코끼리물범 수컷들은 대개 해마다 새끼의 약 10퍼센트(다른 수컷이 낳은)를 살해한다. 싸울 때 짓밟아댐으로써 말이다. 대체 수컷의 공격성이 어떤 의미에서 종에게 유익하다는 것일까? 열등한 유전자를 짓밟아 제거한다는 말일까?

또 친족 관계가 가깝다면 갈등이 없다고 상상하기 쉽다. 따라서 어미-자식의 공진화가 선호된다는 것이다. 서로가 돕는 쪽으로 진화하면서 말이다. 4장에서 살펴보았듯이, 그것은 실제 가족의 상황과 맞지 않는다. 태반이 형성될 때조차도 어미는 태아 조직이 파고드는 것을 돕지 않는다. 오히려 화학적 물리적 장애물을 세운다(나중에 지나친 투자를 피하려면 그 편이 낫다). 마찬가지로 1960년대에 조류 관찰자들은 자신들이 즐겨 관찰하던 새 가족들에게서는 갈등이 없다고 상상하고는 했지만, 그 생각은 곧 틀렸음이 드러났다. 혼외정사 비율이 20퍼센트가 넘는다는 사실이 잇달아 드러나면서였다. 어쨌거나 오랫동안 진화생물학자들은 사회과학을 비롯한 기타 분야들에서 진화가 가족, 집단, 문화, 종, 아마 생태계에까지도 유익한 것을 선호한다는 개념이 자리를 잡도록 돕는 논리를 써왔다. 이런 범주 내에서 갈등이 빚어진다는 현실을 축소시키면서 말이다. 곧 인류학자들은 전쟁 자체를 진화가 선호한다고 합리화했다. 전쟁 역시 탁월한 인구 조절 장치이기 때문이다. 그 착오가 비사회적인 형질과는 거의 무관하다는 점을 유념하자. 힘줄로 둘러싸인 사람의 무릎뼈는 긴장한 다리가 에너지를 소비하지 않고 똑바로 설 수 있게 해준다. 이 새 무릎뼈는 개인에게 혜택을 주었기 때문에 진화한 것이지만, 종에게 혜택을 주는 쪽으로 진화했다고 말한다고 해도 잘못된 해석은 아닐 것이다. 사회적 형질들은 그렇지 않다. 앞서 살펴보았듯이, 여기에서 우리는 형질이 남들에게 더 희생을 치르게 할지라도 개인 수준에서 선호된다는 점을 알아차리지 못함으로써 그 형질의 의미를 거꾸로 해석할 수 있다. 대신에 우리는 모두가 혜택을 본다고 상상한다. 이것은 팡글로스의 정리Pangloss's theorem—모든 것은 가능한 모든 세계 중 최선의 세계에서, 최선을 위한 것이라는 뜻—를 고쳐 말한 것에 불과할 때가 많다.

마찬가지로 남들을 향한 이타주의는 종의 이익을 위한 것이라는 개념에 별다른 큰 문제를 일으키지 않는다. 비용보다 혜택이 더 크기만 하다면, 종에게 순편익이 있을 것이기 때문이다. 물론 개인 수준에서 이타주의는 설명을 요하는 문제이며, 친족 관계나 호혜적 관계 같은 특수한 조건을 필요로 한다. 그리고 친족 관계와 호혜적 관계 둘 다 내부 갈등을 지닌다. 후자는 집단 선택 관점에서는 불필요한 적응인 비호혜적 관계를 평가할 공정성 감각을 빚어낸다.

경제학은 과학일까?

짧게 답하자면, 아니오다. 경제학은 과학인 양 행동하며 과학인 양 허풍을 떨지만—인상적인 수학적 장치를 개발하고 해마다 자체 노벨상도 준다— 아직은 과학이 아니다. 경제학은 바탕을 이루는 지식(여기서는 생물학)을 기반으로 하지 않고 있다. 그것은 희한한 일이다. 경제 활동의 모델이라면 당연히 각 생물이 무엇을 하는가라는 어떤 개념에 토대를 두어야 하기 때문이다. 우리는 무엇을 최대화하기 위해 애쓰고 있는가? 이 물음에 경제학자들은 협잡을 부린다. 사람들은 자신의 '효용'을 최대화하려 애쓸 것이다. 그렇다면 효용이란 무엇일까? 사람들이 최대화하고자 하는 무엇이다. 돈을 최대한 벌고자 애쓰는 상황도 있을 것이고, 음식을 최대로 얻고자 애쓰는 상황도 있을 것이며, 음식과 돈보다 섹스를 가장 원할 수도 있다. 따라서 우리는 한 종류의 효용이 다른 종류보다 우선할 때가 언제인지를 알려줄 '선호 함수'가 필요하다. 선호 함수는 경험을 통해 결정되어야 한다. 경제학 자체는 생물이 이런 변수들의 순위를 어떻게 매길지를 알려줄 이론을 전혀 제공할 수 없으니까. 하지만 집단은커녕 한 생물을 대상으로라도 적절한 모든 상황에서 측정을 통해 모든 선호 함수를 파악한다는 것은 아예 엄두조차 낼 수 없다.

현재 생물학은 다윈의 번식 성공 개념을 토대로 효용이 정확히 무엇을 뜻하는지에 관한 잘 정립된 이론을 갖고 있다(설령 약 100년 동안 진실이 왜곡되었을지라도). 생물에게 어떤 효용(즉 혜택)이 있는지를 이야기하려면, 이것이 궁극적으로 개인의 포괄 적응도, 즉 생존한 자손의 수에다가 근친도가 먼 정도를 감안한 친척들의 번식 성공률에 미치는 효과(긍정적 또는 부정적)를 더한 것이라는 점을 아는 편이 좋다. 많은 상황에서는 이 정의의 추가된 부분(번식 성공률만을 고려했을 때에 비해)이 아무런 차이를 낳지 않지만, 마치 자신들이 경제 이외의 과학 지식으로부터 독립된 과학을 만들어낼 수 있는 양 결연히 행동함으로써, 경제학자들은 중요할 수도 있는 일련의 연관 관계를 놓치고 있다. 1장에서 살펴보았듯이, 그들은 시장의 힘이 사회와 경제 체제에서 기만의 비용을 자연히 제한할 것이라고 암묵적으로 가정하고는 하지만, 그런 믿음은 더 일반적인 생물학은커녕 우리가 일상생활에서 깨달은 것과도 들어맞지 않는다.[5] 하지만 이 '과학'과 현실의 괴리가 너무나 크기 때문에, 이런 모순들은 세계 전체가 잘못된 경제 이론과 결합된 기업의 탐욕을 토대로 한 경제 침체기에 빠져들 때에만 눈에 띈다.

이 문제는 어느 정도는 그 과학에 삽입된 '효용'이라는 개념이 모호하다는 사실과 관련이 있다. 그것은 당신의 행동이 자신에게 주는 효용을 말할 수도 있고 자기 집단의 구성원을 포함하는 다른 사람들에게 주는 효용을 뜻할 수도 있다. 경제학자들은 이 두 종류의 효용이 나란히 나아간다고 쉽사리 상상한다. 그들은 개인의 효용(정의되지 않은)을 위해 행동하는 개인이 집단에 편익을 주는(일반 효용을 제공하는) 경향이 있다고 주장하고는 한다. 따라서 그들은 개인 효용의 무제한적 추구가 집단 편익에 재앙을 일으킬 수 있을 가능성을 외면하는 경향이 있다. 이 오류는 생물학에 잘 알려져 있으며, 수백 가지 사례가 나와 있다. 두 종류의 효용이 긍정적인 병렬 관계를 이루고 있다고 미리 가정해야 할 근거는 전혀 없다. 개별 사례마다 그렇다는 것을 보여주어야 한다.

최근에 경제학이 연관 분야들과 연계를 도모하려 노력하고 있는데, 그중에 가장 환영을 받고 있는 것은 심리학과 연계시키는 행동경제학이다. 하지만 으레 그렇듯이, 경제학자들은 진화론과의 최종 연결 고리를 맺기를 완강히 거부한다. 그 방향으로 나아가고 있을 때에도 말이다. 즉 경제적 행동의 진화적 설명을 내놓고 있는 경제학자들조차도 유별난 반직관적인 가정을 토대로 그런 설명을 제시하고는 한다. 한 예로 우리 행동이 인위적인 경제 게임에 특히 적합하도록 진화했다고 가정하는 것이 최근에 흔히 저지르는 오류다(모든 최고의 학술지에 발표되는).

이 가정이 얼마나 기이한지 알아보기 위해, 2장에서 다룬 최후통첩 게임을 떠올려보라. 사람들은 설령 돈을 잃을지라도 익명의 사람이 부당하게 돈을 나누자는 제안을 하면(이를테면 80 대 20으로 제안자가 많이 갖겠다는) 거부하고는 한다. 따라서 그 게임은 우리의 공정성 감각을 측정한다. 우리는 자신에게 불공정하게 행동하는 사람을 벌하기 위해 얼마큼 불이익을 감수할까? 하지만 한 경제학자 집단(엄밀함을 추가하기 위해 인류학자 몇 명도 끼워 넣은)은 마치 사람들이 이 유별난 실험실 상황에 알맞게 진화한 양 행동한다는 특이한 주장을 펼쳐왔다.[6] 달리 말해, 그들은 우리가 철저히 익명으로 이루어지는 거래에서 가해자를 처벌하겠다고 자신의 희생을 무릅쓰고서 불공정한 제안을 거절하는 행위를 그 상황에 딱 들어맞도록 진화한 편향이라고 본다. 행위자나 친척에게 아무런 편익이 돌아오지 않는, 그저 집단의 편익만을 주는 일회성 거래인 상황에 알맞게 말이다. 여기서도 집단은 개인을 이긴다. 하지만 이것은 공포 영화를 보면서 느끼는 공포가 영화 관람에 적합하도록 진화했다는 주장이나 다를 바 없다. 생물학자들은 수세기 동안 생물을 실험실로 들여와서 형질을 연구해왔지만, 어떤 형질이 실험실에 적합하도록 진화했다고 상상함으로써 그것의 기능을 연구하려는 손쉬운 방법을 택한 생물학자는 내가 아는 한 한 명도 없다.

최근에 노벨경제학상을 받은 어느 분은 잘 정립된 자신의 과학이 어떻게 2008년에 시작된 금융 붕괴 사건을 전혀 예측하지 못했는지 의아해했다. 물론 그것은 어느 정도는 경제 사건이 본래 많은 요인이 관여하는 복잡한 것이며, 엄청나게 많은 사람들의 행동의 집합인 최종 결과는 설령 날씨만큼 복잡한 것은 아닐지라도 거의 예측하기가 불가능하다는 점 때문이기도 하다. 그 경제학자는 그렇게 된 이유가 아름다운 수학에 푹 빠진 나머지 현실을 외면했기 때문이라고 보았다. 그것이 문제의 일부라는 점은 분명하지만, 그는 현실에서 자신들이 가장 먼저 주의를 기울여야 했을 부분이 생물학, 특히 진화론이라는 점을 전혀 언급하지 않았다. 약 30년 전부터 명백히 알 수 있었던 사실임에도 말이다. 경제학자들이 생물학적 이기심의 이론을 토대로 한 경제적 효용 이론을 30년 전에만 구축했더라면 —그리고 아름다운 수학을 잊고 더 적절한 수학에 주의를 기울인다면— 우리는 터무니없는 경제적 사고 중 일부에 시간을 빼앗기지 않고서 이미 정상에 있는 이들의 무제한적인 경제적 자기중심주의의 해로운 효과로부터 자신을 보호할 기만 대항 메커니즘을 출범시켰을지도 모른다.[7]

마지막으로 과학은 진정한 것이라기보다는 사이비 과학일 때, 너저분하고 편향된 진리 평가 체계로 변질되기도 한다. 지난 15년 동안 흔히 일어났던 다음 사례를 생각해보라. 세계은행은 개발도상국에게 외국 상품에 시장을 개방하고, 시장의 지배를 허용하고, 복지 정책을 줄이라고 조언한다. 그 프로그램이 이행되었다가 실패하면, 그들은 간단하게 진단을 내린다. "우리가 한 조언은 훌륭했는데 너희가 제대로 따르지 않아서 실패한 것이다." 그러니 절차가 잘못되었음이 드러날 위험이 거의 없는 셈이다.

문화인류학

문화인류학은 1970년대 중반에 왼쪽으로 방향을 틀었고 그것은 비극임이 드러났다. 그리고 아직도 그 여파에서 벗어나지 못하고 있다(적어도 미국에서는). 그 전에 그 분야는 사회인류학이라고 불렸고, 온갖 유형의 사회적 행동, 특히 다양한 문화와 인류 집단에게서 보이는 행동을 연구 대상에 포함시켰다.

그 분야는 화석과 과거의 유물도 포함하여 몸을 연구하는 체질인류학과 협력하여 같은 길로 나아갈 것이라고 여겨졌다. 그런데 1970년대 초에 갑자기 생물학에서 나온 강력한 사회 이론과 다양한 주제들이 처음으로 진지하게 논의되기 시작했다. 부모-자식 관계, 상대적인 부모 투자와 성차의 진화, 성비, 호혜적 이타주의와 공정성 감각 등등을 포함하는 친족 이론kinship theory이었다. 사회인류학자들은 선택을 해야 했다. 새 연구를 받아들이고 통달하여 새 흐름에 맞추어 자기 분야를 고쳐 쓰든지, 새 연구를 거부하고 자신의 전공 분야(대단한 것은 아니었을지라도)를 지키든지 해야 했다. 흔히 이렇게 말한다. "자신의 마음을 바꾸는 것과 그럴 필요가 없음을 입증하는 것 사이에 선택을 해야 하는 상황에 처하면, 거의 모두 증명을 하느라 바쁘다." 이 말은 학계에 특히 잘 들어맞을 것이다.

자신이 그런 난처한 상황에 처한 사회인류학자라고 생각하자. 당신은 사회인류학에 통달하기 위해 인생의 20년을 투자했다. 그런 와중에도 생물학을 철저히 외면했다. 이제 선택할 시기가 왔다. 생물학을 인정하고(고통스럽다), 그것을 배우는 데 3년을 투자한 뒤(거의 상상할 수도 없는 일이다), 자신보다 20년 더 젊고 더 잘 훈련된 사람들과 경쟁하거나(불가능하다), 아니면 자신이 애지중지하는 기존 사회생물학이라는 말에 그대로 올라탄 채 피 흘려 쓰러질 때까지 계속 채찍질하면서 몰고 가는 것이다. 물리학계에도 장례식을 한 번 치를 때마다 발전이 이루어진다는 유명한 말이 있다. 즉 누군가의 죽음만이 사람들의 마음을 바꿀 수 있다는 것이다. 그러나 가지 않은 중간 길이 있음을 유념하자. 그들은 이렇게 말할 수 있다. "내 자신을 변혁하지는 않겠다. 이미 너무 늦었으니까. 하지만 내 자신은 기존 연구를 계속해도 내 학생들은 생물학의 새 연구 결과로부터 유용한 무언가를 배울 수 있도록 해 줄 것이다(그들이 나를 가르칠 수도 있다)." 전면 거부는 자기기만을 암시한다. 노골적인 거부는 가장 손쉽게 즉시 갈 수 있는 경로지만 엄청난 비용을 수반하며, 3대째에 이르면 새로운 거부의 물결에 저항하기가 더욱 어려워진다. 사회인류학자들은 분명히 그 도전 과제에 나름대로 대처했고, 심지어 생물학과 연관되는 것을 미리 더 노골적으로 차단하고자 자신들의 분야를 '문화인류학'이라고 명칭을 바꾸기까지 했다. 이제 우리는 사회적 생물이 아니라 문화적 생물이 되었다. 그리고 그런 대응은 도덕적으로 정당화되었다. 생물학적 사고는 생물학적 결정론(유전학이 일상생활에 영향을 미친다는 개념)을 낳았고, 그 결정론은 파시즘, 인종차별주의, 성차별주의, 동성애 편견, 기타 불쾌한 이런저런 '주의들'에 영향을 미쳤다. 자연선택을 들먹거리는 것은 유전자의 존재와 아마도 효용까지도 의미하는 것이 되므로, 방금 말한 도덕적인 이유로 금지되었다. 그리하여 사회 이론의 한 새로운 분야 전체가 그것이 전제로 하는 가정들이 이른바 해로운 영향을 끼칠 것이라는 이유로 배제되고는 했다. 사실은 참이라고 널리 받아들여진 가정들(유전자가 존재하고, 사회적 형질에 영향을 미치며, 자연선택이 그 유전자들의 상대적인 빈도를 바꾸고, 그런 변화가 의미 있는 패턴을 빚어낸다는 것)을 말이다. 생물학을 인류의 사회생활에서 제거하면, 무엇이 남을까? 바로 단어다. 언어조차도 남지 않는다. 물론 언어는 지극히 생물학적인 것이다. 단어 홀로 남아 당신의 모든 생각을 편향시킬 수 있는 마법의 힘을 휘두르며, 과학 자체는 수많은 자의적인 사고 체계 중 하나로 격하되었다.

이 대응의 결말은 어떠했을까? 35년이라는 세월을 낭비했고 지금도 계속 그렇다. 사회인류학과 체질인류학을 종합하지 않으려고 그 세월을 낭비했다. 강한 사람들은 새로운 생각을 환영하며 그것을 자신의 것으로 만든다. 약한 사람들은 새로운 생각을 피해 달아나며, 아니 그렇게 보이며, 그런 뒤에 단어가 현실을 지배하는 힘을 지닌다고, 젠더 같은 사회적 구성물이 두 성별을 빚어낸 3억 년에 걸친 유전적 진화보다 훨씬 강하다는 것을 믿는 식의 기이한 심리 상태에 빠져든다. 어쨌거나 그들은 그런 사실들에 전혀 무지한 채로 있으면서, 그 주제에 대한 철저히 단어 기반의 접근법을 개발하는 데 몰두하고 있다.

여러 면에서 현재 문화인류학은 오로지 자기기만만을 다룬다. 남들의 자기기만을 말이다. 그들은 과학 자체를 사회적 구성물, 세계를 보는 똑같이 타당한 많은 방식들 중 하나라고 본다. 바이러스의 특성도 사회적 구성물일 수 있고, 음경은 어떤 의미에서 −1의 제곱근일 수 있으며, 기타 등등. 그 결과 미국의 인류학과들은 대부분 종합과 상호 성장의 공통 기반을 거의 찾을 수 없는 전혀 별개의 두 세부 분야로 이루어져 있다. 한 동료 생물학자의 말을 빌리자면, 양쪽 분야는 서로를 이렇게 본다. "그들은 우리를 나치라고 생각하고 우리는 그들을 얼간이라고 여긴다."

심리학

1960년대에 심리학자들은 생물학의 중요성을 공개적으로 부정하고는 했다. 하버드에서는 심리학 박사학위를 받으려면, 물리학을 한 학기 들어야 했다. 정밀과학이 어떠한 것인지 개념을 잡을 수 있도록 하기 위함이었다. 하지만 생물학은 필수 과목이 아니었다. 경제학자들과 마찬가지로, 심리학자들도 독자적으로 자기 분야를 만들려 하고 있었다. 학습 이론, 사회심리학, 정신분석. 그것들은 본질적으로 인간의 발달에 무엇이 중요한지를 추측하는 것이며, 서로 경쟁을 벌이고 있긴 하지만 모두 아무런 근거도 없다. 뒤에서 알게 되겠지만, 정신분석은 장기 흥행한 사기였으며, 학습 이론은 어떤 행동이든 상황에 알맞게 적응시킬 수 있다는 강화 능력을 앞세운 믿기 어려운 엄청난 주장을 내놓았다. 하지만 곧 논리적으로 따져보기만 해도 강화가 언어를 낳을 수 없으며, 심지어 행동의 결과가 조금이라도 늦게 나타난다면 행동과 그 결과를 연관 짓는 것조차 못한다는 것이 곧 드러났다.

긍정적으로 보자면, 심리학은 늘 개인에게 초점을 맞추어왔고 따라서 개인에게 이로운 접근 방법을 선호한다. 최근 들어 진화심리학이라는 학파가 크게 발달하고 있으며, 심리학은 생물학, 오래전에는 감각생리학이라고 했다가 지금은 신경생리학이 된 분야와 면역학 같은 분야들과 점점 통합되고 있다. 따라서 현재 심리학은 급속히 진화생물학의 한 분야로 통합되고 있는 중이다. 그것은 줄곧 원하던 바람직한 변화다.

사회심리학은 다른 심리학 분야들에 비해 다소 늦다. 그것은 사회적 내용을 더 많이 지닌 분야에 기만과 자기기만이 지체 효과를 일으킨다는 또 한 사례일 것이다. 또 사회심리학은 연구 기간을 단축하고 빨리 결과를 얻기 위한 인위적인 방법론들을 창안해왔으며, 그럼으로써 한 세기 넘게 심리학에 저주가 되어왔다. 가용 지식이 허용하는 것보다 더 많은 것을 말하고 싶은 욕망을 불러일으킴으로써 말이다. 그런 방법의 핵심은 자기보고, 즉 설문지에 답하는 행동이다. 사람들이 자신에 관해 뭐라고 말하는 것이다. 돌이켜보면, 질문에 말로 답하는 것을 토대로 인간 행동의 과학을 구축하려 시도하는 것은 현명하지 못한 듯하다. 무엇보다도 기만과 자기기만의 힘—원한다면 자기표현과 자기지각의 문제라고 해도 좋다—이 눈앞에 어른거린다. 우리는 자신에 관한 진실을 남에게 말하지 않을 때가 많고 애당초 그 진실 자체를 모를 때도 있다. 이런 수단들을 이용해, 자기기만은 고사하고 어떻게 기만을 걷어내고 진실에 이를 수 있다는 것일까? 그리고 기만과 자기기만의 명시적인 이론 없이 어떻게 그 일을 하겠다는 것일까? 이런 토대 위에서 과학을 구축한다면 엉성하게 측정되는 제대로 정의되지 않은 변수들 사이에 수많은 중요한 상관관계가 있다는 주장이 쏟아지게 되지만, 세월이 흘러도 누적되는 발전은 거의 또는 전혀 없다. 그들은 자신들의 도구(즉 설문지)가 타당성이 잘 입증되어 있고 예측성을 띠며 자체 일관성을 지닌다고 한다. 즉 사람들이 한 달 뒤에도 똑같이 답하고, 척도들이 다른 몇몇 척도들과 상관관계를 보이며, 모든 문항이 같은 방향을 가리킨다(혹은 점수를 거꾸로 매기는 문항도 있다)는 것이다. 방법론이 그다지 수긍이 가지 않을뿐더러, 그 이상의 것을 얻으려는, 즉 방법을 개선하려는 꾸준한 노력도 찾아보기가 어렵다.

정신분석: 자기기만 연구의 자기기만

프로이트는 자기기만과 인간 발달을 세세하게 파헤치는 과학을 발전시켰다고 주장했다. 바로 정신분석이다. 하지만 어떤 분야를 평가하는 한 가지 척도는 그것이 성장하고 번창하는지 아니면 시들고 기우는가인데, 정신분석은 번창하지 않았다. 나중에 드러났듯이, 그 분야에서 이루어진 발달의 경험적 토대는 임상 구전 지식clinical lore이라는 것이었다. 한마디로 정신과의사들이 일과가 끝난 뒤 술자리에서 떠드는 이야기였다. 즉 당신이 정신과의사에게 그가(거의 언제나 남성이기에) 여성 심리의 핵심 요소가 '음경 선망'이라고, 또는 거세 불안이라는 것이 남성을 이해하는 길이라고 믿는 근거가 무엇인지를 물으면, 심리치료 때 벌어지는 일들에 관한 정신분석가들의 공통된 경험, 가정, 주장이 근거라는 말을 듣는다. 그것은 당신이 직접 접할 수 없는 검증 불가능한 것이자, 체제 수준에서 보면 개선의 가능성이 전혀 없는 것이다. 사실 유용한 정보를 생산할 수 있는 방법론을 내놓거나 개발하지 못한다는 것은 과학이 아니라고 정의하는 것이나 다름없으며, 이 점을 생각할 때 정신분석이 대체 어떻게 성공을 거둔 것인지 그 자체가 놀랍다. 음경 선망이나 거세 불안을 규명할 대규모 이중 맹검 실험이 있었다는 말을 들어본 적이 있는지?

프로이트의 이론은 두 부분으로 이루어졌다. 자기기만과 심리사회적 발달이다. 자기기만의 이론은 여러 창의적인 개념들을 지니고 있었다. 부정, 투사, 반동 형성, 자아 방어기제 등등. 하지만 그런 개념들은 이드(어릴 때 겪는다는 이른바 중대한 전이 단계들인 항문기, 구강기, 오이디푸스콤플렉스에 깊이 의존하는 본능적 힘), 자아(의식하는 마음과 거의 같다), 초자아(부모를 비롯한 중요한 사람들과 상호작용을 통해 형성되는 양심이나 그와 비슷한 것)라는 말도 안 되는 더 큰 체계와 결합되었다.

그의 심리사회적 발달 이론은 현실로부터 거의 또는 전혀 뒷받침을 받지 못하는 약하고 의심스러운 가정들을 토대로 구축되었다는 의미에서 썩어빠진 것이었다. 그의 논리는 핵가족 내의 성적 매력-그리고 그것의 억압-에 주로 초점을 맞추고 있었지만, 초점의 대상이 자손이라는 중요한 문제여야 하지 않을까라고 생각할 타당한 이유가 있다. 거의 모든 동물 종은 유전적인 비용이 상당하기에 근친교배를 피하도록 자연선택을 거쳐왔으며, 근친교배를 최소화하는 메커니즘을 진화시켰다. 예를 들어 일찍 노출된 부모와 형제자매에게는 성적으로 무관심해진다. 자식의 관점에서 보면 더욱 그렇다. 즉 아버지는 딸에게 섹스를 강요함으로써(그리하여 아이를 가짐으로써) 유전적 비용을 충분히 상쇄시킬 근친도를 얻을 수도 있지만, 딸은 그런 관계로부터 자신의 비용을 상쇄시킬 수 있는 혜택을 얻을 가능성이 적다. 아들은 원칙적으로는 어머니를 임신시킴으로써 혜택을 얻을 수 있지만, 어머니는 번식 가능 연령이 끝나가는 반면 아들은 이제 시작되는 시기이므로 그런 방향으로의 자연선택은 기껏해야 약할 것이며 자신의 어머니에게 순종함을 보여야 할

지극히 타당한 이유들이 있다(특히 남성의 모계 유전자들 때문에).

따라서 프로이트는 가정 내의 성적 성향이 아이의 무의식적 욕구로부터 빚어진다고 주장함으로써, 스스로가 부정과 투사의 고전적인 사례가 되고 있었다. 남성 친척들이 젊은 여성들을 향해 부적절한 성적 접근을 한다(그의 여성 환자들은 그에게 그렇게 말했다)는 것을 부정하고 대신에 여성들이 바로 그런 관계를 갈망한다고 상상함으로써 말이다.

또 그는 둔하게도 부모의 엄한 대우가 자식에게 이상이 생기는 원인이라고 했다. 여기서도 그는 희생자를 탓하는 성향을 보였다. '늑대 사나이'는 프로이트의 유명한 분석 사례 중 하나다. 늑대 사나이는 어른이면서도 자신의 몸이 고문당하고 묶이고 구속당한다는 느낌에 시달리고 공포를 통제할 수 없는 정신병적인 증상을 앓는다. 프로이트는 이 증상들 전체가 발달 초기의 어느 단계에서 정체되면서 아이가 제대로 성숙하지 못해서 생기는 것이라고 추정했지만, 여기에서 아버지가 어떤 역할을 했을지는 생각조차 하지 않았다. 사실 프로이트는 그 아버지가 많은 책을 저술한 매우 존경받는 교육자라고 호의적으로 말한다. 하지만 그는 가학적인 교육자이자 아버지였다. 그는 바른 자세를 함양한다는 미명하에, 아이들을 밤에 침대에 묶고서 온갖 고문 도구를 사용할 것을 주장했다. 유감스럽게도 그는 그 이론을 자기 자식들에게도 적용했다. 그 결과 한 아들은 자살했고, 다른 아들은 살아남아 프로이트의 '늑대 사나이'가 되었다.[8]

젊었을 때 코카인을 남용하던 습성이 그의 웅대함에 얼마나 불을 지폈는지는 알 수 없지만, 그가 29라는 숫자가 인간의 삶에서 반복하여 결정적인 역할을 한다거나 전기 장치를 사용하지 않고서 생각만으로 순간 이동을 할 수 있다거나 하는 등등의 기묘한 일들을 쉽게 믿었다는 것은 분명하다. 정말로 기이한 점은 그가 정신의학과 심리학의 모든 분야를 접수하고, 생각이 비슷한 사람들에게 수세대에 걸쳐 일자리를 제공하고, 일주일에 네 차례 상담하는 사람들의 삶을 잘못 해석하는 일을 하면서 높은 진료비를 부과하는 사이비 종교를 창시할 수 있었다는 사실이다.[9]

프로이트가 경험적 검증에 어떤 입장이었는지는, 이론을 세운 지 30년이 되면 실험을 통해 검증할 때가 되지 않았냐는 질문을 누군가 했을 때 그가 한 답변에 잘 요약되어 있다. 실험을 허용해도 아무런 해를 끼치지 않을 수 있음에도, 프로이트는 이렇게 말했다.

> 이런 주장들은 의지할 수 있는 관찰 사례가 풍부하므로, 실험을 통한 검증으로부터 독립되어 있다.[10]

이상한 주장이다. 반증을 실제 증거로 볼 수 없다고 시사하는 것이기 때문이다. 달리 말하면 실험적 진리의 세계와 정신분석 진리의 세계가 독립되어 있다는 것이며, 사실이 그렇다. 유명한 물리학자 리처드 파인만의 입장은 정반대다.

> 추측이 얼마나 아름다운지, 추측자가 얼마나 명석한지, 추측자가 얼마나 유명한지는 중요하지 않다. 실험 결과가 추측과 들어맞지 않는다면, 그 추측은 틀린 것이다. 그뿐이다.[11]

자기기만은 학문 분야를 일그러뜨린다

우리는 자기기만이 지식 분야의 구조를 일그러뜨릴 수 있는 다양한 방식을 살펴보았다. 그 점은 진화생물학과 사회과학 양쪽에서 명백해 보인다. 사회과학은 인간의 사회적 행동과 점점 더 관련이 깊어지는 반면에 발전 속도는 점점 느려지고 있다. 그것은 어느 정도는 그런 분야가 전공자에게 더욱 자기기만을 유도하기 때문이기도 하다. 한 가지 일반적인 편향은 생명이 더 고차원적인 기능을 돕도록 자연히 진화한다는 것이다. 유전자가 아니라 개체, 개체가 아니라 집단, 집단이 아니라 종, 종이 아니라 생태계, 그리고 약간의 추가 에너지를 들여서 생태계가 아니라 우주 전체를 향하면서 말이다. 확실히 종교는 이 양상을 촉진하는 듯하다. 입증된 것보다 더 큰 패턴을 보려는 유혹을 늘 느끼니까. 과학은 얼마간 희망을 제공한다. 과학은 기만과 자기기만으로부터 자신을 보호하는 일련의 내재된 메커니즘을 지니지만, 노골적인 사기는 말할 것도 없이 사이비 과학의 구축(프로이트)에도 아주 취약하다. 하지만 장기적으로 거짓에게는 승산이 없다. 그것이 바로 시간이 흐를수록 과학이 경쟁하는 분야들을 이기는 경향을 보이는 이유다.

14장
우리 자신의 삶에서 자기기만과 싸우기

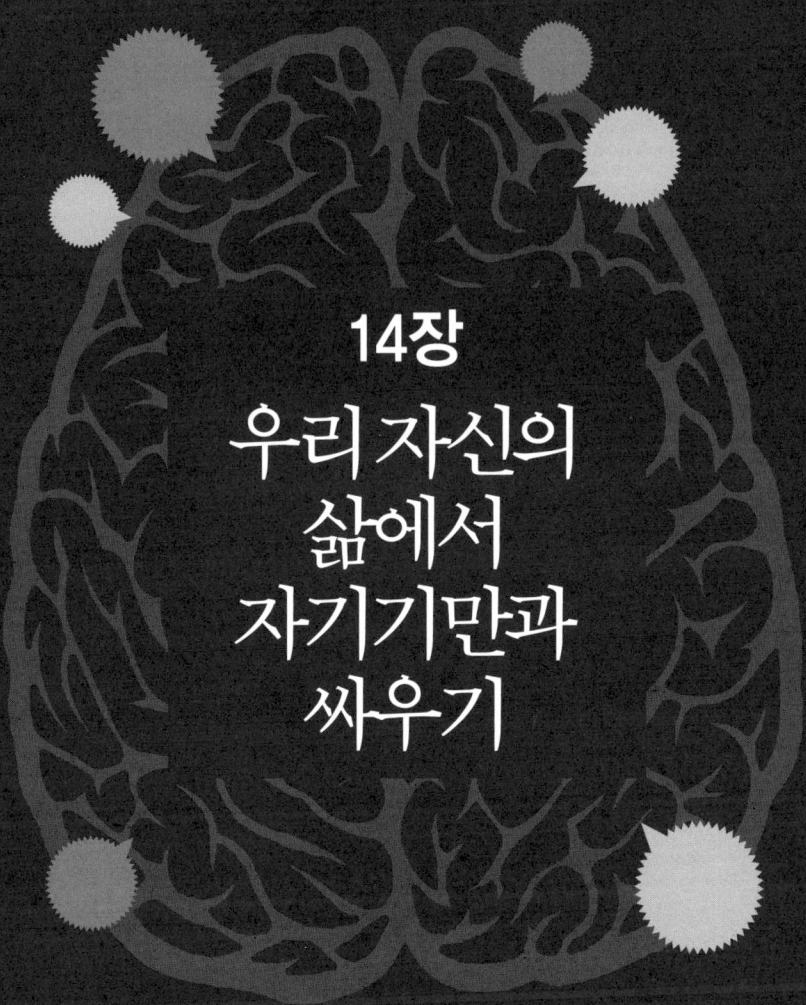

기만과 자기기만이라는 질병은 모든 인류 집단에 공통적으로 나타나며, 어느 누구도 이 병에 면역성을 지니고 있지 않다. 하지만 자신이 알아차린 편향을 스스로 의식적으로 교정하는 것은 가능하다. 과신과 무의식을 피하려고 노력하라. 둘 다 저마다 위험하다. 그리고 둘이 결합되면 치명적일 수 있다.

자기기만이라는 측면에서 내 삶은 양분되어 있다. 내가 주변 사람들과 어떤 관계를 맺는지에 영향을 끼치는 개인적인 부분과 내 과학 연구를 일컫는 일반적인 부분 및 더 일반적으로 사회를 해석하는 문제가 그렇다. 첫 번째는 훨씬 더 내밀하고 내게 가장 중요한 관계에 있는 사람들의 생물학과 얽혀 있다. 두 번째는 훨씬 더 많은 사람들의 생각에 영향을 끼치는 부분이지만, 그들은 대개 나와 훨씬 더 먼 관계에 있는 사람들이다.

자신의 개인 생활 측면에서 삶으로부터 배울 때의 문제점은 삶이 달리는 기차에 역방향으로 앉아 있는 것과 비슷하다는 것이다. 즉 우리는 스쳐 지나간 뒤에야 현실을 본다. 신경생리학자들은 이것이 말 그대로 옳다는 것을 보여주었다(3장). 우리는 일이 벌어지고 난 뒤에야, 들어오는 정보뿐 아니라 행동하려는 내면의 의도를 (의식적으로) 본다. 마치 사전에 예측해야 할 일을 사후에야 어렵게 알아차리는 듯하다. 따라서 미래를 내다보는 능력은, 우리 자신의 행동을 내다보는 일조차도 지극히 한정되어 있을 때가 많다. 나는 내 자신의 자기기만에 관해 많은 것을 배웠다고 믿지만, 그렇다고 내가 같은 자기기만을 되풀이하지 않는 것은 아니다. 종종 똑같이 반복한다. 내게 갈등과 자기기만 양쪽을 수반하는 흔한 문제를 하나 예로 들어보자. 누군가가 내게 피해를 끼치면, 나는 악의적인 반응, 욕설, 다른 어떤 비난하는 몸짓을 상상한다. 그러면 내 안의 숨겨져 있던 쪽이 말한다. "하지만 로버트, 너는 이런 상황을 이미 614번이나 겪고 악의적인 행동을 저질렀고, 그런 뒤에는 매번 얼마 지나지 않아 자신의 행동을 후회했지. 이번도 전혀 다르지 않아. 그러지 말라고." 그러면 내 인격의 우세한 부분이 거세게 되받아친다. "아니야. 이번에는 달라. 이번에는 흡족하고 행복한 기분을 느낄 거야." 그리고 615번째로 같은 상황이 반복된다. 이 오류의 한 가지 형태는 고대 중국 격언에 잘 포착되어 있다. "복수를 하려거든 무덤을 하나가 아니라 둘을 파라."

대조적으로 나는 진리, 특히 과학과 논리를 통해 진리를 추구하는 데 헌신하면서 오랜 세월 마음을 갈고 닦았기에 내 인생의 직업 영역에서는 비교적 자기기만을 거의 하지 않는다고 상상한다. 비록 그 자체가 철저한 자기기만일지 모르지만 말이다. 사실 나는 증거에 몰두하기에 앞서 더 나은 방법론과 더 고차원의 의미를 요구함으로써, 다소 더 비판적이고 엄정해져왔다. 물론 내 논리적 정신은 지금은 더 약화된 상태지만, 나는 사적인 요구에 맞게 논리를 굽히는 사례가 거의 없다고 믿는다. 대부분의 과학자들은 인정을 받기 위해 동료 과학자들과 경쟁하다가 논리를 굽히게 되며, 여기서 학계의 유명한 '연약한 자아 증후군tender ego syndrome'이 나타나서 많은 이들은 자기 분야에서 비슷한 생태 지위를 차지하기 위해 경쟁하는 사람들 혹은 더 전반적으로 자신을 능가하는 사람들의 연구를 평가절하하게 된다. 그런 편협한 개인적인 관심사가 진리를 이해하는 일, 진리 이해가 자기 연구의 이른바 전체적인 목적일 때, 그것을 방해하도록 놔두는 것이 나로서는 늘 불합리하게 여겨져왔지만, 여기서도 자기를 확대하고 남의 성취를 축소시키는 경향이 삶의 다른 영역들에 못지않게 강한 듯하다.

그런 한편으로 나는 내가 기꺼이 펼치려는 주장에 관해서는 기준을 충족시키지 않고는 했다는 점을 알아차려왔다. 나는 어리석어 보이든 말든 그다지 개의치 않기에, 내 말에서 어리석은 생각이 진정한 통찰력보다 비율이 더 높다고 할지라도 기꺼이 살아갈 것이다. 나는 이것이 나이의 한 가지 기능이라고 믿는다. 젊을 때 어리석다는 평판을 얻는다면, 사람들은 아주 오래 기억할 것이다. 노년에 어리석어진다면 사람들은 그저 이렇게 말할지 모른다. "물론 그럴 만한 나이가 되었지." 그런 한편으로 노년이 되면, 친족들이 대부분 당신보다 훨씬 젊어서 당신 유전체의 양쪽 측면과 더 동등한 근친도를 지닌다는 점을 깨닫고, 훗날 그들이 어떤 중요한 일을 할지 지켜보고 싶다는 마음이 들기에 더 편안하게 지낼 수 있다.

자신의 자기기만과 싸워야 하나?

시작하기 전에 우리는 애초에 굳이 싸울 필요가 있을까라고 물을 수도 있다. 자연선택은 자기기만을 선호해왔으며, 남과 자신을 속이는 것이 더 낫다면, 왜 우리 자신의 그런 성향과 싸워야 한단 말인가? 그것은 우리 자신의 진화적 이익을 도모하고 있지 않은가? 자신의 자기기만을 전략적으로 조절한다면 —효과가 가장 있을 것 같은 상황에서— 유용할 것이 분명하지만, 일반적으로는 자기기만에 반대한다. 왜 그럴까? 그것이 진화적으로 자기 이익에 집착하는 성향에 위배되는 것은 아닐까?

내 대답은 간단하며 개인적이다. 도저히 그냥 두고 볼 수가 없다는 것이다. 자기기만은 기만에 봉사함으로써 기만을 부추기기만 할 뿐이며, 기만이 늘어나는 것은 내가 원하는 쪽이 아니다. 나는 자신의 삶, 관계, 사회가 거짓말을 토대로 구축된다고는 믿지 않는다. 자기기만을 갖춘 기만은 단순한 기만보다 도덕적 지위가 더욱 낮은 듯하다. 단순한 기만은 한 생물만을 속이지만, 자기기만과 결합되면 속는 이가 둘이 되기 때문이다. 게다가 자신을 속임으로써 당신은 자신이 지금껏 쌓아 올린 구조도 망치고 있다. 당신은 어떻게 될지 추측하기는 아주 어려울지 모르지만 시간이 흐르면서 강해지는 부정적인 파급효과들을 갖춘 거짓이라는 토대 위에 자신의 행동을 놓는 데 동의하는 것이다.

우리가 이따금 성폭행을 하고, 적당할 때면 침략 전쟁을 하고, 보상할 혜택이 따라온다면 자식을 학대하는 쪽으로 자연선택을 받아왔다는 점도 유념할 가치가 있지만, 나는 그런 행동들이 과거에 선호되었든지 여부에 상관없이, 결코 받아들이지 않을 것이다. 한 진화론자는 내게 이렇게 말했다. 자신의 유전자는 자신이 어떻든 간에 상관하지 않으며, 자신도 자기 유전자에게 똑같이 느낀다고 말이다.[1]

여기서 내 머릿속에 떠오르는 한 가지 변수는 진화적으로 안정한 전략evolutionarily stable strategy이라는 개념이다. 이것은 (잘 정의된) 진화 게임에서 내쫓길 수 없는 전략이라고 정의된다. 정직한 것, 혹은 정직하려고 애쓰는 것, 그리고 자기기만을 줄이는 것, 혹은 자기기만을 줄이려 애쓰는 것이 멸종으로 내몰릴 일이 없는 전략인 한, 나는 그것의 진화적인 장기 결과가 어떠할지 여부는 기꺼이 미래에 내맡기련다. 정직해지려는 내 전략이 논리적으로 따졌을 때 진화적으로 영구 소멸로 이어진다면, 내가 그 문제에 특별히 주의를 기울일 필요가 있겠지만, 그것이 그저 진화적으로 안정한 한—아마 낮은 빈도를 유지하겠지만 소멸당하지는 않는 한—은 자기기만 반대를 내 인생관, 이른바 내면 전략으로 삼을 생각이다. 그것을 이룰 수 있다는 큰 희망을 품고 있어서가 아니다.

작은 승리들에 이은 큰 재앙

나는 자기기만으로 일련의 작은 편익들을 맛보다가 큰 대가를 치르는 경험을 종종 했다. 나는 지나치게 자신감이 넘치고, 그 심상을 투사하고, 그 착각을 즐기다가 나중에 급격한 반전을 겪고야 만다. 그것은 어느 정도는 과신에 취해 눈이 멀기 때문이다. 나는 일시적으로 기분을 고양시키지만 무자비한 힘으로 들이닥칠 심판의 시점을 늦출 뿐인 현실과의 사소한 타협이 설령 행복한 관계처럼 보일지라도, 계속 악화되기만 할 뿐이라는 증거를 부정할지도 모른다. 앞서 살펴보았듯이 부정은 시작하기는 쉽지만 멈추기는 어려울 때가 종종 있다. 달리 말하면, 자기기만은 쓰라린 결말로 이어질 때가 종종 있다. 이것은 개인의 삶에서 일어나는 사건들만이 아니라 잘못 판단한 전쟁과 경제 정책 같은 거대 사건들에도 들어맞는다. 우리는 남과 자신을 기만함으로써 일시적인 혜택을 누릴 수도 있지만, 장기적으로 대가를 치른다.

나는 이것, 즉 무지의 비용은 나중에 치르는 반면, 자기기만의 혜택은 즉시 볼 수 있다는 것이 삶의 일반 법칙이라고 믿는다. 오래전 쥐를 대상으로 한 연구들은 이런 형태의 연결—즉 시간 지연이 있는 연결—이 생물이 학습하기가 가장 어려운 것에 속한다는 사실을 증명했다. 즉각적인 보상과 비용은 바로 알아볼 수 있지만, 삶에 장기적으로 미치는 효과는 파악하기가 훨씬 더 어렵다. 게다가 미래 효과는 현재 효과와 비교해 에누리하여 보는 경향이 강하므로, 부정적인 장기 효과는 알아차리기가 유달리 어려울 수 있다. 나는 뒤에서 삶에 유용한 것으로 드러날지도 모를, 자기기만을 막는 몇 가지 장치를 개괄하려고 시도할 것이다. 물론 그런 장치는 훨씬 더 많을 것이 분명하다.

숨겨진 정신 혼란의 징후들

당신이 설거지를 하다가 실수로 포도주잔을 개수대 바닥에 떨어뜨리는 바람에 그것이 깨졌다고 하자. 잔을 떨어뜨렸을 때 당신은 무슨 생각을 하고 있었나? 당신이 나와 비슷하다면, 종종 당신은 다른 누군가에게 적대적이고 어리석은 일을 할 생각을 하고 있었을 것이다. 이 사례에서 나는 한 여성에게 그녀가 굳이 알 필요도 없거나 듣고 싶어 하지 않을 무언가를 말하는 상상을 하고 있었다. 산산조각 난 잔은 내게 일종의 경고 역할을 했다. 깨진 조각들을 주우면서, 나는 내가 방금 했던 생각의 어리석음을 곱씹었다. 무슨 생각을 했든 간에 잔을 깰 때 하던 생각은 다시는 하지 않을 것이라고 맹세하면서. 또 예전에 나는 면도를 하다가 아랫입술의 절반을 베는 순간 누군가에게 욕설을 내뱉었다(마음속으로). 욕설의 당사자가 정말로 그 욕을 먹을 짓을 했다면, 그는 사실 수십 킬로미터 떨어진 곳에서 내 입술을 벨 수 있어야 했을 것이다.

내가 이 상관관계의 힘을 처음 떠올린 것은 어느 날 해질 무렵 차를 몰고 산타크루즈의 캘리포니아 대학교를 떠날 때였다. 나는 논쟁을 벌였던 동료를 마음속으로 저주하면서 과속으로 차를 몰았다. 마음속으로 그를 풋내기라고 외치는 순간, 나는 교차로를 건너려 하는 학생 둘을 거의 칠 뻔했다. 그들은 욕설을 퍼부으면서 주먹을 휘둘렀고, 나도 그들을 향해 주먹을 내질렀다. 하지만 곧 동료와의 갈등 때문에 전혀 무고한 두 사람을 칠 뻔했다는 생각이 떠올랐다. 내 실제 행동이 남에게 위험한 것에 못지않게, 내가 생각하고 있던 행동도 나름의 영역에서 자기파괴적임을 깨닫는 데는 오래 걸리지 않았다. 나는 말을 조심하겠다고 맹세했다. 내가 희생시킬 뻔한 이들이 뭐라고 맹세했을지는 알지 못한다.

분노만이 아니다. 예전에 나는 자동차 안으로 들어가려 애쓰다가 플라스틱 문손잡이를 부러뜨리고 말았다. 그렇게 한 것은 의욕이었다. 나중에야 깨달았지만 성급하고 지나치게 긍정적인 전자우편을 쓸 생각에 지나치게 흥분해 벌인 일이었다. 나는 그 내용을 저장했다가 나중에 고쳐 썼고, 더 나중에야 전송했다.

나는 살면서 이 규칙을 너무나 자주 발견했기에, 그것은 사실상 내가 배웠다고 생각하는 몇 가지 중 하나다. 적어도 매번 깨달은 순간에는 그러했다. 인생에서 혼란에 빠져 있을 때는 생각 중인 행동을 피하라는 것을 말이다. 나이가 들수록 나는 자신의 실수를 더 꼼꼼히 살펴보고 있음을 깨닫는다. 포도주잔을 깨뜨린 것만이 아니라 갑자기 발을 헛디디거나 도로 연석에 걸려 넘어지건, 혹은 사회 생활에서 사소한 실패를 경험하건 간에, 그것이 더 깊은 정신적 실수와 상관관계가 있는지를 말이다. 때로 문제가 너무 잘 숨겨져 있어서 잔을 깨뜨리고 컴퓨터를 떨어뜨리는 등등 몇 차례 실수를 저지르고 나서야 문제를 알아차릴 수도 있다. 예를 들어 나는 연구를 끝냈을 때 부정적인 반응이 나올까 무의식적으로 두려워하여 연구의 진행을 늦출지도 모른다. 그것을 의식한다면 바로잡을 방법은 뻔하다. 연구를 가속하는 것이다. 필요하다면 지체시키는 누군가를 자꾸 저주하면서 할 수도 있다.

자신의 편향 교정하기

방금 살펴보았듯이, 자신이 알아차린 편향을 스스로 의식적으로 교정하는 것은 가능하다. 방금 말한 사례들에서는 현재 행동에서의 불운과 관련이 있는 마음속의 행동을 하지 않는 것이다. 때로는 자신의 편향을 정량적으로 교정할 수 있다. 예를 들어 오래전에 나는 어떤 변수를 고심하지 않고 즉시 떠오르는 대로 추정해달라고 요청을 받으면, 긍정적인 방향으로 30퍼센트 더 증가시키는 경향이 있음을 알아차렸다. 그래서 개략적인 진실을 알고 싶을 때면, 나는 처음 추정한 값에서 그냥 30퍼센트를 줄였다.

또 다른 사례를 살펴보자. 당신은 무언가를 찾을 때 어떤 순서로 하는지? 찾을 가능성이 가장 높은 곳부터 시작해 점점 가능성이 낮은 곳으로 시선을 옮기는가? 아니면 정반대로, 즉 찾을 가능성이 가장 낮은 곳에서 시작해 높은 곳으로 옮기는지? 유일하게 합리적인 체계는 전자다. 즉 기대한 보상이 충족될 가능성이 가장 높은 곳부터 찾아야 탐색 비용이 최소가 된다. 하지만 살면서 나는 대부분 정반대로 탐색을 해왔다. 왜 그럴까? 나는 그것이 아버지가 내게 찾아오라고 보낸 곳에서 물건을 발견하지 못했을 때 아버지가 보인 상대적으로 가혹한 반응의 산물일 수도 있다고 본다. 무언가를 찾기 시작할 때 몹시 두려움을 느끼고 있다면, 당신은 그것을 찾을 가능성이 가장 적은 곳부터 살펴보고 싶은 유혹을 느낄 수 있다. 그곳에 없다고 해도 점점 더 가능성이 높은 곳으로 옮겨갈 수 있다. 마지막 장소에 이를 때까지 당신의 기분은 점점 고조될 것이다. 반면에 합리적인 탐색에서는 가능성이 가장 높은 곳부터 먼저 찾으려 한다. 거기에서 찾지 못한다면, 당신은 허둥대기 시작한다. 이곳저곳 찾는데 실패하는 횟수가 늘어날수록, 당신은 점점 공황 상태에 빠진다. 전자에서는 희망이 커지고, 후자에서는 공포가 커진다. 내 일탈 행동의 원인이 무엇이든 간에, 나는 내가 그런 패턴을 보인다는 것을 알고 그것이 얼마나 어리석은 행동인지도 알기에, 의식적으로 그 편향에 반대되는 행동을 한다. 잃어버린 것을 찾을 가능성이 가장 높은 곳에 먼저 초점을 맞춘 뒤에 가능성이 점점 낮아지는 곳으로 나아가도록 내 뇌에 강요한다. 그래도 여전히 처음에는 반대 방향으로 나아갔다가 그 점을 깨닫고야 올바른 방향으로 탐색을 할 때가 종종 있다.

또 나는 산수를 할 때 내 마음이 신기한 편향을 보인다는 것도 알아차렸다. 내가 어릴 때는 계산기가 아직 없었기 때문에, 나는 산수 문제를 빨리 푸는 요령들을 많이 배웠다. 하지만 숫자 앞에 달러 기호를 붙이면, 내 마음은 혼란에 빠진다. 뺄셈을 해야 할 때 덧셈을 하고, 나눗셈을 해야 할 때 곱셈을 한다. 그래서 달러 기호를 없애고 셈을 한 뒤에야 다시 덧붙여야 했다. 또 나는 내 연구 논문을 더 세심하게 교정해야 했다. 당신이 긴 수를 옮겨 적으면서 실수를 하지 않았다고 확인하고 싶을 때면, 수를 다시 죽 읽고서 직접 비교할 수도 있지만 더 나은 방법은 거꾸로 죽 읽는 것이다. 그렇게 하면 한 줄에 난 2개의 오류를 보지 못하게 막을 수도 있는 무의식적 마음의 편향이 작동할 가능성이 아주 적다. 교정 편집자도 같은 방법을 쓰고는 한다.

한 행동 패턴을 알아차리고 의식적으로 그것에 반하는 행동을 하는 또 한 가지 사례는 전위 행동이다. 공격성이 다른 행동으로 쉽게 대치된다는 것은 인간(그리고 원숭이) 심리학이 밝혀낸 한 가지 사실이다. 배우자에게 화가 났을 때 당신은 아이들에게 더 엄하게 대할 수도 있고, 갑자기 개를 걷어찰지도 모른다. 마치 분노가 치솟아 대상을 찾아 주변을 둘러보는데, 논리적인 표적을 향할 여지는 막혀 있기 때문에 근처의 희생자를 찾는 듯하다. 그것도 더 작고 보복을 받을 가능성이 적은 대상을 말이다. 그것은 나를 비롯해 모든 이들이 흔히 보이는 현상이다. 하지만 앞서도 말했듯이, 처음에는 충동적으로 분노에 몰두했다가, 곧 후회와 사과가 잇따를 때가 많다.

우리는 왜 그렇게 강박적인가?

우리는 왜 그렇게 같은 행동을 되풀이하는 것인가? 억누르려 갖은 노력을 다해도 강박적인 행동은 왜 그렇게 다시 나타날까? 왜 우리는 거의 변하지 않고 결코 해결되지도 않는 것을 놓고 평생 마음속으로 논쟁을 벌일까? 대체 왜 배우지 못하는 것일까? 세부적인 사항은 사례마다 다르지만, 나는 여기에 거의 언제나 유전학이 관여할 것이라고 믿는다.

사람의 뇌에서는 우리 유전자 중 60퍼센트까지도 활성을 띠며, 우리 뇌는 유전적으로 가장 다양한 조직이다(6장 참조). 따라서 우리는 유전적 변이가 기만과 자기기만을 포함해 행동에 엄청난 영향을 미칠 것이라고 예상할 수 있다. 이것은 우리가 환경적이거나 사회적인 영향이나 원인이 전혀 없이도 유전적인 토대만으로 심리적으로 서로 다를 수 있다는 의미다. 우리는 자신의 주변 환경, 특히 확대가족의 족보를 조사함으로써만 유전자가 작동한다는 것을 어렴풋이 엿볼 수 있으며, 그것은 아주 어려운 일이다. 따라서 우리 주변의 사회적 복잡성을 구성하는 변이 중 상당수는 적어도 인과적인 관점에서 볼 때 우리의 이해 범위를 벗어난다.

우리 유전자는 변하지 않는다. 비록 발현 양상은 변할 수 있어도 말이다. 유전자들이 줄곧 한결같은 방식으로 행동한다면, 우리는 그것을 자신이 변할 수 없다는 강박 충동으로서 느낄지도 모른다. 마찬가지로 유전자는 처음에 우리의 욕망과 충동을 위한 기본 구조를 깔아놓았을지도 모른다. 수정하기가 어려운 구조를 말이다. 이것이 우리가 없애버리길 원하지만 특정한 유전형을 통해 우리 안에 새겨진 우리 행동의 반복적인 특징을 의미할지도 모른다.

내면의 갈등 측면에서, 우리의 모계 유전자와 부계 유전자는 평생토록 서로 이해관계가 충돌하므로, 그런 유전자들에서 빚어지는 내면의 갈등은 해결하기가 어려울 수도 있다는 점을 기억하자(4장 참조). 반면에 나이를 먹을수록 우리는 모계 유전자와 부계 유전자 면에서 남들과 더 대칭적인 관계를 맺으므로(형제자매와 부모보다는 자식 및 손자를 더 많이 접하기에), 60대에 접어들면서 내면이 더 평화로워지고 노년의 '긍정적인 효과'를 (개별적으로) 경험한다고 예상된다(6장 참조).

우리의 강박 충동 중에서 밤늦게 상대가 누구든 어떤 상황이든 가리지 않고 성 상대를 추구하려는 강박 충동만큼 강하고 정기적으로 출현하는 것(적어도 남성에게서)은 거의 없다. 더 최근에 내가 배운 한 가지 교훈—실제로 유용할 수 있었을 때로부터 족히 40년은 지난 뒤에—은 죄책감을 안고 깨어나는 것보다 홀로 잠자리에 드는 편이 더 낫다는 것이다. 이런 식으로 단순한 규칙으로 정립하자, 늘 그렇지는 않지만 없을 때보다는 훨씬 더 자주 그것을 스스로에게 강요하는 데 도움이 되어왔다. 그리고 성공하지 못할 때에도 자신이 죄책감을 안고 깨어날 것이며 선량하고 더 의식적으로 행동하는 편이 더 낫다는 것을 더욱 자각한다. 또 나는 그 새 접근법에 강점이 있다고 믿는다. 하루하루 죄책감 없이 깨어나다 보면 진정으로 자신감이 붙고 편안해지기 시작한다. 당신은 더 나은 길로 갈 수 있고, 이제 혜택이 커지고 있음을 알아볼 수 있다.

물론 이 효과가 얼마나 오래 지속되느냐는 다른 문제이지만, 반복되는 죄책감을 빚어내는 반복되는 행동이 최선이 아니라고 가정할 때, 그 목표는 가치 있고 명백해 보인다.

의식하는 것의 가치

사람의 정신생활에는 커다란 도끼가 둘 있다. 지능과 의식이 그렇다. 당신은 아주 명석하지만 의식하지 못할 수도 있고, 둔하지만 의식할 수도 있으며, 그 중간의 어딘가에 속할 수도 있다. 물론 의식은 형태와 정도가 다양하다. 우리는 현실을 부정한 뒤에, 부정했다는 사실을 부정할 수도 있다. 우리는 집단의 누군가가 우리에게 해를 끼치려 한다는 것을 의식하지만 누구인지는 모를 수도 있다. 또 누구인지는 알지만 이유를 모를 수도 있고, 이유를 알지만 언제 결행할지 모를 수도 있다.

기만과 자기기만 측면에서 볼 때, 남들의 그런 성향을 의식하지 못한다면 자신이 희생당할 수도 있다. 또 남을 너무 쉽사리 믿을 수도 있다. 남이 권한을 지니고 있는 사람일 때면 더욱 그렇다. 신문에 실린 기사를 믿을 수도 있다. 말 잘하는 사기꾼을 믿을 수도 있다. 또 거짓 역사 서사를 쉽게 받아들일 수도 있다. 의식한다는 것은 기만과 자기기만으로 가득한 세계에서 어떤 일이 일어날지를 비롯해 온갖 가능성들을 인식하는 것이다.

의식과 변화시킬 수 있는 능력은 두 가지 서로 다른 변수다. 나는 나와 같은 유형의 사람들에게서 예상되는 다소 그대로, 도덕주의적이고 과신하며 다른 견해를 경멸하는 경향이 있지만, 내가 그런 식으로 편향되어 있음을 의식하고 있다. 나는 내가 인용하는 글의 출처를 명확히 밝힐 수 있다. 내가 달라졌으면 하고 원할까? 그렇다. 내가 바꿀 수 있을까? 그렇지 않다. 내게는 이것이 자기기만의 진정한 역설이자 비극이다. 우리는 더 잘할 수 있기를 바라지만 그럴 수 없다.

한편으로 우리는 기만과 자기기만을 의식함으로써 그것을 더 즐기고, 더 깊이 이해하고, 그것에 맞서 더 잘 지키고(기만과 자기기만이 우리를 향할 때), 원한다면 그런 경향과 맞서 싸울 수 있다. 대체로 의식은 우리 주위의 사회적 세계, 즉 정부와 언론의 거짓말에서 우리가 자신과 사랑하는 이들에게 하는 더 내밀한 자기기만에 이르기까지 모든 것을 훨씬 더 깊이 통찰할 수 있게 해준다.

기만을 퍼뜨리는 환상의 위험

기만을 더 비합리적으로 만들고 그것의 성공 가능성을 줄이는 −환상에 빠뜨림으로써− 종류의 자기기만도 있다. 그 자기기만이 중범죄와 관련된 것이라면 문제를 의식적으로 꼼꼼하게 검토할 가치가 분명히 있다. 그런 상황에서는 자기기만도 (특히) 환상도 그다지 쓸모가 없기 쉽다. 경범죄는 어떨까? 당신은 소량의 마약을 공항 검색대를 통해 몰래 반입하려 시도하고 있다. 당신이 검토하지 않은 한 가지는 걸린다면 어떻게 할 것인지다. 아마 생각만 해도 불쾌하기 때문에 하지 않았을 것이다. 또 당신은 그 점을 아예 생각하지 않는 편이 유익할 것이라고 상상할지도 모른다. 두려움에 떨지 않으면 전혀 아닌 척하고 통과할 수 있을 테니까. 하지만 정반대의 상황이 벌어지기 쉽다. 걸렸을 때 어떻게 할지 생각하지 않았기에, 당신은 그 순간이 다가올수록 점점 더 초조해진다. 이 불편한 상황에 어떻게 대처할지 알고서 차분함을 유지한다면, 당신이 취하고자 했던 결백한 모습에 훨씬 더 가까운 태도를 취할 수 있을 것이다. 타임스퀘어 폭파범은 폭탄이 제대로 터지도록 자동차 시동을 켜둔 채 떠나야 했다. 하지만 열쇠고리에 함께 달린 집 열쇠들까지 놔두고 갈 필요는 없었다. 그는 폭발로 일어난 불로 열쇠들이 다 녹아버릴 것이라고 생각했을까, 아니면 그저 범죄를 철저히 검토하지 않았던 것일까?

1980년대에 카오스 이론의 전문가였던 어느 저명한 수학자는 환상이 기만을 이끌도록 놔두었을 때의 허망함을 보여주는 두 가지 어처구니없는 일을 저질렀다. 두 차례 모두 그는 소량의 해시시를 국경 너머로 보내려고 하다가 걸리는 바람에 방문한 국가에서 5년 동안 입국을 할 수 없는 기피 인물이 되었다. 영국에서 그는 독일에 있는 여자 친구에게 해시시를 보내려고 했다. 수학책의 한가운데를 도려낸 뒤 그 안에 해시시를 담고 대학 우편봉투에 책을 넣고서, 그녀의 주소와 자신의 주소를 적은 뒤, 제4종 우편물이라고 표시를 했다. 서적은 본래 제4종 우편물이었으니까. 하지만 제4종 우편물은 우체국장이 필요하다고 여기면 얼마든지 내용물을 살펴볼 수 있다. 우체국은 그가 있는 건물의 지하층에 있었고, 그 우편물은 결코 그 건물을 벗어나지 못했다. 대신 그가 떠나야 했다. 요지는 그가 첫 번째 할 일은 자신이 보냈음을 추적할 수 없도록 조치를 했어야 한다는 점이다. 자신이 숨길 것이 전혀 없음을 보여주기 위해 진짜 대학교 인장과 제4종 우편물 표시까지 된 독일인을 위한 완벽한 가짜 책을 만드는 것이 아니라 말이다.

더 나중에 그는 이번에는 열차를 이용해 프랑스에서 이탈리아로 해시시를 들여오려 시도했다. 그는 가톨릭 사제처럼 차려입었다. 이탈리아에서는 사제라면 어디든 무사통과일 것이라고 생각해서였다. 실제로 그럴 수도 있겠지만, 그러려면 먼저 그가 진짜 사제라고 이탈리아인들을 납득시켜야 했다. 그는 카를 마르크스처럼 수염을 길게 길렀고 이탈리아어는 한마디도 못했기에, 세관 직원은 당연히 의심을 품었다. 그도 그의 마약도 이탈리아로 들어오지 못했다. 이 두 사례에서 그는 기만이라는 환상에 사로잡힌 나머지 정교한 속임수를 짜낸 듯하다. 하지만 그 속임수들은 그를 지켜주지도 상대를 속여넘기지도 못했다.

기도와 명상의 혜택

이미 살펴보았듯이, 마음챙김 명상은 기분과 면역계 양쪽으로 장기 혜택을 줄 수 있다.[2] 기도도 비슷한 효과를 낳을 수 있다. 또 명상과 기도는 자기기만에 정면으로 맞서는 데도 쓸 수 있지만, 그것은 우리가 사용하는 기도의 종류가 어떤 것인지에 따라 크게 달라질 수 있다. 비록 나는 13세 무렵에 성경을 깊이 공부했고 내가 이해한 범위에서 그 사유 체계에 철저히 몰입했지만, 주기도문을 말하는 법을 제대로 모른다는 사실을 깨달은 것은 훗날 비행기에서 한 '신앙인', 즉 신을 이해하고 사랑하는 일에 몰두한 사람의 옆에 앉았을 때였다. 그는 종교 지식 면에서 사제나 수사를 초월한, 고독한 영혼이었다. 그렇게 우리는 대화를 나누었다. 그는 내게 물었다. 기도를 하십니까? 예, 합니다. 어떤 기도를 하십니까? 주로 주기도문을 읊습니다. 어떤 식으로 읊나요? 나는 내가 성장한 배경인 오래된 장로교회에서 부르던 행진하는 악단에 맞추어 하는 식으로 읊었다. 군악에 맞추어 자기주장을 하는 것과 흡사한 기도문이 흘러나왔다.

Our father who *art* in heaven
Hallowed be thy *name*.
Thy *kingdom* come, thy *will* be done
On *earth* as it is in heaven.
하늘에 **계신** 우리 아버지여
이름이 거룩히 여김을 받으시오며
나라가 임하시오며
뜻이 하늘에서 이루어진 것 같이
땅에서도 이루어지이다.

그것은 마치 신이 어디에 있든 어떤 존재이든 간에 신에게 당신이 말을 하는 것처럼 들린다. 심지어 제대로 표현하자면, 의미를 뒤엎는 주장으로 끝나기까지 한다. 우리가 당신의 축복을 받으며 땅에서 행동하는 방식이 당신이 우리에게 행동하게끔 한 방식(하늘에서처럼)이라는 것이다. 아니, 그게 아닙니다. 아니에요. 내 새 친구는 손사래를 쳤다. 올바른 기도 방식은 이렇습니다. 당신 자신을 낮추는 쪽, 신의 뜻을 받든다는 면을 강조해야 합니다. "**당신의**Thy 나라가 임하시오며, **당신의** Thy 뜻이 이루어진 것이 같이."처럼 '당신의'라는 말을 아주 부드럽게 말해야 합니다. 나는 두 번 다시 기존 방식으로 기도하지 않았다. 자신을 신의 의지에 내맡기고 그런 뒤에 자기 자신을 찾아라.

같은 실수를 다시 저지를 가능성을 바꾼다는 의미에서 정말로 경험으로부터 배우고 싶다고 할 때, 그저 그 현상을 바라보면서 "예전의 자기기만이 다시 나오는군."이라고 말한다고 해보았자 별 소용이 없다. 나중에 흥밋거리로 이야기할 일화를 하나 얻겠지만, 기본 역학에는 아무 변화가 없다. 이 때문에 우리는 자기 자신과 자신의 모자란 점들, 즉 때로 눈물 및 겸손함에 빠지게 하는 것들과 훨씬 더 깊이 대면할 필요가 있다. 그 뒤에도 대개 그것이 작동할 기회를 주려면 옛 행동에 맞서는 일상적인 명상과 결합시켜야 한다. 그럼으로써 자신의 자기기만을 돌이켜볼 수 있고, 훨씬 더 깊은 차원에서 장래에 그것의 빈도를 줄일 수 있다.

친구와 상담자의 가치

6장에서 살펴보았듯이, 정신적 외상은 설령 남몰래 일기에 털어놓기만 해도 면역계 및 관련된 기분에 혜택을 주며, 정신적 외상을 친구나 상담자에게 털어놓아도 아마 적어도 똑같은 혜택을 얻을 것이다. 그리고 때로는 후자가 필요하다. 우리는 지극히 내밀한 문제는 가까운 친구에게조차 밝히기를 꺼리지만, 대개 상담 시간에만 만나는 비밀 엄수 맹세를 한 전문가에게는 털어놓을 것이기 때문이다.

친구들도 우리의 향후 삶에서 주석가로 유용하다. 나는 최근에 안 좋게 끝난 어느 인간관계에 관해 친구에게 이야기하면서 당사자를 불러서 사적인 보복을 할 생각을 하고 있다고 말할 것이다. 그는 늘 거기에 반대하는 주장을 펼칠 것이고, 그것도 나보다 훨씬 더 자유롭게 그렇게 한다. 그는 내가 겪는 내면의 감정을 겪지 않는다. 그는 그저 내 행동이 어떤 결과를 미칠지 묻는다. 그 뒤에 어떤 기분일지, 그럼으로써 어떤 혜택을 얻을지, 그리고 악의적인 행동으로 어떤 고통을 새로 받을지를 질문한다.

친구들은 또 다른 이점을 지닌다. 그들은 외부에서 그 상호작용을 본다. 즉 당사자들을 마치 연극 속의 배우들인 양 바라본다. 나는 연극 중인 한 배우이지만, 그들은 그렇지 않다. 그들은 내가 볼 수 없는 것을 볼 수 있다. 우리가 정치 지도자를 보면서 이렇게 말할 때가 얼마나 많은가. "하지만 당신이 어떻게 해야 하는지는 너무나 명백하다." 그렇지만 행동에 사로잡힌 사람에게는 명백하지 않을 때가 종종 있다. 나무들 사이에 선 나무인 그들은 숲을 보기가 더 어렵다. 나는 연극의 인기가 어느 정도는 관객이 모든 것을 볼 수 있는 반면, 배우들은 무대에서의 자기 역할에 구속되어 있다는 사실에서 비롯된다고 생각하고는 했다.

자기기만과 개인적인 재앙으로의 초대

과신과 무의식을 피하려고 노력하라. 둘 다 저마다 위험하다. 그리고 몇 건의 항공기 추락 사고에서 아주 생생하게 보았듯이, 둘이 결합되면 치명적일 수 있다. 과시는 우리가 남에게 인상을 주기 위해 자만하고 자신의 행동을 일부러 과장하는 경향을 드러내는 특수한 종류의 행동이다. 이것은 행동과 현실 사이에 아주 나쁜 불일치를 빚어낼 수 있다. 내가 과시의 끔찍할 수도 있는 생존비용을 가장 직접적으로 겪은 것은 자메이카 킹스턴 북부 블루산맥의 고지대(해발 1000미터를 넘는)로 도마뱀 채집 탐사에 나섰을 때였다. 내 근육질의 젊은 조카사위가 차를 운전하고 있었다. 차 자체도 운전대가 너무 작아서 제대로 움직이려면 진짜 근육을 빨리빨리 써야 하는 '머슬카muscle car'였다. 젊은 여성도 함께 있었는데 원래 내 상대가 되기로 했건만 그녀는 조카사위가 근육을 과시하며 능숙하게 운전하는 모습에 탄복한 듯했다. 도저히 그냥 있을 수 없었던 나는 운전대를 넘겨받았다. 곧 모퉁이가 나타났다. 차가 아주 빨리 달리고 있었고 나는 힘이 부쳐서 운전대를 빨리 돌릴 수 없었다. 차는 낭떠러지 쪽으로 죽 밀리다가 이윽고 작은 모래 둑에 걸렸다. 바퀴 3개가 공중에 떠 있었고 차는 아래로 기울어진 채였다. 6미터쯤 아래에 나무 한 그루가 보였다. 거기에 걸릴 수도 있겠지만 그 외에는 아래로 약 100미터까지 아무것도 없었다. 떨어지면 즉사였다. 나는 뒷자리에 탄 남자와 먼저 내려서 기울어진 차 안으로 손을 뻗어서 공포에 질린 내 '여자친구'를 비롯한 나머지 두 사람을 끌어냈다. 누군가가 흰 럼주를 갖고 있었기에, 우리는 일부를 땅에 붓고 그 위에 마리화나 씨

몇 알을 던진 뒤 우리를 살게 해준 전능하신 신에게 감사를 드렸다. 내가 그녀와 다시 만났는지는 전혀 기억에 없다.

이런 여러 가지 이유들 때문에, 나는 과시를 우리가 저지를 수 있는 가장 위험한 일 중 하나라고 여긴다. 그럴 때는 남을 설득하는 일에 온통 주의가 쏠리는 바람에 당면한 현실을 외면하게 된다고 믿는다. 옆자리의 젊은 여성에게 주의를 기울이면서 그녀에게 깊은 인상을 주고자 몰두할 때 ―근육질의 내 조카사위를 향한 그녀의 관심을 돌리고 싶어서― 나는 평지가 아니라 높은 산맥의 비좁은 도로를 운전하고 있다는 사실에 거의 주의를 기울이지 않고 있었다. 부주의하고 과신하고 내가 무엇을 하고 있는지 전혀 의식하지 않고 있었다.

끝나지 않는 광상곡

기만과 자기기만이 크든 작든 희극적이거나 비극적인 무의미한 짓거리들의 광상곡을 끝없이 펼치리라는 ―다른 일을 하지 않는다면― 점은 의심의 여지가 없다. 이 질병은 모든 인류 집단에 공통적으로 나타나며, 어느 누구도 이 병에 면역성을 지니고 있지 않다. 2011년에 미국 시민 중 약 20퍼센트가 자국의 대통령이 무슬림이라고 믿으며 40퍼센트는 대통령이 미국 태생이 아니라고 믿는다는 여론 조사 결과를 달리 어떻게 설명할 수 있겠는가? 또 그 대통령의 모친이 백인이었고 어릴 때 어머니와 외가에서만 살았고 자라면서 "백인에게 뿌리 깊은 증오심을 갖게 되었다."는 주장을 진지하게 펼친(그리고 믿는)다는 사실은? 미국에서 자국민의 지능을 얕보는 쪽에는 어느 누구도 동전 한 푼도 걸지 않는다는 유명한 말이 있다. 마찬가지로 미국에서 유권자의 정치적 지능을 얕봄으로써 정치적 지위를 잃는 짓을 한 사람은 아무도 없다고도 말할 수 있다. 그럼에도 기초적인 사실들에 관한 무지의 수준은 경악할 정도다.

으레 나타나는 다른 사례들을 생각해보자. 경제 파탄을 일으켰다는 (적어도 그런 사기가 벌어질 때 뛰어든 이들에게) 기록이 100년에 걸쳐 있음에도, 여전히 신문마다 폰지 사기 관련 기사가 끝없이 실리는 것을 자기기만 말고 달리 무엇으로 설명할 수 있겠는가? 또 자기기만이 없다면 해마다 미국에서 동성애 반대를 천명한 정치가나 목사가 은밀히 동성애 생활을 하고 있음이 발각되는 사례가 나타난다는 사실을 어떻게 설명하겠는가?

혹은 진짜 비극으로 돌아가서, 기만과 자기기만이 없다면, 전 세계에서 다양한 신앙을 지닌 사람들이 지역의 성적 관습을 경미하게 위반했다고 해서 자신의 딸과 누이를 살해하는 이른바 명예 살인을 저지르는 행위를 어떻게 설명할 수 있겠는가? 겨우 수십 개의 단백질 유전자를 지닌 허약한 Y 염색체가 그 일을 할 수 있다고는 믿기 어렵다. 하지만 가부장제—아내와 여성 친척들을 희생시켜서라도 남성 유전자의 전부 또는 대부분의 이익을 도모하는 체제—는 적절한 심리적 조정을 거치면 이 공포를 일으킬 수 있다. 딸이나 누이를 죽이거나 그들의 외모를 흉측하게 훼손하거나 그들을 자살로 내모는 남성들(대개 남성들이다)은 그런 짓을 하면서 죄의식을 느끼지 않는 듯하다. 정반대로 그들은 도덕적 분노를 드러내며, 왜 풍속을 위반하여 그런 극단적인 수단을 쓰게 만들었냐고 분개한다. 이것은 결백한 여성이 외집단이나 친척 외의 이웃들이 아니라 부계 친척의 유연관계가 있는 유전자 집합들, 즉 지역 부계들 사이에 존재하는 갈등의 중심선에 놓이는 사례인 듯하다. 전쟁과 종교를 논의할 때 살펴보았듯이, 이런 유형의 갈등은 냉혹하고 잔인한 행동과 함께 자기기만을 유도할 가능성이 특히 높다.

언론은 매일 새로운 소식을 쏟아낸다. 원자력 발전소가 안전하다고 보는 일본의 문화가 사실은 사상누각에 불과했음이 드러나고 있다. NASA조차도 감탄할 정도였던 것이 말이다. 일본 당국은 원자력 발전소가 안전하다고 국민을 설득하는 여론을 조성하는 일에 모든 노력을 쏟아부은 반면, 위기가 닥쳤을 때 어떻게 할 것인가에는 전혀 노력을 쏟지 않았다. 비록 로봇학에서 세계 선두를 달리지만 —일본의 로봇은 두 발로 달리고 노래하고 춤을 추며 바이올린도 켤 수 있다— 방사능을 띤 고장 난 시설에서 일할 로봇을 설계한 사람은 아무도 없었다. "그런 로봇을 소개하는 것 자체가 공포를 자극할 것이다."라는 이유였다. 결국 일본은 진공청소기를 만드는 것으로 더 잘 알려진 매사추세츠의 한 기업으로부터 그런 로봇들을 수입해야 했다.[3] 게다가 일본은 냉각수를 집어넣을 수단조차 없었다. 그들은 중국에서 길이 60미터짜리 물펌프를 수입해야 했다. 하지만 이 책에서 종종 보았듯이, 기업이든 정부든 잘나갈 때에는 안전 같은 세속적인 목표는 제쳐놓기 마련이다.

그 와중에도 과학은 사례들을 계속 내놓고 있다. 우리는 비도덕적인 (=더러운) 짓을 했을 때 손을 씻고 싶어 한다는 말을 자주 하며, 그 은유는 아주 강력하다. 하지만 우리가 어떤 나쁜 행동을 하느냐에 따라 선택하는 소독제가 달라질 수 있다. 손으로 써서 불쾌한 전자우편을 보냈을 때에는 비누를 쓰고, 자동 응답기에 불쾌한 말을 남겼을 때에는 구강 세정제를 쓴다.[4] 원리상 이런 미묘한 무의식적인 연관성 중 일부는 남들도 눈치챌 수 있다. 가까우면서 눈치를 챌 만한 동기를 지닌 사람이라면 더욱 그렇다.

그리고 이제 기업들이 분기 실적을 발표하기 위해 기자회견을 하면, 경제학자들은 언어학적 분석을 통해 기만의 단서를 찾으려고 나선다.[5] 주로 나중에 실적을 재조정한 발표들을 진실을 판단하는 기준으로 삼는다. 으레 등장하는 악당들 중 일부는 분명히 다시 출현한다. 즉 사람들은 거짓말을 할 때면 처음에 사람의 이름을 언급하는 것을 피하고, 대신에 '사람들' 같은 비인칭 대명사나 '그들' 같은 단어를 선호한다. 사람들은 마치 그럴듯하게 보이기 위해 자신의 입장을 조절하는 양 극도로 긍정적이거나 부정적인 용어를 덜 쓰며, 확신이나 망설임을 보여주는 용어도 덜 쓴다(마치 외워서 발표하는 듯이). 또 그들은 일반 지식을 언급하는 것을 선호하고 주주 가치 증대를 언급하는 일을 피한다. 논리는 어느 쪽으로도 향할 수 있다. 아마 당신은 남들을 속이기 위해 주주 가치를 과장할 것이다. 하지만 증거는 정반대라고 말한다. 당신은 진실(주주 가치)이 당신의 가장 약한 부분이기 때문에 그것을 피하는 대신, '일반' 지식의 제반 측면들이라는 덜 약한 핑계에 기대게 된다.

위의 연구는 잠정적인 것이지만 아주 흥미롭다. 마침내 우리는 기만과 그 결과를 살펴보기에는 거의 가망이 없는 장소인 실험심리학 연구실을 벗어나고 있다.

기만과 자기기만 연구의 한 가지 좋은 점은 사례가 부족할 일이 결코 없으리라는 것이다. 정반대로 우리가 분석할 수 있는 것보다 더 빠른 속도로 사례들이 나타나고 있다. 적어도 우리는 결코 끝나지 않는 광상곡을 즐기면서 인식을 심화시키려고 애쓸 수 있다. 단지 학계나 과학자만이 아니라 모두가 참여할 수 있다. 자기기만을 이해하는 데 필요한 논리는 단순하며 그 현상은 보편적이기 때문이다.

감사의 말

오랜 세월 내 연구를 뒷받침해준 많은 연구 기관들에 감사를 표한다. 해리 프랭크 구겐하임 재단, 앤 앤 고든 게티 재단, 존 사이먼 구겐하임 재단, 생물사회 연구 재단, 크래포드 재단이 그렇다. 2007년 크래포드상이라는 경이로운 선물을 준 왕립 스웨덴 과학 아카데미에 특히 감사한다. 또 2009년에 평생 명예 연구원 자격을 준 서인도제도 대학교에도 감사를 드린다.

이 책의 초고는 베를린의 고등 학술 연구소에 연구원으로 있을 때 썼다(2008년 9월). 연구소는 아주 호의적이고 후한 연구 환경을 제공했으며, IT, 도서관, 식당을 비롯해 각계각층의 모든 직원들에게 고맙다는 말을 하고 싶다. 그 해에 나를 도와준 동료들은 홀크 크루제, 토마스 멧징거, 스리니바스 나라야난, 이브라히마 티오브다. 고등 학술 연구소에서 내게 5개월 동안 사회심리학을 가르치고 책의 모든 면에서 평을 해준 빌 폰 히펠에게 특히 감사한다.

초고의 여러 장에 걸쳐 구체적으로 도움을 준 닉 데이비스, 베른하트 핑크, 노르만 핑켈스타인, 스티븐 갱기스태드, 윌리엄 구들래드, 마크 하우저, 조디 헤이, 스리니바스 나라야난, 스티븐 핑커, 리처드 랭엄, 도론 자일베르거, 윌리엄 짐머만에게도 감사를 드린다. 원고를 전부 다 읽고서 모든 면에 걸쳐 무수히 대화를 함께 나눈 데이비드 헤이 그야말로 가장 고마운 사람이다. 마지막으로 이 책에 많은 기여를 한 에이미 제이콥슨과 대린 자타리에게도 고마움을 전한다.

그리고 저작권 대리인 존 브록만에게도 감사한다. 세세하게 평을 해주고 한결같은 지원을 해준 윌 구들랜드와 TJ 켈러허에게도 감사한다. 또 중요한 도움을 준 미켈레 루자토에게도 고마움을 전한다.

마지막으로 초창기에 이 주제에 익살스러운 통찰력을 가득 불어넣은 형제 조너선에게도 감사한다.

주

1장

1. Trivers 1974.
2. Trivers 1971.
3. Trivers 1972, Trivers and Willard 1973, Trivers and Hare 1976.
4. Burt and Trivers 2006.
5. Brock 1999.
6. Wedman et al 2007.
7. DePaolo et al 2003, Vrij 2008; Bond and DePaolo 2006.
8. Craig et al 1991, Larochette et al 2006.
9. Vrij 2004, Vrij et al 2006.
10. Morgan et al 2009.
11. DePaolo and Kashy 2003, Vrij 2008.
12. Troisi 2002.
13. Vrij 2004, 2008.
14. Wegner 2009.
15. Newman et al 2003.

16. DePaolo et al 1996, DePaolo et al 1998.
17. Ehrlinger et al 2008, Kruger and Dunning 1999.
18. Greenwald 1980.
19. Johansson-Stenman and Martinsson 2006.
20. Greenwald 1980, Alicke and Sedikides 2009, Guenther and Alicke 2010.
21. Epley and Whitchurch 2008.
22. Alicke and Sedikides 2009, Kobayashi and Greenwald 2003.
23. Kwan et al 2007.
24. Campbell et al 2007.
25. Campbell 2004.
26. Fein and Spencer 1997.
27. Perdue et al 1990.
28. Maas et al 1989.
29. Beaupre and Hess 2003, Abel and Kruger 2010.
30. Mahajan et al 2011.
31. Galinksy et al 2006.
32. Mukerjee 2010.
33. Batson et al 1999.
34. Valdesolo and DeStano 2008.
35. Weiss 1970, Lykken et al 1972.
36. Langer and Roth 1975.
37. Fenton-O'C-reavy et al 2003.
38. Whitson and Galinksy 2008.
39. Baumeister et al 1990.
40. Peterson et al 2002, Peterson et al 2003.

2장

1. Sheppard 1959, Owen 1971.
2. Davies 2000; 이 절에 실린 내용이 거의 다 다루어져 있다.
3. Gibbs et al 2000.
4. Lyon 2003.

5. Davies et al 1998.
6. Tanaka and Ubeda 2005, Tanaka et al 2005.
7. Davies et al 1996, Brooke et al 1998.
8. Soler et al 1995, Hoover and Robinson 2007.
9. Davies and Welbergen 2009.
10. Barbero et al 2009.
11. Maderspracher and Stensmyr 2011.
12. Byrne and Corp 2004.
13. Wickler 1968.
14. El-Hani et al 2010, Lloyd 1986.
15. Jersakova et al 2006.
16. Cozzolino and Widmer 2005.
17. Dominey 1980, Gross 1982.
18. Saul-Gershenz and Millar 2006.
19. Greig-Smith 1978; 미어캣에게서 먹이를 훔치는 바람까마귀drongo도 가짜 경보를 이용한다, Flower 2010.
20. Spellerberg 1971, Wiebe and Bartolotti 2000.
21. Moller 1990.
22. Bro-Jorgensen and Pangle 2010.
23. Hanlon et al 2007.
24. Barbosa et al 2007.
25. Hanlon and Conroy 2008.
26. Hanlon et al 1999.
27. Hanlon et al 2005.
28. Sordahl 1986.
29. Hobbs 1967.
30. Gilbert 1982.
31. Byers and Byers 1983.
32. Tibbetts and Dale 2004.
33. Tibbetts and Izzo 2010.
34. Rohwer 1977, Rohwer and Rohwer 1978, Rohwer and Ewald 1981, Moller and Swaddle 1987.
35. Bugnyar and Heinrich 2006.

36. Bugnyar and Kotrschal 2002.
37. Bugnyar et al 2004.
38. Dally et al 2004, 2006.
39. Leaver et al 2007.
40. de Waal 1982.
41. Steger and Caldwell 1983, Caldwell 1986, Adams and Caldwell 1990.
42. Lailvaux et al 2009.
43. de Waal 1982.
44. de Waal 1986.
45. Axelrod and Hamilton 1981; 더 최근에 개괄한 문헌: Trivers 2005.
46. 이 쪽의 내용을 제시한 카를 지그문트에게 감사한다.

3장

1. Libet 2004; 우리는 의식적 의지라는 착각도 지니며, 그것을 유지하기 위해 적극 노력한다: Wegner 2002.
2. Soon et al 2008.
3. Libet 2004, Wegner 2002.
4. Anderson et al 2004.
5. Wegner 1989, 2009, Wegner et al 2004.
6. Karim et al 2009.
7. Yang et al 2007.
8. Scholz et al 2009.
9. Gur and Sackeim 1979.
10. Bobes et al 2004.
11. Margoliash and Konishi 1985.
12. Ramachandran 2009.
13. Nardone et al 2008.
14. Trivers 1985.
15. Greenwald et al 1998, Greenwald et al 2003, Greenwald et al 2009.
16. Nosek et al 2002.
17. Steele and Aronson 1995.

18. Richeson and Shelton 2003.
19. Kassin 2005, Kassin and Gudjonsson 2005.
20. Ray et al 2006.
21. McNally 2003, Clancy 2009.
22. Benedetti 2009, Price et al 2008. Saradeth et al 1994, Kaptchuk et al 2006; 동종요법 효과는 플라세보 효과다: Shang et al 2005.
23. de Craen et al 1996.
24. Cobb et al 1959.
25. Moseley et al 1996.
26. Wager et al 2004, Benedetti 2009.
27. 플라세보와 우울증의 관계를 메타분석한 미발표 논문을 인용하도록 해준 앤더스 몰러에게 감사한다: Fournier et al 2010.
28. Palace 1995.
29. Beedie et al 2006.
30. Kaptchuk et al 2010.
31. Benedetti 2009.
32. Raz et al 2002, Stroop 1935.

4장

1. Hamilton 1964.
2. Eibach and Mock 2011.
3. Fox et al 2010.
4. Trivers 1974, Trivers 1985.
5. Freyd et al 1998.
6. Haig and Westoby 1989.
7. Haig and Graham 1991.
8. Haig 2004, Burt and Trivers 2006.
9. Keverne et al 1996.
10. Burt and Trivers 2006.
11. Gregg et al 2010.
12. Li et al 1999, Curley et al 2004.

13. Haig 1999.
14. 어른이 나이가 들수록 각인이 덜 중요해진다는 개념은 데이비드 헤이그의 것이다.
15. Schlomer et al 2010.
16. Reddy 2007.
17. Wilson et al 2003.
18. Talwar et al 2007.
19. Trivers 1985.
20. Haig 1993.
21. Lewis 1993.
22. Talwar et al 2007.
23. Keating and Heitman 1994.

5장

1. Trivers 1972.
2. Bell 1982.
3. Gross et al 2007.
4. Thornhill and Gangestad 2008.
5. Daly and Wilson 1982.
6. Platek et al 2004.
7. Daly et al 1982.
8. Barash 1977.
9. Daly et al 1982.
10. Thornhill and Gangestad 2008.
11. Fisher 2004.
12. Grammer et al 2004.
13. Thornhill and Gangestad 2008.
14. Miller et al 2007.
15. Garver-Apgar et al 2006.
16. Yousem et al 1999, Thornhill et al 2003.
17. Williams and Mattingley 2006.
18. Kovalev et al 2003.

19. Haselton 2003.
20. Grammer et al 2000.
21. Adams et al 1996; 다른 견해, Meier et al 2006.
22. Karney and Coombs 2000.
23. Frye and Karney 2004.
24. Tavris and Aronson 2007.
25. National Enquirer April 2010, National Enquirer December 2009, Vecsey 2010.

6장

1. 이 상호작용을 탁월하게 개괄한 문헌, Schmidt-Hempel 2011.
2. Murphy et al 2008.
3. Blalock and Smith 2007.
4. Murphy et al 2008.
5. Lochmiller and Deerenberg 2000, Baracos et al 1987.
6. Dantzer and Kelley 2007.
7. Cohen et al 2009, Bryant et al 2004.
8. Preston et al 2009.
9. Gray and Campbell 2009, Burnham et al 2003, Muller et al 2009.
10. Muhlenbein et al 2006, Muhlenbein 2006, Muhlenbein 2008.
11. Lassek and Gaulin 2009.
12. Segerstrom and Miller 2004.
13. Sokoloff et al 1955.
14. Raichle and Gusnard 2002, Clarke and Sokoloff 1999.
15. Hsiao et al 2001.
16. Hamilton and Zuk 1982.
17. Mallon et al 2003.
18. Moller et al 2005.
19. Scherr and Bowman 2009.
20. Pennebaker 1997, Petrie et al 1998; HIV에 미치는 효과: Petrie et al 2004.
21. Frattaroli 2006.
22. Pennebaker 1997.

23. Ramirez-Esparza and Pennebaker 2006.
24. Pennebaker 2011.
25. Pennebaker and O'Heeron 1984.
26. Spera et al 1994.
27. Belanoff et al 2004.
28. Strachan et al 2007.
29. Cole et al 1996a (무방비 성관계를 나무라는 연구).
30. Eisenberger et al 2003.
31. Sullivan, 2010.
32. Cole et al 1996b.
33. Cole et al 1997.
34. Rosenkrantz et al 2003.
35. Marsland et al 2006, Cohen et al 2006.
36. Marsland et al 2007.
37. 이 절의 첫 번째와 세 번째 문단을 쓰는 데 도움을 준 스리니바스 나라야난에게 감사한다.
38. Pennebaker 1997.
39. Charnetski and Brennan 1998.
40. Snowdon and Tele 2009.
41. Nunez et al 2002.
42. le Roux et al 2007; 음악을 듣는 것보다 연주하는 것이 효과가 더 좋은 듯하다: Kuhn 2002.
43. Mather and Carstenson 2003.
44. Kwon et al 2009.
45. Charles et al 2003, Mather et al 2004.
46. Isaacowitz et al 2008.
47. Nosek et al 2002.
48. Henry et al 2009.
49. Moller and Saino 2004, Hanssen et al 2004.
50. Segerstrom et al 1998, Segerstrom and Miller 2004.
51. Segerstrom 2010.

7장

1. von Hippell and Trivers 2011, Hallinan 2009, Tavris and Aronson 2007.
2. Ditto and Lopez 2002.
3. Brock and Baloun 1967.
4. Dawson et al 2006.
5. Wilson et al 2004.
6. Balcetis and Dunning 2006.
7. Bruner and Goodman 1947.
8. Veltkamp et al 2008.
9. Lord et al 1979.
10. D'Argembeau et al 2008, Green et al 2008.
11. Coman et al 2009, Cuc et al 2007, Gonsalves et al 2004, Gonsalves and Paller 2000.
12. Conway and Ross 1984.
13. Tavris and Aronson 2007.
14. Loftus 1996.
15. Croyle et al 2006.
16. 마크 트웨인이 많이 한 말이다.
17. Ross and Wilson 2002, Wilson and Ross 2001.
18. von Hippell et al 2005.
19. Snyder et al 1979.
20. Mercier and Sperber 2011.
21. Vohs and Schooler 2008.
22. Gilbert 2006.
23. Neuhoff 1998, 2001.
24. Kahneman and Tversky 1971; Haselton and Nettle 2006.
25. Wegner 2009.
26. Trivers et al 2009, 12장 참조.
27. 오레오데라 글라우카(Oreodera glauca).
28. Wickler 1968.
29. 여기에 실린 인지 해리와 자기정당화 내용의 대부분을 탁월하게 개괄한 문헌, Tavris and Aronson 2007.
30. Tavris and Aronson 2007.

31. Egan et al 2007, Egan et al 2010.

8장

1. Barber and Odean 2001.
2. Glaser and Weber, 2007.
3. Oberlechner and Osler 2008.
4. Vandegrift and Yavas 2009.
5. Grinblatt and Keloharju 2008.
6. Morris et al 2007.
7. Pinker 2007, Thibodeau and Boroditsky 2011.
8. Hochschild, 2004.
9. Pinker 1994.
10. Pinker 1994.
11. Haig 2004b.
12. '지독한' 독일어. http://www.crossmyt.com/hc/linghebr/awfgrmlg.html; Boroditsky et al 2003.
13. Nuttin 1985, 1987.
14. Kitayama and Karasawa 1997.
15. Nuttin 1987.
16. Pelham et al 2002.
17. Simonsohn 2011.
18. Nelson and Simmons 2007.
19. DeHart et al 2006.
20. DeHart and Pelham 2007.
21. Hartung 1988.
22. Zuckerman and Kieffer 1994.
23. Archer et al 1983.
24. Matthews 2007.
25. Konrath and Schwartz 2007.
26. Calogero and Mullen 2008.
27. Stone 2006.

28. Lynch 2010, Lynch and Trivers 2011.
29. Panksepp and Burgdorf 2003.
30. Matsusaka 2004.
31. Hilgard 1977.
32. Henriques 2010.
33. Greenspan 2009.
34. Creswell and Bajaj 2006.
35. 고전적인 거짓말 탐지 검사(정확성이 과대평가된): Reid and Inbau 1977; 신경생리학적 거짓말 탐지기: Harris 2010, Abe et al 2007, Nunez et al 2005, Kozel et al 2005.

9장

1. NTSB에 해당하는 프랑스의 기관은 독립성이 더 떨어진다: Traufetter 2010.
2. Trivers and Newton 1982.
3. NTSB 1994.
4. Gladwell 2008.
5. Pronovost and Vohr 2010.
6. Langewiesche 2009.
7. http://en.wikipedia.org/wiki/Aeroflot_Flight_593.
8. Http://www.aopa.org/asf/publications/05nal.pdf.
9. Vulliamy 1999.
10. Wald 2006.
11. Goo 2006.
12. Negroni 2009.
13. Engelberg and Bryant 1995.
14. Freeman and Wilber 2009.
15. Hall 2005.
16. Lichtblau 2005, Ridgeway 2004.
17. Feynman 1988, Vaughan 1996.
18. Kitchens 1998.
19. Tufte 1997.
20. Langewiesche 2003, Sanger 2003.

21. Glanz and Schwartz 2003.
22. Sanger 2003.
23. Schwartz 2005.
24. Wildavsky 1972.
25. Langewiesche 2001; http://www.ntsb.gov.publictn/2000/AAB0201.htm
26. Wilson 2009.

10장

1. Stannard 1992.
2. Stannard 1992.
3. http://www.fordham.edu/halsall/mod/smallpox1.html.
4. Diamond 2006.
5. Loewen 2007.
6. Norton and Taylor 2009.
7. Loewen 2007.
8. Faust 2008.
9. Blackmon 2008.
10. Rose 2006, Masalski 2001.
11. 228 Cromwell: Siochru 2008.
12. Oshini 2007.
13. Fisk 2005.
14. Rainsford 2009.
15. Fisk 2005.
16. McCarthy 1990.
17. Flapan 1987.
18. Peretz 1984.
19. Peters 1984.
20. Finkelstein 2003.
21. 1948년 시점을 다룬 문헌, Chomsky and Pappe 2010.
22. Flapan 1987.
23. El-Haj 2001.

24. Porath 1974, Eban 1973.
25. Flapan 1987.
26. Shlaim 1988.
27. Morris 1987, Pappe 2006.
28. Finkelstein 2005.
29. Finkelstein 2003.
30. Chomsky 1983.
31. Collins 2007.
32. Mead 2008, Oren 2007.
33. Radosh and Radosh 2009.
34. Draper 2009, Hagee 2006.
35. Dwyer 2011, Finkelstein 2005.
36. Fisk 2008.
37. Zertal and Eldar 2007.
38. Carey and Shainin 2002.

11장

1. Wrangham 1999.
2. Lieven 2010.
3. Wrangham and Peterson, 1996, Wrangham 2006,
4. Mitani et al 2010.
5. Bowles 2009, Pinker 2011.
6. Tuchman 1984.
7. Starek and Keating 1991.
8. Williams and Mattingley 2006.
9. Bloise and Johnson 2007, Canli et al 2002.
10. Singer et al 2006, 하지만 다음 문헌도 참조, Vol et al 2008.
11. Moskowitz and Wertheim 2011.
12. Neave 2003.
13. Johnson 2004.
14. Watson 2006.

15. 가장 많이 인용되는 두 권. Ricks 2006, Packer 2005.
16. 노암 촘스키가 즐겨 한 말.
17. Wesley Clark, democracynow.org. http://www.democracynow.org/2007/3/2/gen_wesley_clark_weighs_presidential_bid
18. Fujita et al 2007.
19. Rich 2006.
20. Lelyveld 2011.
21. Fallow 2004.
22. Fallow 2004.
23. Price 2010.
24. http://www.amnesty.org/en/library/asset/MDE/15/042/1996/en/dbadaf6a-eaf6-11dd-aad1-ed57e7e5470b/mde150421996en.pdf.
25. http://www.hrw.org/en/reports/2007/09/05/why-they-died?print.
26. Milne 2008.
27. Corzine 주지사, George Will, Sanford 주지사, Romney 전직 주지사, McConnell 상원의원
28. Finkelstein 2010.
29. Macintyre 2009, Breaking the Silence 2009. 가자 전선의 역사적 배경과 논리, Shlaim 2009.
30. Siegman 2009.
31. Peterman et al 2011.

12장

1. Dawkins 2006, Dennett 2006.
2. Dennett 2007.
3. Norenzayan and Shariff 2008.
4. Burnham and Hare 2007.
5. Shariff and Norenzayan 2007.
6. Johnson 2009.
7. Trimble 1997.
8. Sosis and Alcorta 2003.

9. Sosis and Bressler 2003.
10. Ruether 2009.
11. Lee and Newberg 2005.
12. Gillings et al 1996.
13. Inzlicht et al 2009.
14. Fincher and Thornhill 2008a.
15. Fincher and Thornhill 2008b.
16. Fincher et al 2008, Thornhill et al 2009, Schaller and Murray 2008, Faulkener et al 2004; 남의 질병 증상들을 보는 것만으로도 면역 반응이 증가한다는 문헌, Schaller et al 2010.
17. Wright 2009.
18. Wright 2009.
19. Shahak 1994.
20. Benson et al 2006.
21. Ginges et al 2009.

13장

1. Arthur Eddington in 1919.
2. Trivers and Hare 1976; 최근에 개괄한 문헌: West 2009.
3. Trivers 1985, Borries et al 1999.
4. Lorenz 1966.
5. Krugman and Wells 2011, Madrick 2011, Krugman 2009.
6. Hammerstein 2003, Trivers 2005.
7. Krugman 2009.
8. Schatzman 1973.
9. 미국에서 프로이트주의가 끼친 해로운 문화적 현상. Torrey 1992.
10. Rosenzweig, 1997.
11. 1964년 파인만이 코넬 대학교 학생들에게 한 강연 http://www.youtube.com/watch?v=b240PGCMwV0

14장

1. David Haig.
2. Davidson et al 2003.
3. Onishi 2011.
4. Lee and Schwarz 2010.
5. Larcker and Zakolyukina 2010; 대학생들을 대상으로 한 실험: Lu and Chang 2011.

참고문헌

Abe, N., Suzuki, M., Mori, E., Itoh, M., & Fujii, T. (2007). Deceiving others: distinct neural responses of the prefrontal cortex and amygdala in simple fabrication and deception with social interactions. *Journal of Cognitive Neuroscience* 19:287–295.

Abel, E. L., & Kruger, M. L. (2010). Smile intensity in photographs predicts longevity. *Psychological Science:* 1–3.

Adams, E. S., & Caldwell, R. L. (1990). Deceptive communication in asymmetric fights of the stomatopod crustacean *Gonodactylus bredini*. *Animal Behavior* 39:706–716.

Adams, H. E., Wright, L. W., & Lohr, B. A. (1996). Is homophobia associated with homosexual arousal? *Journal of Abnormal Psychology* 105:440–445.

Alicke, M. D., & Sedikides, C. (2009). Self-enhancement and self-protection: what they are and what they do. *European Review of Social Psychology* 20:1–48.

Anderson, M. C. et al. (2004). Neural systems underlying the suppression of unwanted memories. *Science* 303:232–235.

Archer, D., Iritani, B., Kimes, D. D., & Barrios, M. (1983). Face-ism: five studies of sex differences in facial prominence. *Journal of Personality and Social Psychology* 45:725–735.

Balcetis, E., & Dunning, D. (2006). See what you want to see: motivational influences on visual perception. *Journal of Personality and Social Psychology* 91:612–625.

Baracos, V. E., Whitmore, W. T., & Gale, R. (1987). The metabolic cost of fever. *Journal of Physiology and Pharmacology* 65:1248–1254.

Barash, D. P. (1977). Sociobiology of rape in mallards (*Anas platyrhynchos*): responses of mated male. *Science* 197(4305):788–789.

Barber, B. M., & Odean, T. (2001). Boys will be boys: gender overconfidence and common stock investment. *Quarterly Journal of Economics* 112(2):261–292.

Barbero, F., Thomas, J. A., Bonelli, S., Balleto, E., & Schonrogge, K. (2009). Queen ants make distinctive sounds that are mimicked by a butterfly social parasite. *Science* 323:782–785.

Barbosa, A. et al. (2007). Disruptive coloration in cuttlefish: a visual perception mechanism that regulates ontogenetic adjustment of skin patterning. *Journal of Experimental Biology* 210:1139–1147.

Batson, C. D., Thompson, E. R., Seuferling, G., Whitney, H., & Strongman, J. A. (1999). Moral hypocrisy: appearing moral to oneself without being so. *Journal of Personality and Social Psychology* 77(3):525–537.

Baumeister, R. F., Stillwell, A., & Wotman, S. R. (1990). Victim and perpetrator accounts of interpersonal conflict: autobiographical narratives about anger. *Journal of Personality and Social Psychology* 59:994–1005.

Beaupre, M. G., & Hess, U. (2003). In my mind, we all smile: A case of in-group favoritism. *Journal of Experimental Social Psychology* 39:371–377.

Bechara, A., Damasio, H., Tranel, D., & Damasio, A. R. (1997). Deciding advantageously before knowing the advantageous strategy. *Science* 275:1293–1295.

Beedie, C. J., Stuart, E. M., Coleman, D. A., & Foad, A. J. (2006). Placebo effects of caffeine on cycling performance. *Medicine & Science in Sports & Exercise* 38:2159–2164.

Belanoff, J. K. et al. (2005). A randomized trial of the efficacy of group therapy in changing viral load and CD4 counts in individuals living with HIV infection. *International Journal of Psychiatry in Medicine* 35:349–362.

Bell, G. (1982). *The Masterpiece of Nature*. Berkeley: University of California Press.

Benedetti, F. (2009) *Placebo Effects: Understanding the Mechanisms in Health and Disease*. New York: Oxford University Press.

Benson, H. et al. (2006). Study of the therapeutic effects of intercessory prayer (STEP) in cardiac bypass patients: a multicenter randomized trial of uncertainty and certainty of receiving intercessory prayer. *American Heart Journal* 151:934–942.

Blackmon, D. A. (2008). *Slavery by Another Name: The Re-enslavement of Black Americans from the Civil War to World War II*. New York: Anchor Books.

Blalock, J. E., & Smith, E. M. (2007). Conceptual development of the immune system as a sixth sense. *Brain, Behavior, and Immunity* 21:23–33.

Bloise, S. M., & Johnson, M. K. (2007). Memory for emotional and neutral information: gender and individual differences in emotional sensitivity. *Memory* 15(2):192–204.

Bobes, M. A. et al. (2004). Brain potentials reflect residual face processing in a case of prosopagnosia. Cognitive *Neuropsychology* 21:691–718.

Bond, C. F., & DePaulo, B. M. (2006). Accuracy of deception judgments. *Personality Social Psychology Review* 10:214–234.

Boroditsky, L., Schmidt, L. A., & Phillips, W. (2003). Sex, syntax, and semantics. *Language in Mind: Advances in the Study of Language and Thought*, eds. Gentner, D., & Goldin-Meadow, S., 61–80. Cambridge, MA: MIT Press.

Borries, C., Launhardt, K., Epplen, C., Epplen, J., & Winkler, P. (1999). DNA analyses support the hypothesis that infanticide is adaptive in langur monkeys. *Proceedings of the Royal Society B* 266:901–904.

Bowles, S. (2009). Did warfare among ancestral hunter-gatherers affect the evolution of human social behaviors? Science 324:1293–1298.

BreakingtheSilence. (2009). *Breaking the Silence: Soldiers' Testimonies from Operation Cast Lead, Gaza. Jerusalem*: Breaking the Silence.

Bro-Jorgensen, J., & Pangle, W. M. (2010). Male topi antelopes alarm snort deceptively to retain females for mating. *American Naturalist* 176:E33–E39.

Brock, P. D. (1999). *The Amazing World of Stick and Leaf Insects*. London: Amateur Entomologists Society.

Brock, T. C., & Balloun, J. L. (1967) Behavioral receptivity to dissonant information. *Journal of Personality and Social Psychology* 6:413–428.

Brooke, M. L., Davies, N. B., & Noble, D. G. (1998). Rapid decline of host defences in response to reduced cuckoo parasitism: behavioural flexibility of reed warblers in a changing world. *Proceedings of the Royal Society B* 265:1277–1282.

Bruner, J. S., & Goodman, C. C. (1947). Value and need as organizing factors in perception. *Journal of Abnormal Social Psychology* 42:33–41.

Bryant, P. A., Trinder, J., & Curtis, N. (2004). Sick and tired: does sleep have a vital role in the immune system? *Nature Reviews Immunology* 4:457–467.

Bugnyar, T., & Heinrich, B. (2006). Pilfering ravens, Corvus corax, adjust their behavior to social context and identity of competitors. *Animal Cognition* 9:369–376.

Bugnyar, T., & Kotrschal, K. (2002). Observational learning and the raiding of food caches in ravens, *Corvus corax:* is it "tactical" deception? *Animal Behaviour* 64:185–195.

Bugnyar, T., Stowe, M., & Heinrich, B. (2004). Ravens, *Corvus corax,* follow gaze direction of humans around obstacles. *Proceedings of the Royal Society B* 271:1331–1336.

Burnham, T. C. et al. (2003). Men in committed, romantic relationships have lower testosterone. *Hormones and Behavior* 44:119–122.

Burnham, T. C., & Hare, B. (2007). Engineering human cooperation: does involuntary neural activation increase public goods contribution? *Human Nature* 18:88–108.

Burt, A., & Trivers, R. (2006). *Genes in Conflict: The Biology of Selfish Genetic Elements.* Cambridge, MA: Harvard University Press.

Byers, J. A., & Byers, K. Z. (1983). Do pronghorn mothers reveal the locations of their hidden fawns? *Behavioral Ecology and Sociobiology* 13:147–156.

Byrne, R. W., & Corp, N. (2004). Neocortex size predicts deception rate in primates. *Proceedings of the Royal Society B* 271:1693–1699.

Caldwell, R. L. (1986). The deceptive use of reputation by stomatopods. *Deception: Perspectives on Human and Non-Human Deceit,* eds. Mitchell, R. W., & Thompson, N. S., 129–145. Albany: State University of New York Press.

Calogero, R. M., & Mullen, B. (2008). About face: facial prominence of George Bush in political cartoons as a function of war. *Leadership Quarterly* 19:107–116.

Campbell, W. K., Bosson, J. K., Goheen, T. W., Lakey, C. E., & Kernis, M. H. (2007). Do narcissists dislike themselves "deep down inside"? *Psychological Science* 18:227–229.

Campbell, W. K., Goodie, Q. W., & Foster, J. D. (2004). Narcissism, confidence and risk attitude. *Journal of Behavioral Decision Making* 17:297–311.

Canli, T., Desmond, J. E., Zhao, Z., & Gabrieli, J. D. E. (2002). Sex differences in the neural basis of emotional memories. *PNAS* 99(16):10789–10794.

Carey, R., & Shainin, J. (2002). *The Other Israel: Voices of Refusal and Dissent.* New York: New Press.

Carrico, A. W., & Antoni, M. H. (2008). Effects of psychological interventions on neuroendocrine hormone regulation and immune status in HIV-positive persons: a review of randomized controlled trials. *Psychosomatic Medicine* 70:575–584.

Charles, S. T., Mather, M., & Carstensen, L. L. (2003). Aging and emotional memory: the forgettable image of negative images for older adults. *Journal of Experimental Psychology: General* 132:310–324.

Charnetski, C. J., & Brennan Jr., F. X. (1998). Effect of music and auditory stimulation on secretory immunoglobin A (IgA). *Perceptual and Motor Skills* 87:1163 – 1170.

Chiao, C. C., Kelman, E. J., & Hanlon, R. T. (2005). Disruptive body coloration of cuttlefish (*Sepia officianalis*) requires visual information regarding edges and contrast of objects in natural substrate backgrounds. *Biological Bulletin* 208:7 – 11.

Chomsky, N. (1983). *Fateful Triangle: The United States, Israel and the Palestinians*. Cambridge: South End Press.

Chomsky, N., & Pappe, I. (2010). *Gaza in Crisis*. Chicago: Haymarket Books.

Clarke, D. D., & Sokoloff, L. (1999). Circulation and energy metabolism of the brain. *Basic Neurochemistry: Molecular, Cellular and Medical Aspects*, 6th ed., eds. Siegel, G. J., Agranoff, B. W., Albers, R. W., Fisher, S. K., & Uhler, M. D. Philadelphia: Lippincott-Raven.

Cobb, L. A., Thomas, G. I., Dillard, D. H., Merendino, K. A., & Bruce, R. A. (1959). An evaluation of internal-mammary-artery ligation by a doubleblind technique. *New England Journal of Medicine* 260:1115 – 1118.

Cohen, S., Alper, C. M., Doyle, W. J., Treanor, J. J., & Turner, R. B. (2006). Positive emotional style predicts resistance to illness after experimental exposure to rhinovirus or Influenza A virus. *Psychosomatic Medicine* 68:809 – 815.

Cohen, S., Doyle, W. J., Alper, C. M., Janicki-Deverts, D., & Turner, R. B. (2009). Sleep habits and susceptibility to the common cold. *Archives of Internal Medicine* 169(1):62 – 67.

Cole, S. W., Kemeny, M., & Taylor, S. E. (1997). Social identity and physical health: accelerated HIV progression in rejection-sensitive gay men. *Journal of Personality and Social Psychology* 72:320 – 335.

Cole, S. W., Kemeny, M. E., Taylor, S. E., & Visscher, B. R. (1996a). Elevated physical health risk among gay men who conceal their homosexual identity. *Health Psychology* 15:243 – 251.

Cole, S. W., Kemeny, M. E., Taylor, S. E., Visscher, B. R., & Fahey, J. L. (1996b). Accelerated course of human immunodeficiency virus infection in gay men who conceal their homosexual identity. *Psychosomatic Medicine* 58:219 – 231.

Collins, C. (2007). *Homeland Mythology: Biblical Narratives in American Culture*. University Park: Pennsylvania State University Press.

Coman, A., Manier, D., & Hirst, W. (2009). Forgetting the unforgettable through conversation: socially shared retrieval-induced forgetting of September 11 memories. *Psychological Science* 20:627 – 633.

Conway, M., & Ross, M. (1984). Getting what you want by revising what you had. *Journal of Personality and Social Psychology* 47:738–748.

Cozzolino, S., & Widmer, A. (2005). Orchid diversity: an evolutionary consequence of deception? *Trends in Ecology and Evolution* 20:487–494.

Craig, K. D., Hyde, S. A., & Patrick, J. C. (1991). Genuine, suppressed, and faked facial behavior during exacerbation of chronic low back pain. *PAIN* 46:161–171.

Creswell, J., & Baja, V. (2006, November 26). The High Cost of Too Good to be True. *New York Times*.

Croyle, R. T. et al. (2006). How well do people recall risk factor test results? Accuracy and bias among cholesterol screening participants. *Health Psychology* 25:425–432.

Cuc, A., Koppel, J., & Hirst, W. (2007). Silence is not golden: a case for socially shared retrieval-induced forgetting. *Psychological Science* 18:727–733.

Curley, M. J., Barton, S., Surani, A., & Everne, E. B. (2004). Coadaptation in mother and infant regulated by a paternally expressed imprinted gene. *Proceedings of the Royal Society of Biological Sciences* 271:1301–1309.

D'Argembeau, A., & Van der Linden, M. (2008). Remembering pride and shame: self-enhancement and the phenomenology of autobiographical memory. *Memory* 16:538–547.

Dally, J. M., Emery, N. J., & Clayton, N. S. (2004). Cache protection strategies by western scrub-jays (*Aphelocoma californica*): hiding food in the shade. Biology Letters 271:S387–S390.

Dally, J. M., Emery, N. J., & Clayton, N. S. (2006). Food-caching western scrubjays keep track of who was watching them. *Science* 312:1662–1665.

Daly, M., & Wilson, M. (1982). Whom are newborn babies said to resemble? *Ethology and Sociobiology* 3:69–68.

Daly, M., Wilson, M., & Weghorst, S. J. (1982). Male sexual jealousy. *Ethology and Sociobiology* 3:11–27.

Dantzer, R., & Kelley, K. W. (2007). Twenty years of research on cytokine-induced sickness behavior. *Brain, Behavior, and Immunity* 21:153–160.

Davidson, R. J. et al. (2003). Alterations in brain and immune function produced by mindfulness meditation. *Psychosomatic Medicine* 65:564–570.

Davies, N. B. (2000). *Cuckoos, Cowbirds and Other Cheats*. London: T. & A. D. Poyser.

Davies, N. B., Brooke, L., & Kacelnik, A. (1996). Recognition errors and probability of parasitism determine whether reed warblers should accept or reject mimetic eggs. *Proceedings of the Royal Society B* 263:925–931.

Davies, N. B., Kilner, R. M., & Noble, D. G. (1998). Nestling cuckoos, *Cuculus canorus*, exploit hosts with begging calls that mimic a brood. *Proceedings of the Royal Society B* 265:673–678.

Davies, N. B., & Welbergen, J. A. (2009). Social transmission of a host defense against cuckoo parasitism. *Science* 324:1318–1320.

Dawkins, R. (2006). *The God Delusion.* New York: Houghton Mifflin Harcourt.

Dawson, E., Savitsky, K., & Dunning, D. (2006). "Don't tell me, I don't want to know": understanding people's reluctance to obtain medical diagnostic information. *Journal of Applied Social Psychology* 36:751–768.

de Craen, A. J. M., Roos, P. J., de Vries, A. L., & Kleijnen, J. (1996). Effect of color of drugs: systematic review of perceived effect of drugs and of their effectiveness. *British Medical Journal* 313:1624–1626.

de Waal, F. (1982). *Chimpanzee Politics: Power and Sex Among Apes.* New York: Harper and Row.

de Waal, F. (1986). Deception in the natural communication of chimpanzees. *Deception: Perspectives on Human and Nonhuman Deceit,* eds. Mitchell, R. W., & Thompson, N. S. Albany, New York: SUNY Press.

DeHart, T., & Pelham, B. W. (2007). Fluctuations in state of implicit self-esteem in response to daily negative events. *Journal of Experimental Social Psychology* 43:157–165.

DeHart, T., Pelham, B. W., & Tennen, H. (2006). What lies beneath: parenting style and implicit self-esteem. *Journal of Experimental Social Psychology* 42:1–17.

Dennett, D. C. (2006). *Breaking the Spell: Religion as a Natural Phenomenon.* New York: Viking Adult.

Dennett, D. C. (2007). The Evaporation of the Powerful Mystique of Religion. http://www.edge.org/q2007/q07_1.html.

DePaolo, B. M., & Kashy, D. A. (1998). Everyday lies in close and casual relationships. *Journal of Personality and Social Psychology* 74:63–79.

DePaolo, B. M., Kashy, D. A., Kirkendol, S. E., Wyer, M. M., & Epstein, J. A. (1996). Lying in everyday life. *Journal of Personality and Social Psychology* 70:979–995.

DePaolo, B. M. et al. (2003). Cues to deception. Psychological Bulletin 129:74–118.

Diamond, J. (2006). *Guns, Germs, and Steel: A Short History of Everybody for the Last 13,000 Years.* New York: W. W. Norton.

Dickerson, S. S., Kemeny, M. E., Aziz, N., Kim, K. H., & Fahey, J. L. (2004). Immunological effects of induced shame and guilt. *Psychosomatic Medicine* 66:124–131.

Ditto, P. H., & Lopez, D. E. (1992). Motivated skepticism: use of differential decision criteria for preferred and nonpreferred conclusions. *Journal of Personality and Social Psychology* 63:568–584.

Ditto, P. H., & Lopez, D. E. (2003). Spontaneous scepticism: the interplay of motivation and expectation in response to favorable and unfavorable medical diagnoses. *Personality and Social Psychology Bulletin* 29:1120–1132.

Dominey, W. J. (1980). Female mimicry in male bluegill sunfish: a genetic polymorphism? *Nature* 284:546–548.

Draper, R. (June 2009). And he shall be judged. *GQ*.

Dunning, D., Johnson, K., Ehrlinger, J., & Kruger, J. (2003). When people fail to recognize their own incompetence. *Current Directions in Psychological Science* 12:83–87.

Dwyer, J. (May 6, 2011). A CUNY trustee expands on his views of what is offensive. *New York Times*.

Eban, A. (1973). http://wikiquote.org/wiki/Abba_Eban.

Egan, L. C., Bloom, P., & Santos, L. R. (2010). Choice-induced preferences in the absence of choice: evidence from a blind two choice paradigm with young children and capuchin monkeys. *Journal of Experimental Social Psychology* 46:204–207.

Egan, L. C., Santos, L. R., & Bloom, P. (2007). The origins of cognitive dissonance: evidence from children and monkeys. *Psychological Science* 18:978–983.

Ehrlinger, J., Johnson, K., Banner, M., Dunning, D., & Kruger, J. (2008). Why the unskilled are unaware: further explorations of (absent) self-insight among the incompetent. *Organizational Behavior and Human Decision Processes* 105(1):98–121.

Eibach, R. P., & Mock, S. E. 2011. Idealizing parenthood to rationalize parental investments. *Psychological Sciences* 22: 203-208.

Eisenberger, N. I., Kemeny, M. E., & Wyatt, G. E. (2003). Psychological inhibition and CD4 T-cell levels in HIV-seropositive women. *Journal of Psychosomatic Research* 54:213–224.

El-Haj, N. A. (2001). *Facts on the Ground*. Chicago: University of Chicago Press.

El-Hani, C. N., Queiroz, J., & Stjernfelt, F. (2010). Firefly femmes fatales: a case study in the semiotics of deception. *Biosemiotics* 3(1):33–55.

Engelberg, S., & Bryant, A. (February 26, 1995). FAA's fatal fumbles on computer plane's safety. *New York Times*.

Epley, N., & Whitchurch, E. (2008). Mirror, mirror on the wall: enhancement in self-recognition. *Personality and Social Psychology Bulletin*.

Eppig, C., Fincher, C. L., & Thornhill, R. (2010). Parasite prevalence and the worldwide distribution of cognitive ability. *Proceedings of the Royal Society B* 277(1701): 3801–3808.

Fallow, J. (2004, January/February) Blind into Baghdad. *Atlantic Monthly.*

Faulkner, J., Schaller, M., Park, J. H., & Duncan, L. A. (2004). Evolved diseaseavoidance mechanisms and contemporary xenophobic attitudes. *Group Processes and Intergroup Relations* 7:333–353.

Faust, D. G. (2008). *This Republic of Suffering: Death and the American Civil War.* New York: Vintage Books.

Fein, S., & Spencer, S. J. (1997). Prejudice as self-image maintenance: affirming the self through derogating others. *Journal of Personality and Social Psychology* 73(1):31–44.

Fenton-O'Creevy, M., Nicholson, N., Soane, E., & Willman, P. (2003). Trading on illusions: unrealistic perceptions of control and trading performance. *Journal of Occupational and Organizational Psychology* 76:53–68.

Feynman, R. (1988). *What Do You Care What Other People Think? Further Adventures of a Curious Character.* New York: W. W. Norton.

Fincher, C. L., & Thornhill, R. (2008a). Assortative sociality, limited dispersal, infectious disease and the genesis of global pattern of religion diversity. *Proceedings of the Royal Society London B.*

Fincher, C. L., & Thornhill, R. (2008b). A parasite-driven wedge: infectious diseases may explain language and other biodiversity. *Oikos* 117:1289–1297.

Fincher, C. L., Thornhill, R., Murray, D. R., & Schaller, M. (2008). Pathogen prevalence predicts human cross-cultural variability in individualism/collectivism. *Proceedings of the Royal Society B* 275:1279–1285.

Finkelstein, N. G. (2000). *The Holocaust Industry: Reflections on the Exploitation of Jewish Suffering.* London: Verso.

Finkelstein, N. G. (2003). *Image and Reality of the Israel-Palestine Conflict,* 2nd ed. London: Verso.

Finkelstein, N. G. (2005). *Beyond Chutzpah: On the Misuse of Anti-Semitism and the Abuse of History.* Berkeley: University of California Press.

Finkelstein, N. G. (2010). *This Time We Went Too Far.* New York: Orbooks.

Fisher, M. (2004). Female intrasexual competition decreases female attractiveness. *Proceedings of the Royal Society B* 271(supp):283–285.

Fisk, R. (2005). *The Great War for Civilization: The Conquest of the Middle East.* New York: Knopf.

Fisk, R. (December 20, 2008). How the absence of one tiny word sowed the seeds of catastrophe. *The Independent*.

Flapan, S. (1987). *The Birth of Israel: Myths and Realities*. New York: Pantheon.

Flower, T. (2010). Fork-tailed drongos use deceptive mimicked alarm calls to steal food. *Proceedings of the Royal Society B* doi: 10.1098/rspb.2010.1932.

Fournier, J. C. et al. (2010). Antidepressant drug effects and depression severity. *Journal of the American Medical Association* 303:47–53.

Forster, S. (1999). Dreams and nightmares: German military leadership and the images of future warfare, 1871–1914. *Anticipating Total War: The German and American Experiences, 1971–1914*. Boemeke, M.F., Chickering, R, & Forster, S., eds. Cambridge: Cambridge University Press, 343–376.

Fox, M. et al. (2010). Grandma plays favourites: X-chromosome relatedness and sex-specific childhood mortality. *Proceedings of the Royal Society B* 277:567–573.

Frattaroli, J. (2006). Experimental disclosure and its moderators: a meta-analysis. *Psychological Bulletin* 132(6):823–865.

Freeman, S., & Wilber, D. Q. (February 14, 2009). Pilots spoke of ice on wings before deadly crash in New York. *Washington Post*.

Freyd, J. J., Martorello, S. R., Alvarado, J. S., Hayes, A. E., & Christman, J. C. (1998). Cognitive environments and dissociative tendencies: performance on the standard Stroop task for high versus low dissociators. *Applied Cognitive Psychology* 12:S91–S103.

Frye, N. E., & Karney, B. R. (2004). Revision in memories of relationship development: do biases persist over time? *Personal Relationships* 11(1):79–97.

Fujita, K., Gollwitzer, P. M., & Oettingen, G. (2007). Mind-sets and pre-conscious open-mindedness to incidental information. *Journal of Experimental Social Psychology* 43:48–61.

Galinsky, A. D., Magee, J. C., Inesi, M. E., & Greenfeld, H. (2006). Power and perspectives not taken. *Psychological Science* 17:1068–1074.

Garver-Apgar, C. E., Gangestad, S. W., Thornhill R., & Miller, R. D. (2006). MHC alleles, sexual responsivity, and unfaithfulness in romantic couples. *Psychological Science* 17:830–835.

Gibbs, H. L. et al. (2000). Genetic evidence for female host-specific races of the common cuckoo. *Nature* 407:183–185.

Gilbert, D. (2006). *Stumbling on Happiness*. New York: Alfred A. Knopf.

Gilbert, L. E. (1982). The co-evolution of a butterfly and a vine. Scientific American

247:110–121.

Gillings, V., & Joseph, S. (1986). Religiosity and social desirability: impression management and self-deceptive positivity. *Personality Processes and Individual Differences* 21(6):1047–1050.

Ginges, J., Hansen, I., & Norenzayan, A. (2009). Religion and support for suicide attacks. *Psychological Science* 20:224–230.

Gladwell, M. (2008). *Outliers: The Story of Success*. New York: Little, Brown and Company.

Glanz, J., & Schwartz, J. (September 26, 2003). Dogged engineer's effort to assess shuttle damage. *New York Times*.

Glaser, M., & Weber, M. (2007). Overconfidence and trading volume. *Geneva Risk and Insurance Review* 32:1–36.

Gonsalves, B., & Paller, K. A. (2000). Neural events that underlie remembering something that never happened. *Nature Neuroscience* 3:1316–1321.

Gonsalves, B., Reber, P. J., Gitelman, D. R., Parrish, T. B., & Mesulam, M. M. (2004). Neural evidence that vivid imagining can lead to false remembering. *Psychological Science* 15:655–660.

Goo, S. K. (January 25, 2006). Poor behavior, fatigue led to '04 plane crash. *Washington Post*.

Graber, M. L., Franklin, N., & Gordon, R. (2005). Diagnostic error in internal medicine. *Archives of Internal Medicine* 165:1493–1499.

Grammer, K., Kruck, K., Juette, A., & Fink, B. (2000). Non-verbal behavior as courtship signals: the role of control and choice in selecting partners. *Evolution and Human Behavior* 21:371–390.

Grammer, K., Renninger, L. A., & Fischer, B. (2004). Disco clothing, female sexual motivation, and relationship status: is she dressed to impress? *Journal of Sex Research* 41:66–74.

Gray, P. B., & Campbell, B. (2009). Human male testosterone, pair-bonding, and fatherhood. *Endocrinology of Social Relationships,* eds. Ellison, P. T., & Gray, P. B. Cambridge, MA: Harvard University Press.

Gray, P. B., Ellison, P. T., & Campbell, B. C. (2007). Testosterone and marriage among Ariaal men of Northern Kenya. *Current Anthropology* 48:750–755.

Gray, P. B. et al. (2002). Human male pair bonding and testosterone. *Human Nature* 15:119–131.

Green, J. D., Sedikides, C., & Gregg, A. P. (2008). Forgotten but not gone: the recall and recognition of self-threatening memories. *Journal of Experimental Social Psychology* 44:547–561.

Greenspan, S. (2009). *Annals of Gullibility: Why We Get Duped and How to Avoid It.* Westport, CT: Praeger.

Greenwald, A. G. (1980). The totalitarian ego: fabrication and revision of personal history. *American Psychologist* 35:603–618.

Greenwald, A. G., McGhee, D. E., & Schwartz, J. L. K. (1998). Measuring individual differences in implicit cognition: the Implicit Association Test. *Journal of Personality and Social Psychology* 74:1464–1480.

Greenwald, A. G., Nosek, B. A., & Banaji, M. R. (2003). Understanding and using the Implicit Association Test: I. An improved scoring algorithm. *Journal of Personality and Social Psychology* 85(2):197–216.

Greenwald, A. G., Poehlman, T. A., Uhlmann, E., & Banaji, M. R. (2009). Understanding and using the Implicit Association Test: III. Meta-analysis of predictive validity. *Journal of Personality and Social Psychology* 97(1):17–41.

Gregg, C. et al. (2010). High-resolution analysis of parent-of-origin allelic expression in the mouse brain. *Science* 329:643–648.

Greig-Smith, P. W. (1978). Imitative foraging in mixed-species flocks of Seychelles birds. *Ibis* 120:233–235.

Grinblatt, M., Keloharju, M., & Ikaheimo, S. (2008). Social influence and consumption: evidence from the automobile purchases of neighbors. *Review of Economics and Statistics* 90:735–753.

Gross, M. (1982). Sneakers, satellites, and parentals: polymorphic mating strategies in North American sunfishes. *Z. Tierpsychol.* 60:1–26.

Gross, M. R., Suk, H. Y., & Robertson, C. T. (2007). Courtship and genetic quality: asymmetric males show their best side. *Proceedings of the Royal Society B* 274:2115–2122.

Gruzeller, J. H. (2002) A review of the impact of hypnosis, relaxation, guided imagery and individual differences on aspects of immunity and health. *Stress* 5:147–163.

Guenther, C. L., & Alicke, M. D. (2010). Deconstructing the better-than-average effect. *Journal of Personality and Social Psychology* 99:755–770.

Gur, R., & Sackeim, H. A. (1979). Self-deception: a concept in search of a phenomenon. *Journal of Personality and Social Psychology* 37:147–169.

Hagee, J. (2006). *Jerusalem Countdown.* Lake Mary, FL: FrontLine.
Haig, D. (1993). Genetic conflicts in human pregnancy. *The Quarterly Review of Biology*

68:495–532.

Haig, D. (1999). Asymmetric relations: internal conflicts and the horror of incest. *Evolution and Human Behavior* 20:83–98.

Haig, D. (2004a). Genomic imprinting and kinship: how good is the evidence? *Annual Review of Genetics* 38:553–585.

Haig, D. (2004b). The inexorable rise of gender and the decline of sex: socia change in academic titles, 1945–2001. *Archives of Sexual Behavior* 33:87–96.

Haig, D. (2006). Intrapersonal conflict. *Conflict*, eds. Jones, M., & Fabian, A. Cambridge: Cambridge University Press.

Haig, D., & Graham, C. (1991). Genomic imprinting and the strange case of the insulin-like growth factor II receptor. *Cell* 64:1045–1046.

Haig, D., & Westoby, M. (1989). Parent-specific gene expression and the triploid endosperm. *American Naturalist* 134:147–154.

Hall, J. (February 23, 2005). Paying the price for safety. New York Times.

Hallinan, J. T. (2009). *Why We Make Mistakes: How We Look Without Seeing Forget Things in Seconds, and Are All Pretty Sure We Are Above Average.* New York: Broadway Books.

Hamilton, W. D. (1964). The genetical evolution of social behaviour. *Journal of Theoretical Biology* 7:1–52.

Hamilton, W. D., & Zuk, M. (1982). Heritable true fitness in birds: a role for parasites. *Science* 218:384–387.

Hammerstein, P., ed. (2003). *Genetic and Cultural Evolution of Cooperation.* Cambridge, MA: MIT Press.

Hanlon, R. T., & Conroy, L. A. (2008). Mimicry and foraging behavior of two tropical sand-flat octopus species off North Sulawesi, Indonesia. *Biological Journal of the Linnean Society* 93:23–38.

Hanlon, R. T., Forsythe, J. W., & Joneschild, D. E. (1999). Crypsis, conspicuousness, mimicry, and polephenism as antipredator defenses of foraging octopuses on Indo-Pacific coral reefs, with a method of quantifying crypsis from video tapes. *Biological Journal of the Linnaean Society* 66:1–22.

Hanlon, R. T. et al. (2007). Adaptable night camouflage by cuttlefish. *American Naturalist* 169:543–551.

Hanlon, R. T., Naud, M. J., Shaw, P. W., & Havenhand, J. N. (2005). Transient sexual mimicry leads to fertilization. *Nature* 430:212.

Hanlon, R. T., Watson, A. C., & Barbosa, A. (2010). A "mimic octopus" in the Atlantic: flatfish mimicry and camouflage by *Macrotritopus defilippi*. *Biological Bulletin* 218:15–24.

Hanssen, S. A., Hasselquist, D., Folstad, I., & Erikstad, K. E. (2004). Costs of immunity: immune responsiveness reduces survival in a vertebrate. *Proceedings of the Royal Society B* 271:925–930.

Harris, M. (2010). MRI lie detectors. IEEE Spectrum. http://spectrum.ieee.org/biomedical/imaging/mri-lie-detectors

Hartung, J. (1988). Deceiving down: conjectures on the management of subordinate status. *Self-deception: An Adaptive Mechanism?* eds. Lackhard, J. S., & Paulhus, D. L. Englewood Cliffs, NJ: Prentice-Hall.

Haselton, M. G. (2003). The sexual overperception bias: evidence of a systematic bias in men from a survey of naturally occurring events. *Journal of Research in Personality* 37:34–47.

Haselton, M. G., & Nettle, D. (2006). The paranoid optimist: an integrative evolutionary model of cognitive biases. *Personality and Social Psychology Review* 10:47–66.

Heinrich, B., & Pepper, J. W. (1998). Influence of competitors on caching behavior in common ravens, *Corvus corax*. *Animal Behaviour* 56:1083–1090.

Henriquez, D. B. (2010). *The Wizard of Lies: Bernie Madoff and the Death of Trust*. New York: Holt.

Henry, J. D., von Hippel, W., & Baynes, K. (2009). Social inappropriateness, executive control, and aging. *Psychology and Aging* 24:239–244.

Hilgard, E. R. (1977). *Divided Consciousness: Multiple Controls in Human Thought and Action*. New York: John Wiley.

Hobbs, J. N. (1967). Distraction display by two species of crakes. *Emu* 66: 299-300.

Hochschild, A. (May 23, 2004). What's in a word? Torture. *New York Times*.

Hodson, G., & Olson, J. M. (2005). Testing the generality of the name letter effect: name initials and everyday attitudes. *Personality and Social Psychology Bulletin* 31:1099–1111.

Hoover, J. P., & Robinson, S. K. (2007). Retaliatory Mafia behavior by a parasitic cowbird favors host acceptance of parasitic eggs. *PNAS* 104:4479–4483.

Hsiao, L. et al. (2001). A compendium of gene expression in normal human tissues. *Physiological Genomics* 7:97–104.

Inzlicht, M., McGregor, I., Hirsh, J. B., & Nash, K. (2009). Neural markers of religious conviction. *Psychological Science* 20(3):385–392.

Irwin, M. R. (2007). Human psychoneuroimmunology: 20 years of discovery. *Brain, Behavior, and Immunity* 22:129–139.

Isaacowitz, D. M, Toner, K., Goren, D., & Wilson, H. R. (2008). Looking while unhappy: mood-congruent gaze in young adults, positive gaze in older adults. *Psychological Science* 19(9):848–853.

Isaacowitz, D.M., Wadlinger, H. A., Goren, D., & Wilson, H. R. (2006) Is there an age-related positivity effect in visual attention? A comparison of two methodologies. *Emotion* 6:511–516.

Jersakova, J., Johnson, S. D., & Kindlmann, P (2006). Mechanisms and evolution of deceptive pollination in orchids. *Biological Reviews* 81:219–235.

Johansson-Stenman, O., & Martinsson, P. (2006). Honestly, why are you driving a BMW? *Journal of Economic Behavior and Organization* 60:129–146.

Johnson, D. D. P. (2004). *Overconfidence and War: the Havoc and Glory of Positive Illusions.* Cambridge, MA: Harvard University Press.

Johnson, D. D. P. (2009). The error of God: error management theory, religion, and the evolution of cooperation. *Games, Groups and the Global Good,* ed. Levin, S. A. Berlin: Springer.

Kahneman, D., & Twersky, A. (1996). On the reality of cognitive illusions. *Psychological Review* 103:582–591.

Kaptchuk, T. J. et al. (2010). Placebos without deception: a randomized controlled trial in irritable bowel syndrome. *PLoS ONE* 5(12):1–7.

Kaptchuk, T. J. et al. (2006). Sham device v inert pill: randomized controlled trial of two placebo treatments. *British Medical Journal* 332:391–397.

Karim, A. A. et al. (2009). The truth about lying: inhibition of the anterior prefrontal cortex improves deceptive behavior. *Cerebral Cortex.*

Karney, B. R., & Coombs, R. H. (2000). Memory bias in long-term close relationships: consistency or improvement? *Personality and Social Psychology Bulletin* 26:959–970.

Kassin, S. M. (2005). On the psychology of confessions: does innocence put innocents at risk? *American Psychologist* 60:215–228.

Kassin, S. M., & Gudjonsson, G. H. (2005). True crimes, false confessions: why do innocent people confess to crimes they did not commit? *Scientific American Mind:* 24–31.

Keating, C. F., & Heltman, K. R. (1994). Dominance and deception in children and adults: are leaders the best misleaders? *Personality and Social Psychology Bulletin*

20:312–321.

Keverne, E. B., Fundele, R., Narasimha, M. E. B., Barton, S. C., & Surani, M. A. (1996). Genomic imprinting and the differential roles of parental genomes in brain development. *Developmental Brain Research* 92:91–100.

Kitayama, S., & Karasawa, M. (1997). Implicit self-esteem in Japan: name letters and birthday numbers. *Journal of Stress Physiology and Biochemistry* 23:736–742.

Kitchens, L. J. (1998). *Exploring Statistics: A Modern Introduction to Data Analysis and Inference,* 2nd ed. Pacific Grove, CA: Duxbury Press.

Klein, S. et al. (2003). The influence of gender and emotional valence of visual cues on fMRI activation in humans. *Pharmacopsychiatry* 36 Suppl 3:S191–S194.

Kobayashi, C., & Greenwald, A. G. (2003). Implicit-explicit differences in selfenhancement for Americans and Japanese. *Journal of Cross-Cultural Psychology* 34(5):522–541.

Konrath, S. H., & Schwartz, N. (2007). Do male politicians have big heads? Face-ism in online self-representations of politicians. *Media Psychology* 10:436–448.

Kovalev, V. A., Kruggel, F., & von Cramon, Y. (2003). Gender and age effects in structural brain asymmetry as measured by fMRI texture analysis. *Neuroimage* 19:895–905.

Kozel, F. A. et al. (2005). Detecting deception using functional magnetic resonance imaging. *Biological Psychiatry* 58:605–613.

Kruger, J., & Dunning, D. (1999). Unskilled and unaware of it: how difficulties in recognizing one's own incompetence lead to inflated self-assessments. *Journal of Abnormal Social Psychology* 77:1121–1134.

Krugman, P. (September 6, 2009). How did economists get it so wrong? *New York Times Magazine,* pp. 36–44.

Krugman, P. (December 19, 2010). When zombies win. *New York Times.*

Krugman, P., & Wells, R. (2011). The busts keep getting bigger: why? *New York Review of Books* 58:28–29.

Kuhn, D. (2002). The effects of active and passive participation in musical activity on the immune system as measured by salivary immunoglobin A (SigA). *Journal of Music Therapy* 39:30–39.

Kwan, V. S. Y. et al. (2007). Assessing the neural correlates of self-enhancement bias: a transcranial magnetic stimulation study. *Experimental Brain Research* DOI 10.1007/s00221–007–0992–2.

Kwon, Y., Scheibe, S., Samanez-Larkin, G. R., Tsai, J. L., & Carstensen, L. L. (2009). Replicating the positivity effect in picture memory in Koreans: evidence for cross-cultural generalizability. *Psychology and Aging* 24:748–754.

Lailvaux, S. P., Reaney, L. T., & Blackwell, P. R. Y. (2009). Dishonest signaling of fighting ability and multiple performance traits in the fiddler crab *Uca mjoeberg*. *Functional Ecology* 23:359–366.

Langer, E. J., & Roth, J. (1975). Heads I win, tails it's chance: the illusion of control as a function of the sequence of outcomes in a purely random task. *Journal of Personality and Social Psychology* 32:951–955.

Langewiesche, W. (November 2001). The crash of EgyptAir 990. *The Atlantic Monthly*.

Langewiesche, W. (November 2003). Columbia's last flight. *The Atlantic Monthly*.

Langewiesche, W. (January 2009). The devil at 37,000 feet. *Vanity Fair*.

Larcker, D. F., & Zakolyukina, A. A. (2010). Detecting deceptive discussions in conference calls. Stanford, CA: Stanford Graduate School of Business Research Paper No. 2060, pp 1–33.

Larochette, A. C., Chambers, C. T., & Craig, K. D. (2006). Genuine, suppressed, and faked facial expressions of pain in children. *PAIN* 126:64–71.

Lassek, W. D., & Gauilin, S. J. C. (2009). Costs and benefits of fat-free muscle mass in men: relationship to mating success, dietary requirements, and native immunity. *Evolution and Human Behavior* 30:322–328.

Le Roux, F. H., Bouic, P. J. D., & Bester, M. M. (2007). The effect of Bach's Magnificat on emotions, immune, and endocrine parameters during physiotherapy treatment of patients with infectious lung conditions. *Journal of Music Therapy* 44(2):156–168.

Leaver, L. A., Hopewell, L., Caldwell, C., & Mallarky, L. (2007). Audience effects on food caching in grey squirrels (*Sciurus carolonensis*): evidence for pilferage avoidance strategies. *Animal Cognition* 10:23–27.

Lee, B. Y., & Newberg, A. B. (2005). Religion and health: a review and critical analysis. *Zygon* 40(2):443–468.

Lee, S. W. S., & Schwarz, N. (2010). Dirty hands and dirty mouths: embodiment of the moral-purity metaphor is specific to the motor modality involved in moral transgression. *Psychological Science* 20:1–3.

Lelyveld, J. (2011). Curveball. *New York Review of Books* 58:4.

Lewis, M. (1992). *Shame: The Exposed Self*. New York: Free Press.

Lewis, M. (1993). The development of deception. *Lying and Deception in Everyday Life*, eds. Lewis, M., & Saarni, C., 90–105. New York: Guilford Press.

Li, L. L. et al. (1999). Regulation of maternal behavior and offspring growth by paternally expressed *Peg3*. *Science* 284:330–333.

Libet, B. (2004). *Mind Time: The Temporal Factor in Consciousness*. Cambridge, MA: Harvard University Press.

Lichtblau, E. (February 10, 2005). 9/11 report cites many warnings about hijackings. *New York Times*.

Lieven, D. (2010). *Russia Against Napoleon: The True Story of the Campaigns of War and Peace*. New York: Viking.

Lloyd, J. E. (1986). Firefly communication and deception: "Oh, what a tangled web." *Deception: Perspectives on Human and Nonhuman Deceit*, eds. Mitchell, R. W., & Thompson, N. S., 113–128. Albany: State University of New York.

Lochmiller, R. L., & Deerenberg, C. (2000). Trade-offs in evolutionary immunology: just what is the cost of immunity? *Oikos* 88:87–98.

Loewen, J. W. (2007). *Lies My Teacher Told Me: Everything Your American History Textbook Got Wrong*. New York: New Press.

Loftus, E. (1996). *Eyewitness Testimony*. Cambridge: Harvard University Press.

Lord, C. G., Ross, L., & Lepper, M. R. (1979). Biased assimilation and attitude polarization: the effects of prior theories on subsequently considered evidence. *Journal of Personality and Social Psychology* 37:2098–2108.

Lorenz, K. (1966). *On Aggression*. New York: Harcourt, Brace & World.

Lu, H. J., & Chang, L. *Deceiving Yourself to Achieve High But Not Necessarily Equal Status*. Hong Kong: The Chinese University of Hong Kong.

Lykken, D. T., Macindoe, I., & Tellegen, A. (1972). Perception: autonomic response to shock as a function of predictability in time and locus. *Psychophysiology* 9(3):318–333.

Lynch, R. (2010). It's funny because we think it's true: laughter is augmented by implicit preferences. *Evolution and Human Behavior* 31:141–148.

Lynch, R., & Trivers, R. (2011). Self-deception inhibits laughter and humor appreciation. Unpublished manuscript.

Lyon, B. E. (2003). Egg recognition and counting reduce costs of avian conspecific brood parasitism. *Nature* 422:495–499.

Maas, A., Salvi, D., Arcuri, L., & Semin, G. (1989). Language use in intergroup contexts: the linguistic intergroup bias. *Journal of Personality and Social Psychology* 57(6):981–993.

Macintyre, D. (July 15, 2009). Israeli soldiers reveal the brutal truth of Gaza attack. *The Independent*.

Maderspacher, F., & Stensmyr, M. (2011). Myrmecomorphomania. *Current Biology* 21:R291–R293.

Madrick, J. (2011). *Age of Greed: The Triumph of Finance and the Decline of America, 1970 to the Present.* New York: Knopf.

Mahajan, N. et al. (2011). The evolution of intergroup bias: perceptions and attitudes in Rhesus Macaques. *Journal of Personality and Social Psychology* 100:387–405.

Mallon, E. B., Brockmann, A., & Schmid-Hempel, P. (2003). Immune response inhibits associative learning in insects. *The Royal Society* 270:2471–2473.

Mann, S., & Vrij, A. (2006). Police officers' judgments of veracity, cognitive load, and attempted behavioral control in real-life police interviews. *Psychology Crime & Law* 12:307–319.

Mann, S., Vrij A., & Bull, R. (2004). Detecting true lies: police officers ability to detect deceit. *Journal of Applied Psychology* 89:137–149.

Margoliash, D., & Konishi, M. (1985). Auditory representation of autogenous song in the song system of white-crowned sparrows. *Proceedings of the National Academy of Sciences* 82:5997–6000.

Marsland, A. L., Cohen, S., Rabin, B. S., & Manuck, S. B. (2006). Trait positive effect and antibody response to hepatitis B vaccination. *Brain, Behavior, and Immunity* 20:261–269.

Marsland, A. L., Pressman, S., & Cohen, S. (2007). Positive affect and immune function. *Psychoneuroimmunology* 4E(II):761–779.

Masalski, K. W. (November 2001). Examining the Japanese history textbook controversies. *Japan Digest.*

Mather, M. et al. (2004). Amygdala responses to emotionally valenced stimuli in older and younger adults. *Psychological Science* 15:259–263.

Mather, M., & Carstensen, L. L. (2005). Aging and motivated cognition: the positivity effect in attention and memory. *Trends in Cognitive Sciences* 9:496–502.

Matsusaka, T. (2004). When does play panting occur during social play in wild chimpanzees? *Primates* 45(4):221–229.

Matthews, A. U. (2007). Hidden sexism: facial prominence and its connections to gender and occupational status in popular print media. *Sex Roles* 57(7–8):515–525.

McCarthy, J. (1990). *The Population of Palestine: Population History and Statistics of the Late Ottoman Period and the Mandate.* New York: Columbia University Press.

McNally, R. J. (2003). *Remembering Trauma.* Cambridge, MA: The Belknap Press of Harvard University Press.

Mead, W. R. (2008). The new Israel and the old: why gentile Americans back the Jewish state. Washington, DC: Council on Foreign Relations.

Meier, B. P., Robinson, M. D., Gaither, G. A., & Heinert, N. J. (2006). A secret attraction or defensive loathing? Homophobia, defense, and implicit cognition. *Journal of Research in Personality* 40:377–394.

Mercier, H., & Sperber, D. (2010). Why do humans reason? Arguments for an argumentative theory. *Behavioral and Brain Sciences,* in press.

Miller, G., Tybur, J. M., & Jordan, B. D. (2007). Ovulatory cycle effects on tip earnings by lap dancers: economic evidence for human estrus? *Evolution and Human Behavior* 28:375–381.

Milne, S. (December 30, 2008). Israel's onslaught on Gaza is a crime that cannot succeed. *Guardian.*

Mitani, J. C., Watts, D. P., & Amsler, S. J. (2010). Lethal intergroup aggression leads to territorial expansion in wild chimpanzees. *Current Biology* 20(12):R507–508.

Moller, A. P. (1990). Deceptive use of alarm calls by male swallows, *Hirundo rustica:* a new paternity guard. Behavioral Ecology 1:1–6.

Moller, A. P., Erritzoe, J., & Garamszegi, L. Z. (2005). Covariation between brain size and immunity in birds: implications for brain size evolution. *Journal of Evolutionary Biology* 18:223–237.

Moller, A. P., & Saino, N. (2004). Immune response and survival. *Oikos* 104:299–304.

Moller, A. P., & Swaddle, J. P. (1987). Social control of deception among status signaling house sparrows *Passer domesticus. Behavioral Ecology and Sociobiology* 20(307–311).

Morgan, C. J., LeSage, J. B., & Kosslyn, S. M. (2009). Types of deception revealed by individual differences in cognitive ability. *Social Neuroscience* 4:554–569.

Morris, B. (1987). *The Birth of the Palestinian Refugee Question.* Cambridge: Cambridge University Press.

Morris, M. W., Sheldon, O. J., Ames, D. R., & Young, M. J. (2007). Metaphors and the market: consequences and preconditions of agent and object metaphors in stock market commentary. *Organizational Behavior and Human Decision Processes* 102:174–192.

Moseley, J. B., Wray, N. P., Kuykendall, D., Willis, K., & Landon, G. (1996). Arthroscopic treatment of osteoarthritis of the knee: a prospective, randomized, placebo-control trial. *American Journal of Sports Medicine* 24:28–34.

Moskowitz, T. J., & Wertheim, L. J. (2011). *Scorecasting: The Hidden Influences Behind How Sports are Played and Games are Won.* New York: Crown Archetype.

Muehlenbein, M. P. (2006). Intestinal parasite infections and fecal steroid levels in wild chimpanzees. *American Journal of Physical Anthropology* 130:546–550.

Muehlenbein, M. P. (2008). Adaptive variation in testosterone levels in response to immune activation: empirical and theoretical perspectives. *Social Biology* 53:13–23.

Muehlenbein, M. P., Cogswell, F. B., James, M. A., Koterski, J., & Ludwig, G. V. (2006). Testosterone correlates with Venezuelan equine encephalitis virus infection in macaques. *Virology Journal* 3:19.

Mukerjee, M. (2010). *Churchill's Secret War: The British Empire and the Ravaging of India During World War II*. New York: Basic Books.

Muller, M. N., Marlowe, F. W., Bugumba, R., & Ellison, P. (2009). Testosterone and paternal care in East African foragers and pastoralists. *Proceedings of the Royal Society B* 276:347–354.

Murphy, K., Travers, P., & Walport, M. (2008). *Immunobiology*, 7th ed. New York: Garland.

Murray, S. L., Holmes, J. G., & Walport, M. (2008). *Immunobiology*, 7th ed. New York: Garland.

Nardone, I. B., Ward, R., Fotopoulou, A., & Turnbull, O. H. (2008). Attention and emotion in anosognosia: evidence of implicit awareness and repression. *Neurocase* 13:438–445.

Neave, N. (2003). Testosterone, territoriality, and the "home advantage." *Psychology and Behavior* 78:269–275.

Negroni, C. (March 2, 2009). How long should air crews rest? *International Herald Tribune*.

Nelson, L. D., & Simmons, J. P. (2007). Moniker maladies: when names sabotage success. *Psychological Science* 18(12):1106–1112.

Nesse, R. M., Silverman, A., & Bortz, A. (1990). Sex differences in ability to recognize family resemblance. *Ethology and Sociobiology* 11:11–21.

Neuhoff, J. G. (1998). Perceptual bias for rising tones. *Nature* 395:123–124.

Neuhoff, J. G. (2001). An adaptive bias in the perception of looming auditory motion. *Ecological Psychology* 13:87–110.

Newman, M. L., Pennebaker, J. W., & Richards, J. M. (2003). Lying words: predicting deception from linguistic styles. *Personality and Social Psychology Bulletin* 29:665–675.

Niederle, M., & Veterlund, L. (2007). Do women shy away from competition? Do men compete too much? *Quarterly Journal of Economics* 122:1067–1101.

Norenzayen, A., & Shariff, A. F. (2008). The origin and evolution of religious prosociality. *Science* 322:58–62.

Nosek, B. A., Banaji, M. R., & Greenwald, A. W. (2002). Harvesting implicit group attitudes and beliefs from a demonstration website. *Group Dynamics: Theory, Research and Practice* 6:101–115.

NTSB. (1994). *A Review of Flightcrew-Involved, Major Accidents of U.S. Air Carriers 1978 Through 1990.* Washington, DC: National Transportation Safety Board.

Nunez, J. M., Casey, B. J., Egner, T., Hare, T., & Hirsch, J. (2005). Intentional false responding shares neural substrates with response conflict and cognitive control. *NeuroImage* 25:267–277.

Nunez, M. J. et al. (2002). Music, immunity, and cancer. *Life Sciences* 71:1047–1057.

Nuttin, J. M. J. (1985). Narcissism beyond Gestalt and awareness: the name letter effect. *European Journal of Social Psychology* 15:353–361.

Nuttin, J. M. J. (1987). Affective consequences of mere ownership: the name letter effect in twelve European languages. *European Journal of Social Psychology* 17:381–402.

Oberlechner, T., & Osler, C. L. (2008). Overconfidence in currency markets. *Working Paper*. Brandeis University.

Okado, Y., & Stark, C. E. L. (2005). Neural activity during encoding predicts false memories created by misinformation. *Learning and Memory* 12:3–11.

Onishi, N. (October 7, 2007). Okinawans protest Japan's plan to revise bitter chapter of WWII. *New York Times*.

Onishi, N. (June 24, 2011). "Safety Myth" left Japan ripe for nuclear crisis. *New York Times*.

Oren, M. B. (2007). *Power, Faith and Fantasy: The United States in the Middle East, 1776 to the Present.* New York: W. W. Norton.

Owen, D. F. (1971). *Tropical Butterflies.* Oxford: Clarendon.

Packer, G. (2005). *The Assassins' Gate: America in Iraq.* New York: Farrar, Straus and Giroux.

Palace, E. M. (1995). Modification of dysfunctional patterns of sexual response through autonomic arousal and false physiological feedback. *Journal of Consulting Clinical Psychology* 63:604–615.

Panksepp, J., & Burgdorf, J. (2003). "Laughing" rats and the evolutionary antecedents of human joy? *Physiology and Behavior* 79:533–547.

Pappe, I. (2006). *The Ethnic Cleansing of Palestine*. Oxford: Oneworld.

Pelham, B. W., Mirenberg, M. C., & Jones, J. T. (2002). Why Susie sells seashells by the seashore: implicit egotism and major life decisions. *Journal of Personality and Social Psychology* 82:469–487.

Pennebaker, J. W. (1997). *Opening Up: The Healing Power of Expressing Emotions*. New York: Guilford Press.

Pennebaker, J. W., & O'Heeron, R. C. (1984). Confiding in others and illness rates among spouses of suicide and accidental death. *Journal of Abnormal Psychology* 93:473–476.

Penrod, S. D., & Cutler, B. L. (1995). Witness confidence and witness accuracy: assessing their forensic relation. *Psychology, Public Policy, and Law* 1:817–845.

Perdue, C. W., Dovidio, J. F., Gurtman, M. B., & Tyler, R. B. (1990). Us and them: social categorization and the process of intergroup bias. *Journal of Personality and Social Psychology* 59:475–486.

Peretz, M. (1984). *From Time Immemorial* (book review). *New Republic* 191:3/4.

Perez-Benitez, C. I., O'Brien, W. H., Carels, R. A., Gordon, A. K., & Chiros, C. E. (2007). Cardiovascular correlates of disclosing homosexual orientation. *Stress and Health* 23:141–152.

Peterman, A., Palermo, T., & Bredenkamp, C. (2011). Estimates and determinants of sexual violence against women in the Democratic Republic of Congo. *American Journal of Public Health* 101:1060–1067.

Peters, J. (1984). *From Time Immemorial: the origins of the Arab-Jewish conflict over Palestine*. Chicago: JKAP.

Peterson, J. B. et al. (2003). Self-deception and failure to modulate responses despite accruing evidence of error. *Journal of Research in Personality* 37:205–223.

Peterson, J. B., Driver-Linn, E., & DeYoung, C. G. (2002). Self-deception and impaired categorization of anomaly. *Personality Processes and Individual Differences* 33:327–340.

Petrie, K. J., Booth, R. J., & Pennebaker, J. W. (1998). The immunological effects of thought suppression. *Journal of Personality and Social Psychology* 75:1264–1272.

Petrie, K. J., Booth, R. J., Pennebaker, J. W., & Davison K. P. (2004). Disclosure of trauma and immune response to a hepatitis B vaccination program. *Journal of Consulting Clinical Psychology* 63:787–792.

Petrie, K. J., Fontanilla, I., Thomas, M. G., Booth, R. J., & Pennebaker, J. W. (2004). Effect of written emotional expression on immune function in patients with human immunodeficiency virus infection: a randomized trial. *Psychosomatic Medicine* 66:272–275.

Pinker, S. (April 5, 1994). The game of the name. *New York Times.*
Pinker, S. (2007). *The Stuff of Thought: Language as a Window into Human Nature.* New York: Viking.
Pinker, S. (2011). *The Better Angels of Our Nature: Why Violence has Declined.* New York: Viking.
Platek, S. M. et al. (2004). Reactions to children's faces: males are more affected by resemblance than females are, and so are their brains. *Evolution and Human Behavior* 25:394-405.
Porath, Y. (1974). *The Emergence of the Palestinian National Movement, 1918- 1929.* London: Frank Cass Publisher.
Preston, B. T., Capellini, I., McNamara, P., Barton, R. A., & Nunn, C. L. (2009). Parasite resistance and the adaptive significance of sleep. *BMC Evolutionary Biology* 9:7.
Price, D. D., Finniss, D. G., & Benedetti, F. (2008). A comprehensive review of the placebo effect: recent advances and current thought. *Annual Review of Psychology* 59:565-590.
Price, L. (February 2, 2010). Short shrift for Blair at Chilcot. *Guardian.*
Pronovost, P. J., & Vohr, E. (2010). *Safe Patients, Smart Hospitals: How One Doctor's Checklist Can Help Us Change Health Care from the Inside Out.* New York: Hudson Street Press.

Radosh, R., & Radosh, A. (2009). *A Safe Haven: Harry S. Truman and the Founding of Israel.* New York: Harper Perennial.
Raichle, M. E., & Gusnard, D. A. (2002). Appraising the brain's energy budget. *PNAS* 99:10237-10239.
Rainsford, S. (March 21, 2009). Turkish children drawn into Armenia row. *BBC News.*
Ramachandran, V. S. (1996). What neurological syndromes can tell us about human nature: some lessons from phantom limbs, Capgras Syndrome, and Anosognosia. *Cold Spring Harbor Symposia on Quantitative Biology* 61:115-134.
Ramirez-Esparza, N., & Pennebaker, J. W. (2006). Do good stories produce good health? Exploring words, language, and culture. *Narrative Inquiry* 16(1):211-219.
Ray, W. J. et al. (2006). Decoupling neural networks from reality: dissociative experiences in torture victims are reflected in abnormal brain waves in left frontal cortex. *Psychological Science* 17:825-829.
Raz, A., Shapiro, T., Fan, J., & Posner, M. I. (2002). Hypnotic suggestion and the modulation of Stroop interference. *Archives of General Psychiatry* 59:1155-1161.
Reddy, V. (2007). Getting back to the rough ground. *Philosophical Transactions of the*

Royal Society B 362:621–637.

Reid. J. E., & Inbau, F. E. (1977) *Truth and Deception: The Polygraph ("Lie Detector") Technique.* Baltimore: Williams & Wilkins.

Rich, F. (2006). *The Greatest Story Ever Sold: The Decline and Fall of Truth in Bush's America.* New York: Penguin.

Richeson, J. A., & Shelton, J. N. (2003). When prejudice does not pay: effects of interracial contact on executive function. *Psychological Science* 14:287–290.

Ricks, T. E. (2006). *Fiasco: The American Military Adventure in Iraq.* New York: Penguin Press.

Ridgeway, J. (July 13, 2004). Flying in the face of facts: lots of people dialed 911 to the U.S. before 9/11. Who put them on hold? *Village Voice.*

Rohwer, S. (1977). Status signaling in Harris sparrows: some experiments in deception. *Behaviour* 61:107–129.

Rohwer, S., & Ewald, P. W. (1981). The cost of dominance and advantage of subordination in a badge signaling system. *Evolution* 35:441–454.

Rohwer, S., & Rohwer, F. A. (1978). Status signaling in Harris sparrows: experimental deception achieved. *Animal Behavior* 62:1012–1022.

Rose, C. (2006). The battle for hearts and minds: patriotic education in Japan in the 1990s and beyond. *Nationalism in Japan,* ed. Shimazu, N. New York: Routledge.

Rosenkranz, M. A. et al. (2003). Affective style and in vivo immune response: neurobehavioral mechanisms. *PNAS* 100(19):11148–11152.

Rosenzweig, S. (1997). Letters by Freud on experimental psychodynamics. *American Psychologist* 52:571.

Ross, M., & Wilson, A. E. (2002). It feels like yesterday: self-esteem, valence of personal past experiences, and judgments of subjective distance. *Journal of Personality and Social Psychology* 80:572–584.

Ruether, R. R. (2009). The politics of God in the Christian tradition. *Feminist Theology* 17(3):329–338.

Sanger, D. E. (August 27, 2003). Report on loss of shuttle focuses on NASA blunders and issues somber warning. *New York Times.*

Saradeth, T., Resch, K. L., & Ernst, E. (1994). Placebo treatment for varicosity: don't eat it, rub it! *Phlebology* 9:63–66.

Saul-Gershenz, L. S., & Millar, J. G. (2006). Phoretic nest parasites use sexual deception to obtain transport to their host's nest. *PNAS* 103:14039–14044.

Schaller, M., Miller, G. E., Gervais, W. M., Yager, S., & Chen, E. (2010). Mere visual perception of other people's disease symptoms facilitates a more aggressive immune response. *Psychological Science* 21:649–652.

Schaller, M., & Murray, D. R. (2008). Pathogens, personality, and culture: disease prevalence predicts worldwide variability in sociosexuality, extroversion, and openness to experience. *Journal of Personality and Social Psychology* 95:212–221.

Schatzman, M. (1973). *Soul Murder:* Persecution in the Family. New York: Random House.

Scherr, H., & Bowman, J. (2009). A sex-biased effect of parasitism on skull morphology in river otters. *Ecoscience* 16:119–114.

Schlomer, G. L., Ellis, B. J., & Garber, J. (2010). Mother-child conflict and sibling relatedness: a test of the hypotheses from parent-offspring conflict theory. *Journal of Research on Adolescence* 20(2):287–306.

Schmidt-Hempel, P. (2011). *Evolutionary Parasitology.* London: Oxford University Press.

Scholz, J., Klein, M. C., Behrens, T. E. J., & Johansen-Berg, H. (2009). Training induces changes in white-matter architecture. *Nature Neuroscience* 12:1370–1371.

Schwartz, J. (April 4, 2005). Some at NASA say its culture is changing, but others say problems still run deep. *New York Times.*

Segerstrom, S. C., & Miller, G. E. (2004). Psychological stress and the human immune system: a meta-analytic study of 30 years of inquiry. *Psychological Bulletin* 130(4):601–630.

Segerstrom, S. C., & Sephton, S. E. (2010). Optimistic expectancies and cell-mediated immunity: the role of positive affect. *Psychological Science* 21:448–455.

Segerstrom, S. C., Taylor, S. E., Kemeny, M. E., & Fahey, J. L. (1998). Optimism is associated with mood, coping, and immune change in response to stress. *Journal of Personality and Social Psychology* 74:1646–1655.

Shahak, I. (1994). *Jewish History, Jewish Religion: The Weight of Three Thousand Years.* London: Pluto Press.

Shang, A. et al. (2005). Are the clinical effects of homeopathy placebo effects? Comparative study of placebo-controlled trials of homeopathy and allopathy. *Lancet* 366:726–732.

Shariff, A. F., & Norenzayan, A. (2007). God is watching you: priming God concepts increases prosocial behavior in an anonymous economic game. *Psychological Science* 19(9):803–809.

Sheppard, P. M. (1959). The evolution of mimicry: a problem in ecology and genetics.

Cold Spring Harbor Symposia on Quantitative Biology 24:131–140.

Shiv, B., Carmon, Z., & Ariely, D. (2005). Placebo effects of marketing actions: consumers may get what they pay for. *Journal of Marketing Research* 42:383–393.

Shlaim, A. (1988). *Collusion Across the Jordan.* New York: Columbia University Press.

Shlaim, A. (January 7, 2009). How Israel brought Gaza to the brink of humanitarian catastrophe. *Guardian.*

Siegman, H. (January 29, 2009). Israel's lies. *London Review of Books.*

Simonsohn, U. (2011). Spurious? Name similarity effects (implicit egotism) in marriage, job, and moving decisions. *Journal of Personality and Social Psychology* 101(1):1–24.

Singer, T. et al. (2006). Empathic neural responses are modulated by perceived fairness of others. *Nature* 439:466–469.

Siochru, M. O. (2008). *God's Executioner: Oliver Cromwell and the Conquest of Ireland.* London: Faber and Faber.

Snowdon, C. T., & Tele, D. (2009). Affective responses in tamarins elicited by species-specific music. *Biology Letters* 6:30–32.

Snyder, M. L., Kleck, R. E., Strent, A., & Mentzer, S. J. (1979). Avoidance of the handicapped: an attributional ambiguity analysis. *Journal of Personality and Social Psychology* 37:2297–2306.

Sokoloff, L., Mangold, R., Wechsler, R. L., Kennedy, C., & Kety, S. S. (1955). The effect of mental arithmetic on cerebral circulation and metabolism. *Journal of Clinical Investigation* 34:1101–1108.

Soler, M., Soler, J. J., Martinez, J. G., & Moeller, A. P. (1995). Magpie host manipulation by Great Spotted Cuckoos: evidence for an avian Mafia? *Evolution* 49:770–775.

Soon, C. S., Brass, M., Heinze, H. J., & Haynes, J. D. (2008). Unconscious eterminants of free decisions in the human brain. *Nature Neuroscience* 11:543–545.

Sordahl, T. A. (1986). Evolutionary aspects of avian distraction display: variation in American Avocet and Black-necked Stilt antipredator behavior. *Deception: Perspectives on Human and Nonhuman Deceit,* eds. Mitchell, R. W., & Thompson, N. S., 87–112. Albany: State University of New York.

Sosis, R., & Alcorta, C. (2003). Signaling, solidarity, and the sacred: the evolution of religious behavior. *Evolutionary Anthropology* 12:264–274.

Sosis, R., & Bressler, E. R. (2003). Cooperation and commune longevity: a test of the costly signaling theory of religion. *Cross-Cultural Research* 37:211–239.

Spellerberg, I. F. (1971). Breeding behaviour of the McCormick skua *Catharacta maccormicki* in Antarctica. *Ardea* 59:189–230.

Spera, S. P., Buhrfeind, E. D., & Pennebaker, J. W. (1994). Expressive writing and coping with job loss. *Academy of Management Journal* 37:722-733.

Stannard, D. (1992). *American Holocaust: The Conquest of the New World.* New York: Oxford University Press.

Starek, J. E., & Keating, C. F. (1991). Self-deception and its relationship to success in competition. *Basic and Applied Social Psychology* 12:145 – 155.

Steele, C. M., & Aronson, J. (1995). Stereotype threat and the intellectual performance of African Americans. *Journal of Personality and Social Psychology* 69:797 – 811.

Steger, R., & Caldwell, R. L. (1983). Intraspecific deception by bluffing: a defense strategy of newly molted stomatopods (Arthropoda: Crustacea). *Science* 221:558 – 560.

Stone, B. (December 6, 2006). Spam doubles, finding new ways to deliver itself. *New York Times*.

Strachan, E. D., Bennett, W. R. M., Russo, J., & Roy-Byrne, P. P. (2007). Disclosure of HIV status and sexual orientation independently predicts increased absolute CD4 cell counts over time for psychiatric patients. *Psychosomatic Medicine* 69:74 – 80.

Stroop, J. R. (1935). Studies of interference in serial reactions. *Journal of Experimental Psychology* 14:25 – 39.

Sullivan, A. (February 8, 2010). In the bunker. *The Atlantic*.

Talwar, V., Murphy, S. M., & Lee, K. (2007). White lie-telling in children for politeness purposes. *International Journal of Behavioral Development* 31:1 – 11.

Tanaka, K. D., Morimoto, G., & Ueda, K. (2005). Yellow wing patch of a nestling Horsfield's hawk-cuckoo *Cuculus fugax* induces misrecognition by hosts: mimicking a gape? *Journal of Avian Biology* 36:461 – 464.

Tanaka, K. D., & Ueda, K. (2005). Horsfield's hawk-cuckoo nestlings simulate multiple gapes for begging. *Science* 308:653.

Tavris, C., & Aronson, E. (2007). *Mistakes Were Made (But Not by Me)*. New York: Harcourt.

Taylor, S. E., Lerner, J. S., Sherman, D. K., Sage, R. M., & McDowell, N. K. (2003). Portrait of the self-enhancer: well adjusted and well liked or maladjusted and friendless? *Personality Processes and Individual Differences* 84:165 – 176.

Tenney, E. R., & MacCoun, R. J. (2006). Calibration trumps confidence as a basis for witness credibility. *JSP/Center for the Study of Law and Society Faculty Working Papers* (University of California, Berkeley) 40:1 – 16.

Thibodeau, P. H., & Boroditsky, L. (2011). Metaphors we think with: the role of metaphors in reasoning. *PLoS ONE* 6:1–11.

Thornhill, R., Fincher, C. L., & Aran, J. (2009). Parasites, democratization, and the liberalization of values across contemporary countries. *Biological Reviews* 84:113–131.

Thornhill, R., & Gangestad, S. (2008). *The Evolutionary Biology of Human Female Sexuality.* New York: Oxford University Press.

Thornhill, R. et al. (2003). Major histocompatibility complex genes, symmetry, and body scent attractiveness in males and females. *Behavioral Ecology* 15(5):668–678.

Tibbetts, E. A., & Dale, J. (2004). A socially enforced signal of quality in a paper wasp. *Nature* 432:218–222.

Tibbetts, E. A. & Izzo, A. (2010). Social punishment of dishonest signalers caused by mismatch between signal and behavior. *Current Biology* 20:1637–1640.

Tiger Woods confession. (December 2, 2009). *National Enquirer.*

Tiger Woods sex romp with neighbor's young daughter. (April 7, 2010). *National Enquirer.*

Torrey, E. F. (1992). *Freudian Fraud: The Malignant Effect of Freud's Theory on American Thought and Culture.* New York: HarperCollins.

Traufetter, G. (February 25, 2010). The last four minutes of Air France flight 447. *Spiegel Online.*

Trimble, D. E. (1997). The religious orientation scale: review and meta-analysis of social desirability effects. *Educational and Psychological Measurement* 57:970–986.

Trivers, R. (1971). The evolution of reciprocal altruism. *Quarterly Review of Biology* 46:35–57.

Trivers, R. (1972). Parental investment and sexual selection. *Sexual Selection and the Descent of Man, 1871–1971,* ed. Campbell, B. Chicago: Aldine-Atherton.

Trivers, R. (1974). Parent-offspring conflict. *American Zoologist* 14:249–264.

Trivers, R. (1985). *Social Evolution.* Menlo Park, CA: Benjamin Cummings.

Trivers, R. (2005). Reciprocal altruism: 30 years later. *Cooperation in Primates and Humans: Mechanisms and Evolution,* eds. van Schaik, C. P., & Kappeler, P. M., 67–83. Berlin: Springer-Verlag.

Trivers, R., & Hare, H. (1976). Haplodiploidy and the evolution of the social insects. *Science* 191:249–263.

Trivers, R., & Newton, H. P. (1982). The crash of Flight 90: doomed by elf-deception. *Science Digest* November:66–67, 111.

Trivers, R., Palestis, B. G., & Zaatari, D. (2009). *The Anatomy a Fraud: Symmetry and Dance.* Antioch, CA: TPZ Publishers.

Trivers, R., & Willard, D. (1973). Natural selection of parental ability to vary the sex ratio of offspring. *Science* 179:90–92.

Troisi, A. (2002). Displacement activities as a behavioral measure of stress in nonhuman primates and human subjects. *Stress* 5:47–54.

Tuchman, B. (1984). *The March of Folly: From Troy to Viet Nam*. New York: Ballantine Books.

Tufte, E. R. (1997). *Visual Explanations: Images and Quantities, Evidence and Narrative*. Cheshire, CT: Graphics Press.

Tversky, A., & Kahneman, D. (1973). A heuristic for judgment frequency and probability. *Cognitive Psychology* 5:207–232.

Valdesolo, P., & DeSteno, D. (2008). The duality of virtue: deconstructing the moral hypocrite. *Journal of Experimental Social Psychology* 44:1334–1338.

Van Evera, S. (2003). Why states believe foolish ideas: non-self-evaluation by states and societies. *Perspectives on Structural Realism*, ed. Hanami, A. K., 163–198. New York: Palgrave.

Vandegrift, D., & Yavas, A. (2009). Men, women, and competition: an experimental test of behavior. *Journal of Economic Behavior and Organization* 72:554–570.

Vaughan, D. (1996). *The Challenger Launch Decision: Risky Technology, Culture and Deviance at NASA*. Chicago: University of Chicago Press.

Vecsey, G. (August 11, 2010). Woods's downfall is as gripping as his reign. *New York Times*.

Veltkamp, M., Aarts, H., & Custers, R. (2008). Perception in the service of goal pursuit: motivation to attain goals enhances the perceived size of goal-instrumental objects. *Social Cognition* 26.

Vohs, K. D., & Schooler, J. W. (2008). The value of believing in free will: encouraging a belief in determinism increases cheating. *Psychological Science* 19:49–54.

von Hippel, W., Lakin, J. L., & Shakarchi, R. J. (2005). Individual differences in motivated social cognition: the case of self-serving information processing. *Personality and Social Psychology Bulletin* 31:1347–1357.

von Hippel, W., & Trivers, R. (2011). The evolution and psychology of self-deception. *Behavioral and Brain Sciences* 34:1–56.

Vrij, A. (2004). Why professionals fail to catch liars and how they can improve. *Legal Criminological Psychology* 9:159–181.

Vrij, A. (2008). *Detecting Lies and Deceit: Pitfalls and Opportunities*, 2nd ed. Chichester,

UK: Wiley.

Vrij, A., & Heaven, S. (1999). Vocal and verbal indicators of deception as a function of lie complexity. *Psychology, Crime and Law* 5:203–315.

Vrij, A., Mann, S., Robbins, E., & Robinson, M. (2006). Police officers' ability to detect deception in high stakes situations and in repeated lie detection tests. *Applied Cognitive Psychology* 20:741–755.

Vulliamy, E. (July 25, 1999). Why Kennedy crashed. *The Observer.*

Wager, T. D. et al. (2004). Placebo-induced changes in fMRI in the anticipation and experience of pain. *Science* 303(1162–1167).

Wald, M. L. (January 25, 2006). Voice recorder shows pilots in '04 crash shirked duties. *New York Times.*

Watson, A. (2006). Self-deception and survival: mental coping strategies on the western front, 1914–18. *Journal of Contemporary History* 41:247–268.

Wedmann, S., Bradler, S., & Rust, J. (2007). The first fossil leaf insect: 47 million years of specialized cryptic morphology and behavior. *PNAS* 104:565–569.

Wegner, D. M. (1989). *White Bears and Other Unwanted Thoughts.* New York: Viking.

Wegner, D. M. (2002). *The Illusion of Conscious Will.* Cambridge, MA: MIT Press.

Wegner, D. M. (2009). How to think, say, or do precisely the worst thing for any occasion. *Science* 325:48–50.

Wegner, D. M., Wenzlaff, R. M., & Kozak, M. (2004). Dream rebound: the return of suppressed thoughts in dreams. *Psychological Science* 15:232–236.

Weiss, J. M. (1970). Somatic effects of predictable and unpredictable shock. *Psychosomatic Medicine* 32:397–408.

Wessel, E., Drevland, G. C. B., Eilertsen, D. E., & Magnussen, S. (2006). Credibility of the emotional witness: a study of ratings by court judges. *Law and Human Behavior* 30:221–230.

West, S. (2009). *Sex Allocation.* Princeton: Princeton University Press.

Whitson, J. A., & Galinsky, A. D. (2008). Lacking control increases illusory pattern perception. *Science* 322:115–117.

Wickler, W. (1968). *Mimicry in Plants and Animals.* New York: McGraw-Hill.

Wildavsky, A. (1972) The self-evaluating organization. *Public Administration Review* 32:509–520.

Wiebe, K. L., & Bartolotti, G. R. (2000). Parental interference in sibling aggression in birds: what should we look for? *Ecoscience* 7:1–9.

Williams, M. A., & Mattingley, J. B. (2006). Do angry men get noticed? *Current Biology* 16(11):R402–R404.

Wilson, A. E., & Ross, M. (2001). From chump to champ: people's appraisals of their earlier and present selves. *Journal of Personality and Social Psychology* 80:572–584.

Wilson, A. E., Smith, M. D., & Ross, H. S. (2003). The nature and effects of young children's lies. *Social Development* 12:21–45.

Wilson, M. (February 9, 2009). Flight 1549 pilot tells of terror and intense focus. *New York Times*.

Wilson, T. D., Wheatley, T. P., Kurtz, J. L., Dunn, E. W., & Gilbert, D. T. (2004). When to fire: anticipatory versus post-event reconstrual of uncontrollable events. *Personality and Social Psychology Bulletin* 30:340–351.

Wrangham, R. (1999). Is military incompetence adaptive? *Evolution and Human Behavior* 20:3–12.

Wrangham, R. (2006). Why apes and humans kill. *Conflict*, eds. Jones, M., & Fabian, A. Cambridge: Cambridge University Press.

Wrangham, R., & Peterson, D. (1996). *Demonic Males: Apes and the Origins of Human Violence*. Boston: Houghton Mifflin.

Wright, R. (2009). *The Evolution of God*. New York: Little, Brown.

Yang, Y. L. et al. (2007). Localisation of increased prefrontal white matter in pathological liars. *British Journal of Psychiatry* 190:174–175.

Yousem, D. M. et al. (1999). Gender effects on odor-stimulating functional magnetic resonance imaging. *Brain Research* 818(2):480–487.

Zertal, I., & Eldar, A. (2007). *Lords of the Land: The War Over Israel's Settlements in the Occupied Territories, 1967–2007*. New York: Nation Books.

Ziv, Y., & Schwartz, M. B. (2008). Immune-based regulation of adult neurogenesis: implications for learning and memory. *Brain, Behavior, and Immunity* 22:167–176.

Zuckerman, M., & Kieffer, S. C. (1994). Race differences in face-ism: does facial prominence imply dominance? *Journal of Personality and Social Psychology* 66:86–92.

우리는 왜 자신을 속이도록 진화했을까

펴낸날	초판 1쇄 2013년 7월 31일
	초판 5쇄 2016년 8월 26일

지은이	로버트 트리버스
옮긴이	이한음
펴낸이	심만수
펴낸곳	(주)살림출판사
출판등록	1989년 11월 1일 제9-210호

주소	경기도 파주시 광인사길 30
전화	031-955-1350 팩스 031-624-1356
홈페이지	http://www.sallimbooks.com
이메일	book@sallimbooks.com

ISBN	978-89-522-2669-3 03400

* 값은 뒤표지에 있습니다.
* 잘못 만들어진 책은 구입하신 서점에서 바꾸어 드립니다.